The Problem of Human Life as
Viewed by the Great Thinkers

诺奖得主人文译丛

大思想家的人生观

THE PROBLEM OF HUMAN LIFE AS VIEWED BY THE GREAT THINKERS

Rudolf Eucken
[德]鲁道夫·欧肯◎著
邵世恒　彭真颖　吴　祺◎译

The problem of human life as viewed by the great thinkers

北京时代华文书局

图书在版编目（CIP）数据

大思想家的人生观 /（德）鲁道夫·欧肯著 ; 邵世恒，彭真颖，吴祺译. -- 北京 : 北京时代华文书局，2018.3

ISBN 978-7-5699-2110-6

Ⅰ. ①大… Ⅱ. ①鲁… ②邵… ③彭… ④吴… Ⅲ. ①人生观－研究－德国 Ⅳ. ①B821.2

中国版本图书馆 CIP 数据核字（2018）第 001765 号

诺奖得主人文译丛：

大思想家的人生观

DASIXIANGJIA DE RENSHENGGUAN

著　　者 | [德] 鲁道夫·欧肯
译　　者 | 邵世恒　彭真颖　吴　祺

出 版 人 | 王训海
丛书策划 | 邵鹏军
责任编辑 | 周连杰
特约编辑 | 廖　丹
装帧设计 | 格林文化
责任印制 | 刘　银

出版发行 | 北京时代华文书局　http://www.bjsdsj.com.cn
北京市东城区安定门外大街 136 号皇城国际大厦 A 座 8 楼
邮编：100011　电话：010-64267955　64267677
印　　刷 | 三河市祥达印刷包装有限公司　0316-3656589
（如发现印装质量问题，请与印刷厂联系调换）
开　　本 | 880mm×1230mm　1/32　印　　张 | 19.25　字　　数 | 422 千字
版　　次 | 2018 年 7 月第 1 版　印　　次 | 2018 年 7 月第 1 次印刷
书　　号 | ISBN 978-7-5699-2110-6
定　　价 | 95.00 元

目　录

编者前言

这是一套诺贝尔奖得主思想人文类著作的选集，也是我们展示诺奖巨匠思想人文方面成就的一次尝试。

诺贝尔奖设立百多年来，彰奖的各学科巨匠已近千人。这些获奖者除偶有争议，绝大多数都是各自领域的大师，为其学科的发展做出过重要贡献，有一些更堪称学科史上当之无愧的划时代人物。然而，仅仅把这些诺奖得主视为学科中的巨人，未免唐突前贤。其实，他们的洞见与睿智绝非仅体现于自己的学科之内。智慧不分学科，见识超越疆界。这些学科巨匠，偶一涉笔于其他领域，亦往往才华横溢、引人入胜。不领略这些精美之作的风采，于大师们而言可谓理解片面，于我们而言则不免误了几多美妙的风景，少了许多透彻的启发。因之我们编选这套丛书，旨在展示诺奖大师们在思想人文方面的才情妙笔，给读者一席华丽深刻的思想盛宴。

这些诺奖大师，有些本就以哲学思想为业，则他们以其生花之笔为文，不似前代名哲般行文晦涩，而是尽态极妍、引人入胜，为其深刻的哲学思考平添了文学的秀美生动。更多的则致力于自己的学科建设，同时对思想人文诸领域具有恒久深切的兴趣。他们或仰望星空，沉思宇宙奥理；或环顾九州，体恤民生疾苦。纵览历史变迁，则洞悉人类社会嬗变；反思个人遭际，则虑及理想制度建构。然而无论取向如何，他们一例有着深刻的历史洞见、透彻的哲学沉思、悲天悯人的人文关怀以及妙不可言的如椽巨笔。

我们精心选取这样的名著佳构编纂为丛书，亦是在强调这些著述，虽则有些已被人们津津乐道，有些尚为译界忽视不彰，然皆不失为诸奖巨匠之鸿篇巨制，值得把玩，亦值得赏读。

《大思想家的人生观》缕述历史上诸多思想家及其具体的理论贡献，以一种生活化的方式向我们展现了各个思想家的人生观。本书中，“哲学史”被赋予了新的含义，它不再是冷冰冰的语录史料和理论堆积，而是不同时期的思想家对同一问题的呼应共鸣。我们和历史上的思想家“像一个战壕里的兄弟一样并肩战斗，努力去完成一项伟大的任务——在人类生活中建立起一个精神家园”。

翻译过程中的部分概念，如频繁出现的“life”一词，无论在德语还是英语中，都有生命、生活等诸多义项，鉴于欧肯对“philosophy of life”的特殊理解，我们一般将“life”翻译为“生活”，通俗点的话，也可与“人生”互用。至于其他的概念，则基本参照了通用译法，但难免会有疏漏之处，希冀读者能透过编者和译者的共同努力，从本书中领略原作者的深厚学养和文字功底。

导 论

当我们把生活视为一个整体的时候，它意味着什么呢？它试图实现什么样的目标呢？它给了我们一个什么样的幸福前景呢？当讨论这些问题的时候，我们就置身于人生问题之中，无须停下来去证明追问的合理性了。因为这些问题是如此的不可抗拒，以至于它们始终逼迫着我们。它们是一个内部已破裂成碎片，并且精神内核和作品相互敌对的时代的呐喊。此前数个世纪，当然也包括晚近的几十年，人类的劳动已然硕果累累，取得了不可估量的成就，孕育了新的文明和新的宇宙观。但是，物质世界的大获全胜并不暗含着内心生活的同时提升，这些令人眼花缭乱的成就并不是为着人类的精神和存在而获得。它无情地驱使我们不断逼近这个没有我们自己的世界，迫使我们屈服于它的必然性。在这样的压迫下，我们几乎就成了环境的奴隶。我们的生命活动在终极意义上决定了我们的本性。如果我们的力量全部投注于外部事物上，并且对内在生活的兴趣持续减少，那么我们的灵魂就会不可避免地遭受痛苦。成功令我们不断膨胀，然而我们却发现自己的内心是多么空虚和贫穷。我们业已成为一种毫无人情味的文明的工具，被用完之后即遭抛弃，成为一种残酷的、没有人性的力量的受害者。国家和个人都受到它的无情蹂躏，无论生死，没有任何理由和计划，没有任何对人的爱心和呵护。

这样一场活动所产生的破坏性影响深深地触及个体的情感和

信念，但是如果没有任何反应的话，它是不可能持续下去的。在此类事务中，问题一旦被感受到，反应回响就开始了。人类不可能长久地否认其精神性的本质，也不能压抑所有对自身幸福的关注。他们的内心生活会战胜所有外在的压力；它会坚决地把所有事件都与自己联系起来，并在自己的审判到来之前，把它们召集起来等待裁决。即使它的反对者也只是用来提醒主体——内省和自由是他最重要的、不可剥夺的权利。因此，一个沉睡的巨人需要的只是唤醒他自己的力量意识，并告诉他，这种力量能够战胜世界上一切敌对者。当与这些变化同时产生的一种对个体生活和内在幸福的激情开始觉醒时，当存在的合理性和灵魂的拯救成为紧迫而又令人焦虑的问题时，整个世界突然就转变了。那些曾经确定不疑的东西如今成了一堆令人痛苦的困惑，人们却又为此苦苦追寻。

一场新的思想运动正在我们的眼下进行：尽管机械主义（Mechanism）的力量仍在不断扩张它的影响，我们对它的信念却已经动摇，并且已经开始对它产生了抵触。尽管当下国外的伟大思想运动有多种不同的倾向，但它们都聚焦于一个共同的问题。社会运动充满激情的动力，宗教热忱不断增长的迹象，艺术创新的发酵和酝酿，都在表达着同一个愿望——渴望更多的幸福、人性更全面的发展，以及一个全新的、高尚的生活秩序。

然而，尽管有进步，这项思想运动在很多方面仍然是非常不完整，甚至是混乱的。不仅是因为它的某些倾向在很多方面相互交叉和冲突，而且它的主流本身也是一个很奇怪的混合体。这个混合物包含了更高和更低的相容、高尚与卑贱的并存、年轻气盛和老成持重的兼容。这场运动的主体倾向于凭借他能摆脱一切权威（也包括他的本性）的程度来衡量他的进步，而不是寻求将它的内部经验转化成为一个有秩序的体系，并通过法律来巩固自由。当自由的所有限制被打破后，它就像一个水泡，徒劳地飘在高空中，为狂风暴雨所摆布，很容易沦落为所有非理性和愚蠢都唾手可得的猎物。因此，我们在其中主要觉察到了一种骚动不安和愤怒的氛围。我们只是在这个意义层面上，相信这场运动的合理性。那就是只把这场运动当作一个开始，并且认为内在于其中的精神必然性最终将会战胜个人的狂妄和自负，进而在一个系统的、井然有序的计划下建构人们的内在心灵生活。不管怎样，这个目标的实现需要我们不屈不挠的团结协作：我们必须仔细考虑并进行严格区分，不断使之清晰深刻。只有通过紧张的自我斗争，这个时代才能真正实现它自己，进而完成它在世界历史进程中的任务。

哲学并不能从这场斗争中脱身，她也有自己的使命。给这场运动提供一个宏大而丰富的意义，扫清人们的困惑，并引导它走向最终的目标，这难道不最适合她吗？实际上，哲学的第一职责是针对当下的问题，她不可以站在或近或远的过去自在地躲避当下的这些问题。对哲学家而言，历史思考是辅助性的；可是，如果他们能考虑到在一定条件下，历史思考对他们是有用的，他们就会最有底气地支持自己的信念了。接下来我们需要简要地考虑如下观点：将那些已经成型于伟大思想家心中的各种各样的人生观，以一种生活化的方式展现给我们自己，既是可能的，也是非常有益的。因为我们目前所从事的这项事业的所有成败，都与这些内容紧密相连。

如果这些哲学思想对我们有任何帮助的话，我们必须赋予“生活哲学”这个术语一个比它通常所表达的更为深刻的含义。

生活哲学不是一套有关人类生活和命运的语录精选，也不是一些偶然的随感和反思。因为这些往往只是出于一时的情绪，并且只会遮蔽而非展现出作者思想的本质特点。除此之外，那些几乎没有可信性的肤浅思想总不吝袒露自己，然而深邃的灵魂会倾向于避免把情绪流露给公众，并选择将它深藏于心或者仅仅在作品中才把它描述出来。

不！我们关注的并不是这些思想家对生活的反思，而是他们的思想世界所塑造的生活本身。我们想知道的是，他们如何阐述人类的存在，赋予它怎样的定位和意义，以及如何将其积极和消极的作用结合起来。一言以蔽之：哲学家们所理解的人生特点是什么？这个问题将各种不同的思想脉络会聚到了一起，并且把思想家灵魂的精髓展示给我们。这些思想不再那么难以切入，它们以一种简明、直接的方式为读者所了解。对每一个虚心的人来说，这个问题都是一个强烈的诱惑。难道这么多伟大思想家中没有几个意气风发的吗？难道这些思想中就没有能让我们的努力得到净化、提升，同时更加高尚的东西吗？

我们不必为这样的问题而困惑——这些伟大思想家提供的每一样东西对人类发展都是必需的、有价值的吗？至少可以肯定的是，他们构建了人类精神的栖居地。因为精神王国的建立是一件真正的创造性工作，并非平庸之辈所能为之，它诞生于跟世事一切琐碎和渺小的直接对抗之中。从更低的层次上看，精神活动和外在的、低级的要素太紧密地混合在一起，而且过于单一地服从于短浅的目标，导致精神活动本身不能产生出清晰明确的生活概念。一直以来，只有很少的人具备伟大的心灵和内在的自由，以及令以创造性活动本身为目的的追求成为可能的建设性力量，进而能够战胜真正创造性工作的重压和种种限制，能够从混乱中找到统一。然而，这并不意味着创造性的天才独立于他所在的社会和历史环境。即使是那些最伟大的思想也都有它所必需的前提和条件：必须具备这些社会土壤，那个时代必须能激发出它的特殊问题，甘愿解决这些问题的热情也必须被培养出来。从这种有限的意义上讲，天才是那个时代思想的成熟表达，而他的启发性观念只是强化已经存在于共同体中的那些渴望罢了。然而，伟大人物仍然把日常生活提升到了一个更高的层面。某个时代的思想家所做的并不是仅仅整合当时的各种思想倾向，而是实现内在的转化：他使那个时代的所有信息变得高贵。正是他第一个清楚地区分了精神和世俗、永恒和短暂；正是他第一个赋予了生活以独立的价值——一个内在于生活本身的价值；正是他第一个提出了普遍永恒真理的概念。就永恒可以在时间的限制中被理解而言，只有伟大的人物才能够理解什么是永恒；正是他第一次将永恒从时间限制中解脱出来，并令它成为所有时代的财富。如果有一天，这些创造性天才成为精神生活的真正中心；如果他们的思想光芒被集中而不是分散起来，燃烧出能够反过来重新照亮整个人类的烈火，那个时候，我们当然可以欣慰地认为，在对这些伟人工作的研究中，我们正感受着它的脉搏，抓住了所有创造性活动的精髓。

他们每一个人都值得我们单个去研究，同样地，每一个人与其同时代人物以及继承者的关系也值得我们仔细琢磨。在思考这么多不同类型的人物时，我们更加清晰地感受到，各种不同的生活模式都是向我们开放的。平常我们在其间摇摆不定的极端，已经以非常明确的形式阐述出来了，它们能够互相解释，进而能更加清晰地确定自己的位置。然而，随着时间的逝去，环境的更迭，渐渐地，永恒和短暂也容易被混淆在一起。一方面，体系的多样性似乎允许将所有的思想倾向概括为少数几个简单的类型，比如那些频繁出现于各个历史时期的主题；然而，我们相信它们同时也在稳步地变化着，并源源不断地产生出新的思想。生活和世界在不断拓宽的视野中展现出来。但是，更加困难的问题凸显出来了。整个叙述需要详细地告诉我们这场运动给我们带来了什么，对此我们不会草率地给出结论。然而，如果说哲学的历史从一开始就是一场战斗，那么在这场战斗中，每一个人都是互相敌对的，战斗的指挥者是如此地专注于自己个性的发展，以至于他们之间互相排斥而不是互相吸引，但我们也不应因此缘故对哲学的统一和进步绝望。一个学说与另一个学说的斗争是在这样的意义上进行的：只要它们根据的是各自思想体系已经取得的成就，只要每一个问题都只有唯一的，并且是最终的仲裁者——理智。我们的研究正是为了将我们从这些不完整的概念中拯救出来。当我们问伟大的思想家是如何看待生活的时候，会发现他们的思想源泉深深根植于生活过程本身，他们的思想进程是被某些生命的基本需要所决定的，它只是一种追求真理、幸福和崇高的内在努力的外在流露。在更广阔的层面上来讨论这个生活过程，许多事情都是相辅相成的；然而，对较为狭隘的概念思维领域而言，这些事情又赤裸裸地相互抵触。所有的分歧被整合进一个总体上进步的运动中去，我们在互相抵触的思想中找到创造性活动的真正归宿，这一切都是有可能的。如今，伟大的思想家们已经把这场运动最主要的部分提供给了我们，我们需要做的就是走入他们的内心深处，了解他们为此做出的努力。唯有在他们的指引下，我们才能从遥远的过去来到自己所处时代的门槛前。正是他们让过去变得鲜活，将人类业已实现的成就提供给我们，将我们这样一个纯粹瞬时性的存在移植成一个能超越时间经验的存在。我们迫切需要的正是这样一个更宏大、更有意义的存在，我们需要它去中和日常生活中的匆忙颠沛、党朋意识的狭隘和普遍标准的弱化。可以肯定地说，要解决好这些问题，我们最好让这些伟大思想家的毕生工作成为我们的得力助手。

然而，尽管有这么好的帮助，这项事业仍然充满了各种不同寻常的困难。我们能否更加接近研究对象？我们能否跟他思想交融，并且在研究过程中遵守最基本的客观叙述原则？答案取决于我们如何定义“客观性”。我们必然不想要那种惧怕一切主观判断的客观性，因为这种客观研究，不管有多么准确和彻底，所做的工作永远只是收集和整理资料；而且即使它对研究对象给出了一个不错的呈现，那也不过是无意间用一些惯常的表达去填补空白罢了。我们要的当然不是这种！每时每刻，我们的任务都迫使我们独自做出判断，去澄清和区分，去分类和筛选。像那种把比较无关的东西当作研究材料的事情，在工作中时有发生，所以我们的独立判断能力亟须得到锻炼：我们能否从纷繁复杂的表达中看到潜藏于其中并支配它们的统一性？我们能否分享这些伟大人物的心灵体验并且发现其中的有机联系，以及整个联系的序列？然而，当我们不赞成一个非精神性的客观性的时候，那并不意味着服膺于一种肆无忌惮的主观性。根据个人的主观偏好去解释这些伟大人物，或者没有确定依据的过度阐释，都是非常错误的。我们用这样的研究方法根本无法洞悉思想家的真实自我，同样不会对人类进程的内在脉络有什么了解，对我们一直努力想获得的那种宏大思想和宽广视野也毫无促进作用。那么，可以这样总结我们的研究方法：在我们努力去接触每一个思想家之时，我们不能过度干涉他们，或者把自己的意志强加于他们的头上。我们必须让思想家独立地表达自己，并且给自己安排一个合适的位置。最终的判断绝不能是个人沉思的结果，它必须通过对思想家本人以及他对整个世界所产生的影响清晰地描述，然后给出判断。没有任何事情比在读者和思想家之间建立起直接联系这样的工作更重要了。这个承诺同时意味着一种独立的立场，对所有熟悉这些问题的人而言都是清晰明确的，特别是涉及历史哲学的时候。

其他的困难源自我们跟学术专业化之间的关系。对专业化本身我们并没有任何争议，不仅详细的调查研究需要一种综合能力去整合琐碎的信息，而且那些比较综合性的思想本身反过来也需要这些细节去丰富自己的内容。我们对思想家与他的社会历史环境之间的关系了解得越准确，分析起他作品的内在脉络来就越娴熟，梳理出的轮廓就越清晰、越生动。分歧只会在这样的情况下产生，那就是当专家不能容忍他工作之外的成果时，当他认为只有自己的方式才能充分了解人物的整个个性时，当他尝试着把思想家的伟大解释为由无穷小的东西不断累积的产物时。因为，思想家的伟大之处在于他超越了仅仅停留在史实层面的解释：它是原创的力量源泉，它是赋予所有内在于它的事物以生机和活力的统一体。对它的认识，仅仅靠学识和批评肯定会走入死胡同，只有通过直观才能认识，这是一种能产生共鸣的创造性理解方法。那种蜻蜓点水般的研究很有可能导致我们偏离研究对象本身，它会在研究者和对象之间引入某些转移研究者注意力的东西，进而破坏了总体印象。因此，我们一定要小心谨慎，避免混淆偶然和必然、手段和目的，避免用原创研究代替精神直观。

在进入手头这本著作之时，我们一定要慎言谨行。但是困难吓不倒我们，也赶不走我们工作中的乐趣。尽管有如此多的困惑，我们在尝试着去弄清楚这些伟大思想家是如何看待生活的过程中，仍然会感受到一种独特的魅力，当然也受益颇丰。他们作品中流露出的对真理和幸福的强烈渴望，深深地俘获了我们的灵魂；并且那些灌注了思想家们大量心血的作品似乎有一种魔法般的作用，使人感到慰藉并充满力量。尽管我们每个人的信念可能会不一样，但我们仍然都为这些创造性天才所取得的成就以及作品的清晰明了感到高兴。我们的文化不断地使我们近距离接触到这些思想巨擘，我们的工作跟他们又有着千丝万缕的联系。然而，尽管他们与我们如此接近，可是作为一个整体，他们的人格却是不可思议般地陌生，似乎我们之间没有任何真正的熟悉和亲密。我们从万神庙外向里窥探，但是诸神并没有从高高的神位上走下来分享我们的艰辛和挫折，甚至他们互相之间看起来也没有任何交流。然而，当我们去探寻思想家们创造性活动的内在源泉时，当我们深入到这些能够展示思想家真实本性的深邃精神领域时，情形是多么的不一样啊！那些冷冰冰的文字重新充满了生机和活力，并开始向我们讲述自己。原来他们同样为那些决定我们祸福的问题所驱使，也像一个战壕里的兄弟一样并肩战斗，努力去完成一项伟大的任务——在人类生活中建立起一个精神家园，同时证明我们的存在既是合理的也是神圣的。我们最终打破了隔阂，进入了这些伟大的思想家之中，就像走进一个属于我们自己的世界、我们自己的精神家园一样。

第一部分　希腊精神

A.古典时代的思想家

I. 对希腊特征和希腊精神发展的初步评论

对希腊人一般特征的高估，经常让公正地评价希腊思想家变得困难。精神领袖费尽周折创造出的东西被稀里糊涂地归给了所有希腊人的自然禀赋。因为创造活动会在它的顶端发现内在的乐趣和幸福，而且在上升过程中会流露出心灵的安静，所以希腊生活普遍地呈现出一种永久的节庆色彩。另外，由于在伟人中间弥漫着一种鄙视纯粹功利算计的明显情绪，整个民族的思考和感情似乎具有了精神的高尚性。因此，天才的作品看起来不过是社会氛围的沉淀。但是，这种印象一经仔细省察就会立即消散。任何理解希腊人普通政治生活的不安与激情、嫉妒与怨恨的人，任何考虑了希腊人形形色色的贪婪与狡诈的人，任何把目光从希腊喜剧转而投向那经常是完全令人厌恶的日常生活的人，都会立刻相信，即使是希腊人也同我们一样。他们的伟大不是靠从自然继承来的禀赋而成就的，而是通过艰苦，甚至是针对自身的斗争换来的。因此，伟大思想家的地位应该被相对地提高，并且我们发现其毕生之作的影响远超出了他们的周遭环境。

但是，承认思想家相对于俗人的巨大超越性并不意味着我们要将他们与其所在民族的精神特征相分离。相反，日常的精神生活以其力量与鲜活、流变与乐观，为思想家做着铺垫性工作，并且围绕在思想家周围，起着刺激性、构成性、引导性的影响。如果不首先对自己的天赋抱有自信，思想家就不可能实现其目的；如果不能毫不犹豫地向盛行的传统开战，他们也不能成功。但是他们的工作中也不是绝无令人压抑的孤立和落寞，而这常常出现于文化更加丰富、生活条件更为复杂的后世。思想家与他们的民众之间的这种亲密关系，在民族力量开始塑造文明的时期最为显著，这也是我们最先感受到的。然而在希腊化时期，当思想视角从民族转向宽泛的人已成为趋势，当思考已然成了孤立的个体的工作时，这种亲密关系仍未消失。的确，即便在后来混乱的年代里，当希腊精神被外来元素的洪流所淹没时，民族生活的主线虽然变窄了，但依然保留着传统思维方式的痕迹。因此，即使迫近夜晚，太阳依然散发着光芒；同样，不朽的巨著因希腊精神的这种耀眼光芒而变得完美。

所以，要想公正地评价希腊思想家，我们必须先回顾他们所处的思想环境。说到希腊人，没有什么比这些更能感染人了——他们强大的生命力和提升每一项禀赋的顽强动力，以及在创造性活动中的青春洋溢和不断革新的愉悦之情。懒惰被无情地谴责；行动无须一个公认的回报——它在自身中快乐并沉醉。积极认识外界事物曾经一直是希腊智慧的本质。但是，尽管充满流动性，思想活动从未离开过当下世界，它从不擅自主动地创造事物；它只是赋予客观世界属于其自身的本性，并力求跟客观世界进行富有成效的互动。凭借这种互动，思想活动可以立刻塑造世界，并调整自己去适应它。因此，这里没有无病呻吟，没有不切实际地将互不相干的思想糅合在一起；情绪永远源自活动，并追随着活动。但是如果行动将我们和事物如此紧密地捆绑在一起，后者就可能于我们有益，而且我们精神性的本性也会和这些事物交流。希腊思维习惯于将它的环境人格化，并开启了对人类生活各个面向的反思。然而，由于这种思想活动从不剥夺事物本身的特性，所以它和这些特性一起对人类生活起着交互影响，并且将生活变得丰富、澄澈和高尚。因此，希腊人对自然的人格化堪称精致并富有成效，令其他民族难以望其项背。人类生活是如此客观地在宇宙中得以呈现，由此获得了彻底的净化并摆脱了粗糙的本性。

同样地，行动是对付生存中的危险和考验的最好武器。无论什么样的命运降临，希腊人都会以积极的态度面对，总是试图展示出自己的能力，并从每一次经历、每一次苦难中攫取某种理性的东西。他们用精神来回击一切敌对事物；即使不能完全战胜它，他也至少会竭尽全力地驱逐它。在这样的斗争当中，人展示了自己的能力，也确实获得了那种让自己超越这个世界的伟大灵魂。这样的态度不仅是所有对道德上的恶的轻视的对立面，亦是安逸的乐观主义的对立面。当生活经验清晰饱满地反映于一般人的心灵中，就如反映于希腊人的作品中一样时，敌对性的力量同时也会深切感受到。事实上，希腊精神严肃地跟各种形式的阻碍展开斗争，它坚定地改变着自身和世界。最后，这样的思想活动必然变得越来越内在化。但只要它还能坚持下去，它就会发现保持积极态度的方式；正是从这种积极的态度当中，希腊精神汲取了永葆鲜活的勇气，即使在艰苦生活当中，它也坚定地认为存在的核心是理性。因此，许多当代的杰出学者认为希腊人是悲观主义者，这是一个错误的论断。因为一个人不能仅仅因深切感受到了生活的苦难就成了悲观主义者。相反地，只有那种向苦难屈服，并因此而放弃斗争的人，才是悲观主义者。而希腊人从未如此。

正因为希腊人如此依赖活动，他们的作品中才饱含对生活和行动的关怀。人类社会，尤其在其天然状态下，看起来就像鲜活的个体生命。进一步说，没有什么比精神运动的化身更能表达希腊艺术作品的特征了。这种鲜活延伸到了最小的元素，甚至是那些死板僵硬的事物在此都会显示出内在生活的脉动。

这种对待世间万物的热情洋溢的态度，引导着我们去期待人的活动能充分利用现实世界的财富并不断开掘自身的丰富性。事实上，我们同时发现“文明”的作品以其惊人的普遍性扩展到了各个领域，几乎成功探索了所有人类的经验领域且都获得其应有之物。那些在其他地方会相互排斥的运动在此得以被一视同仁，并且，所有在文明发展中出现的主要倾向在当时都已萌芽。任何人如果对这一点表示异议，否认希腊人在诸如宗教、法律、科学或者技术发明等领域的伟大，那么，他要么是在用外在的标准来衡量希腊人的成就，要么就是将自我限制于那唯一被当作经典的时代。特别需要指出的是，当代批评家过度单一地思考什么才是希腊人最伟大的，但绝不是独一无二的特点，即他们过度关注于希腊人的综合能力及艺术化地塑造整体的能力。但希腊人同时也很擅长静观，有敏锐的分析能力，这些优点同样也应该成为希腊人精神图景中不可或缺的部分。

如此广泛的能力使得希腊人的作品能成为一个整体，而不被那种单个领域的特性所限制，它因此拥有充分的自由去汲取各个方面的事物。希腊文化就是在这种多方面经验的促进下不断进步的。一段意义深远的历史因为这种灵活性而成为可能，伟大的变革也可以在不丧失传统特征、不中断连续性的情况下发生。希腊人将生活的宽广与自由视为自身与蛮夷的最大区别——后者懒散而狭隘。

明晰和自由一脉相通。所有触动人的事物以及人所遭遇的一切，不管是来自外界还是内心，同样必须达到完全明晰。在晦暗没有被完全清除之前，在结果没有像日光一样明亮之前，任何经验都不能被视为人类生活和活动的组成部分。

然而，对清晰的追求分化为两种曾经既对立又互补的活动，即理论活动和艺术活动。

一方面，存在着一股去理解并通过严肃的思考去驱除世界模糊性的冲动。这里需要做的是在给定的混乱中找出秩序，并将所有现象联结起来，进而为生活的各种表达找到共同的基础，在百变世界中找到不变的实体。这种努力确实远比理论思考更为古老，甚至最早期的文学作品已经包含了关于万物的普遍秩序的想法，以及对模糊、盲目的偶然性的拒斥——尽管没有明确的表述。但是，理论活动无法上升到科学层面，除非把视角从有形的世界转向无形的世界。的确，通过独立成长，思想最终会强大到只信任自己的必然法则，甚至可以为了获得关于真正的存在的知识而牺牲整个感官世界，将其贬低为纯粹的表象。借助于这样的思想路径，希腊人成了形而上学的创造者。但是，这种构成希腊作品主要特征的形而上学，其特点远远扩展到了学院学科之外，因为伟大的思想弥散于希腊人全部的生活和创造性活动。甚至在个体的精神生活中，同样的冲动也引导其走向清晰和确定的意识。任何不能为自身提供理性说明的事情都被视为无意义，清楚的知识一定要伴随并指引一切行动。的确，洞见成了生活最隐秘的灵魂，而美德似乎取决于正确的知识；另一方面，恶成了一种认识上的错误，一种决断的错误。

但是，希腊人对感性知觉和艺术形式的强烈欲望平衡了这种理性的主宰地位，平衡了这种将存在的本质归结为抽象概念的解决方式。希腊人不仅想理解，而且想看，他们希望图像以整体形式呈现于眼前，进而一下把握其感性的存在。缜密的思考与轻盈的幻想互相陪伴，但后者并不是没有规则的，而是坚定地朝向平衡、秩序与和谐。这里的所有事物都倾向于呈现出完全确定的形状；所有的形式表面上看起来都是有限的，而自身却层次分明；所有的关系都被充分考虑到，并明确地建立起来；所有的个体都通过施加限制而获得了统一。这种构造活动扩展到了经验世界，从而将最初的混沌世界转变成一个有秩序的宇宙；它同时驱逐了一切粗野和怪诞。首要的是，眼睛必须被满足，因为它的感知揭示了美的壮观，将我们引向生活之巅。这种态度绝不容忍内在和外在的分裂，它不会为梦幻般的宣告和象征性的暗示所满足。对于它而言，描绘不是可有可无的，而是事物本身不可或缺的实现。依靠这种对于感官知觉的要求，活动持续地被带回到当前的世界，并紧紧地依附在那里。在思想没有寻求到统一之前，很难达成对事物多样性的认可，而正是这种认可维护了活动毋庸置疑的权利。与此同时，美令自身显现为严肃真理的孪生姐妹。这两种倾向的结合，即被理智力量所掌控的艺术形式，代表了希腊人创造性活动的最高成就。一方面，对形式的本能追求使得对真理的探寻没有脱离世界，没有陷入无路可走的困境，也没有迷失于无边无际的探索之中；另一方面，艺术构造获得了高贵的材料作为补充，避免了跌入单纯的魅惑和娱乐的危险。靠着这种互惠关系，整个希腊文化获得了内在的运动、永不枯竭的生活，以及长久的新鲜饱满。

即便是在这几个为数不多的特性中，一个完全与众不同的特征已显现出来；这一特征装饰了哲学家的工作和人生观的形成所需的环境。但是哲学化的人生观直到后来才出现，当它们出现的时候，一件相当可观的精神工作已经以内在解放的形式完成了。较为天真的时代已经成为过去，在这种状态下，人的生活与可见的环境紧密交织，正如《荷马史诗》中所描绘的那样。遗憾的是，由于中世纪的黑暗和无知深深地遮蔽了七八世纪的内在精神活动，我们无法追溯这种新环境的发展过程；因为这一发展在六世纪已经完全展开了，并且在五世纪的时候，它已经取得了圆满的成就。生活的所有主要领域在这时都弥漫着自由和严肃的精神。

首先，这是宗教当中发生的情形。古代的神灵尽管还为大家所膜拜，但其传统的表达形式却已然经受着彻底的批评。现在，任何冒犯纯粹道德理念的行为都会激发起愤怒。尽管和陈旧观念进行公开的斗争已经不能避免，但依然是以比较低调的方式进行着。也许很少有人注意到，关注焦点已悄然转向道德和精神领域。同时，对于整体性的追求日益增长，尽管神灵的多元性绝未消失，但是多神论已不再是多个神灵共存的一种简单信念了。因为人们已经认识到，一个单一的神圣存在遍及于所有现象中。另外，现在出现了新发展方向的萌芽，这些萌芽朝着不同的，甚至是冲突的方向发展。从理论探究的方面产生了一种泛神论的倾向，这种观念认为：存在一种完全可以理解的生活和一个非人格化的神灵，人的灵魂源自于这个神灵，并且人的生活在终结之后会重新回到这个神灵。另外，出于对世俗之物的不公正的强烈感受和对个人幸福和福利的渴望，一些人开始追求超越当下的存在，实现灵肉分离，相信个人的不朽以及对更好的来世怀有期待。这些观点可见于俄狄浦斯和毕达哥拉斯式的团体中。

同时，伦理生活也获得了巨大的独立性和内在性。尤其是，作为道德标准的中庸（Mean）观念成了主导，并立刻成为心灵的支柱和行为的标准。在伦理领域，也在其他广泛的领域，诗歌对精神生活的深化产生了有力的影响，这种影响确实远超出了警句家提出的名言警句的影响。韵律诗歌的发展也创造了丰富的情感生活，并提高了个体的自我意识。爱或者厄洛斯（Eros）[①]在造型艺术和诗歌当中找到了属于自己的表达。但是生活越是变得内在和敏感，问题就越发困难，人们对人类生存中矛盾的感受就越深。戏剧勇敢地向这些尤为艰深的问题发起了攻击，并以自己的方式冲击了人类的整体命运。在哲学给予生活以支持之前，诗人是智慧的导师，是传统和未来思想世界的中介。

其次，城邦生活的变化影响了人们的整体福利。民主的增长唤醒了个体的活动意识和运用权力的意识，这造成了人与人接触的增加以及生活发展的加速。人们已经不可能再把传统的政治制度当作不证自明的了：法律是人为编纂出来的，自此产生了一些普遍的问题。人们开始追问现存秩序的合理性，开始比较自己的城邦和别的城邦的政治安排，开始尝试新的模式。因此，很多东西都进入了变动的状态，很多领域也都可以进行批判性的讨论。另外，由于在和其他民族的文明的交流中，贸易和商业得到了急速发展，尤其是殖民地建立起来，生活上的对外扩张也随之发生了，这种扩张强烈地刺激了希腊人的心灵。因此，哲学在殖民地的产生就不意外了。

随着生活方式的变化，世界观也随之变化。在希腊人眼中，哲学并非源自人及其幸福的问题，而是从作为整体的宇宙出发，致力

① 厄洛斯是希腊神话中的爱神，这里指爱或爱欲。——译注

于以自然的方式，凭借世界自身的内在连接去理解它——哲学是在寻求不变的本质或定量的关系。它被迫轻视对事物的第一印象，而且要摧毁其可见形象。但是，哲学凭借它对事物本质十分的确定直觉，在一个承载着天才印记并激发我们永久好奇的简明轮廓里重构着世界。因此，神话式的世界观被成功超越，但不是通过直接对它进行攻击的方式，而是通过提供替代品的方式实现的。

这种试图独立解释事物的努力，在天文学那里获得了额外的援助。通过展现星体的运动是恒常而且符合法则的，通过发现宇宙结构当中的固定体系，希腊人证明了甚至是神灵也必须抛弃专属的权力而服从自然法则的统治。事物本身具有的独立秩序与和谐，以远比干预事物的发展过程更为确定的方式，宣告了世界的合理性。这种合理性不仅统治了宏观世界，而且扩展到微观的事物和那些显然无法接触到的事物，正如在数与极限的关系中所呈现的，它以一种惊人的方式，通过音律之间的数学关系的发现而被揭示出来。医学也对世界观产生了强烈的影响。这种科学不仅因其对健康的关注而不得不弄清楚其所属领域的因果联系，而且它还在整体上提升了因果观念的准确性。它同时揭示了人和自然的紧密关联，并识别出了人自身中的小宇宙——微观世界，它蕴含了这个伟大世界的所有主要的液体和力量。

最后，人自己的生活和行为也属于客观考察的范围。历史学家的艺术无法获得独立性，除非他们的工作也显示出同样的批评精神，具有区分和筛选的权威性，以及在对人类命运的判断中驱除和限制超自然的因素的影响。尽管作者个人会保留对无形力量的敬畏，但是研究的趋势已经转向了通过因果关系来解释事件，转向了分析个体命运与个人行为之间的关联。

所有这些活动的同时发展就像一幕令人惊叹，并且在历史上独一无二的戏剧。在这里，不可比拟的旺盛活力和鲜活丰沛不断昂扬上升，这源自一种面对机警、自由和强悍的存在而产生的朦胧的困惑以及孩童般的温顺。内心生活的独立性不断增强，狭隘的人类视角越来越屈服于一个被宇宙知识所启发的视角。在这些变化之中，对人类力量的意识觉醒并增长，伟大的人物出现并显示出个人特性，精神的不安掌控了世界，普遍性问题凸显并占据了思考，在每一个地方都有一种清理、解释并在精神上吸收事物的冲动，思想作品和大众文化在每一个地方都获得了强势发展。

然而这种新事物的发展和旧事物的衰落过程，在最初却没有导致突然的断裂或完全的革命。在强化自身能量的时候，人类还没有斩断自己和事物之间的联系，也没有动摇日常的组织。个体仅仅依赖自身就敢大胆地无视世界的时刻尚未到来。

但这个时刻不得不到来，它也确实到来了。更大范围内进行的诸种精神运动导致个体力量不断增长，以至于最终在兴奋和积极的心灵当中产生了一种无限制的优越感和彻底的独立精神。这一趋势将精神解放变成了“启蒙”，而且只要平衡一直没有实现，启蒙一定会愈加激进。思考分化成了无限制的理性主义，这种理性主义把一切不符合它的推理过程的事物都斥之为无效。它最终发展成了消极和放逸的力量，更变成了历史传统的死敌，因为所有被它带到理性法庭的古代实践和习俗，都已经被传唤去接受审判了。如果没有任何建构性的东西可以补偿这一解构的过程，生活必然会变得越来越空洞，而且最终会遭遇灾难性的危机。

这种激进启蒙的趋势是智者派展现出来的。因为我们拥有的关于这些导师的资料都来自于其批评者，而且这些批评者所得出的结论很可能误解了智者们的原意，这一客观事实导致了对这些思想家进行公正评价显得尤为困难。首先，智者派不是理论家或纯粹的哲学家，而是导师，在实际生活中怀有各种聪明伎俩的导师。他们的目的是让弟子能够成功地应对各种事务，他们特别重视通过严格的修辞训练和辩论训练来培养弟子们超越他人的优势。这些目的迎合了时代的需求，而且起到了唤醒和发展人的心智作用。但是过分与功利之事纠缠不清带来了许多问题，的确有待商榷。因为整个运动奠基于这样的信念：没有客观真理，我们不为任何宇宙秩序所限制；相反，任何事都取决于人的意见和兴趣。因此，人变成了“万物的尺度”。这种说法可以给予不同的诠释，而且确实可以被理解为表达了一个意义重大的真理。但是在人的偶然性和本质性尚未分别的情形下，在人性的观念还没有脱离每一个存在于当下的个体时，这一说法意味着放弃所有普遍有效的标准，意味着真理将屈服于人们一时的任性和并不稳定的个人偏好。换句话说，它意味着所有的事物可以根据不同的意见以这种或者那种方式发生变化，而且会得到不同的评判；意味着看似真的事情可能被证明为假，而看似假的却有可能是真的；意味着任何原因都可能会因为必要或者人的一时兴起而被捍卫。这样，生活渐渐沦为每个人谋利、自我沉迷，甚至是炫耀的工具，他们感受不到约束，感觉不到尊重；他们嘲弄法律仅仅是一纸空言，是弱者的虚构，这些弱者反对将强者的力量和优势作为真正的天赋权利。因此善就是能产生效益的，所有的价值评估都是相对的，信念找不到驻足之地，行为找不到可以提升自我或者值得尊重的目标。的确，这样一种相对主义的理念也有其道理，而且每一种哲学观一定会给予它适当的考虑；但是一旦上升到了统治的层面，它就成了所有伟大和正确之事物的死敌。它的辩证法会不可避免地瓦解所有固定的基础，它的花招诡计会摧毁生活的严肃性和深刻意义：对力量的主观性感受、所有关于力量的高谈阔论、对缺乏真实强制愈加的无遮无掩、智者派思想结构的空洞性。这些狡诈和轻浮的举动终究会结束。然而，没有什么比长时间轻浮地对待人类的幸福与其精神存在更不能容忍的了。

但是，给智者派找茬要远比超越其立场容易。主体的解放不允许轻易被废除，因为它已经永远地摧毁了纯粹权威和传统的力量。这一立场只能为生活的内在发展所超越，在这一过程当中，主体在自身当中发现了新的关系和法则，还发现在其灵魂当中冉冉升起的一个精神世界，这个精神世界会让人摆脱任意的力量，并给予其内在的稳定性。实现这一超越被希腊哲学认为是最伟大的事务，也标识了希腊哲学发展的顶点。

这一运动由苏格拉底开启。苏格拉底活动的特点在表面上和智者派是如此相像，以至于许多同时代人都认为苏格拉底和智者派是一致的。他也是一个活跃的导师，试图为年轻人安排生活，他也论证和讨论，希望在理性的藩篱前建立一切事物。对于他而言，人类是主要的兴趣对象，简言之，他看起来是一个与其他人一样的“启蒙者”。但不同于他们的是，他取得了一个稳定的位置，自此所有的思想和生活都被转换了。苏格拉底清晰地意识到各种各样、不断变化的大众意见和科学思考的概念之间有着深刻的不同。在这些概念当中，有一些看起来是固定的、不朽的、普遍有效的东西，它们产生了强烈的影响并排斥一切任意的事物。因此，生活的整体变成了探究的主题，因为现在的目标是通过概念的分析和批评去测试人类经验的整体内容的有效性，去驱逐所有的幻想，将生活和行动还原到真实状态。在这种努力当中，苏格拉底没有完成一个完整的体系，他的工作依然是一种持续更新的探寻。的确，他发明了一种特殊的方式去发现和定义概念。不过他不能独自运用这种方式，必须在和他人的交流中，在可控的对话中才能使用。所以他的生活和劳作成了永不停息的对话。他不断地跟人进行交流，因为他的整个探究关注的是如何过一种有道德的生活。通过把生活的基石建立在理性的洞见上，善就不再是个体意见的反复无常，一种新的德性概念取得了成功。现在最重要的不再是外在的表象和人类社会的结果，而是内在的一致性，灵魂的健康与和谐。内在生活因此获得了独立性和自我的价值，而且它如此专注于自身，以至于所有关于外在命运的问题都黯然失色了。的确，这些新的理念没有得到非常完美的贯彻和执行，但是，这一运动没有任何方面是不足道或无意义的，也没有偏离整个努力的大方向。然而，对内在本质独立性的揭示和接受仍然充分地发挥着威力；所有的不完整和不协调，在苏格拉底的毕生之作所呈现的真实和坚定面前，特别是在作为他封笔之作的英雄式死亡面前，都毫无重要性可言。因此，一种更为坚实的基础建立了，并由此开拓出了一条新的道路；在柏拉图的笔下，希腊的人生观迅速达到了其哲学巅峰。

Ⅱ．柏拉图

(a) 引论

事实上，梳理柏拉图的人生观是整本书中最为艰难的任务。

主要原因在于他的著作呈现出的伟大人格包含着截然相反，甚至是相当矛盾的多种倾向。柏拉图站在所有高贵的思想家之上，穿透一切表象，并且超越了之前众多关于事物无形本质的讨论。他以超然的力量让一些世界统治另一些世界，轻而易举地推动蒙昧的大众，使矛盾中最顽固、最凝滞的部分开始流动。然而，这位伟大的思想家同时又是一位天赐的艺术家，处处被神灵推动着去创造性地幻想，以有力、生动的描述勾勒出盛大的图景，运用无穷无尽的想象，将各形各色的思考汇集成流光溢彩的华章。这种想象是如此强大，以至于在他作品的内在结构中，教导性的论断和诗意的神话经常不知不觉地融合在一起。但柏拉图的思想和诗意只是伟大的道德人格的流露，道德人格本身便是至高无上的试金石，也只有它美好而珍贵，能够提升整个灵魂，强化、净化生命，使之高贵。“地上地下的所有金子加起来也比不上美德重要。”在这里，高尚的精神驱赶走了一切肮脏和庸俗，人类行为中对无形约定和艰巨责任的觉醒使它的意义显得更加深远、更加重要，那是一种无以言表的肃穆。此外，柏拉图的情绪和措辞还显露出那个时代的新思想倾向——宗教中日益增长的、关注内在性的倾向的影响。

正是这些不同的力量，在柏拉图毕生之作中相遇，随之互相强调、推动，赋予了柏拉图独一无二的崇高和伟大，但是，这种情况也产生了完全无法调和的矛盾。各支思想力量的展开都太过独立，没有经常性地与其他思想进行碰撞；这里存在太多的分歧和阻碍，以至于呈现出这样一个结果：作为一个整体，柏拉图的思想是不断发展的，只不过时而往这个方向发展得多一些，时而在那个方向上更深入一些。

考虑到这么多相互矛盾的思想倾向，我们无法驱散笼罩在柏拉图作品时间排序以及他本人的内在历史之上的迷雾，这令人相当苦恼。尽管，某些主要的时段已经非常明了了，但是，这些阶段的分界点和过渡时期在哪里？每一个不同时期的主题是什么？对柏拉图自己而言，他毕生工作的最后结论是什么？对于这些问题，即便是那些所有心思都扑在柏拉图作品上的专家，到目前也没有十分确切的结论；以至于如果不进行大胆的猜测，研究工作就难以为继。不管怎么样，本书会尽力避免以上所说的这些分歧和矛盾，我们主要关注那些柏拉图作为理念论先驱出现于其中的著作。因为，正是在理念论的学说中，柏拉图实现了他最为卓绝的独立性，并凭借这一思想，深深地影响了人类社会。

(b) 理念论

柏拉图的哲学目标源自他对社会环境的深深不满，甚至是彻底的决裂。直白地说，是雅典的民主制，即“乌合之众”的行为，激怒了他。这些“乌合之众”既没有任何诚意，也没有什么真知灼见。他们受摇摆的欲望和任性的想法驱使，妄加评判那些最为重要的事情。他们借着喧闹与嘈杂，让那些追求文明的人偏离其真正目的。但是，对于柏拉图哲学化的心灵而言，他自己所处的时代与国家的需求已扩展成为一个关乎所有地域、所有时代的问题。柏拉图视每一项仅为寻求自足和逃避对上级权威的责任的事业为微不足道和必然不充足的。由于受到对独立性的空洞贫乏的表述所支配，这些努力绝不会产生超出表面的德性和幸福之外的任何东西，这些表象因其自我满足的特征为大众所反感。所以这位思考者把他的视角从人类转移到了“大全”(the great All)：他恳请我们从充满了嫉妒与敌意的日常琐事走出来，去瞻仰那永恒公正的宇宙秩序，这种秩序持续地出现在我们在安宁的苍穹之下的想象之中。与宇宙秩序之间的这种联系让我们的生活变得更广阔、更真实、更纯粹，也更永恒。因此，柏拉图试图超越人性，从生活的社会规则转移到它的宇宙规则。

但是这种新生活立刻遭遇到了一个明显的、不可跨越的困难。感官世界已被科学工作瓦解并砸碎，尤其是它形式的易变性和永不停息的事物之流。显然，安全稳定的生活已不可能建立在感官世界的基础之上。所以，如果感官的领域就是唯一的世界的话，所有的试图从"大全"出发为生活找寻安全根基的希望就会落空。难道在感官世界之外、之上不存在另一个世界吗？实际上，苏格拉底关于思想和概念本质的理论打开了通向这一更高领域的视野。在概念当中，某种区别于流动意见、固定且普遍有效的东西被识别出来。对于苏格拉底而言，这种普遍性看起来确实仅限于人的思考领域。但是因其整体上对宇宙秩序有更多的倾向，柏拉图往前迈出了重要的一步。他争辩道：概念，除非超出了人类思考的领域，进而和事物当中的实在符合，否则就不可能是真的。这种观点和希腊人的普遍态度是一致的，即不把人从世界分离出来并凌驾于世界之上，而是把人和世界紧紧地整合在一起，把所有发生于人的思考领域当中的事情都解释为事物本身的呈现。此处，较为低级的生活要服从较为高级的生活。因为对于柏拉图而言，"大全"并不依靠我们的火焰被点燃和获得滋养；相反的，我的、你的，以及所有生命的火焰都源于前者。如果在我们和事物之间存在着这样一种紧密关联，而且灵魂通过与"大全"在本性上的协同获得其精髓的话，那么就必然存在着一个从较低级世界内容到较高级世界内容的推论。在柏拉图的心中，一种靠永恒的概念获得的知识是不容争辩的，这区别于那些流动的、不确定的意见。因此，他总结：在大全当中肯定存在着一个不可见的、不可朽坏的世界，这是一个超出流动的感官世界的思想实体的领域。

以这种方式，柏拉图到达了他哲学信条的核心——理念论。理念这个词，原初意指显现、形象、形状，甚至在柏拉图之前的哲学中就已经开始被使用了。自此以来，它获得并保留了一个技术化的含义。现在，它在由所有事物组成的世界当中指代概念的对应物，即一个只可为思想所通达的、永不朽坏的本质或存在。理念论给我们的概念以稳定性和客观性：理念是一个大胆的逻辑想象，它把概念融入宇宙之中，而不是将其实体化为某种与我们相对立的、具有独立本质的事物。对于柏拉图而言，以如此方式源起的思想世界成为一切实在的核心，即感官世界的承载者。

这是一场可以用最激进的词汇来描述的革命和重估：思想史绝无更伟大的了。此前被视为心灵居所的感官世界现在后撤了一步，而那个只可为思想所通达的世界成为第一的、最确定的、最直接在场的世界。事物的可接近性和可知性现在不是靠感官印象来衡量了，而是依据它们对于思想的透明度。在空间中延展着的可感世界，因其顽固地抵抗着被分解为纯粹的概念，只能带着它的可感知性处在模糊的暮光中。但是理念却可以独享充足的日光。因为这种转化，灵魂构成了我们本质的存在，而身体则变成了某种外在的，甚至是不相干的东西。同样，现在也只有精神的善才会唤起我们的努力了。

但是，由于知识的绝对主宰作用，这种精神性获得了一种独有的特征。知识自身——注视着无形世界的心灵之眼——引领我们离开感观的幻想，走向实在之域。与这种发展紧密连接的是我们生活的独立性和内在性。严格来说，它确实会构成生活的单一内容。

这个结果是一个完全的改变，但同时亦处在单一发展的危险之中。假若生活整个地被调到了精神的频道，实际存在的丰富性就会被当作对完全的非物质性和永恒性存在的欲求的牺牲品。然而柏拉图补充了艺术方面的旨趣，并将之视为对一个稳定和有价值的存在十分重要的部分。因此，对知识的渴求中也囊括了对美的期待，理念论也只有在二者的结合之中才是完整的。事物不可感知的本质依然以纯粹的形式显现，这种纯粹形式凭借其强大的能力，将各种现象捆绑在一起；与个体事物昙花一现般的存在不同的是，这种纯粹形式可以永葆青春，并自始至终都不断地施展着能够凌驾于可感世界之上的塑造力。柏拉图发现，相型（Form）① 活跃于整个自然，同时也在灵魂的内在生活和人类社会的构建之中。因此我们会说，在这里，相型遍及万物的现象首次被思想所把握，同时我们也实现了对所有事物价值的重估。相型不仅仅是永恒的，它也是美丽和诱人的。因此，真正的存在以善和理念来揭示自身，本质的世界亦是如此。所以，暂时的存在在此显现了远为亲切的一面。这些暂时存在确实成为完美原型的复制品，引导着人的思考坚定地朝向后者，并激起生生不息的强烈愿望。

真和美的这种结合意味着对理性普遍力量的坚信。尽管事物的本质也是美和善的，尽管事物因按比例分有存在被看作更好的，

① 相型即是理念。——译注

但是在那里，善依然有着绝对的优势，依然高高在上地统治着世界。根本恶（radical evil）、令人瘫痪无力的原罪（original sin）将没有容身之所：的确，恶的倾向可能会退化和歪曲，但它们不会腐烂、灭亡。那么，如果加以引导，对生活的热切期盼会变得高贵而合理——尽管存在着各种危险和冲突，快乐的情绪还会由此而生。

尽管柏拉图的理念论仍面临着各种问题，但它揭示出了我们不能忽视的伟大真理。它表达了对现象的认知，即在人们的偏好之外存在着真理的领域；真理的效力无须我们的赞同，它源自真理自身存在于一个远高于人类思想和力量之上的领域。这样的信念为科学的独立性和文明的稳固建立奠定了基础；只有那种独立的真理才有资格提供规范和法律，并通过这种方式把人类凝聚起来，进而提升人类生活。但是，这也是所有唯心主义（idealism）的中心思想；因此，唯心主义的标签一直贴在柏拉图的名字上。

（c）生活之善

柏拉图对生活行为的理解直接遵循理念论，其特征可以概括为：所有明智的生活依赖于洞察力的培养；如果没有洞察力，生活会迅速沦落为错误的受害者。不过在现实的操作上，生活倾向于按照对称、和谐的艺术原则塑造自我。因此，在希腊文明中，坚信知识的确定和坚持形式的优美——这两大主流思想交会在一起，并相互渗透、相互促进。可以说，柏拉图代表了他那个时代人民智力成果的巅峰水平。同时，他心中所有的伟大观点在这些创造性作品中如小溪般涓涓不断地流着，一股纯洁、高贵、至高无上的人格力量在其中奔涌，为民族的发展做出了新的独特的贡献：在寻求真和美的所有过程中，他强力的灵魂着实在寻求至善、至尊，以及一切能提升整个本性的东西。

知识无疑是生活的向导。只有经过思考的审查，事物才具有合理性。明智的见解回报美德以真诚，因为它自身能够渗透表象，将我们从对传统道德的空洞遵守中解放出来；它自身能够在人的个体本性中建立起美德，从而真正地赋予其行为以自由。那种大众称为美德的东西，实际上与物质上的成就没有大的不同，与其说它是个体的行为和选择的产物，倒不如说是社会环境的产物、习俗和习惯的产出。正是这种正确的见解第一次让行为和内在本性的独立成为可能。

美同样也必须接受思考的洗礼，以便净化掉那些热衷于低级趣味的庸俗想法。因为思考能从美中剔除那些只为吸引感官的东西；也只有从肉体上解放出来，只有上升到纯净的灵性高度，美的本性才会完美。温克尔曼（Winckelmann）诠释了这一点："像万物在火的炙烤后升华而成的一种精神。"因此，追求美的希腊人也在哲学中找到了美的表达方式，甚至在科学思想的世界中成为一霸。

正如美与寻求真理不可分割一样，至善亦是如此。在柏拉图的思想中，哲学不只是以新近语言阐释的理论，而且是对整个存在的复原，对整个人从表象到本质的提升，是唤醒那些为平凡生活所打败而沉睡的人，是对所有知觉及一些低级冲动的净化。对本质存在领域进行探寻的动力，源自内心最深处对整个人类的意愿；诚实驱动了这种探索，这就意味着与表象决裂并寻求真实。鉴于不变的存在被当作最高的善，真和善也就得以再次交会，但这样的存在也只能通过寻求真理来揭示。最终，柏拉图认为，至善理念是所有理念的最高点，它指引着寻求真理的过程，它教育我们要依照目的来诠释所有发生的事情，从而成为理解所有实在的关键。

美和善的联结更为紧密：它以扫除一切障碍的力量活跃在生活的方方面面。柏拉图对美的阐释，表明他与他的人民有着密切的接触，因为他赋予刚抵达巅峰的古典之美以哲学视角的审视。这里，美大体上比较像塑料分类；它既要求明确区分多重要素，又要求加强对每一个要素的塑造，还要求完成对结果的有力整合。因此，典型的古典之美是关系稳定和比例分明之美，是形式鲜明之美，也是内在生活饱满之美。

这一关于美的描述，不过是这位思想家的犀利一瞥。而就通过这一瞥，他便觉察到，在大全世界和人类活动的空间内，事物昏暗的表象之下隐藏着本质；限制与约束，对称与和谐，尽收于他的眼底。因此，在深邃的天空中，恒星们尽管不停运转，却是持久的稳定一致；在自然的内在机制中，万物的构成符合严格的数学关系。

但是，在这个伟大的世界里，有一些事物正在发生并产生着深远而明确的影响，变成人类生活中需要用行动来证明的问题：所有和谐中最重要的是生活的和谐，而希腊人似乎凭借本性便可以实现这种和谐。人的确是一种充满各种冲动的存在，因此必须被限定在一个固定的范围内。但生活细节中对称的充分实现依赖于在正确意见指导下发挥自己的能动性。关键问题在于，在这样的一种见解的指导下，如何驱散最初的迷茫，如何开发我们的天赋，如何阻止它们相互侵犯，并最终将所有的成就纳入到协调的毕生之作中。在那里，所有的限制和模糊将被驱散，所有的活动拥有一个固定的目标，甚至是效率也不可被随意提升。当每个人各司其职时，整体达到最优，生活变得美好，所能造就的就只有幸福了。这样的信念蕴含着它本身的教育理念：人不应该为一切和得到一切而培养自己。不如让每个人选择某个单一的目标，并全心全力地去做。认认真真地做好一件事远比漫不经心地做了很多事要好。换言之，这是一种贵族式理念，它有意并激烈地对抗民主所倡导的为了一切而教育的理念，即教育应当涉及多方面又尽可能对每个人一致。

由于生活的和谐几乎因此成了我们的创造物，在将我们的意志和倾向融入其中的过程里，它演变成了一种道德的产物，变成了正义的德性。因为正义恰恰存在于其中，行使其职责，给予每个人所应得的，使人完全投入到本性和命运所赋予的工作中，而不是侵犯其他的领域。因此，正义不过是将生活的和谐纳入到人的意志中。就其本身而论，对于柏拉图，如同对希腊人民一样，正义变成了道德生活的中心概念，变成囊括一切的德性：正义不仅超越人类空间，它还像宇宙道德秩序一样有用。最终，人类会根据品德要求而行事；善有善报，恶有恶报，如果不是在这种生活中，也当然会是在其他的生活中。

据此，如果德性在于个体存在的蓬勃活力与和谐秩序，那么它会变得完全自立；努力具备德性将成为一个人精神生活中永不停息的功课，并因此成为从社会环境压迫中解放出来的方法。在南方民族中，习俗有一种特殊的掌控权，但从柏拉图的时代开始，即使在那里，也有强权人物的积极反抗。随着这一追求倾向于精神化，其主要目标变成实现个人理想，而非满足他人的期望；不是表象，而是存在和至善。这种向内心本性的转变第一次使得生活独立而真诚；同样，无可比拟的高贵幸福、更纯粹的快乐也因此而成为可能。柏拉图有力而刚健的本性并没有抛弃幸福，和民众一样，他只是没有从外在事件和成就中去寻找幸福。更确切地说，在事物本身中寻求幸福，使得柏拉图能够毕生从事一项伟大的工作——提升人的内在本性。先要对了解整个生命活动抱有强烈的渴望，之后要能将其全部整合进和谐之中。做得好坏与否，直接决定了我们生活的成败和我们的祸福。因为按照柏拉图所说，在生活中，不管是和谐还是冲突，人总会清晰地察觉、真实地感知到它的存在，不存在幻觉。因此，灵魂的实际状态真实地反映在快乐或者悲伤中；正义及其和谐能够给我们带来的幸福，远超其他任何形式的幸福；而且，恶意及其对我们真实本性的冲击、抵制和毁坏，会给我们带来难以忍受的痛苦。

自主能动的德性和幸福的形式之间不可分割的连接，构成了一个积极快乐的种族智慧发展的巅峰：这是希腊哲学终其一生所追寻的理想。根据这种设想，快乐是自然而然的结果，而不是行为的动因；善有其内在价值，有其内在美，这种感觉令人快乐、着迷。在这样的地方，所有关于回报的微不足道的想法就会消失。赋予快乐这种内在基础，意味着要打破命运魔力对人的驾驭。外在环境中所有的贫困和敌对，不能改变灵魂凭借自身行为所创造出的状态；灵魂状态的优越性和自足性只有通过对比才能变得更强大、更明显。即使坐拥所有的财富，作恶的人依旧痛苦不堪。的确，繁荣富裕只会使得他越发难受，因为在富饶的土地上，恶会越发滋长；但是对良善之人来说，生活的内在光辉首先在障碍和痛苦面前得到彰显。基于这些理念，柏拉图描绘了一个正在受苦的正义之人的形象，他在死之前一直被外在的不公正所纠缠和折磨，但他内心的高贵在磨炼中闪耀着光辉——这幅图景在通向基督教理念的外在路径中更明显地揭示了两个世界的内在分歧。

(d) 禁欲主义和世界的美化

作为纯粹形式的真理领域和当下的存在领域的区分对于柏拉图哲学具有绝对实质上的重要性。两者之间有一条不可逾越的鸿沟，历史研究也没能缩小这一分裂。柏拉图越积极地坚持——精神的善存在着无法比拟的内在价值，他就越确信——这些善凭借自身构成了一个与缺乏真理和完整性的世界相对抗的领域。这种从理念到现实的严格区分会对人类行为造成怎样的后果？行为能够兼容两者吗，还是应该更倾向于理念？柏拉图无条件地禁止了后种提议。当真实存在的世界需要我们毫无保留地奉献时，我们为什么要吝啬自己的力量？当通往永恒的大门敞开时，我们为什么还要以瞬时性来审视自己？当我们可以凝视原型的纯粹之光时，为什么要逗留在映像的黯然暮光中？在这条道路上，柏拉图对永恒存在的强烈渴望一直推动着他前进——他以实在的永恒性和简易性丈量感官世界，拥有无数变换形式的感官世界便沉寂于带有欺骗性的表象之下。因此，将自身从这欺骗性的幻觉中完全地解放出来，并奉献自己所有的爱、力量和努力，以找到永恒不变的存在成了问题中的问题。柏拉图顺势规整出了一种独特的禁欲主义类型。

从这种提升来看，那些迅速将我们围裹其中的生活的毫无价值和虚假，变得显而易见。并不是说，此种生活自身在细节上有所缺陷；而是说，它整体上就是失败的，尤其是它的基础。因此，在知觉将所有事物拉低到它的高度时，就不存在纯粹的快乐；高贵的事物会被歪曲，所有的努力会被引向表象，而不是事物本身，而现象无止息的流变根本无法带来持久的善。在我们被放逐的感官的黑暗洞穴中，真理伟大明亮的世界只显露出微弱短暂的影像。如果思考能够为我们打开从这样的束缚中逃脱的大门，我们不应该高兴地走出去吗？我们不应该勇于挣脱那些将我们束缚在这阴暗之域的绳索吗？但是，所有以善为彩头的事物会迅速攫住我们——美丽、富有、身体之力、特定关系。因此，要想成为真理的真正朋友，我们甚至必须要在内心放弃这些东西。对灵魂而言，身体是一个监狱，也是一个坟墓。只有驱赶所有的快感、欲念、痛苦和恐惧，它才能获得自我救赎。因为这些情感会将灵魂绑缚在身体上，使得灵魂错将感官表象世界误作真理的世界。但只要每日生活的琐事还有些微价值，它们就会控制灵魂，灵魂就无法从这些情感中逃脱。因此，必须冷漠地对待这些情感，并仅仅在理智活动中发现快乐——比如说探索真实存在的相关知识。通过分有永恒的善，明智和勇敢的灵魂敢于睥睨命运的打击。“在不幸面前，最好保持沉着，不要气血上涌。因为在不幸中，无法轻易察觉出善恶；那些经受灾难的人也很难因此得到什么；甚至所有其他人类活动，大体上也没有值得付出如此伟大热忱的。”我们不应该像女人对他人的灾祸那样表现出悲伤，而应该男子汉般地去救死扶伤、帮助弱小。只有彻底将情感生活整体置之身后，英勇地将自身提升到快乐和悲伤的世界之上时，一个人才能取得完全的胜利。通过生活这种从情感存在的束缚中的释放，死亡失去了它的狰狞；它变成了“从错误、非理性、害怕、狂野、激情和其他所有人类弊病中逃脱出来的一种方法”。对空灵化后的灵魂自身而言，所有的真理得以揭示出来，因为只有纯洁才能与纯洁的灵魂相沟通。也因此，逃离世俗、逃离死亡，变成了哲学的主要问题。现在，它意味着从迷离恍惚的梦魇中进入完全彻底的清醒，从光怪陆离之地回归故里。

我们这里讲的是完全意义上的禁欲主义。的确，在柏拉图的禁欲主义和中世纪的禁欲主义之间，存在着一条宽阔的鸿沟。柏拉图倡导的禁欲主义，只需放弃感官和单纯的人类存在，而不是整个世界。他认为，作为奋斗目标的永恒存在并没有超过作为信念和希望目标的范围，永恒存在甚至以短暂的存在方式，寄居于这样的生活之中，贴近亲缘本质的灵魂；永恒存在并没有表现得像上天的高尚赠予一样，拥有更高权力，而表现得像是一个人自身活动的结果，像是人类自由的产物。

但即使是如此解读柏拉图的禁欲主义，我们依然要与整个人类的瞬时存在状态决裂。放弃所有的痛苦和快乐，放弃人类所有的关心和烦恼，存在将失去全部的生活内容，存在的无限丰富形式也将会沉入无形无相的永恒深渊中。

在这样的禁欲主义中，我们也只是了解了“真的”柏拉图和“一致”的柏拉图，绝不是整个柏拉图。经过了可观的修正，实际上可以说是经受了所有的禁欲主义拥护者从个体角度所发出的全部拷问，柏拉图的禁欲倾向没有忽视普遍的人道主义主张。柏拉图可能真的可以将自己从感官世界中割裂出去，但整个人类却无法跟上他的步伐——考虑到更为弱小的盟友们可能会出现的自我满足情感，柏拉图最终还是会被拖回到感官世界。在东方，甚至经常在基督教的土地上，仅仅勉强程度的让步，都能够在柏拉图处寻觅到偏向自己的支持。就理论知识层面而言，柏拉图作为一个希腊人，也作为美的知己和美的发现者，被数以千计的纽带绑缚在现实世界之上。上述事实也迫使他必须在感官中搜寻至善，并乐在其中。

特别的是，柏拉图尝试着在精神和感官、实在和表象、永恒和一瞬之间插入中介联系，提升感官世界，以免生活出现分裂。对柏拉图而言，这种尝试别具一格。灵魂作为精神和感官本性的中介，从前者攫取永恒的真理，并在后者中过自己的生活。在灵魂中，努力奋发介于思维天赋和感觉之间；在认知中，正确的意见横亘在知识和无知之间。同样，在国家理论和自然理论中，对立面通过中介方式被联结起来，所有的现象处于一个层级序列中。最终，至美成为连接由秩序、比例、和谐统治着的纯净精神世界和感官世界的纽带，也因此赋予了后者神性。

然而，对于柏拉图而言，这些高与低的统一，不仅来自所有对上述内容的领受，更来自感官及人类对神性的直接渴望。在这个有限世界里，为了使有限自身不朽，对至美的渴望和对永恒的渴望相互掺杂、不可分离。爱，或者说厄洛斯，正是人类追求永生的渴望。这种渴望只有在追寻知识的过程中才能被完全满足，也因此才能与至真和永恒实现完美的统一。然而，这种爱通过一种不断上升的过程弥散在整个宇宙中，柏拉图也在沉思中愉快地沿着不断向上的爱之阶梯拾级而升。

这样的转变使得瞬时世界变得更有意义，它增加了人类的生活财富。知识不再构成它唯一的内容，而仅仅是坐拥高地、向四周辐散着理念之光。较低领域恰恰在通往这高地的路途中，获得了价值；而我们的双眼也只能慢慢去适应理念之光。此外，正义理念及和谐理念通过使低级领域成为整体的一部分，并将低级领域设定为一种特殊任务，来提升它。这种任务的完成攸关于人类灵魂中和城邦中的整体事业的达成。只有当秩序被打乱，上层领域被挤占，下层领域才会变成恶的海洋。因此，即使是感官的东西也不必再受谴责；只有当它越界，令意志屈服时，才应该受到谴责。

这一点体现出了柏拉图对待人类事物不同的个人态度——他不只是远远站着，居高临下，冷眼俯视。相反，他在普通大众中分享情感——乐天下之所善，嫉天下之所恶。因此，他被一股强大的力量推动着，促进至善、与恶作战。这个禁欲的思想家变成了一个勇敢热情的改革者——他描画着宏伟的计划，着手人类状态的根本改良，不畏骤然之变。不同于先前倡导的情感压抑，我们现在被告知——缺少一个高贵的疾恶如仇者，是不可能取得卓越成就的。柏拉图表现得像一个热心的冠军，他赢得了堪比上帝领导的抗争，又要在狂喜之中与这种兴奋情绪做斗争。

因此，柏拉图主义就迅速地容纳了禁欲主义和世界美化的观点。但世界的美化，其实也是理念世界的产物。因为，即使在瞬时世界中，理性也是自理念而生。因此，尽管四分五裂，生活仍然直指一个主要目标——在这两个世界中，所有的善本质上都是精神层面的，所有的理性都来自明智的洞见。但是，对情感的区别对待表明，所有的事情并不相协调，表面的静流下仍暗涌着冲突的激流，遑论其他观点的异军突起。但是，也许对这冲突的指责不应该只针对柏拉图；也许普遍而言，人类的生活仍残留着对相反目标的追求冲动。我们能否在不脱离经验的条件下，获得理智生活的独立和原始纯粹性？我们能否在不诉诸经验的情况下，发展它、完善它？但很可能，并不是那些草率抓住简单统一性，进而筑好防御工事，反对一切可能与之对抗而又影响深远的论点的思想家们，而是那些允许不同趋势相互强力对抗，从而使自身达到最大化的思想家们能够做到——通过这样的方法，他们开启了一种自我加速的运动以及一种生活的内在推力。谁能否认柏拉图不是这样的呢？

(e) 人类生活作为整体

柏拉图思想中所有的主要方面都集中体现在他对人类存在的深刻理解上。人是肉体和灵魂的结合，或者说表面上看起来是如此的结合；两个世界的对立同样适用于人。事实上，灵魂构成了自我，肉体只是外在性的附加。灵魂深得永恒存在和纯粹美的要义，而身体将我们拖入感官之域，让我们臣服于它的兴衰变迁。因而我们确信，灵魂不朽是不容置疑的。如果生活的本质超脱世事变化、摆脱所有关联，精神存在永恒不变，那么灵魂——每一个人的灵魂，都将归于实在的永恒部分——不曾生成，也不曾灭亡。灵魂与肉体的结合变成生命的插曲，是罪的产物，是“智慧堕落”的产物；生活的要务在于将灵魂从这种罪的恶果中解放出来，并最终带领它，历经多方变化，回归无形世界。

柏拉图对这些信念强有力的挖掘，对人类产生了广泛的影响。实际上，并不是柏拉图生活环境中的平常智慧培养出了他对灵魂不朽的笃信。因为哈德斯关于灵魂模糊存在的陈旧想法仍然统治着人们的大脑，而这种想法从根本意义上区别于对灵魂真正不朽的理解——即使对苏格拉底来说，不朽也是一个悬而未决的问题。准确而言，在较小一点的宗教圈里，对不朽的笃信的确已经站稳脚跟，但这更多是一种主观信念，而非综合性思维系统的一部分。柏拉图是使灵魂不朽信念成为世界观中心论点的第一人，也是将灵魂不朽信念与人类整体奋斗连接起来的第一人。

人类奋斗的主导方向因此得以确定下来。现在，所有的思索都凝聚在人类内心世界之上，集中在自由和净化不朽的灵魂之上。生活实质上获得了完全的精神性；而追求真理更需要我们全力以赴，因为质料世界将我们蒙蔽在真理具有欺骗性的表象之下。我们的灵魂就像被淹没、被覆盖了一样，我们的知识体系被感官削弱，变得模糊不清。因而，彻底颠覆平庸信念变得不可或缺。首先要果断地切断与人类前述状态之间的关系，让人类睁开精神性的眼睛，甚至要将他的整体存在拯救出阴暗的角落，到达真理的光亮彼岸。生活的运动，就像所有的训练和教育一样，不单单来自经验，也并不单单来自内在和外在的互联。更确切地说，积极的努力是对灵魂真实性的回忆，是向真实的、常在而又模糊的本质的回归。因为灵魂势必会将自己作为一种精神性资本融入这样的生活中，成为一种不灭不朽的资产。因此，尽管所有理论在深究其释义之时仍存在问题，著名的回忆说以及天赋理念论，在基本构想上还是无懈可击的——所有真实的生命是每个人自我存在的展现，外在世界只能唤醒，而不能创造精神活动，对行识而言，尤为如此。在柏拉图看来，通过习俗和实践影响来传授远见和德性的做法，不过是外在地给茫然大众授予见解。所有的知识到头来并非取自经验，而是取自灵魂的永恒本质。“个体事物都是勾起我们对抽象概念回忆的标本，但它们并非概念所指的实在。”

对生活现实行为的思考紧密连接着上面关于生活问题的探讨。在柏拉图看来，的确有人将自我投入真实存在中。真正的德性——事实上，这是希腊思想家的共同主张——的确存在于人们当中。只是这样的人仅仅是稀有的个例。大多数人仍依附在幻象世界上，误解至善的本质。在这里，人的纯正与卑鄙之分，相较于人类的共同问题和共同命运而言，更加凸显。事实上，为了维持道德秩序，将高贵者与卑贱者做这样显著的区分是必不可少的。但当圣人在对永恒世界的沉思中将生活引领到神性之地时，大众却因沉溺于感官享受而表现出动物生活的行为特征，圣人与大众的所有关联消失，人类也被分为两个完全没有关联的阶层。事实上，这种区分将永远存在，因为这里缺乏理智和道德进步所需的各种信念。在宇宙和人类生活当中，善恶的关联被看作基本不变的。作为所有阻碍之来源的感官是永久性的；在感官和精神、转瞬即逝和永恒存在之间的积极对立，也不允许存在任何形式的真正进步。但这并不意味着可以抹掉人类事务中所有的运动与调整。柏拉图与之前的思想家达成一致，通过对循环的假设，便对人类事务做出了这样的调整。这个假设的出现是伟大的世界大事记，对于天文学来说也是第一次。在完成巡回之后，事物会再次返还起点，周而复始：因此历史运动沉没在了这无尽的、内容相似的循环之中。这一变化规律为我们呈现出永恒的画面。因此，我们不再拥有满怀希望和寄托的历史发展，也不会再拥有从现在的恶发展到更好将来的诉求。

相应地，从现代人类看作必不可少的很多动机来看，柏拉图关于生活行为的看法是有缺点的。但从另一方面来看，这些关注和猜疑其实并不熟悉柏拉图的观点；而人类的精神本质、与神的亲密关系，实际上为一般存在的所有缺陷提供了丰厚的补偿。有德性的人可以逃离人际关系昏暗的暮光，在自己的灵魂中注入纯洁的光亮。如果他能够全力以赴，的确有可能实现最高目标。因为柏拉图认定，在勤于思考的头脑和真理之间没有不可逾越的鸿沟，认真寻求最高目标的人类不会犯错误，因为他的思索沿着完全可靠的正确方法。如同强健而大胆的思考能够参透事物最深处的秘密，这样的思考训练能够掌控所有的行为和感觉。真知使得整体生活变得合理，即使是根本恶也不能阻止这样的进步。那么，每一个令人振奋的时刻都将赢得胜利，生活也将远离感官世界的所有缺陷，升腾至稳定、愉悦的空间。活动从来都是幸福的源泉；但由于主观能动性深深根植于人类的本质与永恒存在、至善至美的亲密关系中，纵使受到巨大的鼓舞，这样的活动也不会激起强烈的兴奋或者疑惑的不安。

下面，让我们将这些信念放进生活的不同分类中看一看。

(f) 生活的不同分类

(α) 宗教

在下述意义上，柏拉图的本性中散发着浓浓的宗教性——人类对宇宙的依赖性出现在他所有的著作中，他不仅在正面论调中完全认同这点，而且似乎将这种依赖性转化为隐秘的感受。他深信，“高贵的灵魂”才能掌控宇宙。甚至他的措辞都充斥着从宗教与崇拜中借来的词汇。我们可以从中发现，他是如何感知到自己深深地被神性的力量包围着。但柏拉图的宗教止于希腊哲学家的宗教，它与基督教之间存在着宽阔的鸿沟。因为，对于希腊人而言，宗教不是恐怖绝境中的救赎，不是对扰乱，甚至是毁坏神人关系的修补，不是对无助者、弱小者的庇护和安慰。对柏拉图而言，宗教是与神灵的稳妥联系，本来就存在不会被任意粉碎到永远不能被人类的代理人[①]所修复的地步。更进一步讲，这里的宗教充满了形形色色的活动，用以增强人类生活的重要性，赋予所有与之相关的事物以宏伟壮阔。圣人虔敬地深信，在生活的战斗中，他被神灵保护和支持着。然而，这样的柏拉图宗教并没有创建出新世界，也没有随之建立起与普通生活相区别的特殊领域。同样的，它也没有将其上升到精神世界的高度，或者上升到任何可以被叫作与神有私人关系的东西，也没有因神圣影响的作用而提升、内在地更新生活。

因此，没必要将其看作区别于上帝在宇宙和人类本性中普遍显现的、特殊的历史新发现，正如无须将其当作宗教信条、神学；希腊式的虔敬，清晰、完美地意识到人与神灵之间的巨大差距。

① 代理人：此处的代理人应该是耶稣。——译注

不变与纯粹不会被拖入感官变化的不纯粹领域，除非借由中间步骤，它才会俯身与较低之域对话；但神的确会与人交往。因此，柏拉图说：“神——宇宙的生父、创造者，很难被人发现；即使被发现，也不会向所有人展露盛容。”

这种积极、健康、强大之人的宗教，在进一步发展中，开始追随柏拉图著作的双重方向。对于形而上学者而言，寻找真理本身就是真正的宗教。神意味着绝对的不变和简单的存在，我们从他那里获取所有的不变、简单性以及所有的真理：他是万事万物的准则。只有当人类从残缺映像转向所有光亮的纯粹来源时，他的生活才会从表象转向真理。

而在另一个方向上，神是完美道德、绝对公平、至美灵魂的典范。要变得像神那样，意味着我们要变得在理智上虔敬而公正；但是，虔敬和正义一样需要完成对神的完全义务。这种确信的中心思想在于对世界道德秩序概念的理解，和对善恶报应概念的理解。但是，尽管采纳了希腊宗教的基本概念，柏拉图又宽泛而深刻地挖掘了它。在大众来看，在这个世界里得到报应是理所应当的；即使不会落在这个人身上，也会落在他的家庭上。柏拉图也在这样的生活中寻找正义，但他又相信，正义的完全胜利只能在超脱此世的地方才能实现。他发展了死后审判的概念，这是对灵魂赤裸裸的评判，而且它的裁决绝不受收买。柏拉图以非凡的力量勾勒出的画面刻在了所有时代人类的想象中。但柏拉图并无意指引人类的思索超越死亡。我们应当想到，对于那些逝去者，他们是在工作终结、任务达成后才辞世的；我们必须留意我们的当下。

柏拉图式的正义从来没有很严苛，它一向很仁慈。尽管如此，柏拉图式的正义永远立在爱的面前，道德领域在这里表现得像是神掌控的世界，这一观点深深影响了以后的时代，包括基督教。

这一次，柏拉图甚至没有放弃发展大众信念；相似地，虽然他激情地捍卫主导着世界的统一，没有放弃太多神性力量，但通过传授生活本质的内在性，他将神话概念移植到哲学的沃土上。但无论大众如何反驳哲学的净化概念，柏拉图从来没有畏缩，他有力地抗辩，甚至不畏惧公开的敌对。他摒弃祭拜神灵习俗中所有卑鄙、低贱的东西；有的崇拜，不是通过善行和道德价值教育指引人们朝圣神，而是教导人们如何通过外在的遵守以购买神的宠爱，如献祭或者进行其他方式，因而使得宗教耻辱地降格至非法交易的层面，柏拉图对这样的崇拜尤为义愤填膺。只有渺小的人、懦弱的人，才会利用这样的手段。事实上，实干家才可能会考虑神的救助——神的昭示令他们兴高采烈地期盼着，而这种昭示对作恶者来说则是一种震慑。

（β）国家

柏拉图禁欲的倾向暗示着他对国家的果断否定。在瞬时世界充满变化和幻象之时，沉浸在追求智慧中的头脑也会发现自己缺乏与周围社会环境的共鸣，因此，政治生活很难变成吸引人合作的领域。尽管如此，国家仍然强烈地吸引着柏拉图；事实担负着对抗暴力的足够证词，柏拉图被从抽象思维世界召唤回来到公众的积极兴趣中。实际上，政治理论占据了柏拉图思维世界的一大部分；他内心发展的主要阶段都表现在了他的后续思想中。

我们可能会忽视柏拉图《法律篇》中的最新观点，因为尽管许多话语充满智慧，但依旧太过不完整。另外，我们也必须要考虑《理想国》中关于国家的两种观点。

首先，我们发现柏拉图是希腊城邦充满活力的改革者，他延续、扩充着苏格拉底的信条。作为与个人灵魂的持久类比，国家被看作对显而易见的正义理想的展现。因此，管理所有事务，尤其是教育，必须严格与伦理法律相一致。社会的主要功能必须被明确区分辨明，要与灵魂生活的阶段相一致，要反映出固定阶层的活动。每个人都必须奉献整个灵魂，做自己的分内工作，然而所有人又必须在理智统领下一起努力，朝向一个和谐的结果。为了使大家不因个人利益而从服务大众利益中逃离，高级阶层必须放弃私人利益，放弃私人财产、家庭血缘；因此，道德层面而不是经济层面上的共产主义构成了柏拉图理论的收尾部分。

因此，国家变成了伦理的理想，变成了基于远见之上的德性王国。大体上看去，这幅景象首先明显不同于实际；再仔细审视，它又展露出了柏拉图的思索与希腊实际状况相联系的线索。因为此时的柏拉图仍然坚信，希腊社会公共机构会出现巨大的变革。

在关于国家的后一种描图中，他放弃了这样的希望。柏拉图对永恒存在之域的渴望，最终令他与人类存在状况疏远，他从崇高的地方俯视阴郁的洞穴，回望生活。尽管如此，如果他回归到人群，这么做也不是为了愉悦自身，而是为了同胞的利益；不是希冀会有任何结果，而是为了在那里也能宣告永恒真理。基于这种信念建立起的国家，首先是一个人们为永恒真理之域设计的社会公共机构。在这里，循序渐进地，政治要慢慢将灵魂从感官中解放出来，并战而胜之，进入超感官领域。然后，生活的全部将演变为严格的教育、精神性的净化。这样的教育也将渐渐把人类提升到政治生活全部消失的世界。通过政治手段自身，人类便可以从国家所依附的领域中被解放出来。

因此，这两种观点不仅完全不同，而且不可调和。尽管存在这样的分歧，这两者仍然有着相同的重要特征，且这种特征使得柏拉图式的国家概念变得统一。在这两种观点中，国家都是人的放大，所有的权威都仰仗着卓绝智慧，精神性和道德性的善是国家生活的主要内容，个人无时无刻不附属于整体。只有取消个人主动性，颁布不可撤销的法律条文，国家才可能为理性服务。但在柏拉图将人类人格提升到高于国家之时，他提出了最大胆的完全重建方案。同时，他所要求的这种永恒环境和个人对整体的严格隶属，令传统环境不得不臣服于尖锐的批判之下。据此，他要求哲学家享有普通人不能拥有的特权：国家应该不受任何主观观点的影响，但它又必须接受统治者人格的心灵作用。这一矛盾足以使柏拉图的信条不会只产生对同时代最轻微的影响：它所包含的如此有价值的建议和丰硕成果，只能等待完全不同环境的欣赏。

（γ）艺术

柏拉图为了艺术和国家而做的努力，体现了命运的戏谑。他耗费心血在国家上——一个无关他内心最深处本性的对象，一个无以计数的麻烦，而对于伴随着他生活的艺术，柏拉图却未能对其进行充分的理论思考。事实上，尽管柏拉图一次次谴责艺术，但比起其他思想家，他在思想上更像一个艺术家。柏拉图本性中的形而上学和伦理一致对抗着艺术。由于在他眼中，艺术不过是感官的赝本，是复制品的复制品，艺术便只能退隐到离永恒存在最远的地方。艺术多彩多变的形式，特别是戏剧，需要我们与之共鸣。而由于我们对自己在生活中扮演的角色已经投入了足够的关心，艺术便不过是一个障碍。在神话故事所主宰的诗篇中，那些不纯粹的内容令人不快，而柏拉图又认定，情感生活中的狂热兴奋占据了那个时代的艺术，这非常令人厌恶。在这里，我们错失了对艺术的合理审美评判：对于一个希腊思想家，艺术与国家伦理、宗教生活的亲密关系使得这样的估量更加困难。因此，随之而来的是严重的冲突；不管是个人同情，还是其他，任何威胁到道德福利的东西都必须摒弃。所有的艺术种类，例如戏剧，也必须无条件地被摒弃；而那些剩下来的，必须无条件与道德要求相一致。在这伦理与审美兴趣的冲突中，道德取得了绝对的胜利。然而，对于柏拉图而言，将艺术放在隶属的地位，并不意味着对美的贬低。

对柏拉图来说，有一条路从人类的恶行通向宇宙的美。就像在宇宙中，至善会与美、朴素而贞洁的美结为同盟一样，追寻真理的科学工作，拥有了美学的形式。换言之，科学本身的结构变成了最高、最真的艺术。

（δ）科学

柏拉图所理解的科学，完全区别于近代科学。它不是在寻求微小元素，以创造出由其组合而成的真正世界，而是从一开始，便用一种观点囊括所有现象——从伟大到一般，从整体到部分，综合主导分析。“综合看待”、识别关系，是柏拉图作为哲学家的主要特征，他独有的伟大存在于其创造性的直觉中。

类似地，如同近代科学，柏拉图式的科学不是要将存在转化为渐进演化的事项，以变化来解释存在。相反，它的目标旨在于转瞬即逝间，发现永恒存在。在现象混沌的世界中，发现一个完美平衡的宇宙。但是，寻求本质，与其说是一个漫长而乏味的苦力活，不如说是洞察之行；头脑的力量会立即将我们带到真理之域。在那里，科学将免于折磨人的怀疑，否则这些怀疑一开始便会不分青红皂白地攻击它。也只有这样，科学才可以支持生活，令人类的生活充满信心。

在这样的知识观中，所有的重点都落在了根基性问题上，从属性科学仅仅被当作哲学的前奏。由于数学能够指引我们从感官走向超感官，因此只有数学得到了柏拉图的完全认可。而另一方面，柏拉图认为，感觉世界中千变万化的内容是微不足道的，任何相关的断言都成了或多或少、貌似可信的臆断。此外，所有关于本质的解读都来自灵魂，而灵魂是宇宙中所有运动的基础。柏拉图对这些观点的强有力推动，严重破坏了探索自然科学的进程：主观概念的网络覆盖了整个真实世界，阻碍了对基于自然关系的事物的无偏评价。结果，前苏格拉底哲学中所包含的探索自然精确知识的重要萌芽，在之后的两千多年里都没有发展起来。柏拉图成就中的重要观点就在于纯粹概念哲学和辩证法，但它不仅没有从外在事物中有所汲取，甚至还为自己的基础作充分辩护。在这里，思维取得完美的胜利，从所有的质料束缚中解放出来；而头脑对其能力的十足自信则来自实例。当柏拉图将辩证法称作“上帝的最高恩赐，真正的普罗米修斯之火”时，这样的评价用在他身上绝非妄言。

(g) 回顾

在柏拉图的所有成就中，最为重要而又最富有成效的无疑是人类生活的基础以及基于理论知识的整个文明框架。它意味着一种新的对生活内在稳固性，和对人类存在的实质性改善。但是可以看到，对理论知识这样明显的准允，绝不是必须使人类活动残留的形式相形见绌；相反，柏拉图允许所有人类生活的主导方向互不干涉，互利互惠，相互促进。正因为柏拉图头脑中复杂的观点被他强大而宽广的人格绑定在一起，柏拉图生活中的分裂意识倾向，便不可避免地再次会聚在他毕生之作中。此后，人类生活的意识分歧更加宽阔，完全不可能再重新联合。但随之而来变得专业化的意识倾向，使得柏拉图的终生努力变得更加有价值。因为他生动地向我们展现了他如何统一多边的生活，甚至是我们可能不会放弃的生活统一，尽管现在它变成了我们遥不可及的理想。因此，大体而言，古典时代将历史进程曾展现的新难题和渐渐离我们远去的许多目标，都只当作手到擒来的事，那我们是否要因此而轻视它们，将他们看作毫无价值？

柏拉图代表了希腊智慧发展的最高峰。它的主要倾向，对知识的渴望以及对形式的感觉，或者对科学与艺术的冲动在他那里都实现了最亲密的结合、最富有成效的互动。他的生活观赋予了典型的希腊理念主义无比清晰的阐释。各种观点纠缠在一起、相互交织，构成了这种特别的生活观：思维坚忍不拔的工作揭露了真实存在和真正快乐的新世界，这个世界处于与真实世界无休止的冲突中，永远不可能完全压制住它的抵抗。但是，在永不止息的生命中，这个新世界仍然高于所有的冲突；通过它不变的真理与美，它将人类安全提升到冲突和折磨的领域之上。这样的生活观与后面基督教所发展的生活观之间的亲密关系，与它们之间宽阔的分歧一样明显。两者的目标，都是要到达更高层的世界。但在柏拉图那里，真知才是达到那里的道路。对基督教而言，心的纯洁才是达到那里的道路。在两者中，上帝都在为人类事务工作。但对于柏拉图，神在任何时间、任何场所都会平等以待，在自然中如此，在人类中亦如此。而基督教认为，上帝在人类历史的某一定点上才会发出天启，并因此获得历史性发展的理论，而这一点对柏拉图来说是未知的，是柏拉图必须要摒弃的。

这位伟大的希腊理念论者对人类无穷无尽的影响，既源于自发生活赋予他所有著作的生气，也源自那些自由地向他开启或关闭的不同意识倾向。整个柏拉图哲学的历史进程，强有力地刺激了人类的头脑。他抵制一切思维倾向再次陷入形式化、迂腐的泥潭中；他将目光从蝇头小利转向宏伟蓝图，从立锥之地转向宽阔自由之所；更重要的是，除却柏拉图丰盛的贡献不谈，柏拉图为不同事物增添了不同的划时代意义。在古典后期，柏拉图变身为以哲学方法满足日益增长的宗教需求的提倡者：他被奉为真知的传教信使，他将人类从感官的幻象中解救出来，指引他们的思维找到归于永恒之家的路。然而，同样是这位哲学家，以他多面的生活、艺术品位，和沉浸于美的激昂欢欣，成为文艺复兴时期最受人喜爱的思想家：他作为伟大导师们相连接的枢纽而受人尊敬。诸如温克尔曼[①]，施莱尔马赫[②]，伯克[③]身上不都体现出了柏拉图对当代的影响吗？他以终身的努力编织了一个金色的时代绳结，后来的希腊哲学家的名言“柏拉图的优雅和魅力历久弥新”，甚至在今天也是绝对的真理。

Ⅲ．亚里士多德

（a）一般特征

亚里士多德的人生观是由其与众不同的财富身份和个人性格

① 约翰·乔吉姆·温克尔曼（1717—1768），是现代考古学和古典哲学的奠基人之一。——译注

② 施莱尔马赫（1768—1834），德国神学家、哲学家。——译注

③ 菲利普·奥古斯特·伯克（1785—1867），德国古典哲学家。——译注

所决定的。作为马其顿宫廷医师的儿子，他不必像柏拉图一样卷入古希腊社会先天血统和后天教育的内部争斗，也不因抵抗这种争斗所带来的现世污秽感到愤慨，只是纯粹因渴望适当利用一个完全成熟文明的财富积累而从古希腊的社会边缘走到它的中心。此外，相较于他的改革先辈柏拉图，亚里士多德发现了一种完全不同的存在形态。智慧的滋长和骚动，激情的瞬间迸发以及杰出的创造性工作从公元前五世纪后已经一去不复返了。反之，一种沉静的、深思熟虑的学术研究时代已经到来，而亚里士多德和他的拥护者正代表了这一研究方式的顶峰。尽管已经彻底地探究了希腊人的品质和性情，但亚里士多德的研究重心还局限于日常生活的混乱，尚未能不偏不倚地评判希腊人的成就，并因为这种评判感到愉悦而对这个时代的罪恶有所慰藉。

乍看来，亚里士多德叙述中的冷峻单调，论证方法中的简单客观以及对所有人类情感的极度压抑，容易使人们认为这位思想家已经挣脱了古典时代的联系，而归属于博学的希腊化时代。毫无疑问，亚里士多德是一位伟大的，或许是世上已知最伟大的学者，但是他首先是一位渊博的，拥有全面综合的理念以及言论铿锵有力的思想家。他将他特有的理念融合为一个巨大的信息资料库，并开创了科学和哲学遵循数世纪的新学科，从而奠定了他伟大成就的重要地位。然而作为一个思想家，亚里士多德确实完全立足于古希腊世界：那个时代的基本观点和评判标准对他影响深远。任何追溯亚里士多德的学说和理念至最根源的人，都会发现其隐藏在表面普遍性下的希腊特质。总之，亚里士多德的知识体系绝妙地给希腊古典世界的本质赋予了完美的科学阐述，并将它传递至未来人文学科。

亚里士多德对传统饱含同情与共鸣，并竭力维护传统与现实状况的友好关系，这些都预示了其与柏拉图迥异的立场。个性强势而独立的柏拉图不可避免地对周围的存在充满敌意，激情豪迈并且有着色彩鲜明对比强烈的世界观。然而不同的是，我们在亚里士多德身上发现一种简单的、严肃的、永不疲倦的努力，这种努力尝试去探索和理解客观世界，发现世界的真实状态并追溯其相连关系。对现实世界的追求以及思想与物质的连接——这些主动活动演化为一种永动的产业，精力充沛地开拓世界并挖掘出蕴含其中的为人类服务的财富。因此，在统治性人物创造出的哲学之中生长出了权威领军产业发展出的哲学；后者同样是一种永恒不变的类型以及一种独有的人生观的来源。

(b) 亚里士多德世界观的要点

与柏拉图哲学的世界观相比较时，亚里士多德世界观的独特性表现得尤为明显。并且亚里士多德本人也大体意识到其与柏拉图的对立差异，但事实上，他们仍有许多共同之处。首先，亚里士多德与柏拉图都坚信人类生命只有立足于他周边的整体性实在才能得以理解：对亚里士多德而言，我们的存在也是在宇宙秩序中找到源头；我们的行为因与实在一致而真实；所有的活动遵循其客体，所有的方法依照其当前问题。然而，理智将人类与宇宙连为一体；故在此，理智可谓我们存在的本质。真理只有通过思考（且是凭借概念形式的思考）才能被揭示出来。因此，再次地，哲学成为卓越超群的概念科学。而通过钻研，世界应该转化为一个概念王国。最后，亚里士多德同他的先师都对型相高度重视；对他来说，型相不仅是事物的永恒本质，同样也是事物的价值和美。

鉴于普遍而言的明确一致，亚里士多德的哲学与柏拉图主义仍维持着一定的亲属关系，且与后者在广泛的角度上和谐一致。但除了大体上的相似性，亚里士多德的哲学呈现了与柏拉图哲学在最大程度上所能想象到的分歧。因为对于柏拉图而言，如果无法最严格地将世界的本质与世界的表象区分开，那么就不存在永恒的真理和纯粹的美。基于后者的信念，我们只需正确地理解世界，并在其中辨识出理性的王国，同时在其中找寻人类的一切需求，然而亚里士多德首要考虑的却是展示出所有实在的统一。作为现实世界与真实存在的世界之间难以被认可的分隔，柏拉图哲学的理念论因而受到排斥。此外，这里并不是宗教信仰的栖身之地。诚然，亚里士多德断言理性的来源就是超越的神的存在，而神同样也是由永恒至永恒而蔓延整个宇宙的运动起源[①]。然而，他否认这个神在尘世有任何活动，认为关注外部的存在，更不用说关注人类琐碎之事，将会破坏神祇生活的圆满。于是，神或者纯粹理智自身岿然不动，但却通过自身的纯粹存在而推动世界，而事物任何进一步的发展都源自它们自身的本性。故据此可知，世界不存在道德秩序也不存在天意。同样地，个体的不朽是不可能存在的。实际上，我们思想的力量并不是从纯粹自然过程中孕育出来的，且在躯体死亡后这种力量不会消逝，而是回归到宇宙的理性中。然而这种神圣的不灭性并不意味着个体的无穷延续。

随着宗教信仰的消失，精神内在性和柏拉图式灵魂的伟大已经丧失。生命的限制变得更窄，而主导生命的情绪越趋于冷静。然而，以上的否定并不意味着亚里士多德屈从于现实世界的理性，或者皈依于生活的理念。当现世生活如今有充分的重要性去占据和满足人

① 参见附录 A。

类时，因着自身无法分裂的存在，世界在这里似乎就等同于所有目标的实现。但世界的理性并不会暴露在表面上；科学是必要的，它能将存在的表象从幻觉中解放出来，并穿透第一印象的混乱和矛盾而达到整体的协调统一。抛开为实现统一所做出的各种尝试不谈，一种彻底的个人主义世界观和人生观，即内在的唯心主义体系开始涌现，这种体系具有无可比拟的沉着性且对其成就有精确的把控。

亚里士多德着手解决的第一个反题就是质料和形式。为确保形式的自立性与纯粹性，柏拉图将形式与感官存在完全隔绝开来，只在派生的意义上将形式归于后者。但亚里士多德认为，形式只有在与质料发生联系时才能被认识，且只有在同样包含质料的生命过程中，形式才能被现实化。这种生命过程正是质料为接近形式做出的向上攀争，也是形式对质料的占有。基本运动始终追随着形式，并以形式为驱动力和塑造力。因此，成熟的存在物一定总是领先于正在进化的存在物，任何妄图想要从非理性开端中衍生出现实的举动都将被抵制。对于尘世生命而言，质料确实被限制在一定的时间内且在死亡后将从生物结构中消失。但是，形式总会在世代更迭中抓住新的质料，因此进化不仅是形式推翻无形式的持续胜利，同样也是善取代乏善的成功。一旦质料已准备就绪去接受形式时，此时已几乎不会谈及恶的原则。的确，亚里士多德自身的体系并不将独立的力量视为恶，因此避免了许多原理的二元性，这也是他非常自豪的一点。存在于人类事务中的恶源由于质料不能全力以赴地朝向形式的倾向，而只将进展停留在较低阶段。于是，它的目的的实现会屡遇挫折。然而，这个哲学家却因某些反映消除了疑虑，相信恶不是作为一种独立的本质出现，它始终只是善的缺乏、卓越的丧失。

对这个反题的解答同样内在地改变了发展的理论。如果形式与其说是一种超越存在的原型，更不如说它是一种存在运行时的力量，那么我们所谓艺术性的实在概念在潜能概念面前就会逐渐消失，故生命演化本身成为最重要的事情。世界如今似乎被目的，即生命整体，掌控在手中，它们自身包含在繁复的发展进程中并联合为一个共同的成果。这些生命整体最初是在有机体中被发现的，而根据连接的程度，这些机体正以一种上升的规模生存。换言之，结构和功能区隔得越明显，越会得到更卓越的整体功效：人类因此构成自然生命的最高形式。但是，目的王国已经跨越了有机生命的领域而延伸到宇宙的范畴，而有机体的概念包含了自然圈整体。无论在宇宙中的任何地方，运动似乎并不会混乱地相互交错；反之，每种运动都会朝着一个确定的方向发生，最终到达一个固定的终点并逐渐进入一种永恒的状态，这种状态就是某一均衡结果。因此我们不得不面对明显的对照，一方是单纯朝向超越自身的目的的活动，而另一方是本身包含最终目的的实现活动——即亚里士多德所说的实现。[①] 凭借着所有潜能的激发以及生命过程中各种多样性的凝聚，这种实现活动绝不是表面上的小把戏，它将改变整体的存在物并揭露存在的深度极限。这样对个人和宇宙都甚有裨益。处于周遭变动不居之中，实现活动自身维持着一种静止状态，但由于本身的复杂性，形式必须成为活跃的有机整体，而非“短暂的”像一出惨淡的悲剧。

在论述心灵与躯体，或者说内在与外在时，亚里士多德尝试以一种相似的方法去获得统一。他不试图了解和寻找灵魂的独立存

① 现实或实现，潜能是亚里士多德哲学的最重要范畴，现实即 energeia，潜能即 dynamis。——译注

在。他认为，灵魂和躯体共同组成了一种独一无二的生命过程；就像视力依靠眼睛而功能凭借结构一样，灵魂也需要躯体。因此，感觉绝不应该被诋毁，甚至在认知过程中，感觉仍是令闻广誉。的确，该观点主要是为思想应该战胜所有自然发展进程的必要性做出了牺牲。它既不能完全领会一个不朽的真理，也无法如实地复制各种存在的多样性，而只能卷入感官世界的更替和矛盾中。所以，思想必须定位在至高无上的顶点并集神圣性和永恒性于一身。而且这个顶点上所发生的任何变动，都不会影响到对世界其他区域的观念；这表明灵魂与躯体两者是相互紧密联系且协调统一的。

与他固有的一元论倾向相一致的是，亚里士多德同样无法从行为上将内在与外在区分开来，也无法建立起纯粹精神性的道德世界；反之，他认为内在和外在是一种持续相互的关系，并在任何地方都将意志的能量和遵从的外在条件凝结在独一无二的有机整体中。依其所见，所有的意志都倾向于变成外部可见的，故如果这样一种外在具体化需要以外部的财富为基础，那么外界环境将得到远比柏拉图勾勒的大得多的价值。同样的，灵魂此处并不由现有的思想来修饰，它更需要的是来自于实践经验的思想。由此，社会环境同样对道德发展进程有着决定性的影响力。那些我们体内蛰伏的道德成长潜力，只有通过实践才能被唤醒并显露出来。然而首先，不能以习俗和法律的形式向行为施压；接着，外部需求将最终转化为个人意志。故截然相反的，柏拉图认为如果不从所有社会束缚中解脱，就不会有真正的道德，即立基于条件之上的道德，但我们在亚里士多德那里却获得了一种对社会有益影响的承认。

亚里士多德进一步开拓了共相和殊相的探讨。因此与柏拉图不同，他没有将共相从个体事物的存在中割裂出来并使其对立于后者；反之，他将实在归于那些只存在于有形个体中的共相。亚里士多德不乐于过分强调一些最高等级共相的顶峰，他的思想反而一直在坚持回归到感知世界然后被其人生财富套牢。任何作为一种属差（differentia）[①]而专属于一种事物的特质，他都视为该物存在的补足。如是说，人类天性的圆满是他的特殊性所造就的，无关他与其他生命共同拥有的普遍性。

亚里士多德认为应该下大功夫，主要对一方面是关于纯粹存在，另一方面是关于实现活动；关于未来迷惘的、空虚的、不尽如人意的生活，以及关于实现目的并从自身得到满足的生活；关于本性赐予的存在，以及通过自身努力取得的幸福存在。实际上，自然状态是一切发展进程的必要前提；而从这个立场来看，更高级的状态似乎是多余的。但是，正是通过被拔高到单纯必需之上，生命才获得了内涵和价值；继而，我们能收获本身令人欢喜的存在；然后，我们发现自己置身于美的国度，并从此达到生命中真正的欢愉。

事实上，亚里士多德深信：实现活动将在由整体存在转变为活跃实在的同时，收获充分的幸福感。因此幸福大部分是我们自己创造的；它不会通过外部传达而来，也不会像装饰品一样被附加其上；相反，它与理性主动相应称并将随之增长。如果一切生命都确实存在“天性芬芳”，那些给生命以高贵内涵的正义之士们一定会得到非凡的满足感。谴责享乐的人们只注意到幸福的最低级形式，但却忽略了幸福也可以在更高层面上与活动同时发生。此外，幸福也许可以将活动塑造得更加高尚和完美，譬如，音乐中的喜悦能促进其

① 种加属差是亚里士多德定义事物的一种方法，如“人是两足动物”，此命题中，“动物”是种，“两足”是属差。——译注

本身的创作。幸福伴随着一切正常活动而发生，而一旦以该观点为幸福辩护，我们就必须涉及“幸福说”的经典表述：“幸福说”认为，与活动密不可分的幸福，远比一切自我的乐趣更为崇高。

所以，只有当活动达到现实、本质的功效时，人类的存在才能升华为幸福。虚假的行为只会带来幸福的假象。相应地，亚里士多德坚决主张诚实并公开抨击任何形式的虚伪：“可靠的”“真实的”，是他最喜欢用来形容仁人志士的词语。

然而，通过区分美和效用，通过自身的愉悦抑或是得到其他存在的手段，美德将升华到更卓越的层次。任何将效用当作第一要务的人都会为生命的内在扭曲而感到愧疚。因为实现效用的手段不断指导着活动向外部物质世界发展，而与此同时，鉴于所有设想中的好处，自我则内心空虚。结果是高贵与卑鄙、自由与奴役在生活准则上的云泥之别。处处寻找美而非效用正是一个自由的、思想开通的人所当作之事。实际上，由此看来，任何有益成果的缺失都会成为某种充实内在价值的佐证。而这孕育了纯粹哲学最引以为荣的骄傲，它并未为物质生活带来任何好处，但却能完全从自身发现它的目的。由此，我们可以看到，亚里士多德对现实世界青睐有加以及对理念世界的排斥，绝对没有令理念感受的力量衰竭。

（c）人类的经验领域

我们已经了解到，人类必须能在世俗存在中发现其生命的使命和专有的激励，幸而这个局限性没有为亚里士多德带来任何严重的冲突。为此，生命为我们所有官能都赋予全面实现的机会，并希望最终能获得最大的幸福。因此，不存在无法实现的愿景或希望，也不需要任何感觉上的个体不朽，甚至没有任何冲动去跨越自然规划的存在界限。

故充分利用现世的生活并将它发挥至最大功效显得越发重要。由此看来，我们必须对人类独特的官能怀有崇高的敬意，并且据此决定我们的活动。理性是人类最典型的官能，也就是亚里士多德所说的思想之力，即形成通用观念并最终上升到普遍真理的能力。一方面，理智必须自我发展进化；另一方面，它强烈地影响到我们与动物共有的、较为低级的精神生活形式。这是我们毕生的使命。活动遵循于理性，并畅通无阻地延伸到生命整体——这并不仅是短期的，因为孤雁不成春——其联合其他存在共同构建了人类的幸福。

怀抱着这一信念，亚里士多德强烈赞同生命整体应该充满奋发向上的活动。除非能投入实践，否则即使美德也无法满足需求。在沉睡中我们无法体会真正的幸福；在奥林匹克运动会上，桂冠是由参赛者而非观众赢得。但因着亚里士多德，现实化能力的展开并未遭遇巨大阻碍。灵魂不疏远其本身，也不像柏拉图认为的那样需要经历彻底的转变。更确切地说，人类的理性并未开化，只有本能冲动朝着正确的目标发展时，潜能才能进化到成熟的官能。

如果无法更深入地研究现实活动的内在动因与其外部环境和条件的相互关系，亚里士多德将不能更进一步地探索人类生活的进化演变。然而，这也表明了他对对立趋势发展的影响。一方面，正如他的世界观所包含的，内在与外在的紧密联系，以及隔断个体与其亲属、朋友和同胞纽带的恐惧，使得活动与天定命运无法完全隔绝：我们不可能从存在发生，并对我们施以影响的境地抽身出来。从反方向来看，亚里士多德试图使行为尽可能不受约束，将其从外部关系的偶然性中独立出来，并与使我们因踌躇而不能获得真正幸福的事物脱离开来。这些矛盾倾向的结果就是妥协，行为中最主要的事情成为主体的内在行动、力量和能力，而其圆满成功则部分取决于外部环境。就像舞台布景之于戏剧，我们的行为也需要以一种可见的表现形式实现自身，恰如生命舞台上的演出。但是，内在行动至今仍保留其重要因素。外在的善只是行为的手段和表达方式，只有被行为占用和利用时，它才有价值；除去这一限制，外在的善就只是一件无用的配饰，甚至是对生命的阻碍。于是，任何无限累积外在的善的企图必然会得到声讨。只通过温和中庸的手段也有可能获得最大的幸福；人之美善，无须统治大地与海洋，只要举止高尚。然而，与命运抗争的人总不会过得太好。幸福生活的本质包含诸如身体状态、健康等基本条件，但另一方面，毁天灭地的灾难也会摧毁它。亚里士多德冷静的理智、对普遍经验的专注以及更关注个体的幸福而非种族命运的思量，并未深刻动摇一切可能的不幸。在他看来，一个有能力的人能以一颗勇敢的心迎接生活中的一切斗争。我们的情感力量完全等同于普通的恶。像被降临的普里阿摩斯[①]一样，遭受沉重打击的命运是极少数的例外；但即使那样，高贵的人也不会因此变得卑鄙。一旦他沉着地承受了最沉重的不幸，不是因为愚蠢而是因其灵魂的伟大，他精神的美将随着苦难而璀璨绚丽。所以，生命的一切灾祸和不公都没有动摇亚里士多德对理性的信仰，也没有阻止他自信满满地进一步分析生活的范畴和内涵。

在这种情况下，他区分了两种不同的生活目标：自在和自为的心灵发展以及物质本性的从属，或者如他定义的：理论和实践的生活。

① 普里阿摩斯：《荷马史诗》中人物，特洛伊战争中的特洛伊国王，赫克托耳的父亲，为赎回赫克托耳的遗体，亲赴希腊营帐。——译注

对于这两种生活，亚里士多德对理论生活赋予了绝对的卓越地位。它使我们更加不受外部环境的束缚，而且更能自力更生。此外，科学涉及的是宇宙以及它永恒的元素；明见在此可实现一种稳定性和精确性，而这是实践领域永不停息的变动所排斥的。亚里士多德对这一观点的不同表达在下述信念中达到顶峰：一次大型的、自立的活动最纯粹的形式是获取知识，而这也最有可能满足幸福的理念所需要的条件。因此，他认为真正的幸福只在探索真理的同时滋生出来。它不在于我们共享的人类能力而只在于我们内心自有的神，只是这种内心永存的神才造就了人类的不朽。

另外，实践领域在最初就展露了一个明显的劣势，它的问题就在于使本能冲动隶属于思维的统治之下。但是，这并不意味着强迫的控制，而是意味着受控于人类欲望的内在合理化，以及理性对个体意志的融入，从而使道德品行、全体人类的特定举止和性情等理念得以衍生；同时，人与人之间的内部联系理念也有所发展。亚里士多德对这一领域详尽而合意的思虑很容易留下一种印象：一些低级阶段并不是他在意的，他关注于一个整体的领域，确切地说是放眼于生活本身的中心。

对亚里士多德而言，实践生活整体是受某种理念支配的，即中庸理念，而他对该理念的处理尤其促就了上述印象的产生。这种理念可以通过一个简单的反思来实现。如果物质生活将服从于理性，或者换句话说，理性将在物质生活中得以展示，那么两种不同的来源造成的威胁就可以避免。物质生活也许会用放纵暴力去抵制理性的影响，又或许发现自己太过于弱小和贫乏而无法为理性提供完整发展进程的必需手段。因此，恰如其分的中庸成为现实智慧的凝聚。伦理德性必须避免“太过”和“不及”两个极端。例如，有勇无谋者和懦夫的中庸就是勇敢者，挥霍者和吝啬鬼的中庸就是节俭者，喋喋不休者和闷蛋的中庸就是和蔼可亲之人。在此中庸信条下，亚里士多德展现了其与希腊人民的紧密牵绊，他的充分描述经常反映出现实生活的场景，甚至于他的措辞还会沿袭当地的方言。与此同时，许多唤起我们对柏拉图记忆的基本信念也充斥在他的作品中。故就其中庸之道而言，亚里士多德明显地诉诸它与艺术之间的类比，即艺术杰作既不允许任何增添也不容许任何删减。同样地，对公平的道德理念也产生了影响。在人类目的体系下，任一目的都应根据独立个例明确其职责；由此观点出发，倾向于太过或者不及都是不公正的。尽管亚里士多德接受了柏拉图哲学的道德秩序理念，即普世的、通用的正义法则，但他依然在人类行为的范畴内断言该法则的力量。

公义的中庸所顺应的需求使得行为变得至关重要，而非约定俗成的。中庸到底是什么，这个问题由于生活条件的不断变动并不能一劳永逸地被解决掉，也不能从一般命题中推论出来；与之相反，它必须根据每个特殊的情况，在每一时刻进行最新的阐释。尤其是，这要求预估的准确性和可靠的辨识力。行为因此成为生活的艺术。存在在每个时刻都充满张力，因为一个优秀的舵手每一次都必须耗费同样的心力，才能从锡拉岩礁[①]和卡律布狄斯旋涡[②]中驾驶逃离。

所以，无偏无倚的中庸是十分难以达成的，除非我们能完美地参透周遭的环境和我们自身的能力。为避免承担“太过”或“不

① 锡拉岩礁：意大利墨西拿海峡中的危险巨岩，与卡律布狄斯大旋涡相对；二者均被认为是女妖。——译注

② 卡律布狄斯旋涡：意大利西西里岛东北墨西拿海峡中的大旋涡。——译注

及”，我们必须明确地知道自身能力所能达成的程度；我们不仅要有能力，更要清楚我们确实如此以及我们的效能所能延展的最大覆盖面。于是，恰若不宜妄自菲薄，我们应该从虚华和无意义的自吹自擂中解放自身。换言之，无偏无倚的自我意识在这里似乎对于生活的尽善尽美是不可或缺的。故在早期希腊人的观念中的自知之明，即对自身能力的准确预估，不同于对个人内在状态的冥思苦想，这种自知之明随着亚里士多德的支持最终成就了它最关键的哲学发展。

可见，中庸之道在生活的各个分域都能行之有效，使自身适应生活的形形色色的方面。这造成的结果就是理智融入每个地方，而行动服从于思想的支配。更进一步地说，本能与理性的关系有所改变：理智的至高地位在不违背自然禀性权利的前提下得以保留。对于天性加诸在人类身上的，譬如自爱，已经很快地被接受了；任何想要根除它的努力最终都会因违情悖理而变得徒劳无益。但是，如果想要与理性和平共处，它就必须要遵照中庸之道并承认自身的局限性，而理智和思想也同样需要顺应这一方式。相应地，“机制”的概念标志着理性对粗野天性的胜利，同时也是本性与理性的融洽配合。亚里士多德哲学的中庸并不支持平庸，因为那代表了在任何伟大存在面前的畏缩。其目的并不是使所有存在保持在中等水平，而只是在行为领域内维护理性与天性的和谐。中庸思想对伟大性的排斥有多小，可以从事实中很明显地表现出来，亚里士多德在高尚之士身上发现了他关于人类生活的理想，并在对高尚之士的品质描绘上赋予了极大的同情和关怀。

高尚之士拥有精神上的强大并能充分认识到这一伟大性。他代表了两种人的中庸，一种对自己的能力很自负，另一种有一定的伟大性，却因为自身没意识到而没有充分地开发他的能力。高尚之士不仅能充分地意识到自己的重要性，而且能无处不在地着重彰显。在所有那些他做过和令自己不做的事中，他都能保持自身的高贵和灵魂的伟大。在这一性情下，其所言皆为朴素的真理，爱憎分明，开诚布公，无畏于人类的所有恐惧，无受于恩惠偏袒，慷慨于回赠所予，欣然于自得利益，自豪并向往卓越，敦厚以待弱小之人。他始终更尊崇美而非功利，更景仰真理而非表象。此外，他会为自己选择最为艰苦和最不求回报的使命。他外在的举止风度都将符合这样一种性情。也就是说，他会始终以沉着和高贵的姿态来表现自己，谨慎发言，永远从容不迫，等等。

尽管在这样一个图景中还有很多让人震惊的地方，但它仍然清晰地描绘了现实生活如何发展成圆满的、自立的品格。任何像亚里士多德一样自信地期待在冷静的、自给自足的活动中找到幸福的人，都无法将行为的效验当作最重要的事情，反而主要会观察主体本身的状态。而事实上，亚里士多德费尽心思研究的正是行为的内在条件。对于诸如意图、自愿行为和非自愿行为等理念，他总是将其作为搜索分析的主题，并逐渐地将重心从外部性能转移到主体的内在态度。所以，自给自足的行为概念深入到一种自给自足的生活概念的内部；道德人格的理念超越其本身，而生活变成完全以自我为中心。

确实，亚里士多德遗留下来的这些发展进程大部分都还是未完成的状态。上诉所描述的崇高人格根本上是个体的存在：如果一个人更经常通过与其他人比较而非通过理性的理想标准来衡量自己，道德价值与其他相比更成为个体卓越的要素。所以，人格的理念比凝聚力发展得更分裂。故在新兴之物中，我们认识到时间的局限性。

然而，不论是在理论范畴还是实践范畴，任何被亚里士多德所揭露的目的，必定显得像他一样可以达到一种高尚的信仰。诚然，他并不是对那些困难浑然不知。他的心灵对经验印象是如此的开放和自由，以至于除了无处不在的理性外其他什么都看不见。而他对人类的评判更多的是受到民族思维习惯的影响，不去区分两个阶层，大多数人恶劣的或至少平凡的本性，以及少部分高贵的人。人类被情感和欲望掌控；普通民众的感官并不是发自高尚和美，而只是为了实用性。然而，他们的不当行为主要是由于过度的欲望和自私的贪婪所驱使。“贪欲无厌，世人苟活唯足尔。”

但是，亚里士多德并未如此轻率地将人类领域放流至无理性的境地；相反，他找到大量的方法来纠正以上的印象。首先，他认为人的恶很容易被夸大，因为自然条件的结果经常被看作罪行。故譬如，某人背负忘恩负义之名，因为恩惠的接受者通常比给予者的感触较少，而孩子比父母的感情较少，诸如此类。对此的浅释是，给予通常比接受带来更大的快乐，且这种满足感使我们馈赠的客体能取悦我们。然而，亚里士多德并不准备将一群能力较差的人混杂在一个地段上，而是将其区分为几个层级，并认定最高点为最理想的状态。其次，真正品行不端之人以及罪犯都被排除在外；但这个数目并不大，一般状况代表的是可宽恕的软弱而不是绝对的邪恶。此外，旨在获益与自我放纵，以及追求荣誉与力量之间的差别并不重要。尤其是荣誉，对这一美德的反思将行为带领到了一个更高的阶段。而且，甚至残留的瑕疵都是亚里士多德的精神所赞扬的，因为他坚信，在较低领域，同样有向更高领域发展的自然冲动，这种冲动将带领它超越其自身的条件和局限的感知意识，因为“自然所生皆为神圣”。联系这一趋势来看待较低领域，退化和被遗弃者相较于拼搏向上者，后者才是一种高度典型性信念，也即群体生活代表了理性的凝聚综合。假设很少人能单独取得成功：但若让人们联合组成一个群体，且形成一个独立的“人”；所有的“善”就融合为一体，故该“人”将比最伟大的个体更道德也更聪慧。据此，如果每个人都贡献出自己的独特官能，并将全部能力有机结合起来，那么形成的整体与纯粹个体相比，将更能脱离愤怒和其他激情，在犯错时更能受到庇护，特别是自己的判断也更稳妥。即使在音乐和诗歌领域，伟大的公众仍是最好的评判者。在为民众做出该辩护时，亚里士多德考虑的不是任意的、混杂的公众，而是一个城市中拥有同种文明的更稳定的群体。然而，如果人类没有对人心中的善端怀有一种强大的信念，那么即便如上述所说，这种辩护也是不可能的。

亚里士多德关于历史的坚定信念极好地契合了这一信念。它们的基本原理可以在柏拉图的历史哲学中有所发现。对于亚里士多德和柏拉图而言，无止境的上升是不存在的，且只有相似周期的循环往复。考虑到世界的永恒不朽——亚里士多德第一个完美精准地教导该理念——以及我们身后的无穷极限，以周期性看，任何文明都将在进化到一个特定时期后被巨大的洪流所湮灭，然后无限重复该过程。只有大众宗教（理性主义的释义）和语言能通过传递至少是残余的早期时代智慧，流传几个纪年。但除了这一普遍观点，亚里士多德还加入了一个特殊的理念，他认为在古希腊之前，这一循环的高潮就已经短暂地出现了。所以，注意力应该集中在这上面，而不是关注无法承诺巨大进步的未来。无论如何，理论的调查研究已经有了分配的使命，即科学地探测任何可能被环境和习惯所暴露的领域，并将其转化为现实历史世界的思想。

综上，在争论过程中，亚里士多德证实了他对希腊世界的态度。如果希腊文明最可能的制高点已经达到，那么寻找其内在固有理性，以及尽可能使之成为他自身工作起点的一切努力都已经被充分地加以辩护了。亚里士多德因此不仅能够对希腊文明的基础怀有共情赞赏的态度，也能够尊重社会舆论，将它当作真理的一个可靠指标。

(d) 生活的不同门类

就亚里士多德看来，生活的若干部分都获得了更为巨大的独立性，而且较之柏拉图，它们能提供更独特的难题并要求更多的工作。此特殊之处并不是纯粹的应用性，而是它们下一步的发展过程。生活向四面八方延伸。而自从它的范围覆盖了更广阔的区域，尽管它还在永不停歇地运动，但仍实现了本质上的静止。细枝末节的大幅增加不仅破坏了整体的统一，也摧毁了某些普世信念的统治地位。无论主导思想多么迎合某些领域的特质，类比的纽带总能将它们维系在一起。每个地方都有对现实活动高估、对内在理性的探测以及对矛盾的调和。同样地，每个地方都存在一种简单的客观性，一种更接近灵魂直接生命的方法以及对体系的描画中更大的透明度。

(α) 人际交往的形式

人类交际领域最先展现了更独立也更丰富的内涵。亚里士多德对宇宙到人类的刻画程度，通过他对感官相对价值的评判，展示在他事物中。柏拉图和其他的希腊思想家声称眼睛是最重要的官能，因为它能感知伟大的世界。但经过更仔细的考虑，亚里士多德基于耳朵与语言进而与人类社会的关系，断言它对智力发展更有价值。再者，对于人类的语言和动物发出的声响之间的差异，他将其视为人类交际更为亲密的证据。

亚里士多德对人类生活和活动的区分萌发了最强烈的兴趣。他是个敏锐的观察家和各面人性的绘手，他的学派还首度引入了某些“特质”的介绍。而且，当他的拥护者特别致力于描绘社会生活的品行道德时，他们也只是模仿这一大师的成果。最后，亚里士多德对人类以及人类社会的高度预估离不开他对助其成名的历史的深思熟虑。他自身的研究始终跟随着先辈所取得的成就，同时正是从他的学派开始，哲学的历史才涌动而出。

然而，人类生活的全面发展却遗漏了足够简单的社会主体结构。两种主要形式组成了整体：友谊的联系以及城邦内的生活；这一生活囊括了个体的人际关系，其他更广泛的人类交际以及理智劳动组织。

友谊对亚里士多德有着无可比拟的价值。因为首先，在宗教屈服之后，它独自肩负起感情生活更富成效的开发以及开拓个体全面实现的领域。“没有人想要一个没有朋友的人生，即使他拥有其他一切好东西。”

不管怎样，对亚里士多德而言，友谊意味着与他人的交往——他的思想也是自己一个特殊的朋友——在一个稳定的生活和行为群体中，完全接受他者，并进入此人内在思想世界，以至于在他之中找到另一个“自我”。友谊在这里不只是心灵之间的相互吸引，而是行为以及思想和行为两者有效做功的统一。甚至在这个例子中，一切也都依赖于现实活动，感觉状态总是与之紧密相连，并任其决定。因此，兴趣总是超过意向且存于成就，友谊也会随着人的伟大而成长。目的是为了交换相应的收获，从而在高尚的竞争中能够并驾齐驱。故友谊也融入了公平观。这里没有给为了不当受和无法测度之爱的舍身忘己、天真献身留下空地。亚里士多德哲学的友谊并未摆脱自我而只是一种自我的扩大，因为它根植于真正的“自爱”，根植于人类与其自身存在的友谊。正如有德之人能与自身所为相一致或成为自己的良友，只有他才能展示真正的、永恒的友谊。另外，友谊能使幸福感得到升华，因为不仅个人的活动有所提高，朋友的高尚举止也比自己的更加显而易见。

这一友谊的理念包含了行为的协调一致，更确切地说，该行为是受管制并可见的，所以它容许在固定限制内对家庭生活进行充分辩护。在另一方面，与友谊的关系相比，人道的思想太过于虚无以致无法对生活产生影响。确实，我们已经知道每个人都能感知到人与人之间的维系连接，所以我们在天性上倾向于帮助他人而且渴望陪伴，甚至没有任何功利性想法。然而所有这一切都遗留在背景中，并导致没有确定的关系和工作的群体。规模更小也更易调查的群体吸引了人类的注意力；人们的目光很少延伸到自己的民族之外。无论如何，希腊人民结合了欧洲人的勇气和亚洲国家的智慧，从而成为种族里的高岭之花。只要团结在一个统一的城邦中，他们就可以统治全世界。

但是，这种希腊人统治普世帝国的想法——在亚历山大大帝的教导中更为显著——并未被进一步贯彻。反而，亚里士多德认为人际交往的主要形式仍是单一的希腊城邦，即有限领土上的城邦、所有人类难题的稳固统治以及个体公民之间的亲密私人关系。再没有比这块已经沐浴荣光的城邦更能被理论所照耀与颂扬的了。为保护它的有限领土，亚里士多德坚称一个正派的群体只有在其公民可形成对另一公民的评判的时候才有可能实现。然而事实中蕴含着更深刻的理由，即只有受限的群体形影不离地将所有智力目的和现实友情结合起来，才能在个体外成为一个主权的“人”。不管怎样，亚里士多德的理论精髓在于国家应该拥有这一“人”的天性。从这个信念我们可以直接推断出，国家和个人的目的都是相同的，而且道德伦理和政治之间存在着最紧密的联系。如果一个人的至善就是现实活动的自给自足和自立的实现，那么国家也不用在这一目的以外寻找幸福了。紧接而来的是对下述内容的最为强烈的反对：所有侵略性外交政策，所有贪婪的无限扩张，以及所有掠夺战争，等等。与其寻求这样一种进程，还不如让国家在平和的活动中挖掘出自己的使命，将其公民所有能力发展和组织成为一个小型的健全社会。

理性的活动在这里尤其暗含着城邦及其个体成员的精神和道德上的裨益性。因此，首要工作必须要针对精神的目的。即使在日常生活条件下，物质资料仅仅作为活动的手段才具有价值，并且它们应当在隐含的限制内被悉心经营。因为最严重的干扰来自于群众对自由累积资本和财富的迫切要求。此外，由于货币的引入以及其无限囤积的可能，幸福来源于身外之物这一虚妄期待却不幸地增加了；关于物质财富的强烈欲望对人类的掌控达到了前所未有的高度。所以，人们应毫不妥协地对其发动战争，甚至就公民共同体而言，也要毫不容情这一群体的职责就是将公民对利益的渴望控制在合理的界限内，尤其是反对金钱的全面统治。本着这一精神，一切贷款所获得的利润都将被谴责，任何赚取利息的形式都是高利贷，总而言之，这种手段和目的本末倒置的行为是不道德的。据此，我们拥有了政治经济中绝对的伦理形式的基础，它占据了中世纪经济理论的主导地位，并同时深刻地影响了实践应用。对亚里士多德来说，该学说的两个假设前提是明确的：生活中固定且易辨认的目的对物质资料的精确限制，以及群体福利与个体福利间的完全一致。

倘若不管怎样，个体只是国家的缩影，那么在它们相互关系中的绝对控制权必然属于后者。事实上，亚里士多德支持个体的完全服从，他将这种主从关系归纳为信条，这一信条作为国家无限权力理论的经典代表已经传承了整个历史发展进程。它将该国家称为自给自足的群体，只有在这里，人才能实现自己的理性本性。因此，他认为该群体（就它的本性和概念上的优先地位而言）比人更重要。

对于其国家学说的阐释，亚里士多德青睐于使用有机体来进行比喻，因为他就是将该理念引进政治理论的第一人。例如，一个有机体中存在许多单一的器官，而且只有在与整体相连时才发挥它的功能，然而一旦脱离了整体它就变成了无生命的质料，这同样反映了个体与城邦的联系。然而这一理论似乎特别适用于整体特殊能力和个体有效活动的茁壮发展。

也就是说，如果其关节或者是功能与结构的分化越明确，一个有机体也将被视作越为高级、完美。所以同样地，国家需要最大限度的劳动分工。亚里士多德敏锐的观察和冷静的判断力促成了这一信念，并由之果断地拒绝了共产理论。只有经过认真的组织，工作才能充分地开展。同时，关爱和奉献最大的动机来源于人们的财产所有权以及个人的人际交往，因为肯定其所有权能带给他一种难以言表的满足感。此外，如若他们期望单纯的共产能带来全部意志的和谐以及犯罪的消除，共产理论的信徒将难免成为这种乐观幻象的受害者。因为罪恶的主要根源并不是贫穷，而是贪图享乐和永不知足的贪婪："没有人会为了躲避寒冷而成为暴君。"

在其古老的阐释中，有机体的理念不仅增强了个体的重要性，也影响了整体的绝对生机；它没有把国家视作敏锐洞察力下的人造机制，而是当作凭借自身能力自给自足的有机存在。因此，获得公民对国家体制的忠诚依附以及给予他们共同分担政治工作的权利是必不可少的。结合他对于国家中理性聚合的观点，这两种观点使得亚里士多德成为民主政治的拥护者——诚然，这表明受到极大限制的民主政治正在付诸实践。与此同时，与柏拉图截然相反，他将普世秩序置于最杰出的人格之上："依法治世之人令神与理性进行统治，依人治世之人则令自身中的兽性进行统治。"

亚里士多德对于政治问题的讨论所带来的全部效应远远超过了其关于国家的独有理论影响。尽管被放逐国外，他明确的目标和冷静的判断仍然渗透了这一领域的独特品质，并且他的思想如此纯粹地开拓了事物的内在必要性，促使他的成果成为政治智慧取之不尽的宝藏。他依靠简单的理念和分析累积了巨大财富；他积极维护理想，但它们并未妨碍对现实的，尤其是经济条件的预期评估；各式各样的利益冲突必须在谨慎细致下保持平衡，且绝不无力地妥协让步；政治理念与历史紧密相连，因此变得更灵活有效；人们对活在当下的重要性以及事物现存状态的正当性获得了完整认知。然而亚里士多德政治理念的洞察力和远见卓识，可同他对公正与真理的强大感知相媲美。任何毫无教益的眼花缭乱，且特别是任何以他人为代价来实现个体利益的事物，他都会果断拒绝。以技术上的卓越和道德上的意向相结合为特点，亚里士多德的政治学尽管在细节操作上还有待商榷，但仍旧是一部无与伦比的杰作。

（β）艺术

尽管他的学说在所有基本要素上都与柏拉图美学理论前后呼应，但亚里士多德本身依旧欠缺一种与艺术的亲密个人关系。但他的客观方法又再次给予他敏锐洞察其主题的本质的能力，所以他不仅能成功地说明独特观点的多样性，而且还最先系统地阐述了艺术的主要原理。像柏拉图一样，他将艺术理解为对现实的临摹。然而，亚里士多德并没有在一些偶然的、易变的面貌中找到临摹的主体，反而在事物普遍的、典型的方面有所发现。艺术家不在乎在任何特殊的时刻发生了什么，他们关心的是一直或经常发生的事。因此，亚里士多德声称诗歌比历史在内涵上更为复杂和丰富，就像荷马永远凌驾于赫罗多斯之上。创造性的幻想有一个能实现其所有权利的世界，但这个新世界的启示仍然很遥远；而艺术在此能获得一种精神价值并分配到一个具体的使命。无论如何，亚里士多德迅速地从普遍思考转移到特定的艺术活动上；他由此揭露了心理上的动机，并通过惊人的洞察力和敏锐性使它们的效用公之于世。其美学理论的封顶之作即为悲剧观，这一学说对现代产生了最深刻的影响。而且，它对我们当前的思考有其独特价值，因为悲剧同时暗含对人类生活的广泛理解和信仰于一身。无论如何，亚里士多德悲剧观的真正显现，不会在其被理解为自由反思的产物时出现，而是在其翻译成希腊戏剧实际成果的理念和规律时被领会。该思想者的态度是完全可追溯的，他并未提供任何新的建议，而只是挖掘出往日伟大作品中的基本原理。他认为，悲剧的问题不同于人与世界的联系，它并不太与人类本身相关；悲剧的问题不在于人类自身存在的复杂和矛盾，而在于人类与世界的冲突中：内心的罪恶感和激发悲剧性共鸣的外部成功之间是不协调的。若按照该基本观点，因其内在冲突和精神斗争，悲剧中的行为必须比现代戏剧具有更多的一致性、连贯性和简明性。因为，当它不涉及内在动变，而是关系到一个与命运直接冲突的人的本质上固定的性格特质时，随着所有的一切迅速地赶到结局，情节会显得更明快、更乐观。所以，时间、地点和行为这三要素的学说代表了亚里士多德的权威，而如果没有大师教导的强有力的解释，上述就不会如此。

同样，考虑到悲剧的影响，我们必须避免任何现代思想和情感的入侵。亚里士多德并未谈及整个灵魂的净化，而只涉及怜悯和恐惧情绪的运用。他对运用这两种情绪的期许仍是一个悬而未决的问题，并且我们也无法介入。坦率地说，亚里士多德寻找的是一种具体的、私人的情况下，这两种情绪对个体的影响。换言之，他打算以性格和命运来描述哪一个会通过怜悯和恐惧来直接影响每一个人。相应的规则和限制随之而来。渴望的结局似乎最有可能通过引进命运的巨大扭转——尤其是从幸福到悲惨的反转来实现（有鉴于它降临到一个人的身上，而这个人没有用反常和离奇的行为令我们不再同情他，也不像情有可原的错误一样因堕落而遭受那么多的不幸）。因此，中庸和限制的思想也在此出现，这当然不包括将所有人拉低到平均水平的倾向。于是，人类行为的高度和深度都被排除在外。如果每个人都不是无意识地来完善其所借鉴的理论——在没有竭尽他们全力的情况下，确实是无意识的，我们将更显著地感受到亚里士多德理论的庄严和冷静。

在该领域，亚里士多德对他的主题的掌控远比他对其概念和规则的掌控更影响深远；他的方法清晰、综合而客观，并孕育出拥有永恒价值的成果。

（γ）科学

亚里士多德的毕生之作在科学那里达到了最高潮。他对理论的乐观预估完全与其现实成就相匹配。似乎在最初，他就跟随了一条与他的伟大前辈完全不同的发展进程。直观让步于对事物有理有据的讨论和解释，分析更是崭露头角，细微之处才能发现共鸣的巧思，若干理论准则实现了自身的第一次独立。再者，情绪被杜绝在科学调研之外，思考者的实践本性再也不深陷其中；相反，研究意味着对客体以及其天性清晰演变的冷静考查。此外，通过将这种尝试延伸到现实世界的整体，调研就等同于谨慎的、爱钻研的和不倦的智力工作。随着从即时感觉的分离，科学首次获取了一种技术形式以及专属术语。当柏拉图在抱怨从艺术中引用的生硬术语阻碍了其思想的自由发展时，亚里士多德却成为科学术语的创造者。亚里士多德哲学的“科学”从此更接近于近代意义上的科学。它可以包含人类经验的整体范畴，也可以产生一种生活的特色形态，即研究的生活。

但是，尽管有所前进，亚里士多德仍然与柏拉图和古希腊世界保持着密切联系，甚至亚里士多德哲学的整体研究方法是以直觉性真理作为先决条件。分析的发展并未威胁到综合的至高地位，因为所有获得的要素从一开始就属于整体，各独立学科的发展也无法摧毁一个体系的坚固凝聚。特别是，人类与物质世界的关系并不会像一见钟情那么易变。因为，即使亚里士多德抑制主观感觉并使其从属于客观事实的必然性，客观事实的理念终归是在人类影响下形成的。随着他将现实转化为力量、趋势、能力和目的，他同样会对拟人化以及更危险的拟人化感到愧疚（尽管是轻微的），因为它能轻易地逃离注意并隐瞒自身前提。亚里士多德关于世界的理念，事实上都遭受着精神上和物质上的混淆，即来自隐晦的暗喻。而只有这种影响越不幸，他才越有更坚持不懈的干劲将其主导思想灌输给世界。因此，没有对亚里士多德哲学思想世界的摧毁，近代科学是不可能产生的。

确实，亚里士多德毋庸置疑的伟大性并不在于对本原的研究，而在于他的普遍理念与经验财富的广泛联系：发展这种联系中的共同因素，并通过丰富的理念将科学知识归纳为一种取之不尽的材料——这成为他无可比拟的优势。据此，他可以卓越地成为“人人皆知的大师”。

这一能力的发展使亚里士多德可以在知识王国内四处畅游，并且无论在哪里他都是硕果累累的、有体系的以及精湛的。我们时常为他在共相和殊相之间的兴趣相当感到惊奇，这一度导致他将纯粹的思考行为颂扬成生活的荣誉以及幸福的至美。另一面，这使得他成为自然科学的热心挚友，使他验证了（基于对解剖研究的抨击而言，这种研究当时仍然很常见）赫拉克利特的名言：“踏入，此处，诸神同在。”

拥有了这些特质，亚里士多德成为第一个发现人类知识要素和主要功能的人，并创立了盛行几个世纪的逻辑体系。他最先脱身于诸如时间与空间、行动与目的等晦涩难懂的基础理念；他带领思想从宇宙结构作为自然圈各层级的整体，上升到有机生命的高度，这也标志着他自身研究的顶峰；他粗略勾勒了第一个哲学体系；他从伦理道德和政治的维度回溯了人类的生活和行为，以及在演讲和艺术领域的表现。无论何处，他都力图将他的人民的经验和全部成就融入他的作品中。但首先所有的分离原则酝酿出了形而上学，并使它成为关涉到第一原则的最早的系统科学。这在纯粹理念上描绘了实在的宏观轮廓，并对辩证法的稳固地位以及将生命整体提升到内省层面的诸多贡献具有历史性的影响力。

这种艰巨使命的最终结果很容易遭到批判。甚至亚里士多德也只是他所处时代的幼儿期代表，在当时知识还不完善的状态下，他对最终的、封闭的体系坚持不懈的追求本应该产生灾难性的影响，这是无法避免的。因为在一些部门，匮乏的材料只能凭靠能力勉强支撑和组合在一起，而这种出色的逻辑能力经常沦为为错误脱罪而不是为真理辩护。然而，亚里士多德实际上也无法预见将来发生的事，所以只能开放其思想世界面向更遥远的未来。任何公正的评判都无法忽视他超群的卓越性，特别是像现在这样的评论，应该给予足够的感激和尊重，因为他向全人类揭示了现实世界的全体领域，也因为他证明了自己是当之无愧的理智生活的成功开创者。

(e) 回顾

对亚里士多德的合理猜测建立于他对希腊精神的清晰理念上。他不再只是一个古典时期运动的参与者，而是从远距离辨识其成就的观察者。他与独特的希腊文明间的亲密联系已经无法识别，并且，作为将其积累的庞大信息转化为理念并追溯发展进程的思想者，他经常，或者说，已经被界定为最具抽象形态的哲学家。

他成熟的调研技能、论文的缜密逻辑，甚至他的学说和观念以及他的品性，都坚定地植根于古典希腊土壤中，且这些都在他的生活观中有所体现。因为这确实彰显了强大的独立思考能力，这也表明亚里士多德的思想始终稳步保持与希腊世界的密切联系，也渗透着他同胞们的基本理念。如若撇开希腊精神不谈，他的品性就丧失了最独有的特点，而这种关系也显示了他特有的伟大特质和局限性。

但尽管这与他的环境有着亲密关系，我们仍能辨别出一种独特的亚里士多德式的生活类型。依靠强大的力量，训练有素的效率和简单的诚意，此处的知识和行动融入引人入胜的毕生之作中，并提供了一个现实世界中的安全立足点。从其表象向现实推进的科学调研，使得周遭的环境具有无可比拟的重要性。即使存在明显的不作为，从存在揭露的指示性视野来看，他们自己的生活，即根据目的划定的生活，依旧是自给自足并且自立的。同时，世界可以转变为丰富多样的形式，对科学和现实生活保持同样的兴趣。理解并凝聚成一个和谐的宇宙而使得这个世界更加丰富生动，才是研究生活的首要使命。因此，世界获得稳定，生活变得平静，各种形式的福祉将从艰苦劳动中孕育并得到稳步发展。亚里士多德因此成为第一个把生活和世界看作一个连续过程的思想家。

关于亚里士多德毋庸置疑的伟大性的争论并不仅存于其世界观和生活观的内在统一，更加在于他通过简单而丰富的理论征服了知识的宏大领域，而这一争论也据其对历史的影响力得到了证实。对亚里士多德的哲学来说，它从未领导任何思想的进步运动，甚至也没有给予任一运动任何强烈的刺激。但它一直被证明是有价值的事实上是不可或缺的，尤其是当现有的思想主体需要拓展、逻辑排列以及整合系统的时候。这些也在古典后期对跟随者成果的影响中有所体现。所以同样地，虽然基督教起初对亚里士多德并不友好，但当激动平息以及需要新理念的时代到来时，却迫不及待地向他寻求帮助。故最终，他成为中世纪教会这一思想和生活都非常死板的组织的首席哲学家。但同样在近代，如莱布尼茨、黑格尔等近代最高端的自成体系的思想家们也为他对思想史的贡献给予了很高的评价。总之，亚里士多德学说对更深入的逻辑训练产生了深远影响，并促进了伟大体系的建立，为文明的整体工作提供了一个稳固的基础。如果没有它具有教育意义和有机的影响力，近代科学和文化将比古代好不到哪里去，这一切简直是不可想象的。

无法否认，这种贡献往往有高昂的代价。在智力竞争还未如此紧张的时代，亚里士多德哲学体系的绝对重要性和简洁性却常常抑制了思想的独立。它似乎时常表现出，新事物无法挑战根深蒂固的权威。然而，与其说这是这位大师自身的错误，还不如归错于那些从不自主地去反对他的追随者们。

在另一方面，亚里士多德的伟大性以及其对知识和生活各部分的有益影响是无须争辩的。在历史整体进程上，他留下的痕迹比其他思想家都深刻得多。最重要的是，他是第一个直接发现可靠途径的人。因此，如果我们没有对其毕生之作以其应得的赞誉，我们就无法从历史出发了解我们自身的思想世界。

这是一个古典时代的伟大传承，柏拉图这位划时代的天才有了亚里士多德这样天才的继承者。全面的、有远见的、勤劳的头脑结合并发扬出大胆的创意工作。因此，一方面，它的纯粹性表明，任何经典遗留的文化都将对从自身生活中最深处的存在有所贡献；另一方面，对知识的渴望将其锻造出巨大的智慧成就。所以，理想世界观和理想的生活情感有两种主要的表现，即争取超越世界并回到世界，这些表现可以分别在柏拉图和亚里士多德得到典型的体现。

通过哲学，希腊文明自身从历史发展进程的内在偶发性中解放出来，而且其最深处的本质经过解释后更容易被人们所理解。思想工作以一种纯粹和尊贵的形式利用安排了它的目的和成就，并为其提供永久效能。除了这种利用和提炼外，还出现了一种智力和建设工作的理想典范，这种理想以非常完美的方式结合了真和美、科学和艺术。但这种创造性的活动并非脱离了伦理特征，而是正如在后来年代经常表现的那样，变成了个人性情的尊贵和高尚美德的朴素信仰的结合。至于其他，生活的理想化包括随后的剧烈冲突。当它对我们的才智和勇敢行为的胜利表现出一种坦率的自信时，这种乐观绝不等同于自以为是的逞能；相反地，人们现在认识到自身屈服于一种更高级秩序，并愿意接受既成规定的限制。此外，他被召唤去实现最大努力和不休止的活动，然而，活动需要达到其最高点的自我平衡从而使他免除于每日的骚乱，而这种平衡能散发一种纯粹的欢愉。无论在哪里都应该有体系和组织，没有什么可以被孤立，也没有什么可以放纵自己。而且有组织的体系不会抑制或破坏个人特性，而是在整体中给予它更多保护和更高价值。

这种对所有主要趋势的联合以及在理智整体上的生活冲突，使得古典思想家的生活观具有不可比拟性和不可替代性。因为文明的进步既能有规律地传播生活的力量，同时也加剧了外部的阻碍、内在的复杂性以及冲突的尖锐性。但是，我们不能放弃实现统一，那样无异于自取灭亡。因此我们应该始终乐于回顾生活观，它作为一种已实现的事实，作为整体的理想生动地向我们展现。希腊式理念借以实现的特殊形式，当然已经被历史的巨大变动判定为无效：那些曾经似乎能安稳地承担生活观的假定臆测已经被证实存在着难题。那作为生活朴素条件的，与实在、可靠构建性工作起点之间的联系，曾经被相信已经备好或至少能轻易获取，但我们现在则必须通过辛勤工作，通过事实世界和我们自身的深刻变动来实现。然而尽管如此，古典理念保持了它们完整的历史性真理，古典思想保持了它们的崇高性，这些都会一如既往地吸引、刺激和取悦我们。

希腊式生活理想经久不衰的魅力和启发，主要是来源于在欧洲文明初期古典世界的历史地位。鉴于生活的问题最初是由科学抓住的，对其建设性的掌控要求充分的独创性。这种新鲜感和欢愉归属于对一个事物的初次感知——即对此事物的发现；所有的一切在刚开始时都是十分清楚的。在另一方面，杂乱无章的扩张和旁生枝蔓的沉思，这些不可避免地出现在随后处理方式中的产物都不存在。很多情况下，此处所说的话一直被复述，但它决不像最初的话那样更简明、更令人印象深刻了。

因此，抛去对他们穷追不舍的可朽命运，古典思想家们依然是人类的导师和教育者。在工作和生活的消遣中，在幸福与悲伤中，全体人类都会像对待精神上的英雄一样报答他们。这些思想家在我们面前坚持不朽的理想，同时引导我们进入了古典时代的富有世界。这个世界唤醒了所有人类的兴趣，鼓励所有的活动，明悉创造的乐趣，热爱生动的形式，赞美自然天性并拥有取之不尽的青春活力。

B.后古典时代的古代

最近，历史研究向古典后期投注了更多的目光。但是，普通人依然经常拒绝给予这段时期应有的认可，因为他们没有以历史的视角，而是以外部的标准来衡量这一时期。这段时期曾一度被视作基督教的准备期，因而是不成熟和不完整的；在另外的时候，它又被视为古典时代的尾声，因而同样低劣不堪。在两种情形下，这一充满内在运动和变化的时期都被视为一个同质的整体，因此被简单处理掉了。然而，事实是，恰好是古典后期的人生观给出了一种独立和具有个体价值的特征的明证。这些观点甚至要求把整个时代划分为两个部分，一部分充满了文明的闲庭信步式作品，另一部分充满了宗教的激流涌动。前一部分的哲学可以被描绘为理性的世俗智慧，后者则可被描绘为思虑和神秘的甚嚣尘上。正是这个反题赋予了后期古典特有的张力。

I. 世俗智慧的系统

(a) 希腊化时期的精神特质

后古典时代，习惯上被称为希腊化时期，此时期缺少古典人生观的主要动机，即令人惊叹的创造性作品和城邦当中各种形式的努力合作。这个时期还外在地保留了古典的形式，但是古典生活的内涵已经消失了。国家的命运现在被其他东西所决定，尤其是国君的法庭；同时，小规模的城邦萎缩成了令人厌烦的商人社群。政治因此失掉了与更大的群体活动以及情感的联系，变成了少数精英的事情。同时，公民在它和社群的关系当中获得了自由，他们不再依赖于社群以固定信念进行的补足，同胞的信念和习俗也不再束缚和阻碍他们寻求属于自身的道路。另外，生活超出了民族的疆界。甚至未经近代普世化的风雨洗礼，一种普世性的情感就产生了，这种情感通过点燃更多的精细情感引发了关系的重构。

古代的普世化在一种新的生活趋势当中，在一种博学文化的发展中，在文学学习的社团中找到了其主要的支撑。与古典时代不同的是，这种普世化紧紧跟随着的是完全的变革。那时候，人们感到自己依赖于整个宇宙，同时内在地与之合一，但是必须通过激烈的挣扎奋斗才能赢得完美的关系和他自身存在的最高实现。然而，在这个斗争中，人成就了英雄主义，其作品也上升到了原创和生产新实在的层面。这种理智上的英雄主义的时代现在终结了。个体不再认为自身和宇宙处于确定的关系之中，也不再和实在的最深层事物有亲缘关系。相反，大众意识被下述信念所占据——在人和世界之间有着一个巨大的鸿沟，这一鸿沟只有通过艰苦的努力才能不甚完美地被跨越。主体被抛回自身，生活的内在特征同样也改变了；反思被赋予了更大的空间；个体的内在生活变成了精神的主要居所。

要不是古典时代遗留下一份辉煌的文化，如此的反思和酝酿会让主体立刻陷入空虚。消化和利用这流传下来的文化现在成了这一时期人们的生活内容。同时，学术成了文雅和所有更高成就的基础，研究和知识各自在精神的善中取得了“股份”，它们也造就了人与人之间的一种特殊关系，文明社会急剧地和人民分开，并将其成员提升到了超越民族和种族区别的位置，这导致了学术和文学发展的普世化。

在如此勤奋和专业化的作品当中，这个时代获得了完全的满足。在这些作品当中流露出了一种安静的愉悦，这种愉悦来自于古典文化不可比拟的丰富和优美。因为它对新目标的追求不是热烈激昂的，所以这个时代并没有出现对人类存在藩篱的冲击，也正因为如此，它不知晓宗教问题的深邃和其中的冲突。在人群当中，宗教被培养起来并逐渐地萌发了新枝，但是文明人在经历了理性的洗礼之后知道怎么处理这些宗教的动向，他们并未感到任何更深层次的宗教需求。希腊信仰的伦理内核——善有善报的公正没有被颠覆。但是在这些涌现出如此惊人的灾难、个体命运显著逆转的时代，一种对堤喀女神[①]权能的信仰以一种独特的力量产生了。这种女神的权能或者是完全盲目的巧合，或者为预谋和邪恶所操控。但是，即使人类命运的非理性印象持续增长，并再三地强迫一种情感上的服从，人依然不会被罪恶搞得如此不知所措和害怕，以至于不能在冷静的反思和沉思的审慎中找寻药方。哲学恰是这一找寻的希望所在。

在上述所有的发展中，后古典时代定的论调比古典时代低得多，在精神能量方面，它远远落后于其前驱。但是它对于个体的直接关注、对内在生活充满激情的开掘，构成了有价值的革新，并以不同于哲学家的人生观的特殊性展现出来。另外，让历史记住如下事实——一些科学在这个时候首次获得了完全的独立性，

① 堤喀，Tyche，希腊宗教中的命运女神，后来混同于罗马的福尔图娜。——译注

并将其影响扩展开来；在技术能力上，人们取得了超越于事物的更多能力；造型艺术将主体的情感带向了提升的，甚至是夸张的表达；戏剧在中产阶级的生活关系当中找到了源源不绝的材料；田园牧歌和肖像画繁荣一时。在每一方面，个体都得到了更大的自由和关注。如下事实证实了个体生活的成长，以及一个精致但却自我满足、自我充盈的情感的存在——“希腊化诗人首先把爱提升到了主要的诗歌情感的位置。”另外一个事实也起到了证实的作用——与堕落的文明形成鲜明对比的是，这里首次产生了一种对于自然的情感性愉悦，一种对简单的田园生活和有益影响下的纯粹生活的向往。

在这个事实当中，我们可以识别出朝向特定的现代倾向的道路。事实上，在许多的示例当中，历史的关联是不易弄错的。然而，尽管有着相似性，差异依然存在。相比于现代世界的生活，希腊精神后期生活的展开更为乏味、枯燥，当然同时也更节制。在现代社会中，个体带着对青春活力的自我意识超越世界，在其自身的把控之内平稳前行，甚至依据自己的意志去塑造生活。然而希腊化时期的人将世界视为不可更改的，他们从不尝试改变传统文化，他们仅仅致力于通过将其强行链接到主观感受和反思，来给传统指明新的方向。两个时代（一个即使不是令人仰慕但也已垂垂老矣，另一个新鲜繁荣且为其创造能力所雀跃）之间的这一差别改变了生活的所有显像，以致两个世界的相似性绝不可等同于一致性。

这样的精神状况包含了一种典型的哲学。这种哲学并不寻求去瞥见事物的本质，也不追求革新整个文明。但是它对个体做出了在生活当中安全驻足的承诺，也给出了一份值得信赖的生活指南。它致力于帮助人们获得幸福并自力更生。对于已经开化的世界而言，它变成了道德上最主要的导师。这种实践的趋势在罗马人的影响下，确实经历了好几个世纪才登台。在我们仅有的关于早期运动的片断记载中，这一趋势并未获得过誉的名声。然而，不可否认的是，在古典系统之后的时期，个体及他对于幸福的追求成为一切事物的中心。

同样值得注意的是，现在一小部分信念立刻成为了之后持存了数个世纪的教条。而在此前，每一个思想上的成就立刻就会唤来进一步的发展和反馈。希腊化时代的精神生活以一种显著的方式所显示的东西，哲学也同样显示了，也就是说，伟大的、造就时代的英雄们，带着他们革新人性的灵魂性目标，被个人权利的集合、富有教派特征的小团体所替代。因此，当这个工作的计划使得相对的简洁成为必要，我们将自己的目光局限于斯多亚派和伊壁鸠鲁派，自身就将会被辩护。这两个学派所显示的对立对应于双重关系——这是人们一旦停止作为世界的一部分就会假定的两种与世界的关系：人或者会大胆地反抗世界，或者会尽可能地投降。在第一种情况下，人会通过超越周遭事物的影响，通过获得一种镇静的独立性和对于事物内在的掌控（这是通过与普遍理性的合一达到的）来寻求真的幸福。在另一种情况下，人们会避免与世界发生任何冲突，并通过一种对生活所予之物的巧施精用找乐子。这两种倾向有一个共同的起点，它们也经常在自己的后果当中碰到。但是，它们对生活的不同态度是不可调和的，且其矛盾一直持续到了古代的终结。从伊壁鸠鲁学派开始讨论会更为便捷，因为它在时代的兴衰中始终坚持着一种简单但却基本的类型，而没有被拉入其他运动中。

（b）伊壁鸠鲁主义者

伊壁鸠鲁学派明显地展示了行会教派的特征，这一特征丝毫不为时间的兴衰所影响。领袖伊壁鸠鲁的毕生之作产生了极大的影响，不仅其人格形象作为一种鲜活的存在保留下来，甚至他的哲学准则也在一代代的变化中保持了其权威能量。除了伊壁鸠鲁，我们还要提到一位罗马诗人，卢克莱修，他对信念的热忱和充满激情的方式，使其成为受远在十八世纪的启蒙运动所影响的圈子追捧的名人。

对伊壁鸠鲁主义者的流行看法严重歪曲了其原意。他们一直被表证为各种沉沦的捍卫者，而事实上，他们的目标仅仅在于将人从所有的麻烦中解脱出来，并在私人圈子的范围内提供给人安宁、平静的生活。结果是，这种苛刻挑剔的世俗智慧令人远离所有凡俗纷杂。

因此，不同于古典系统的是，生活领域在这里被狭窄地限制住了。伊壁鸠鲁并非出于任何理解事物本质的愿望思考着世界向其呈现出的问题，而是为了使知识能够将他从那可以把生活往下拽，并导致痛苦的幻梦中释放出来。首先，他攻击了那种以超自然的权力干涉人类事物的教条，因为只要永生这样的烦人之事始终盯着我们，生活绝不可能平静安宁地被享受。伊壁鸠鲁并不否认存在神灵，相反，他将其作为天堂生活的理念而尊崇神灵。但是我们并不假定神灵会为我们和我们的世界操心。如果他们始终为人类事务操劳，如果他们真的实践了这种对人世的管理，他们既不会达至极乐，普遍存在的恶也无法解释。然而，科学表明我们没有必要假定神灵的掌管，因为科学证明万物都是自然发生的，事物具有的秩序和系统可以由其自身的本性来解释。因此，自然科学是把人从幻想和迷信的压迫中解放出来的践行者，它是畏惧神灵的难以和解的敌手，这种惧怕已经带给人类如此多的仇恨、狂热和痛苦。

但是，伊壁鸠鲁断然拒绝了所有哲学的束缚，正如他拒绝宗教的束缚。形而上学的束缚表现为命运的理论，表现为必然性的理论——这种必然性以难以规避的强制力围绕我们。事实上，命运会产生一种比迷信更为强烈的压迫。自我导引和自由选择是人的福利不可缺少的部分。意志自由现在被认为是人的幸福的根本条件，尽管在后来，它被超自然秩序的反对者强烈攻击。伊壁鸠鲁几乎已经不能再更令人信服地表明他对于幸福的关注是多么阻碍其理论研究了。

这样一个小心翼翼地避免所有麻烦的体系，自然不会给永恒留下空间。为什么我们应该希望继续活着？是因为在生活当中我们有很多的机会可以去尝试各种好的事物？饱足之后，为什么我们不应该在生活餐桌的座次上向其他事物屈服？毕竟，生活仅仅是为了使用才被赋予我们；所以当大限已至之时，我们应该愉快地将火炬传递给其他人。不要让死亡对事物的湮灭搅动我们的心灵。事实上，最简单的反思教会了我们——死亡绝不可能触及我们。因为只要我们还活着，死亡就还没来；当死亡来临时，我们已经不存在了。那么，我们应该因为死亡而感到不安吗？那么，没有什么阻止我们活在当下，并在我们周遭寻找幸福。

然而，如果没有洞见，这样的幸福是不会被发现的；单单这点就教会了我们如何正确评估生活的善。事物只有在可以带给我们愉悦和痛苦时才有价值。人类不能设定除了快乐的生活之外的目标。“极乐生活的开始和结束”是快乐。但是我们不应该盲目地寻求快乐，好像快乐自己降临到我们头上；决定任何经历的价值的不是第一印象，而是其结果。结果必须要被掂量和考虑，而且需要艺术的评估。除了哲学还有什么可以补足这一艺术呢？

因此哲学变成了生活的艺术，事实上，也成了享乐的技术。表面上，这项任务不是很复杂，但是由于没有限制的文明资源和文明人的众口难调，执行它的苦难日渐增加。享乐必须通过一个选择程序被细化——不是为了满足任何道德评价，而是为了满足我们对幸福自身的兴趣。因此，精神的乐趣优先于感官的乐趣，内在善因为更纯粹和更持久而优于外在善。比起奴颜婢膝地依赖快乐，下述行为可以获得更多的幸福——对心灵享乐的自由控制、能够不沉湎其中而享受一切。事实上，让文明人享受的不是事物而是其自身。最高的目标不是积极的愉悦，而是摆脱痛苦和激动的自由、一种安宁、一种无法撼动的灵魂的静谧。但是，这需要欲望满足的适度以及经得起检验的视野的清晰和情感的高贵。因为，“人如果不能充满灵性地、美妙地并且公正地活着，就无法惬意地生活，人如果不能惬意地生活，也就不能充满灵性地、美妙地且公正地活着，惬意的生活与德性密不可分”。但是，幸福的主要来源是对事物的正确评价；是自由——从对神灵和死亡的畏惧中解脱而出；是知识——如果被正确理解，善就不可置疑地被获得；也是痛苦——短暂而强烈，长久而钝疼。一个持有如此信念的人“既不会清醒，也不会沉睡，而是像人当中的神一样活着”。这个观点被发展成了一个复杂的德性理论，用讲究的伦理准则表达出来。伊壁鸠鲁的许多传道甚至在其论敌那里也受到极高的尊重，并融入了一般世俗智慧的熔炉。伊壁鸠鲁的布道显示了即使快乐哲学也可以使人超越于其外在环境；同时，理智活动最好能应付各种不幸，而不是轻率地对待成功。

伊壁鸠鲁式个体完全独立的要求也给予了以一种特殊的形式对社会关系的承认。由于不可避免的复杂性，人被警告要避免建立任何联系。因此，伊壁鸠鲁式的哲学家漠视城邦生活。为了保证其领地的安全，伊壁鸠鲁提出绝对的统治。同样，婚姻不能吸引他。更甚者，他提倡个体之间自由的关系，比如友谊、精神交流和哲学。这一运动并未限制在一个小圈子里，其组织延伸得很深广。“伊壁鸠鲁及其弟子改变并紧密地组织了其社团，这一社团延伸到整个希腊，从一个城邦到另一个城邦，同时他们不仅通过协调一致和云游布道，还靠物资援助的交流来保持团结。伊壁鸠鲁知道怎么创造团结的精神，这种精神已经被恰当地比拟为早期基督教社团所具有的团结精神。”因此，哲学认识到它自己甚至在类似于宗教团体的社团之中也有重要的任务。这些社团聚合了那些在传统秩序被打破之后形成的原子式个人，并给予这些个体以道德和宗教上的支持。

但是公正地对待伊壁鸠鲁主义者并不一定要为他们狭窄的界限所蒙蔽。凭借他们，人把世界接受为既定的秩序，并熟练灵活地与之适应。但是这个世界获得的完整的、活跃的部分，人们却无法达到。相反，为了确保纯粹的幸福，他逃避了一切因合作带来的混乱和不确定，并退回自身之中。然而，因为他仅仅考虑自己的感受，他退回自身时所感受到的内在性并未向其揭示任何新的世界，也没有产生任何新的足以唤醒和发展灵魂的动力和能力。通过补足所有内在和外在的损失，这个仅仅利用现存能力的计划除了提供深沉的反思——根本上而言，恶是脆弱而善是强悍——以外，什么也没有提供。换句话说，除非有强大的乐观主义，否则这个计划是不能实现的。而且事实上，伊壁鸠鲁全心全意地追随着乐观主义。但是，假如非理性和苦厄不能被如此简单地清除呢？

那么智者所预想的极乐世界就立刻变为内在的空洞和无望的悲观主义。进一步，这种生活观蕴含着一个不能自我辩护，严格地说，甚至是自相矛盾的假设。它暗示着一个高度发展的文明状态、精制的体验和高贵的情感，一种在善与美中的愉悦。没有上述那些，生活会变得空洞和粗糙。但是，伊壁鸠鲁主义者并不试图靠自己的艰辛劳动和牺牲来造就这样一种文明——对于感性、自然的存在而言，位于它之上的概念还没有产生，同时存在着一种可以任意替换的文明特征，这种特征受道德和理智的兴趣所影响。因此，这种生活观就成了陌生人餐桌上的饕餮食客；其他人的劳作一定要创造立刻能满足其兴趣的东西，或者在沉思当中化为明智的准则。尽管伊壁鸠鲁主义者会因此在特定的时候提供给个体更多的东西，但是整体上它不能激发，也不能创造任何东西。它始终是单向的，始终是一种伴随着成熟甚至是过度成熟的文明的现象。而且，就其本身而言，我们必须要意料到，它会不断以新的方式重现在历史舞台上，并且寻找到新的追随者。但是，它具有的所有机灵、聪明和友善不足以补偿它在精神创造性上的缺失。

(c) 斯多亚派

斯多亚派在生活问题上取得了无可比拟的成就，他们的学派还展示了更深的内在运动。尽管纯粹理论被迫渐渐地变为背景，斯多亚主义仍以一种前后一贯的特征保留下了它。然而在早期基督教的纪元里，实践和劝告（parenetical）的倾向完全占了上风。而且，斯多亚派还领导了古典后期通过修订古典理念所进行的道德改革。我们必须揭示那联合了不同历史面向和个体特殊性的共同特征。

斯多亚在生活问题上取得的历史性成就在于它给予了道德以

科学的基础，并将伦理问题提升到了完全独立并被认可的地位。关于道德，斯多亚派没有仅仅进一步发展流行的观点，也没有仅仅巩固既有的元素，而是发展了一个精致而特殊的道德理论。这个理论此前从未存在过，甚至在苏格拉底学派那里，也没有以科学形式出现。因为，尽管犬儒主义者（Cynics）教导我们幸福仅仅源自卓尔不群，但他们轻视所有的理论探究，并由之不具有任何基本的哲学观点——起始于此，道德不可能变成一种世界权力。但是，如果我们起始于斯多亚派的观点，道德却可以变成世界权力。因为对于他们而言，如果没有理论基础和融贯的思想系统，道德行为也将不复存在。

相较于给人留下的第一印象，斯多亚主义更为紧密地与传统的思维方式相连。主要差别在于斯多亚派抽象地考虑一切事物，并在沉思当中获得答案。因此，他们把人视为整体世界的一部分，但仅仅和世界处在不那么紧密和明显的关系中；把世界当成理性的领域，并更多地将其看成一个逻辑秩序和合适的安排，而非艺术的和谐作品；认为人本质上是被驱使并被赋予资格去理解普遍理性，并更多将这种理解看作一种在普遍思考中的理解，而非在关于现实世界的细节的无尽显现中的理解。即使持有这样的观点，人还是要从其理性的禀赋中，从其思考的官能当中导出关于生活的问题。宇宙是如此严格地组织起来并自我保持，以至于人的行动难以改变事物的条件或者改变事物的方向。但是，能思考的存在者能够在对世界的两种态度中任选一种。对下述情况抉择的不同会有着巨大的差别：人们是否会麻木而毫无知觉地让世界上发生之事擦身而过，人们在不可抗力的无形压力下不得不做某些事时，他会如何行为；抑或，人们是否应该明智地掌控世界，内在地理解世界，理解其必然性，并将其施于人的强迫性转换为自由。这里涉及了私人抉择，同时这种抉择也会在不同人之间划清界限。一切一定要发生的事物必将发生。但是，在没有我们、不顾及我们的情况下，它是否会发生；或者在我们在场的情况下，它是否会发生——这些会完全改变了生活的特征，同时决定我们是事物的奴隶还是主人。在自由的服从当中有着人独有的伟大。“服从上帝就是自由。”

但是，只有当所有的疑问都在宇宙的理性中消散，我们才可以在对世界的思考当中获得满足；只有那时，意志才有一个好而且充足的理由让自己适应世界的秩序。因此，斯多亚派的一个重要甚至是不可或缺的前提是——为世界的存在状态做辩护，并驱逐所有因第一印象造成的非理性。尤其在后来的时代，哲学家似乎被号召像拥趸一样，为神灵辩护，使其免于责难，并将世界以善的、可接受的方式介绍给人类。因此，神义论（theodicy）的概念产生了，莱布尼茨首先命名了这一概念。

在这一思想的创造过程中，各种反思交互作用，并会合成了新的思想。首先，一种对法则的普遍遵守和普遍因果关联的观念得到了非常强烈的捍卫，以至于它立刻变成科学意识中一个不可缺失的部分。然而，对于斯多亚派而言，这种因果秩序同时也是神圣统治的表达。他们论证世界上存在着一个独一的神，这是由于包含了活力部分的宇宙同时一定要是充满活力的整体。进一步地说，这个唯一神让世界适应于理性存在物，甚至把个体纳入他的关注范围。恶仅仅是作为世界发展的副产品而存在的，甚至这个附属的结果也被神圣的理性转变成了善。思考过程中尚未调和的，甚至是不可调和的要素并没有影响到斯多亚派。因为他们的信条更多源自一个对于他们精神的自我保存不可或缺的信念，而非理论性的论证。此外，通过这种信念加于他们身上的实践问题，并因此对问题的解决集中了他们全部的精力，他们在这种信念中变得强大和坚定。

只有当我们的整体存在离开了我们的思考，当所有可能让我们依赖外部条件的事物都从思考当中排除之后，对普遍理性的沉思才可以把我们引向彻底的自由和幸福。但是，感觉和情感导致了这种依赖，因为它们令我们卷入存在的混乱与不幸当中。它们之所以对我们产生影响，主要是因为一种对事物的错误评估。因为外部世界的恶，像其他东西一样，仅仅对那些错误地将实在性归属于它的人才有作用："不是事物，而是我们关于事物的意见让我们不安。"对这种错误评估事物的倾向的克服，就其本身而言是一个需要我们倾尽全力的活动。因此，思考本身变成了行动。它不再是理论，而是永不停息的行动，是为了我们整体存在所做的努力。简言之，思考是融合了智慧和德性的活动。这种思考活动单靠其自身就可以导向幸福。任何在外部世界当中寻找幸福并因此暴露于事物印象之下的人，任何屈服于享乐且因此沦为贪婪和惧怕的牺牲品的人都将跌入不幸。不仅是过度的情感，而且任何种类、任何程度的情感，乃至所有的愉悦和悲伤，所有的欲望和惧怕，都被强健的灵魂丢弃。甚至灾难作为一种对德性的训练都变成有价值的，德性如果不经训练就极易消失——从未遭遇不幸本身就是一种不幸。命运女神（Fortuna）通常会青睐寻常本性，伟大人物会被召唤去克服巨大的困难和兴衰。一个人对于他人悲痛的态度及其对自己苦痛的态度不应该是伤感的，而应当是积极的。让我们通过行动迅速地给予帮助，而不是被那没用的同情的悲伤与哀号所引诱。让完美的"冷漠"统治一切吧！这种"冷漠"不是木然的不关心，而是一种坚定的不动心，一种对所有同情之心的消除。

一旦不再能给理性活动提供条件，这种从现世命运脱身而出的自由解放就包含了自由地放弃生命的权利。自杀在这里并未成为绝望的行动，而是作为一种平静的考虑和道德自由的训练出现的。正如希腊思想家遵照其信条去生活一样，斯多亚派中有些领袖也选择自由的死亡。对于斯多亚派的大多数而言，死亡甚至不意味着完全的消亡。他们认为，个体灵魂会一直存在，直到周期性再现的宇宙之火将其带回到神灵当中。但是，甚至完全消亡的想法也不包含任何吓人的东西。有德性的人已经具有了神灵所具有的所有恩赐，只要他还活着。

因此，在理论上，万物轻易平稳地相互融合，生活看起来像是远离了一切危险。但是，斯多亚派绝未低估实践问题的难度。正是他们使得原本作为古典思想家作品标签的创造性活动中的典型性愉悦消失了，存在获得了深刻的严肃性，生活似乎充满了劳苦和挣扎。冲突的生活观念主要源自这个地方，也正是此时，这种观念逐渐化为了人类的普遍意识。

思想家被号召与他周遭充斥着被错误评估的事物的环境做斗争。因此，让我们漠视大众纷繁复杂的判断，让大家不要惧怕使用最粗糙的悖论吧。巨大的危险同样来源于文明的娇气和过度精细。通过对日常条件、对简单甚至是粗陋的自然状态的高度关注，斯多亚派对抗着这种倾向。然而，比对抗外在的条件更为激烈的是思想家必须对抗自身及自身本性当中的危险。因为幸福真正致命的敌人是对事物的抱怨态度，它一直潜藏于心，诱惑着人放弃他的目标——这个敌人一定要用不懈的警觉和一往无前的勇气来对付。这种内在的勇气成为有德性之人的主要特征。完美的德性是英雄主义，是灵魂的伟大。英雄远远高于其同类。世界的毁灭无法令英雄动心，他的行为是为神而演的戏剧。但是，在其超绝的卓越中，他将自己与人和事物分离开了，他获得的更多是对世界无所谓的态度，而非对世界的统治。他一直在活动的谋划中、在行动的准备中保留自己的能力，而不是在耗尽能力的现实行动中毫无吝惜地挥洒自己的力量。问题不可避免地产生了——有多少人能提升到英雄的高度呢？又有多少人能够拥有可以解放他们自己的能力呢？因为斯多亚派将它的整个生活放置在了道德能力这一点上。如果人们意识到了目标的缺乏，并对自身的能力感到无望，那么人究竟应该朝向何方，并应该在何处发现他的希望？

因此斯多亚派的生活观包含了很多成问题的东西。然而，其背后依然是对最高价值的永久折服，是对独立伦理的发现和发展。在上升到普遍理性层面的决定当中、在自由服从的行动中，我们发现了作为整体和内在的人的作品。在那里，人作为超越自身特殊官能的自我去行动，并让整体存在依赖其行为的能力被揭示出来。这种内在的行为远远优于外在的行动。内在性因而获得了完全的独立，灵魂的深邃被发现，并成为一切努力的目标，许多重要的改变随之发生。自我知识获得了内省感和对人内在构成的判断。如意识和良心这样的概念变得清楚并获得了固定的含义，行为的价值现在也被人的意向所单独决定。

同时，道德的至高无上获得了完全的认可。尽管存在着许多悖论，我们在此依然拥有简单和颠扑不破的真理。道德的善单独就可以被称作善。与德性和生活的其他价值不同，道德的善可以单独地提高真正的幸福。同样，善恶之分被强化到了极端对立的地步。所有的转换和中介都消失了。人终其一生都要被动地面对着一种冲突——非此即彼。抉择不是根据人的喜好做出的。因为在我们之上，普遍法则统治着我们，要求我们服从。责任的概念比以前变得更强了，且现在获得了确定的意义和明确的称谓。

但是生活行为不仅仅被斯多亚派精神化，而且以一种全新于古典的方式被普遍化了。当行为的内在面被提升到极端重要的地位时，人与人之间的所有差别就会在其共同人性前变得苍白。现在，对人而言，尊重他人、为他人劳作就是可能而且必要的了，因为并不是特定的城邦或是民族，而是普遍理性让我们联结起来。人道主义和普世伦理就这样产生了。早期斯多亚派在这一点上所教导的事物，事实上被罗马帝国时期的思想家所察觉，并付诸实践。所有人组成兄弟般的共同体的观念变成了一种力量，有机体的比喻从城邦扩展到了所有的人类，所有的理性存在者都作为整体的一员存在。甚至在最没有价值的代表中人性也得到了尊重，甚至敌人身上体现出的共同人性也为我们所热爱。因此，为柏拉图和亚里士多德所不知的博爱观念被融入世界的道德意识之中。所有的人都是普遍理性王国的公民。“世界是所有人的祖国。”“作为安东尼乌斯（Antoninus），罗马是我的家园和祖国；作为人类，宇宙也是我的家园。”上帝观念的增强提升了人道主义情感的温情脉脉。作为同一个父亲的孩子，我们应该团结在一起，像亲兄弟一样互爱互助。从这种友谊当中溢出一股仁爱的情感，这种情感甚至进入了生活的一般环境中。在那里，它试图阻止奴隶制，试图促进对穷人和弱者的关怀。统治者和奴隶一同被纳入和整合到同样的进步运动中。现在，一个共同的超越于个体城邦的特殊法则的自然法则，被认可和发展了。我们也在罗马法当中发现了对它的有效支撑。

确实，斯多亚派关于事物的观点有一个局限，这个局限体现在如下事实当中——它取得的所有成就都在既定的世界之中，它并不试图建立一个新的社群，或者集结所有的个体力量向非理性发起攻击。就古典世界而言，朝向博爱和普世化的倾向一直是一种关乎个体情感和信念的事情，而非成为一个普遍的运动。但是即使如此，它也依然有其价值，因为它构成所有进一步发展的起点。

我们眼下不打算过多地探讨斯多亚派的历史。但是，我们可以注意到，数个世纪的发展仅仅更为清楚地揭示出这个系统的未解难题和缺陷，比如令人激动的理念和人的实际行为之间的矛盾，对生活的积极内容的欲求，个体之间的分离和对所有感觉的严格抑制。即使在早期，也不缺乏可以放松严格行为准则的严肃的调和。但是这些让步只会导致新的复杂性。通过从明智之人的高贵生活理想下降到宣扬为庸人设计的规则，斯多亚派变成了一个危险的双重道德理论的始作俑者，并通过将可行的假设视为充分的论证、而非试图给出严格的科学演绎，他们引入了臭名昭著的盖然论（probabilism）。

然而，尽管存在许多的坎坷和局限，斯多亚还是打了漂亮的一仗，尤其是在早期基督教的纪元，它证明了自身是道德革新的核心。和其他一样，它也不能忽略如下事实——时代已经变了，幸福问题被前所未有的坚持和激情推到了风口浪尖。对于罗马统治时期的斯多亚派而言，哲学变成了时代的不安与不幸的主要支持和慰藉，变成了向最内在的自我的回归，变成了一种对神性的唤醒——这种神性居于所有人之中，并承诺一种从所有恶的确然解脱和对纯然幸福的奖励。思想在这里飞跃到了时间和感觉之上，安居于无形秩序的永恒之中。但是精神的所有遨游，圣人的所有三省吾身，都不能抑制一种不可抵挡的人类存在的空虚感和毫无价值感如潮水般的侵袭。因此我们发现，例如马可·奥勒留皇帝，最后一个杰出的斯多亚主义者，用掷硬币的方式决定去往何方。在《沉思录》这本首次把独白引入文学的作品当中，他赞美了世界的荣誉和人的尊严。“灵魂穿越了整个世界，穿越了环绕着世界和它整体结构的虚空，到达了永恒的无限，并理解了所有事物的阶段性再生。”永恒会完全出现于人的行为中，因为此刻的行为当中，整个生活，包括它的过去和未来都可以被理解。因此，人应当超越所有的尘世卑微，“就像居于山巅”。但是，对拥有永恒和无限的思考能够更容易地假定下述事物的意义：所有瞬时性事物在危机状态时等同于无，不存在强有力的动力去行动。尽管存在着发展的表象，但是却没有获得任何新的东西。“那个已经看到了当下的人也已经看到了永恒之中的一切和即将在永恒当中发生的一切，因为它们在形式和种类上是一致的。”“任何四十岁的人，即使他仅仅拥有某种理解，已经在某种程度上通过其一致性看到了所有的过去和未来。”但是，所有热切兴趣完全消失之处，人类经验也必然是无望的。“世界持续变化，生活仅仅是意见。”确实，这种无用性的引入看起来是对抗所有不安和危险最令人安心的护卫。因此不仅要将生活的悲苦，而且将其愉悦也表现为完全无意义的这种倾向就应运而生了。“整个尘世是一个点”，“人类生活是在一个奇异之地上发生的一场梦和一次旅行”，“永恒立刻就会遮蔽所有事物”。

如此情形描绘了一幅倦怠和衰落的时代画卷。在人如此自私地考虑自身及其任务时，生活的轻松和能量被迅速消耗殆尽。这样的话，就不存在有效对抗生活内在忧伤的能力，也不存在对抗文明突然衰落的能力。世俗智慧系统的时代已经终结。这些世俗智慧在一个更为丰富和奢华的文明时代承担起自己的使命。在这样的时代，它们向个体揭示其本性的内在丰富性，并给予个体以自身当中的安顿和支持，这可以使其超越时代的兴衰。它们热情地实践着对人的道德教育，它们不仅树立了针对所有阶层的作品，且在信念上产生了积极的影响，同时还树立了值得尊敬的生活典范。但是在文明的结构开始摇摇欲坠而且不得不与其精神存在斗争的时候，简言之，在极端的革新时期，在世俗智慧的系统崩塌时，主要基于主观反思和个体冲动的运动被证明是不合时宜的。然而，它们创造了丰富的成果，这些成果超越了它们所在的圈子和它们的时代。早期基督教从斯多亚派的伦理学当中获益良多，近代启蒙运动也依赖于斯多亚派。尽管存在精神环境状况上的差异，格劳秀斯、笛卡尔、斯宾诺莎，甚至是康德、费希特这样的人也显示了他们和斯多亚派的亲密联系。这个学派的个别著作不仅变成了世界文学的永恒部分，而且它的整体人生观在历史当中一直以一种独立强健而充满尊严的方式持存着。

II. 宗教思考

(a) 朝向宗教的趋势

古代最后的伟大成就在于朝向宗教和宗教思考的运动。我们不能像平常那样轻率地评价这一发展，我们在其中发现的不仅仅是精神能量的衰落，或者某种希腊真正特征所缺少的东西。因为，即使宽泛来看，这场运动也呈现了一幅不怎么吸引人的图画，呈现了太多压抑和空洞的事物——但是，在上述背景下，更为高贵的力量、精神的必然性，一直在活跃着。最后，创造性活动从混沌无序上升到了自柏拉图以来都尚未达到的高度[①]。那个时代的人已经对有教养的生活感到厌倦；宗教运动也像其他事物一样陷入普遍的倦怠中。但是尽管有着这样的厌倦态度，新的动向并未停止。相反，新动向逐渐显示了一种原始的生机勃勃的动力，以及对积极幸福的渴求，因为被扼杀已久的自我的实现和满足此时重新充满激情地肯定了自身。同时，人的心灵被一种模糊的畏惧和令人烦恼的焦虑所攫取，这种畏惧和焦虑关涉到生活中的无形关系及其后果，因此一种对黑暗力量和永恒审判的不安的恐惧蔓延到了所有方面。人的存在之根被撼动了，但是这种撼动本身引发了对于人的本性不可毁灭性的信念，并驱使人热切地寻找新的道路。因世俗智慧系统被动地向世界投降，将生活还原为平静的沉思，压抑所有强烈的情感，这种感觉状态不可能在世俗智慧当中获得满足。同样的，发生在基督之后的第二世纪的古代文明的最后复兴（这一复兴重新回到了古老的旨趣标准和对形式文化的偏爱）对于那些搅动人心灵的问题什么也没有回答——这场复兴所有外在的辉煌勉强遮住了其内在的空洞。第三世纪时，这种幻觉也消失了，随之而来的是轰然倒塌。甚至艺术，这一最忠实的希腊精神的导引，也丧失了能量，最后的杰出人物是卡拉卡拉（Caracalla）。

因此，在第三世纪时，整个领域都留给了宗教运动。这一新趋势在经历了世纪初的聚合之后现在已经以强大的力量喷发了。

① 参见附录B。

这个世纪在希腊的土壤之上还创造了这场运动中唯一伟大的哲学家，拥有统治者心灵的普罗提诺（Plotinus）。但是要合适地评价其伟大，我们必须首先看看他之前的思想家。

哲学通过参与朝向宗教的趋势，重新获得了与它周遭环境更紧密的接触。因为，尽管希腊化时期的启蒙已经将宗教排挤出了精神领域，但是它并未将其从功用和从大众的内心当中清除。现在，在有教养的阶层和大众之间又重新出现了一种途径，旧的宗教传统取得了新的价值，尽管并未大胆修改继承来的教条。

但是，哲学在其传统当中也具有和宗教的联系。大多数教养最好的人都是柏拉图主义的跟随者，而柏拉图主义的宗教方面此时首次获得了完全的发展。进一步，厄尔普斯式和毕达哥拉斯式的教条展现出一种强大的吸引力，它们点燃了囿于感官的灵魂对自由的向往，它不仅补充了一种禁欲的生活，还提供了对奇迹和占卜的信仰[①]。除此之外，来自东方的有力影响也掺入进来，首要是以稀奇古怪甚至是令人反感的祭仪形式出现，但这依然刺激了思想世界。

因此一种明显的混合氛围被造就出来，新与旧、荒唐与智慧都融合在一切。高雅、严肃以及温和的普鲁塔克（Plutarch）的形象明显地显示出——各种因素能够组合在同一性格当中的方式，靠拢宗教和保留古老文明财富的和谐相融。要在——除了他的论文《论伊西斯（Isis）和欧西里斯（Osiris）》之外的——其他地方，发现这样一个时代的宗教心态的欢乐图画很困难。

这种新的宗教运动——这也发生在我们必须在一种可以理解

---

① 参见附录 C。

的观点中整合各种现象的情况中——首先展示了对恶的问题一种变化了的态度。回溯历史，我们还会记得，希腊思想家展示出将恶视为世界的道德秩序衍生结果的明显倾向，而后来的哲学家，尤其是斯多亚派，费尽力气将这种趋势化解为一种虚幻的表象。然而，这种趋势正日趋强劲地走向现实。既然如果上帝是万物的原因，恶就不会存在，那么世界的非理性一定有其他的起源。借用一个旧的观点，可感事物因其非理性的特征而被当作了恶的来源。恶不再显现为意愿屈从于善的力量，而是被看作将宇宙一分为二的敌对力量。世界变成了一个充满激烈而不可调和的矛盾的竞技场。分裂了宇宙的巨大断裂在人类中重演；人自身中的理性和感官也一直不和，甚至是世仇。古典时期将个体生活过程中的感觉和精神联系得越是紧密，它们现在分裂得也就越是决绝。对感官生活持续增长的精致化的嫌恶似乎笼罩了整个人类圈子。而对目前迷惑了希腊精神的相同的生活的缤纷富足，我们的谴责已不能复加。

在诸多的变化中，尽管起先是如此悄然和难以察觉，宗教的位置和内容还是发生了转移。在更早的时期，即使对于一个柏拉图主义者而言，宗教是紧密地与理智生活相联系的，同时神人关系被用于升华所有人类的勤勉奋力。而现在，宗教开始撇清自己和其他一切事物的关系。它应许给人以新的、更高阶的生活，但是需要信众以其整个灵魂的忠诚作为交换。此处首次出现了一种特殊的宗教信仰，甚至算是宗教狂热。朝向神此时则意味着信众和不纯粹、不恒常之世界的彻底决裂，在伟大的神召之前，所有其他的目的都会落入无形之境地。

神的角色和位置同样也发生了变化。纯粹至善不应当直接通过嘈杂纷乱的现世来观照自己，而应当寻求完全遗世独立、超越人类所有概念之上的超验的权威。但与之并存的是人类对实现通神之途的诸形式的热切期待。因此人们只能依靠半神存在（subdivine[①]character）那超越人类的中介力量来调解神人关系；因此在公众信念中占据基础性地位的，也曾被柏拉图顺道利用的灵性论，现在获得了巨大的影响力，并持久稳增地吸引着人们的心灵。人们相信自己周身被诸如此类的中介存在的每只手所环绕，并在每个地方都依赖于它们的帮助。但善恶总是相依，而恶的事物总会折磨着人们，并令他感觉到害怕，从而他所有的来往行为都伴随着这些无形力量相互冲突的影子。在大众眼中，这种害怕会蜕化成为通俗的鬼魂信仰，而迷信会为知识的堂皇投上厚厚的阴霾。主体的情绪不加克制地在胸中辗转回肠，而全神贯注于自身幸福的内心激情，既排挤开了对物质需求的冷静考虑，也排挤开了对存在的理性组织，取而代之的是一种伊始方兴的宗教情感生活的发展昌盛。超越的神的观念使人们的冥想有了缥缈的向往，同时也偶尔给予人们以空中楼阁的许诺。瞬时世界仅仅只成为一种准备，只成为隐藏在公共感知之外的更高阶实在的象征。但是只有通过完全从感官中脱离净化，我们才能登临这个神圣真理的世界。为此，感官仅仅屈服于精神所追求的目的是不够的。进一步地说，只有对感官经验的彻底根除才是至善（与神合一）不可缺少的条件。

但是，尽管有着所有这些变化，希腊的特征仍然留存在这样的事实里——与上帝的关系被理解为关于上帝的知识。这是因为

---

① subdivine：主要有两个意思，一个是分享神性，另一个是部分地拥有神性。——译注

希腊人从未停止过探究关于精神生活本质的知识。当然，这种知识既然涉及超自然的或者纯粹的存在，那么必然归于知识中的特殊类别。刚开始时，前途似乎黯然无光，这是因为“对于被肉体和激情拖累的人类灵魂而言，是不可能参与到上帝的生命中的。仅有的一点细微线索也可能只被哲学思考所获得”。一个似乎更令人振奋的希望出现了，那就是隐藏在我们逻辑推理之下，处于“热烈”或“迷狂”状态中，我们可以直接通达的直接直观。在这种状态下，当一个人停止所有自身的努力，成为一个仅仅是为神圣启示准备的容器时，神圣之光就可以不加掩饰地沐浴在他身上。这束光同样照亮了历史的宗教，照亮了“神话”，并在“神话”中发现一个宏大完全的真理。这是由于，正如对乌云之上的阳光进行多彩折射①形成了彩虹，在我们的理解中对神圣理性进行折射，也形成了神话。因此，文明人也可以自豪地拥有通俗信仰，如果他想最恰当地彻底洞见到通俗信仰的本质，那么他可以在“怀疑”和“迷信”之间找到它真正的意义。

据此，甚至在这种宗教运动中，哲学的目的仍具有一席之地。同时在个体中，虔敬和欢愉经常和谐地统一在知识中。尽管如此，就一般而言，哲学上的努力不仅在表面上被严重地遏制，而且其自身还陷入了旧瓶难装新酒的矛盾中。这场运动至今仍未超越折中主义和会合主义。它缺乏内在的聚变，以及为思想所造就的新的形体的组织性增长。这些有待于新柏拉图主义，更精确地说，有待于普罗提诺来解决。

① 折射：英译本中为 reflection，应为反射义，但彩虹是折射（refraction）形成的，这里译为折射更好。——译注

但是在转向普罗提诺之前，让我们先简单地将注意力转向在历史性的宗教——犹太教——的推波助澜下，一种宗教哲学逐渐成形的尝试。在犹太教的民族传统中，宗教占据了相当重要的地位，同时也更严格地自适自足，它以更大的独立性来反对哲学。但是，当希腊文明甚嚣尘上时，犹太教曾一度被动地寻求与哲学的融合。正如同文明人在理性的藩篱前有辩护自己信仰的个人需要，犹太教在还没被染血的暴力所根除前，以相似的渴望将其祖辈传下来的宗教信仰变成所有人共同的权利。在这方面卓有成效的践行者首推亚历山大里亚的菲洛，他是第一个大张旗鼓地将东方的信仰和希腊本土的智慧熔为一炉的人。在这方面，他踏上了一条几个世纪以来许多人为之前赴后继的道路。他的成就是宏大而卓越的，但是并没有将熟练的融合拔高到建构性工作的水平。

在两个世界的思想融合中，犹太教为之提供了一个由诸多教条和惯例、历史观、伦理—宗教联合特征以及业已内在化的虔敬所建构的确定的形体骨架；而希腊文明为之贡献了普遍概念，从狭隘的人类朝向宇宙秩序的强大动力，对知识的渴望以及对美的欢愉。在它们的相互作用下，希伯来因素得到扩张，并获得了一种新的理智、希腊式的专注和精神的内在化。但总体上看，相互对立的因素以暴力的方式被结合在一起，而不是和谐相融。

从整个世界来看，在所造成的结果中，尤其值得注意的是柏拉图式的“理念”概念的位置变迁。对于柏拉图而言，存在着独立的、至高的相型；而对于菲洛而言，这些“相型”变成了圣灵的思维。据此，我们在此不仅有了一种多样性的统一，同时整个的实在也被一个普遍的灵所支撑并被赋予生气。以类似的方式，强势的运动也被如此事实所引入——横亘于神人之间的力量被结合进“逻各斯”的统一中，“逻各斯”也即上帝的长子[①]。

说到生活观，则是将斯多亚派的不动心的圣人理想和虔敬的义人理想结合在一起，避世自适和专注于道德目的两相宜。然而现在的情况是，现今处于新理念中的希腊因素呈现出一种渴求，既是对更深层的知识的渴求，甚至是对关于上帝的知识的渴求，也是对以理性洞见为基础进行引导的渴求。它既将所有感觉之物斥为不洁，同时也确证万物都有不可改变的罪。另外，犹太教则贡献了一种与上帝更接近的生活，一种更强的责任感和一种内在感觉的张力。此处整个生活是以为上帝服务的角色出现的。我们只有通过澄洁之心和纯朴无华才能接近崇高的灵，正如大司祭在进入至圣所前，要退去华贵的长袍和衣服，仅穿着简单的亚麻只身进入。同时由于和上帝共同的关系，人们将更紧密地联系在一起，一个人的所行所受可能关切到另一个人的利益。圣人的出现也不再仅仅作为一种支撑，而更是作为一种为恶人的赎罪和救赎。

在没有缓和敌对关系和减轻冲突震荡这样的权宜之计被引入的情况下，两个思想世界的和睦亲密本不可能以如此方式降临于世。这种和睦亲密体现在对宗教传统所掌控的信念的寓意解释上，文字之下隐藏着的是灵，这灵只能被深远的洞见所通达理解。这样的手段在哲学中也不鲜见。柏拉图和亚里士多德为了将他们的理论契合于通俗信念，也曾顺带利用过它，而斯多亚学派更是处处将之运用到对神话的处理上。当宗教呈现出一种固定的传统和简洁的教义内容，并因此使其与哲学之间的冲突制造出剑拔弩张

① 参见附录D。

的氛围时，上述方法才开始获得值得考虑的重要性。然而现在寓意解经已经成为达成和解的首选手段，实际上由于其对个体自由和整体一致之间的调整，以及对理论研究和历史权威之间的调和，寓意解经已经深刻地影响了对于人生的整个态度。传统的经章文字并没有被曲意篡改，仍然被奉为圭臬。但是解释的自由允许哲学在需要它的地方得到利用，于是所有曾经不屈的困难消失了，方法的严格性也让位于想象的自由影响。在这个过程中，现在和过去、时间和永恒、主观情感和客观事实被不断地混淆。神秘朦胧的黎明向我们迫近，生活展现出它梦幻的一面。这种朦胧感弥散在整个中世纪，最终被近代充满活力的生活行动所驱散。

因此，在此情况下，希腊哲学超越了民族的界限，活跃在精神生活和普遍生活中。然而到了基督之后第三世纪的开端，希腊化时期取得的所有成就仅仅成为一种补充和脚注。反思和简单的融合侵占了自发创造的空间。我们用通俗哲学来代替系统建构性的工作。普罗提诺却为之带来了变革，因为自其以来再次出现了一流的思想家[①]。

(b) 普罗提诺

(α) 引论

在所有伟大的思想家中，没有一个人能像新柏拉图主义的创始人普罗提诺那样，获得如此迥异的评价。他真正伟大的成就是如此不可避免地与存疑之处，甚至是确定错误之处相互纠缠着，以至于不存在对他完全的赞同。此外，普罗提诺的哲学中充斥了

---

① 参见附录 E。

一大堆宽泛的纲要箴言，同时也没有将对世界普遍的观点发展为精确的知识。最后，他的整个体系遍布着一路高歌的抽象和深刻的私人情感生活之间的冲突。如果就实际成就而言，普罗提诺是落后于其他伟大的思想家的；但是如果我们剖析潜在于其作品内部的力量，密切注意他对理智世界发展的影响，那么我们必须将普罗提诺列入最优秀的思想家的行列。因为那样就会出现新的、富有成效的直觉，而这种直觉经常隐藏在那些被高度质疑的断言背后。实际上，甚至错误偶尔也会成为撬动重大发现的杠杆。直觉构成了普罗提诺真正的伟大之处，同时也处处显现在他的生活观中。在我们意识到普罗提诺所在的时代是多么不合宜的时候，发轫于他的崇高精神力量的影响力已经成比例地增长。而这些不可避免地限制了调查探索的自由，同时也孕育了其著作中可疑的、空想的，而非正确的、有价值的要素。确实，正如同这个时代不存在更多对希腊精神的力量的辉煌见证，普罗提诺也不可能从一个如此糟糕的理智大环境中提升到一个如此的沉思高度。此外，他的著作对人类的深远影响从整体上来看是无可置疑的。在此，我们将会深入其著作最原初的概念，廓清其初始状态，特别是针对那些在近两千年的时间里自始至终推动人类发展的内容。尤其在对生活观的影响上，普罗提诺是无与伦比的，他于此在两个世界之间划清了界限。

从历史的角度看，普罗提诺的作品是对禁欲主义运动的延续和完成，这项运动曾以稳定增长的排他性支配了古典后期。但是在普罗提诺处，这项运动变得足够的强大，从而导致了一种实在的新型建构和一种典型世界观的创建。实际上，朝向宗教的倾向在此经历着其深埋内容的高贵化演变。迄今为止，它内心一直被对个人幸福的过度热望所占据。被应许的无限的、超越的世界只是为了引导个体从无法忍受的悲惨中走向极乐，只是为了确保给他们以不朽的生活。另外，就普罗提诺而言，单独的个体太过狭隘、太不完满、太无助，于是就油然而生一种对新生活的热切向往，这种生活是从无限完满中直接涌现出的。从而，生活过程中的以人类为中心的特征让位于以宇宙为中心的特征，更精确地说，让位于以神为中心的特征。同时，所有的努力被用于在人和世界之间、主体和客体之间的鸿沟上构建起桥梁，这些尝试一直统治着自亚里士多德以来的思想界。这种桥梁构建的完成，则是通过实在向内在精神生活的转移，通过在世界的演进中囊括进所有对立面，万物从这种演进中而生，最终又复归于这种演进。

普罗提诺的努力旨在巩固希腊文化，以概括和强化的方式来捍卫希腊文化，并防止所有对它敌意的攻击。那些希腊特有的东西再次以更清晰的方式被凸显出来。的确，许多典型的希腊信念现在首次被深入彻底地思考。但是我们应该看到，在这些完全改变的时代中，希腊思想最充分的发展是如何导致自身的彻底毁灭的。在暴风骤雨般的运动中，希腊的特征与希腊本身脱离了，他们最后一个伟大的哲学家开启了一个新纪元。基督教却与之截然不同。普罗提诺的思想完全和其对立，他的攻击更为危险。因为这种攻击发生在基督教力量所及的领域，且是以宗教的名义发动的。但实际上，基督教在最重要的助长方面受惠于普罗提诺，这是因为它不仅广泛而细致地利用思辨思维的世界，而且首先在后者中发现了能够作为其所主张的灵性和其所应许的新世界的普遍理智背景。除了奥古斯丁（Augustine）之外，没有一个思想家能比普罗提诺对早期基督教施加更大的影响。结果是，基督教更悠远的历史脱离了他的理论就不能被充分理解。因此，普罗提诺以特别的力量经历了人类命运中不鲜见的矛盾：有心栽花花不开，无心插柳柳成荫。

(β) 世界观的基础

普罗提诺以极大的热情和渴望寻找神，寻找超越于不恒常、不纯粹的瞬时世界之上的至善。因此，出世性的概念在此被极度强调。普罗提诺学派尤其沉醉于这种超凡入圣的概念中，这种概念也一定会在一个古希腊人心中激起他的惊奇感，正如超越的神的概念较之于一个基督徒的影响。追随时代的大潮当然没有错，但是那些主体情感、道德宗教诉求中普遍遗存的东西经普罗提诺之手，被链接到其遵从实在本性的理论学说中。普罗提诺明显地依赖于柏拉图，但是在借鉴的基础上又有个人的发挥。他创立了一种学说，这种学说主张唯一的存在应被看作无定存在，这种唯一的存在仅仅是存在，而不是其他东西，因而超越并囊括了万物，而只有这样的唯一存在才能构成真正的实在。相反的，多变的经验世界却不能呈现给我们上述的无定存在，因此我们必须超越世界来寻找这种存在，且将其在超验领域里的自在视作理所当然。

可是，如果当遗世独立的纯粹存在同时构成事物的唯一实质和真正本质时，就会导致一种复杂难解且自相矛盾的情况。事物现在展现出的瞬时存在状态并不是它们真正的存在，从而在存在和本质之间有着巨大的分歧，甚至是表面上不可逾越的鸿沟。如果没有对世界最初印象的深刻变革，没有对实在的全新建构，我们几乎不能跨越这条鸿沟。

但是现今作为普罗提诺式概念的核心，纯粹存在是与神同一的——穿透纯粹实在的光辉也意味着叩问神深处的秘密。因此，理性思索成为宗教信仰,抽象的胜利也应该归于对幸福依然不变的渴求。同样地，纯粹存在和其多变的显现之间的对立也被粗略地转化为神和世界之间的关系。一方面，神以不可企及的方式独存着，甚至连我们的申诉和思维也不能通达到他；另一方面，作为唯一实在的存在，神又是全在的，他最紧密地靠近我们每个人。实际上，我们和我们个体自身的距离还不如神和我们之间的距离那样短，因为个体只属于现象界。因此，神是瞻之弥远，忽焉弥近。这种在对立两端之间的漂移不定是不可能，也几乎不存在和解的，这也表明了普罗提诺世界观的非典型性特征。

但是，像这样极端的对立是不可能持续下去的。神和世界之间的不一致，本质和存在之间的不一致，必须要以某种方式加以调整。存在着几种解决方法：类似普罗提诺的思想家会将纯粹存在作为实在的基础，另外一些会将世界整个地融入神之中，其他的会将神融入世界当中。普罗提诺自己则采用中间道路，将两者的不一致和冲突隐藏起来，而不是解决它。同时，他将部分实在性归属于世界。这种部分的实在性少于神的实在性，同时又完全依赖于他。然后，他通过发扬早期希腊文化，并真诚地采用柏拉图式的概念，发展出一套理论。这种理论认为，所有存在，包括凌驾万物之上的至高存在，就其本性而言都有着巨大的冲动去创造类似于自己的事物，以及制作自身最完善的可能代表者。这不是为任何特殊的目的，至少不是为了自私的目的，仅仅是内在善的自然流溢。但是因为造物也具有这种创造的冲动，也会有复制自身的行为，如此层层叠加，直至非存在的威胁大过存在，随之层级拓展才触到了自己的底线。

据此，整个宇宙从单纯共生的状态转变到序列式的状态。生命之链出现了，这是一条逐级下降的序列。每个在后的阶段都次于之前的阶段，因为普罗提诺追随大多数希腊哲学家，认为完善不能源于不完善，复制品不能完全等价于原型，更高级的存在必须永远超越更低级的存在。但是，所有后来的生成物要保持与原初完善的和谐一致。那些实在之物以其性质而言必是善的，也必是神圣的。更低阶的存在通过其与更高阶存在的血缘关系，也会奋力回溯到它的源头。由之就产生出一种扩展到整个宇宙的运动，以至于整个实在被卷入到一个循环发生的圆圈中。这种运动以其性质而言不是时间性的，也不是个体阶段的连续状态，而是关于本质和价值的永恒过程，是出自于神的世界的永恒生成。从而，正是由于现象界存在着一个无止境的循环系列，时代的差异性才会存在。然而，在所有的变化之外，永恒的存在安居在其超越俗世的王座之上，虽然作为所有运动的源头，但其自身却恒静不动。

这些理论呈现出一种强烈的愿景，即对多样屈从于统一的渴望，对将人类的存在拔高到宇宙层面的重要位置的渴望，以及对神圣生活的渴望。上述趋势强有力的进展意味着一种重大历史变革的到来。从一开始，希腊哲学就教导我们，所有实在都具有严格的连续性，并嘱咐人们要使自己屈从于宇宙。但是，生活的各个领域仅仅是表面上相互触及对方，每个个体就其最深处的存在而言仍然是被其自身所抛掷的。然而于今之时，一种铺天盖地、深入骨髓的统一成为整个生活的源头，每个具体的点都要内在地与其相连接，每个特殊的事物都要从其谋得生命。而每个独立存在，如果它自私地希望从统一中脱离，都将招致虚无的惩罚。由此，狭窄的领域崩裂成碎片，而无限的普遍生活则向广阔的天地呼啸而去。但是，这种普遍生活就其本性而言彻彻底底地是神圣的。无论我们是在世界之外，还是在世界之中寻找善，我们都要通到神，生活各种各样的渠道仅仅是通到神的不同方式。也因此，除了那些领域中源自上帝的启示每个具体的领域，没有丝毫价值可言。

于此，我们首次有了基于哲学的对生活的宗教性导向，有了一个彻底宗教性的思想世界，有了一个宗教性的文化体系。生活尽管根源于太一（one），但是在其发展过程中被分裂为两个主要的倾向，这和如下信念相一致——神圣存在活跃于双重方式中，且通过双重方式被理解，即或者直接通过他的超验权威，或者间接地通过以其从属程度排序的整个宇宙。这些会导致不同样但同类的现实状态和生活形式。在俗世中，对神圣之物的寻找被下面所要描述的普遍秩序和层级思想所掌控引导。每个个体事物都有其固定的位置，只有它处处分有本质性存在和完善的生活；它只有通过更高一级的存在的启示才能获得这种生活，并将这种启示传递给更低一级的存在；因而它不能实现任何成就，因为它离开了上述关系后的确什么也不是。上述就是作为基础哲学概念的层级概念。它也是俗世中高尚的艺术概念的起源，在其中"生命的力量跌宕沉浮，金黄的容器被手递手相互传接"。

与上述思路相反的是超越于现象界的神的直接启示，这是一个不存在复制品，只充满完善原型的领域。在这个独立超越的世界里，存在的整体深度和福祉完全被揭示出来。所有的中介随着现象世界而消逝，在此，神是头等重要的。这是一个神秘的领域，同样也刚好作为层级秩序的一种对照和补充。

（γ）世界和人类生活

首先，普罗提诺追随柏拉图的脚步，同样区分了质料和形式，并将其作为构成世界最基本对立的基础。像柏拉图一样，他内心也充满着对束缚和拖累人类的感觉材料强烈的厌恶感。他将其视为绝对非理性、粗陋、动物性之物，视为非神性的基础要素的产物（此处勾连了古老的混沌理论）。在纯粹理性的世界中，上述的感觉材料没有丝毫容身之处。因而，实在的连续性被破坏了；两个世界中的一个引发了自足完备的纯粹精神，另一个引发了更低级的灵魂生活形式，这一形式陷入质料的泥淖和感官的局限之中。严格地分离开两大世界从而成为一种义不容辞的责任，同时感官不仅在具体的形式和反常的发展中被拒斥，也在每一形式和它整个本性中被拒斥。禁欲主义，或者逃离感官存在，不能提供一个更深远的理论基础，而只能习惯它。

更高级的世界和粗糙黑暗的质料分裂得越剧烈，其发展出来的纯粹精神性的特征也就越明显。而精神生活则获得更加独立的地位，甚至上升到一个自立世界的高度。同时，所有范畴开始转移到非感官、有生气且内在的领域，而所有的理念则开始全心全意地转变为纯粹精神实体。时间被看作永恒的灵魂的产品，空间则似乎被看作心灵自己的设计。现今的生活过程不再如前所述那般，被当作一场与实在之间的交易，这种实在尽管是同类的，但是却是外在的。生活过程成为一场纯粹居于精神内部的运动。在其中，它的问题和成就被一一陈列，它活动的开始和结束被相继展现。

通过这种转变，内在生活蜕变成了灵魂生活的直接形式，超意识和潜意识领域被加在意识领域上。因此出现了三种不同的领域范畴，即精神、灵魂和自然，这三种领域都是形成世界的内在生活的不同阶段。在上述关系中，更低级的领域或阶段是被更高级的所囊括和支撑，因此自然是被灵魂支撑的，灵魂是被精神支撑的，精神是被绝对存在支撑的。因而灵魂不在身体之中，相反的，身体在灵魂之中。

但是，普罗提诺被驱赶着越过最普遍的内在生活概念，去探究一种统治万物的主要活动。他发现这与古希腊的信念相一致，并在思考和了解的活动中找到了它。实际上，通过追踪纯粹精神的存在，普罗提诺回到了思考的层面；甚至通过解析宇宙的各个阶段，普罗提诺进入对层级的思考；他从而将理智主义发展到了其可通达的最远极限。如亚里士多德一样，普罗提诺区分了三种最主要的活动：知道、行动和艺术创造。但是只有思考才有真实的生活，而创造则是一个强有力的竞争对手，因为它的本质在于对将思维附着在存在上。另外，行为大大落后于前面两者。只有当其实践一种理论时，行为才有确定的价值。否则，它就仅仅是只顾及自身而不适用于理论的幻影。因此，理智主义在过度发展中自我毁灭了。因为至此，只有当知识不再是真正的知识，而只是一种感觉的时候，知识本身才陷入了停滞。变化了的时代强迫希腊的生活观放弃自己原先的预设，摧毁自己原先因之成型的关系。但是在分裂溃散的同时，一条新的道路也随之产生，甚至在其坠落之处，希腊文化也证明了它自己的伟大。然而，这种塑造了古代生活行为特征的确定性和可塑性现在已经烟消云散，同时，植根于希腊本土哲学的古典文化已经变成一个浪漫而玄虚的概念。

人类在宇宙中具有什么样的意义？他的生活目的又是什么？我们发现，没有一个具体的领域被归属于人类，其自身也没有忙于任何特定的事业。他与同伴们的共同生活，即社会领域，仍然全部隐藏在背景之后。人的实存一起从宇宙处获得内容，同时与整体的命运紧密地联系在一起。然而在此处，人类确立起一种独特的高贵，因为他能够内在地分享宇宙的无限以及它的目的和过程。据此，就发展出了一种对人类灵魂无以复加的评价。人类灵魂有着和上帝（与基督教中对基督的称呼是同一词汇）相似的本质，也因此是永恒和无限的本性。“灵魂是多，是全有，在生活可延展的范围中，它同样地既是高阶的，也是低阶的。我们，甚至是我们中的每一个人都是一个理智世界。”

人类和宇宙都面临着纯粹理智和感觉存在之间的对立。人类灵魂从纯粹精神中下降，并陷入肉体中不可自拔。这会使得灵魂卷入到所有感觉界的混乱和麻烦中。人类灵魂不得不漫无目的地漂流在整个生成序列之间，直到完全的净化将其重新引入理念世界。在所有进一步的努力之前，首要的目的必须是断绝与感觉之间的关系。这就不亚于意味着把所有将我们绑缚在感觉存在上的事物连根拔除，或者完全撤离到精神自我中。在执行这个目的时，普通的禁欲主义精神已经不欠缺必要的规则方法。因此，为了表明自我不同于外在世界之物，我们必须约束和抑制肉体。但是普遍而言，普罗提诺不拘小节，在宽泛的意义上对待这个问题。因为他关注的是超越全有之上的事物，关注的是内在。普罗提诺真正需要的是存在的净化，一种脱离事物的完全异化的渴望，以及不加限定意志的内在转向。我们不应该屈从于外在的环境施加在我们身上的印象，而应该默然地接受命运强加于我们的东西。我们应该超越单纯本性、超越大众行为，像一个强健的运动员那样，抵抗命运朝向我们的咆哮。这种从质料世界和所有外在安宁的分离，同时也是朝向自由王国的登天梯。这是因为，只要我们还纠结于感觉存在和其遮遮掩掩的强迫性，我们对其的依赖就会逐渐加深；而只有在一个超感官的世界中，它才可能让我们抛弃掉整个感觉世界，才可能让我们获得完全的自由。

在对事物的一致性理解渐增的阶段性过程中，这种自立的精神生活发现了一个实质性目的。这个问题假定了不同的方面，因为实在的主要领域在生活的作用下是以阶段性的方式显现的，也因此将人类置于一个不断前进的发展运动中。下面让我们迅速地追随这场运动的脚步。

（δ）精神创造的阶段

内在或者精神生活的最低阶段是自然。因为普罗提诺认为，即使在外在世界，所有的形式和所有的生活都来源于灵魂，而灵魂是作为塑造动力而活跃着的。的确，自然过程就其本质而言是灵魂生活中较低级的一种，是精神的休眠状态，是世界灵魂的空想式自我知觉。

但是，灵魂的自足生活始终是高居于质料之上的。普罗提诺以其入木三分的敏锐指出了灵魂的特征，尤其是它的统一和其进程中的自我活动。这种自我活动也有其实践上的应用——灵魂生活即在自身之中产生力量和责任的生活，它不受外在力量的强迫，仅由自身能力所决定。

在将精神从灵魂中区分开来并且作为一个更高级的阶段时，普罗提诺契合了他所在的时代的大潮流。然而，这种潮流在其他地方仅仅得到了含混不清的表达，但在普罗提诺手中却得到了相对清晰明确的表达。在较狭隘的意义上，意识包含了欲望和考虑，这对于灵魂生活而言尤为特别。意识不应当成为内在生活的本质和真理的源泉，其源头必须是意识背后的世界。因为意识活动一直依赖于更深远的基础。当我们自我反省的时候，我们总会面临一个业已在思考的本质，只有这种本质自身处于静默中。这也就是说，为了寻找理性，我们必须首先已经具备理性。

以相似的方式，普罗提诺不仅将善提升到脱离对任何外在事物依赖的高度上，甚至将其置于主体情感之上，并主张它仅仅居于一个自足完备的精神活动中。首先，愉悦没有独立的价值。愉悦总是对某物的愉悦，因此它绝不可能忽略对象之中的原则。主体状态是生活内容的一个结果，勤勉不会产生善，但是善会导致勤奋。道德上的崇高和幸福不需要反思意识，亦不需要乐观的情绪。正如尽管我们不刻意为之，我们仍能保持健康和幸福，所以我们不必时刻牢记智慧与美德。我们对所进行的活动越专注，我们的状态就越与自身的存在趋近于同一，更多的愉悦感就会随之而来，痛苦也就真正地烟消云散。因为我们仅仅对异于我们的东西感到疏远，而不是我们自己，也不是我们最内在的存在。因此，成为内在独立意味着让自身从愉悦的力量中得到解放。

普罗提诺认为古希腊人将幸福系于活动的做法是正确的，不过我们看到他并没有将活动理解为“影响一个人周遭的可见行动”。因此按照普罗提诺的观点，对于美德的完善而言，没有什么外在的显相是必不可缺的。但是我们通常会不由自主地认为，为了能够体验到真正的公平，不公平应该先行存在；为了能够济困纾难，悲苦不幸应该先行存在；为了能够展现勇力，战争应该先行存在。实际上，内在态势和生活倾向构成了一个完整的、不间断的活动。无独有偶，一种信念的极端发展再次产生了毁灭其原初形式的威胁。喜乐和活跃的希腊精神只是为了幸福才关注活动。但是，生活的障碍变得越难以逾越，活动也就退避得越来越远，直到现在它放弃了所有与环境的联系，仅仅变成了一种存在的内在行动，一种自足完备的心灵态势。它现在除了理解领悟绝对存在，除了将其本质与神合一，就没有其他目的了。更进一步地说，每次冲动都被用来改善人类的存在状态。因此善的理念也翱翔在超越至高的领域中，高居于实际努力的世界之上。

然而经普罗提诺介绍的诸多变化中，他对美的理念的介绍最为清楚明了。柏拉图的美的概念具有主导的精神性特征，但是尽管如此，一种有巨大影响力的感官因素还是渗入到对美的理念的详细描述中，即美不在于比例。然而，迄今为止，哲学家仍试图寻找这种比例，因为在那时只有复合物才是美的[①]。但是即使在感官对象之中，也有诸如阳光、金子和星星等令人感到愉悦的简单物，同时，在精神领域，大小比例已经失去了其全部的意义。实际上，美源于一种超越所带来的胜利的激越，这是高级事物对低级事物超越，是理念对质料的超越，是灵魂对肉体的超越，是理性和善对灵魂的超越。相反地，丑陋则源于低级事物的统治，源于质料对理念的压制。所以，植根于善之上的美被看作自在地具有价值，它必须从不放弃这种对善的依赖。外在的显相变成了偶然，因为美并不产生于外在和内在的结合，而仅仅产生于内在且为内在而形成。艺术创作不是在大理石中具象化自身的，而是在自己内部形成的。外在的工作、可见的行动都仅仅是一种复制品，因此要不可避免地被超越。这种内在活动的超越性暗示了艺术不只是对自然的模仿。毋宁说是自然自身模仿了比其更高级的事物，而艺术没有复制自然中的感官形式，但是复制了活跃在感官形式中的理性。然而尤其值得注意的是，正是通过美向艺术家心灵内

① 古希腊哲学家认为美在于比例，而复合物往往体现出比例，所以人们认为只有复合物才是美的。——译注

在的展示，艺术才能从它自身的源泉中拾遗补缺。在此，我们首次揭露出一种信念，即相对于即时向感官呈现出来的世界，艺术建立起一种新的、理念式的实在。但是这种对艺术更高任务的认识，并没使普罗提诺将艺术看作一个独立的领域。甚至在美的例子中，他的努力也只致力于人与宇宙之间的基础关系，因为他被推动去对这种关系进行更具体的发展和更清晰明确的阐述。因此美有望超越艺术，正如真理较之于科学，善较之于实践活动。

结果是，生活在每个方面都被大大加深，心灵开始自由翱翔于所有的质料事物之上，所有活动和创造性被不加限制地精神化了。从成为世界一部分伊始，精神生活就独自支撑世界的整个实在。然而神仍居于高渺的超越之上，没有任何可进一步通达的确定性，也没有任何可见内容。正是从这个超越的高度，普罗提诺不得不采取最后一步，即从整个中介显现的领域转变到对绝对本质的即刻把握，转变到神人合一。

（ε）神人合一

在这个体系中，以个人最深处的存在来寻找神的问题构成了生活所达成的至高无上的成就。在这个宇宙中或者经由这个宇宙的所有启示，确实都要回指向神，正如复制点较之于原点的关系。但现在的目标是，全面、立即触及迄今为止只能部分地，或通过中介步骤所获得的东西。因此我们也容易理解，为何至今在普罗提诺的作品中被压抑了的自然情感，如今却不可遏制地以巨大的激情引爆出其全部的菁华。这最后的发展意味着向我们自身的复归，也同样意味着与所有先前关照过我们的东西之间的断裂。我们所寻找之物不曾远离我们，在它和我们之间没有什么阻隔。我们寻找的实际上就是迄今为止我们所远离的自我本质。所以，让我们完成通向我们真正的、快乐的故土的回归过程吧。然而，因为我们将自身屈从于异己者，一个完全的改变和一场内在的革命就显得尤为必要。新事物不可能渐次地由旧事物中产生，它的产生需要突然的迸发。“那么一个人可以相信，在灵魂突然接收到光的时刻，他也就看到了它。”因此我们需要的是静静地等待，而不是持续不断地奋力向上。“一个人在它显现之前必须保持静默，仅仅作为一个观察者，正如眼睛等待太阳的升起。”实际上，愿意观察其内在本质的人必须闭合通达到外在世界的眼睛。

但是对于直接直观所揭示的关于神圣存在的内容，概念不能与之交流什么。“他是什么”，这是不可被言说的。任何进一步的断言都仅仅是一种比喻，即使对于“狂喜状态”和“迷狂”这样的概念也是如此。只有比喻性的表达能够给出一个确定的观点。

但是通过善和太一的概念，神圣存在可能会被拉得离我们更近点。统一的严格定义禁止至高存在内部任何形式的分离，这种统一是超越于简单的数的统一[①]之上的。由此，我们可以得到结论，绝对存在不能拥有自我意识，也不能拥有人格，这仅仅是就抽象的意义而言。因为它的邈远和纯粹，无定存在实际上也有归属于它的内在生活：非人格化的实体潜移默化地将自身转变为赋予万物生气的神；在无限中的全神贯注完全将情感和心灵交付于完善的太一，理智思考也在一种深远的宗教内在形式中被丢弃。因此，普罗提诺的世界也远远比他的抽象概念丰富。同样地，普罗提诺据此也毫不犹豫地将善的概念等同于绝对存在。

---

① 毕达哥拉斯学派认为数是万物的本原，并简单地将世界统一为数。——译注

然而，存留下来的困难和冲突并没有打乱普罗提诺对至高存在完全诚服的脚步。正如神人合一的状态无限地超越于所有其他的生活形式之上，由其所获得的幸福也是如此。即使拥有整个世界的幸福，也无法与神人合一的幸福相提并论。而且从这个超越的高度出发，人类所行的所有事都显得微不足道、毫无价值。哲学家实际上沉醉于超脱万物而进入超越的统一的思绪中，这种统一同时也是实在的基础。此处，思考开始首次展示出其超越人类情感的强势力量，这种力量在后来经常显现出来，也可能重新显现。激发人们追求高尚目的的渴望现在成为哲学的首要目的。但是，对于这种如此强烈地需要整个存在为之献身的目的，哲学能做的仅仅是指出一条道路。他们中的每一个人必须自愿地满足这个意愿。“教导将我们领入道路和旅程。但只有那些愿意去看的人，才会拥有视力。”

在与绝对的神秘的统一之巅，我们触及了生活。普罗提诺自己将这种在尘世中获得的成就当作罕见的特例。如果神的观念给我们带来的只是这些的话，那么它将仅仅拔高生活中确定的庄严时刻，而不是提升生活的整体状态。但是实际上，通过理性的工作，这个观念越过直观得到了更远的延伸，并且导致了整个实在的转变。

一种加之于整个生活的强烈影响是被如下信念所施加的：在绝对存在中，所有实在的冲突都会被解决，它们会真正地合并到一个整体中。这已经部分地显示出来了，我们还需要附加其他一些要点。

至高存在知道在变化的意义上是不存在运动的，而他自身则被一种完全的平静和永久的静默所笼罩。虽然是无变化的，但是神圣存在的静默不能归于苍白无力和毫无生气之流。它暗示了一种永不停止的活动，这种活动是最高、最完善的生活。本质和活动在此基础上被统一在一起。同样地，所有实存及其源头之间的矛盾都消失了。这是因为绝对存在创造自身，且是自身的原因。因之，自由和必然作为相同之物，亦同时出现了。神圣存在知道没有偶然，也没有不确定的任意，同时，他也不依赖于外在和异于自己之物。他因其自身而存在。通过上升到至高存在，人们也会分享上述的神圣自由，这种自由远比简单地从感官中得到的解放意味得更多。

最后，现实世界的合理性问题也从这个至高而全知的高度得到一个独特的回答。此处提供给我们的神义论，的确是借鉴了许多斯多亚派的特色，但是这种借鉴又有着新的处理，以至于它成为古代在此领域内最重大的成就。普罗提诺从不怀疑恶是普遍的，但是他相信我们能成功地通过丰富自己的知识来对抗恶。首先，人们不应该从自己的角度，或者从其他部分的角度，而应该从整体上考虑这个问题。“一个人应该关注的是整个宇宙，而不是个体的私愿”，“即使火在你身上熄灭了，那并不代表所有的火都熄灭了”。据此，普罗提诺式体系中的一系列思想都致力于证明世界状态的合理性——形而上学和美学上的考虑尤其为之提供了帮助。在严格意义上，恶不具有实体性，就其本性而言，它不是正向的事物，仅仅是一种较少的善，一种对更高品质的毁弃，一种善的缺乏。甚至在低级水平的实在中，善仍居于主导地位。因此，这些低级水平的实在最好存在，而不应该被忽略掉。它们在更深远的意义上是必需的。这是因为多样性对于宇宙的完善是必要的，同时高阶之下必须有低阶之物附着。一尊雕像不能在各处都点睛，一幅画不能都涂上所有鲜艳的颜色，一场戏剧中也不能只有男英雄和女英雄。此外，尽管世界的个体部分相互之间都有冲突，但是整体上呈现出一种囊括所有冲突的和谐。而所有在我们人类看来不自然、不合理的事物，从整体的角度看就是合理的、自然的。不论是谁在实在中发现了错误，那说明他经常只是从感官世界的角度来考虑问题。但是在感官世界之上，思想可以开启另一片纯粹精神和理念的领域，这片领域不存在恶，甚至能够提升和荣耀感官世界。

因此，古希腊人关于宇宙的美和合理性的信念被用尽全力维持到了最后。被希腊化文明所塑造的最后一个独立的思想家坚持这样的信念，即我们所需要的不是一个新世界的创立，而是通过启迪理智与现实世界达成的和解。他也将实在看作理性的完成作品。这里没有给伟大的创新留有一席之地，也没有给自由意愿下的真正历史和个人首创带来的进步留有席位。为了避免所有非理性之物，洞察到隐藏在事物模糊表象下的基础是必要而充分的。因此，思想直到最后还宣称自己是重新保证人类关照自己的命运，并将其上升到神之处的力量。

然而，人类越脱离自身的具体特征，并在永恒中获得生活，人类活动从奋力争取到拥有、从不断进步到永恒止息的转变也就越明显。在混乱的时间和文明突然衰退之际，超越所有冲突和矛盾的绝对居止就变成了最高目的。瞬时的周遭世界现在发现了自己最重要的意义，即为通向更高的世界指明道路。它并不是因其自身而具有价值，而是因其作为更高阶存在的符号和象征才具有价值。也正是由于瞬时现实世界的象征性特征，寓意解释①就有

① 寓意解释：即对《圣经》的寓意解经，上帝或者耶稣所说的每句话、所做的每一件事都不能仅仅从字面来理解，它们是一种更深远的事件的象征。——译注

了对自己更有利的辩护。同时，从感官上升到精神，从印象上升到真理，现在成为生活的首要运动。

正如普罗提诺的观点所表明的那样，理智活动在其鼎盛之时逐渐成为宗教，而宗教统治了生活。所以，将普罗提诺自己和他周遭联系起来的最重要的是宗教，也正是宗教决定了他在其所处时代的历史运动中的地位。他对希腊宗教的态度整体上是友好的，因为他借用一系列领域中形成的关于至高存在的层级理论，迎合了流行的多神论思想。同时，正当排外的一神教与希腊思想一直相冲突的时候，即使是对普罗提诺来说，事物最深层基质的严格统一也没有禁止对经验领域中有形和无形的中介力量的假定。拥有如此的理论基础，传统延续的宗教就有了不断深化的精神性特征和牢固的停靠之处。那些同情希腊文化的人现在就能期待古代信念的复苏。宗教热情被再次点燃，只是很快衰微成微弱的火苗，然后完全熄灭。然而，正是新柏拉图主义成为希腊文化复辟时期（由罗马皇帝朱利安努斯[①]所领导）最后尝试的依仗，也正是它的理论构想成为濒死的希腊文化最后的武器。哲学忠诚地陪伴着希腊生活走向了它的终点。

将普罗提诺与希腊文化结合起来的信念必然会导致其与基督教渐行渐远。他对后者的敌意集中体现在矛头直指基督教诺斯替派（Gnostics）的批判上。对诺斯替派理论的主要批评如下：1. 对人类的高估——人类的确能够通过他的理性本质与事物最深处的

① 弗拉维乌斯·克劳狄乌斯·朱利安努斯（331—363），君士坦丁王朝的罗马皇帝，361—363在位。他是罗马帝国最后一位多神信仰的皇帝，并努力推动多项行政改革。因其恢复罗马传统宗教并宣布与基督教决裂，被基督教会称为背教者，他师承新柏拉图主义。——译注

基础相联系，但他仅仅是世界的一部分，而神圣的影响不仅被施加给个体，也被施加给整个世界。2. 对世界的贬低和物化——那些攻击大全的人不会明白他究竟在做什么，也不会知道他有多么的傲慢无礼。此外，将不朽的灵魂归于乏善可陈的人类，否认宇宙和永恒的天体可以成为一，这是彻头彻尾的执迷不悟。3. 怠惰的态度——我们需要的不是祈祷，而是努力。如果我们回避这种冲突，错误就会赢得胜利。即使是在内在生活中，我们所做之事也应该是活动，而不只是祈祷救赎。基于洞见的完善德性将上帝显现在我们面前，而没有完善的德性，“上帝”只是一个空洞的词汇。

这些批判究竟多么切题，以及它们是否能应用于诺斯替派之外的基督教，这些问题我们不能在此详加讨论。尽管有着诸多变化，但它们还是处处清楚地表明，古代希腊的生活理念保留下了它主要的特征。这些特征即人对宇宙大全的从属关系，自然力量的人格化——当然也包括自然力量的神化，对单纯从活动而来的幸福的期望，以及对作为人的神圣力量的知识的尊重。

实际上，普罗提诺与基督教的分离甚至比上述抨击所揭示的还深。然而在另一方面，在允许我们知道的对立之外，他们之间还存在着一种更为亲密的关系。上述两方都有着一种对存在彻底的精神化，以及一种将所有生活归于上帝的指向。他们两者对俗世都倾向于拒斥态度，而较少有提升它的态度。普罗提诺是在非人格化的理智活动中发现了存在的精神化，而基督教是在个体生活的展开中发现了存在的精神化。在前者看来，所有福祉来自于思考的力量；而在后者看来，所有的福祉来自于心的净化。这种本质上的不同来源于对生活中最重大问题的不同回答。在普罗提诺看来，我们要抛弃感官世界，从瞬时性事物上升到永恒事物，并在胸怀世界中得到安宁。在基督教看来，永恒能进入瞬时事物中，从而有历史性的发展过程，以及和存在非理性之间的交互作用。在前者看来，人类在无限的大全面前没有容身之地；而在后者看来，人类被塑造成为万物的中心。一个是处于世界沉思之巅的思想者的独立超绝，一个是个体在生活和苦厄的和谐关系中的紧密结合。虽然我们会高度尊重普罗提诺思想中的真理性内容，以及其强烈的宗教情感，我们仍必须将那种持续增长的、强势的宗教寻求赎罪的渴望看作可以被充分理解的，这种理解不立足于普罗提诺的角度，而立足于基督教的角度。

普罗提诺使我们感受到了一种深刻冲突的特殊力量，这种冲突曾挫败了后古典时代的努力，这种冲突也就是超越精神的发展仍然保持着的，与死气沉沉的、非人格化的现实世界之间的联系。这场运动逐步被上述障碍所窒息。正是基督教通过揭示出一个迎合时代宗教需要的世界，首次解决了这个冲突，也因此将生活问题引入了一个新的轨道。究竟基督教在多大程度上借鉴了普罗提诺，我们将在下面的论述中思考这个问题的答案。

(ζ) 回顾

我们必须再次强调，如果不能透过其著作看到普罗提诺的灵魂，我们就不可能公正地对待这个人。如果我们不能越过第一印象看得更远更深，那么，近乎所有普罗提诺的学说都会引起争议；同时，只有一个厌世的、精疲力竭的禁欲文明才会似乎多多少少地与其学说相映成趣。对现世工作的逃避、与人类社会的孤立、缥缈的理智生活以及对自然的神奇解释，都可以在普罗提诺处寻得慰藉。实际上，普罗提诺的思想模式中也涌现出许多更加富有成效的运动。如中世纪神秘主义的情感生活和借助纯粹概念构建哲学的尝试，这些运动一直扩展到十九世纪，两者都指向了普罗提诺。但是，他真正的历史成就不是具体的理论，甚至他的真正成就本身就与他的一些理论有矛盾。这种成就即为：对古代那种形式确定的生活理想的毁灭，以及对一种壮志凌云和精神提升的新理想的重建；所有由周遭所施加的羁绊崩裂成碎片，被一种因之解脱出现的纯粹精神所取代；所有的活动形式都服从于根本的、全知的存在的控制。尽管上述成就都仅仅是暂时性的，但它已然为新的世界观和生活行动的出现扫清了道路。个体也更加清醒地意识到，他作为精神存在的至高的自主性，使得他能够永恒地作为其中的一分子服从于给定的层级秩序。在上述开端之下，大量藏匿在衰败世界的断壁残垣中，注定在更适宜的环境中变成参天大树的种子，现在已然蓬勃地萌芽。

普罗提诺不仅终结，也内在地分解了古代世界；不仅提供给基督教以解放的力量，且这种力量在整个中世纪都被保留下来，用以反对流行团体的外在化影响和纯粹情感生活的暗流。而且，他的理念是文艺复兴中为思想的独立性而进行的奋斗不可或缺的助力，甚至在近代思考和近代审美中都体现出了他的影响。因此，普罗提诺在所有的时代都具有影响力，作为一个原创性思想家，他至今依然是一些重大观点和富于启发性的建议的源头。

我们不必纠结于普罗提诺的思想对濒死的希腊文化的直接影响。深层情感生活和全知理智的融合、宗教和哲学的互动，都不是师传徒受的。在普罗提诺死后，宗教运动走向幻想和迷信，哲学运动走向抽象的形式主义和苍白空洞的经院哲学。在普罗提诺处迸发出最后的光芒后，希腊的创造性力量最终走向湮灭。

(c) 古代的辉煌和局限

我们对于古代生活观的审视，不应该着眼于个别现象，而应着眼于其作为整体的发展。在这个发展过程中，我们可以区分出三个时期：理智创造物、世俗智慧以及宗教思虑和沉思。后古典时期（post-classical）无限地增加了个体的重要性，并且朝向一个纯粹内在的生活不断努力。它是第一个攫取到道德和宗教两者本质的时代，也是第一个承认它们独立存在的时代。这些重要的细节，不仅为基督教作了充分的准备，也为近代世界作了充分的准备。对于上述时期的评价和对待，在近代呈现出相当犹豫的态度。当人文主义热情急速地缓和古代与近代世界之间的差异，同时在前者中寻找到创造性工作的新动力时，正是古典时代集中了人们的注意力，并且唤起了人们的赞赏。但是，当人们向古代寻求对个体灵魂的文化内涵和方向指导时，后来的时期则拥有巨大的影响力。在启蒙时代，卢克莱修和塞涅卡的著作，以及普鲁塔克和马库斯·奥勒留的著作掌握在所有文明人的手中。然而，由于近代人文主义的兴起，情况就再也不是这样了。但是，我们现今所经历的个体更充满活力的发展以及生活的激烈加剧，难道不是再次让我们贴近古典后期吗？至少这些是可以肯定的：历史性的观点必须以整体的方式来评价古代；如果我们不再仅仅关注荣耀的一极——好像这个极巅是命定的奇迹天赋，而是以整体的角度有区别地看待和识别出伟大的运动和变化，同时到处发现热切的努力和严苛的奋力劳动，那么，古代的价值就只会被强化。

但是，这些时代的差异并没有使古代丧失其内在的关系和永久的基础：这些分歧都是在一个共同的生活内容中。

因为，所有的希腊观念可以会合于一处——将活动看作生活的灵魂。活动实际上可以采用不同的形式，在不同的领域中都可以发现自己的重心所在。在几个世纪的过程中，它被瞬时存在甩得越来越远，然而仍保持着主要的东西。同时，它也一直是生活成功的标准。在很大的程度上，正是通过活动，人们才认识到他生活在与神伟大的关系中，生活在神的庇护之下。但是，活动的根源和本质却在人类自身之中，他自身的力量必须唤醒他本性中的神性，并引导其胜利地超越低级的自我。甚至在禁欲主义和神秘主义的误用中，这个问题仍归属于人类。他靠自己的努力去赢得幸福。上述的信念暗示了一个对于善的力量和接近度的坚定信念，同时，它们也明晰地证明了一种强劲的生命力，一种存在中的愉悦以及一种解封力量的欢喜。此时，障碍的倍增并没有撕碎生的意愿，特定的生活方式的确会被拒绝，但正是在这种拒绝中，生活自身被肯定了。印度教意义上的完全泯灭不是我们所追求的。甚至为确保不朽而持续增加的渴望，也证明了生命活力的力量，展示了对生活的顽强坚持。的确，在希腊人对不朽的期望中，更多的是对延续当下的渴望，而少有一种全新种类存在的概念。哲学理论反映出对这种不朽信念生活的关注——这种不朽信念常见于古代的石棺上，它们自己业已属于生活像忧郁一样蔓延的时期。因为它们给死亡穿上生活富饶的衣裳；同时，它们通过将它高贵化，将它提升到理念领域，从而紧紧把握住存在。

从这种生活和活动中的欢喜处，一种意气风发的年轻活力涌现出来了；它是心灵令人惊奇的可塑性的源头，这种可塑性曾令心灵从最艰难的障碍中恢复如初，并且已为获得新成就做好了准备。生活所提供的所有善的和伟大的事物，都被攫取且被进一步发展了。实际上，对生活充满活力的肯定将对苦厄和灰暗时严重的麻木不仁作为其对立面。苦难和障碍确实不应该被低估，同时我们也逐渐清晰地意识到它们。生活的智慧总是在拒斥对立面中被发现，在将自身提升到自我力量所及之上的过程中被发现。另外，对立面没有占据生活过程的灵魂内部，也不会为了更远的发展而被利用；没有任何的转变、内在提升是从苦厄中来。真正欠缺的是内在的增长，这是因为希腊的概念一方面的确凭其自身和周遭世界的关系谙熟于心灵的伟大问题，另一方面它却不了解严重的内在冲突。主导性的兴趣正在于那种关系，而不在于心灵和自身的关系，或者心灵和其自身理念性的关系。此处，一种对人类心灵力量和荣耀的坚定而欣喜的信念降临于世。理智能力，正像我们所拥有的那样，被认为是善的。为了抵挡所有对立事物，为了使人类的感官本性屈服，我们需要的是理智能力的强劲发展和清晰的意识。认为心灵可以通过显露自己的力量来征服自然，并将其融入自己的表达中，这样的信念在此已经构成了生活行动的本质。因此，美的理念可能成为创造性努力的核心概念。对一个如此的概念而言，内在的转变是不必要的。从而，下述也都是毫无根据的：纷乱和苦难带来的发展，否定带来的前进以及自我牺牲带来的复活。

真和美、洞见性知识和艺术创作之间的亲密关系，既使得所有希腊作品有突出的表现，也赋予希腊生活观以特色。其最深邃之处在于对本质和永恒的探寻，这也为生活增添了固定的基础和持久的安宁，同时也将事物混乱的表象转变为壮丽的秩序宇宙。对水乳交融的宇宙秩序的沉思，以及在“永恒的恩典”中得到的欢喜，成为生活最高的成就。

如此的生活观可能会令那些被辉煌壮丽的当下所包围的人感到满意，可能会令那些出于实存的流变而创造出永恒当下的思想感到满意。可见的、合理的当下对于希腊生活而言已经停止存在了，因此哲学以更充沛的精力寻找并紧紧把握住无形的当下。为了达成这个目的，它不得不付出更多的精力。本质和美的世界永远地离我们越来越远，理念开始不断丧失自身可感知的内容，人类的存在继续变得更加苍白空洞。希腊生活行为出现了严重的缺陷，以至于它不再有建立一个新世界的力量。同时，由于其理念不再进步，它也不可能实现彻底的重建，从而就没了未来和希望。一旦缺乏和错误，尤其是存在的内在空虚感被清晰地感受到的时候，世界的狭窄局限就成为重重压在人类身上的难以忍受的担子。

我们看到，希腊的思想家像一个坚强的英雄那样对抗着上述危险，在诸多变化出现时仍坚定不移地坚持旧有的理念。但是，甚至他们也不能打破由共同的民族特征所赋予的联结。希腊生活观的基础是如此的顽固，以至于不能屈尊纡贵地调整自己迎合新需要。人类扔掉希腊理想，获得新理想的时刻不可避免地到来了。在希腊文明领域内部，生活的可能性已然消失殆尽，希腊文明的衰落也无法阻止。

我们依然无法抑制对不可避免的衰落极度悲伤的感情，这是对如此多的理智和美相继凋零的哀伤。如果我们考虑到，这种不可避免的分解可被用于从希腊文明长久形成的独特联结中释放一些要素，同时能够使得它们进入到一种新的关系并产生其自然成果，那么，也许上述悲伤就可以得到些许缓和。英雄精神完全是一种典型的要素，希腊人凭借它来探索人类经验的高度和深度，清晰而坚定地将它所指引的方向追寻到底，具体而微地勾勒出作为其中天才代表的生活观，即使这种特殊的生活观消除了人存在的主要可能性——因而英雄精神成为后来人文主义作品中永恒的主题。美的精神同样也是这样的典型要素，遍及在那些观点中，并透过它们熠熠生辉。我们不仅要看到区分出上述要素的描述所具有的清晰性和吸引力，也应该考虑它们形式中普遍力量的不朽实现以及这样一个事实——通过美我们可以获得一种散发着独特光芒的整体生活。对美的感知成为所有真实理智生活的典范。正如在美的领域，安稳的静默是与不间断的运动联结在一起的。的确，美是运动中的安宁，所以在生活的所有方面前，相似的和谐被设定为一种理想。就像美是自在愉悦的，而不是因为其他任何事物才愉悦，理智行动也是自为启动的，不是因为其他任何事物对它的利用才启动。善是因其内在的美而被渴望，不是因为外在的褒赏而被渴望，恶则因其内在丑陋的本性而被拒绝。因此，我们逐渐地将其自身从古代理念中分离出来，并考虑一幅完全精致化的生活图景，这种图景刚产生，就浓而不烈地被快乐信念深层的严肃性支撑。

我们看到，为了给新形式做准备，整个古代世界生活图景的崩溃是必然的。但这并不意味着它永远也不会吸引我们，乃至刺激鼓舞我们。因为出于如下事实，古代生活行为有着无与伦比和不朽的特征——它以蓬勃朝气发展了对事物简单、健全和自然的观点；以这种点来看，人类状态带来的第一感觉是，人的经验和情状都反映在完善的纯粹中。即使身处逆境的经验和对迄今未知深度的揭示已经带领我们走出对它的第一印象，我们也一直被强制一再地忍受它。的确，如果进一步的发展保留了它的可塑性和真理性，我们必须使其适合成为我们自己生活的一部分。因此，古代能够更容易为我们提供一份无可估量的保障。这是由于，在创造出一种关于事物的自然观点后，它同时也超越了那种观点。因为它自身的运动发展不可避免地带来了危机和灾难：力量持续增长的内在精神最终使得其与旧形体联系的断裂成为必然，同时也摧毁了旧有的假定。古代因此被比作一个悲剧式的英雄，在他人生的潮起潮落中，他为自己所行事业的源头注入了新鲜活跃的力量。所以于此，在混沌不清的历史长河中，一个纯粹内在的世界正以持续增加的光亮熠熠生辉。在其中，旧世界的真理也完成了一次不朽的复兴。因此，尽管一些瞬时性的事物消散了，但是永恒之物留存了下来；甚至在历史的舞台上，一种新生也从旧世界的废墟中冉冉上升。

第二部分　基督教

A.奠基

Ⅰ.基督教的一般特征

(a) 引导性思考

作为一种对植根于基督教土壤的生活观的介绍，对基督教一般特征的一些思考是必不可少的。但是我们首先应该检查一下，这些生活观是否实际地源于基督教信仰，或者仅仅作为其他因素的结果与基督教一起出现。毫无疑问，一种宗教首先不是一种世界观和生活观，而是关于神圣存在和人类的理论。同时，它也是一种与众不同的实在世界的造物，是一种在更高领域的概念统治下的新生活的发展。此处成长起来的生活觉察到自己被高高地提升到纯粹教条之上，同时，它也会一直牢固地捍卫着自己对于后者的独立性。如果没有自在拥有，或从自身发展出来的关于人类存在总体的信念，宗教就不可能普照启迪世界。每种高级宗教带来的都是当下世界的倒置和生活立场的改变。宗教不依赖于形而上学，它本身就是一种形而上学，是对一种新的超自然世界的揭示。如果没有个体整体上的努力，没有宗教做出的影响自己整体存在的决定，如此完全的改变是不可能出现的。同时，这种改变不能为自己辩护，也同样不能为人类自身或者其他事物进行辩护；除非上述决定被转化为思想，除非这种生活形式被发展为生活观。

即使通过将宗教限制到特定范围内，或者将宗教看作为个体提供逃避审判的庇护之物，这种必然性也是不可避免的。同时，整个理智生活和塑造文明的事业都没被触及。作为一个个体，人们甚至不能在超越的宗教中找到支撑和满足。因为凭借他的理智本性，凭借他在世界命运中的参与，他的经验和活动都要指向宇宙。因此，如果没有他与世界的和睦相处，他就不能为自己找到容身之所。宗教为了在分离领域固守自我，所做出的每项努力迟早要在不能完全拥有真理和不值得我们灵魂效忠的怀疑中被暴露出来。实际上，每种宗教都宣称自己的教导不是与其他真理协调一致的普通信念，而是所有真理的核心和中心，是超越其他所有真理之上的。甚至这种评价也必然地暗示了一种宇宙观。进一步地说，如果没有将自己的内容扩展到俗世中，宗教就不可能呈现出其作为生活主要关心之物的位置。因此，例如，如果宗教完全地在道德中发现自己的内容，那么道德行为不仅同时和宗教发展成一种超越所有纷扰之上的和谐整体，也会发展为超越经验世界所有活动之上的对新世界的表达。宗教因其自身成为一种形而上学。据此，因为宗教一直是肯定末世的，如果没有形成相应的生活观，宗教就不可能如此。

我们是否在基督教信念的不同形式和不同方面之间找到了足够多的相似性，以至于能够说一种生活观是普遍适用于基督教的？很明显，没有其他的宗教能像基督教这样，离源头如此之远，在自身中有着如此深刻的分裂。尽管如此，仍存在着为基督教特征的统一性做辩护的尝试，这种辩护尤其以两种对立的论证方式出现。一种论证方式是将基督教的最早形式作为标准，并在后来的发展中只承认和最早形式相一致的事物的真实性。另一种方式则在历史的连续中找到了统一性的联结，这种联结保持在从一个形式到另一个形式的当下序列中，作为基督徒必须接受所有属于这个序列的东西。这些方法中的每一种无疑都拥有具体的辩护策略，但是单独来看，两者都是不充分的。第一种方式的标准过于狭隘，第二种方法则完全不可靠。就像发展过程中的每一个阶段，其开端在那时都包含着许多属于当时时代状态和理智进步状态的东西。因而宗教也不可能以这些早期限制来局限所有运动，也不可能阻止所有超越限制的努力，更不用说第二种方式仅仅凭借历史走向极端。对于基督徒而言，历史绝不是被宗教适时的关键事件所单独决定的。很可能其他因素超越了宗教因素，也可能在与世俗事物的和解中，其内容中最有价值的一部分被牺牲掉了。只有当我们意识到，尽管有着所有这些人为的扭曲，历史现象和运动都具有一个永恒的真理和精神生活的核心事实，使其能够以它们为基础，并经由它们凭借永不毁灭的力量发挥作用的时候，上述两难困境就消失了。只有这样，超历史的真理才能够将历史联合在一起，也只有如此的真理才会被我们永恒地加以利用，并且不必牺牲从当下到过去的生活。如果我们愿意拥有真理的共同基础，并利用其面对各种各样的分裂和敌对，那么将宗教的理智本质从人类对其形式的修正中分离出来就是不可缺少的。

这样的基础在基督教中可以足够清楚地被识别出来，尤其是和其他宗教相比。因此，基督教不是一个律法性的宗教，而是救赎性的宗教。同样地，它不会仅仅满足于组织和激发业已存在着的力量，而是会需要一个全新的世界和完全革新的人类。进一步地说，这种救赎式宗教不是一种形而上学宗教，而是一种伦理宗教。那就是说，它的目的不像印度教那样，超越幻觉世界来直接洞见永恒的真理世界，而是将整个现实世界看作是在善恶对立统治下的世界，同时要求一个充满爱和仁慈的新世界。据此，生活所有的事实和问题都采用了一种与众不同的形式。通过基督教，有限的存在不是退化成为虚假的表象，而是被赋予了深不可测的重要性，这是因为基督教的训诫认为永恒存在能进入暂时性存在中，并揭示出其最内在的本质，这也是因为它承认上帝和人甚至可以在俗世中开始二者的统一。如果没有对世界存在状态的骤然的、不可调和的背离，当然也包括对整体自然秩序的背离，上述目的就不可能为基督教所提出。同时，如果没有对新世界迫切要求的反复重申，上述行为也不可能达成。因此，它指导人们的思想超越可见的事物之上，出现在不可见的未来秩序面前。这种对世界的背离不等同于禁欲主义，也不会要求一个疏远于现在的更好未来。因为基督教基本的理论特征导致了对俗世的精神性超越，同时有助于建构更高级的世界。未来独自令其开花结果之物，已然显现在倾向和信念中，且这种显现比其在感官中的显现来得更为直接。同样地，正是在人们瞬时尘世的悲惨生活中，它驱使着人们用基础性力量去完成对新世界的建构以及上帝之国的工作。因此，活跃和愉悦的因子现在被附加到了生活的内在和温情里。

这些不同的特征紧密地相互依赖，并共同塑造了一种与众不同的生活典型形态。诚然，既然这种形态是如此突出和卓越，历史条件就只有促使它的形成。它们甚至可能引起整体上的运动，借以广泛地偏离整体的理想观点。尽管有着所有这些变化和扭曲，有着所有这些复杂和分裂，这样的观念还是呈现和发挥出一种统治性的影响，我们现在必须试着展示其中更多的细节。

(b) 基本事实

基督教生活不是在与世界的关系中，而是在与上帝，也即与健全圣灵的关系中，发现了它的主要任务。和上帝之间的关系成为所有活动的中心和所有幸福的根源。在这里，上帝和人们与上帝之间的关系至少和周遭世界的存在对于希腊人那样清晰、确定。生活过程自身是如此直接地显明至高圣灵的工作，以至于任何对上帝存在的特殊证明都显得既多余，又不适当。只有对世俗辩护的渴望才愿意利用上述证明方法，并认为它们有特定的价值。

在与上帝的关系中，人类完全处于从属地位；同时在这点上，人类不能要求任何形式的自我中心的存在。这种与上帝关系的融合，这种对完全独立的存在的屈服，毕竟是彻底异于所有个体存在的完全消失；上述个体存在的消失是在绝对本质中实现的，同时它也导致了秘术冥思。基督教的生活规划并没有将本质性存在特征从个体中剥离出来；相反地，尽管人类个体是从属于上帝的，但是基督教还是保留下，同时也无限地强化了人类的独立价值。因为在至善圣灵和乏善可陈的人类之间的无限距离，并没有阻止在神圣生活中与上帝之间的完善密切关系和交流。这种存在之间的交流生成了一种新形式的生活，一个爱和信的国度，一个精神之善的新世界。与先前的状态相较，这种新生活成为一种严肃的事业；为了自身的利益，它有着无穷的事物要去行动，要去运转，更要去改变。此外，它需要不断地提升来维持自己业已达到的高度。同时，和至善圣灵的关系带来了超越于其他幸福之上的愉悦和福音。进一步地说，这种生活因其内在对其他所有经验的超越，使得它能够确定无疑地推行如下信念：绝对力量统治了整个世界，甚至是所有实在的源头。这种无限爱和善的精神，这种自由位格存在的理念，也正是全能的圣灵，正是创造世界的绝对力量。作为全能的至善的作品，当下的世界是最完美的。这种完美不仅是指在给定条件下已经达到了最大限度，也指利用给定材料创造出了最好的可能性世界，更是指它在严格意义上已经实现了理性的所有要求。所以，说到人类，我们也可以认为内在生活的胜利，或是其带来的结果，包括了所有其他的生活；全能的爱将整个世界变为上帝之国。

实在从其内在转变得越完整，被提升得越高，经验中的冲突就变得越发不可忍受。新生活的首要事实是和如下的感知紧密联系在一起的——我们感知到现实世界是严重阻碍，甚至是对新生活构成威胁的危险的源头。苦难和非理性不仅外在地围绕着我们，它们甚至攻讦内在生活。同时，恶不仅作为善的局限和减少而出现，也作为一种对内在生活的直接攻击和完全的颠倒而出现。一条幽深的沟壑分裂了世界。理性趾高气扬的地位，更包括其绵延不绝的传统，似乎都受到了威胁。基本问题不再是如同希腊人那样的心灵与其所处环境的关系，而是心灵和它自身的关系，是它对自身理想的态度，这是被人和上帝之间的关系所决定的。所有恶的终极根源是神人关系的毁坏，以及相应的人对上帝的背叛和不服从。在此，恶不再像希腊人那样在质料和堕落的感官中拥有自己的最深根源，而是在自由的犯罪行为中发现自己的根源。因此，它被极大地强化了。神人失和与人的不服从是否可能，以及恶是否最终会不适应上帝关于世界的神圣计划，这些问题引起了基督教世界无止境的思考和研究。同时，为了这些问题进行的旷日持久的争论引发了最为强烈的质疑和深深的不安，他们唯恐对恶的解释会弱化对待此问题的严肃性，因之也会弱化对抗恶的斗争的活力。结果是，当“被恶毁坏的世界和全能的善的影响何以和谐相融”这一问题仍有待回答的时候，关于恶对于自由行动的归属问题又被加之其上。因此，恶的起源的谜团也不能被基督教解开。

基督教生活能更容易将这个问题放入背景中来解释，因为它发动自己所有力量来进行对抗邪恶的现实活动，也因为凭借其自身的内在性，被稳定地提升到所有非理性和所有冲突领域之上。基督教不能凭借其自身获得这种提升，世界也完全被非理性所笼罩，同时因基督教的精神能力而被分解得支离破碎。据此，通过缓慢的提升和逐渐的力量累积，基督教几乎没有希望达成目标。恰恰相反，与上帝正确关系的修复必须单独始于上帝，而所有事物依赖于这种正确关系。甚至他也不能通过外在的干预来影响上述的回复过程，而必须屈尊降到充满冲突的俗世，并在俗世中打碎恶的力量，在俗世中比之前更加完全地显现他自身。根据基督教的观点，上述过程是以如此的方式出现，以至于上帝把握住整个世界，不是通过特殊的力量和奇迹，而是通过个人生活的完善丰富；同时通过进入与人类本质的最密切的统一中，并经由人类最内在的核心本质向神圣生活的移植，将其从苦难和黑暗中解脱，从而将人类从恶的力量中拯救出来。根据教会的观点，如果没有将所有责任全部地担负在上帝自己的肩上，那么上述对苦难和黑暗的内在胜利就不可能被圣灵完成。因此，“神圣受难”（divine suffering）的理念就因上述观点成为基督教最为意义深远的神秘要素。在最高危机时刻[①]，圣灵似乎在恶的优势力量前屈膝了。但

① 英译本为 the supreme crisis，联系上下文，应该指的是耶稣受难之时。——译注

是黑暗无法长存；表面上的挫败很快被接踵而至的提升所战胜，圣灵通过一场完整的成功显示出自己的超越性，并引领善走向了最终的胜利。同时，它也表明，只有通过如此遍体鳞伤和极端的受难，新世界的整体深度才能被揭示出来，新生活的完全安定才能被赢得。这种转变首先是内在的，它好像几乎不怎么触及可见世界。甚至到如今，恶也绝对不会消失，它继续存留并对抗新秩序。但是它的根源被隔绝了，它也不再具有阻止上帝之国在世界中建立的力量。一个新的共同体——教会，成为这种建立的有形助力，而这种新的共同体被人们同上帝的关系单独决定。在冷漠的、敌对的俗世中，这个共同体保存了和无形的上帝之国之间的联系，并且通过信、望、爱将一人与另一人用最紧密的方式联系在一起。然而，即使在人类社会中善的建立已经被如此方式达到之后，生活仍然保持着不断冲突的特征。只有对未来的展望，只有对新世界坚定不移的希望，才能意气扬扬地承载我们超越万物，走向和睦的、清晰的福音领域。

因此我们看到，基督教世界通过一系列重大事件不断壮大己身，同时赢得了内在生活财富的持续增长。上帝的创世、人类的堕落、圣灵降入历史顺序、善的势如破竹之势的提升以及尘世中上帝之国的建立，甚至是审判之日前人们对更好未来的展望①——正是所有这些因素和事件之间的密切关系及相互依赖，为基督教独特性的形成提供了强大助力。这些事件不是既定世界

① 上面的一系列事件是按基督教所宣扬的历史顺序呈现的，上帝创世——造人——人的堕落——耶稣为人的罪而死，从而进入人类的历史——福音的宣扬和传教带来的上帝荣光——上帝之国的到来，以及最后的审判。——译注

的必然结果，相反，由于自由行动的存在，所有的决定都会发生变化。这里的行动预料到了历史进程，自由成为精神的最深刻本质。实在现在不再意味着可塑性，不再意味着一件能令我们对其静默的对称性感到惊异的艺术作品。它将自己转变为一场充满强权和剧变的戏剧，这场戏剧通过强势的情感不断煽动着人们。因为人类已经不再关注戏剧里的纷繁纠扰和悲欢离合，好像他仅仅是这场表演的旁观者。他自身在其灵魂最深处经历了它们，并将重新经历这些看作自己的命运。对个体而言，正是由历史事件客观地、无法收回地决定的基督教生活核心本质，现已成为严重的不断重现的个体问题。而俗世中所有冲突引起的混乱已经经由不灭的力量扩展到他的经验领域，并且形成了他生活的灵魂。确实，只有个体对上述历史事件的借用和确认，才能够给予它们生活上的丰满和不可抗拒的信念力量。但仅仅作为事件，它们既不能充分地证明其真理性，也不能获得得意的征服力量。因此，历史的和主体的，宏观世界的和微观世界的，在此都互相独立。它们相互地蕴含着对方，运转着对方，并支撑着对方。这种粗略的梗概甚至表明，基督教没有向我们展示出确定的结果。这就是说，尽管它的存在是作为已经实现了的事实，但是基督教不仅创造出永无止境的运动，也在其自身遗留下了问题，遗留下了一个不断被重申的任务。

（c）基督教的生活

（α）内在生活的复兴

与希腊的概念相较，此时由于新关系所进行的内在转变，生活被揭示得更为清楚。如果问题主要在于将人类引入同已经完全发展了的环境的关系中，同时令他的生活充满这种关系，那么知识就必然构成精神存在的基础。然而，当问题在于协同构造新世界和提升个体自我本性的时候，主要的事物就变成了生活的新方向和影响整体存在的广泛行为。因为相对于当下世界，我们的目的在于新世界的创立，所以上述行为不可能导致当下存在的世界中的任何成就。它也不愿意仅仅有能力将给定的灵魂状态的重心转移到知识以外的其他能力上，如感觉或意愿。真正被需要的是，我们要渗透个体存在的最深处，同时通过唤醒并集中个体所有的力量，为内在生活塑造一个新的灵魂。而致力于获得如此灵魂的奋斗，将目前的活动转换成纯粹的外在之物，并在个体自身的存在中制造了层级秩序。它在为精神生活制造难以解决的问题的同时，也给予了精神生活一个肯定的特征；同时，希腊世界里的精神概念主要通过与感知的对照而被决定，并因此，当这种概念被严格对待时，相应地显现出更为否定的特征。

但是，基督教的生活图景不是被抽象概念决定的，而是被一种特殊的环境所决定——人类已经背离了上帝，并因此远离了他的本性[1]。他的真实自我，他的道德存在性，现在已经面临千钧一发的危机。唯一应该关注的是，将他的道德灵魂从死亡和恶中拯救出来。面对严重的阻碍，生活呈现出一种激烈斗争的势态，并认可一种关注存在自身的决定，以及一种在永恒的福祉和永恒的毁灭之间的抉择。人和神之间关系的融洽问题亟待解决，它也确实成为唯一的问题，所有其他问题现在都显得次要。如果这些问题阻碍了唯一势在必行的目的的达成，那么它们实际上就成为憎

① 人类目前的俗世生活起源于亚当和夏娃在伊甸园里的堕落。——译注

恶的对象。

在个体生活渴望中的激情四溢和不可抗拒的力量，使得所有目前对幸福的找寻都显得平淡乏味和可有可无。确实，这种对生活的强烈肯定很容易与一种更低级的冲动为伍，与某种顽固不化的自我找寻形式同行。但是，这绝对不符合更深意义上的基督教。相反地，基督教信念认为，通向正确的自我肯定的道路，就是宗教性的自我否定。基督教信念同样认为，我们需要的不仅仅是强化的自然存在，还是经由与上帝的关系产生的新的超自然存在。这样的信念不像希腊思想家那样，将宗教仅仅看作一种对存在惬意的点缀，而是将宗教看作一种新生活的根源，一种精神上自我保存的基础性条件。以此观点来看，个体获得永久价值不是源于他自身的本性，而仅仅源于上帝。只有通过沉重的牺牲，通过对旧有特征的毁灭，一个新人才会诞生。

同时，神人合一将精神上的努力置于个体的反复无常之上。灵魂的不朽福祉已经处于危急关头，灵魂不再是人类的私人事务，对灵魂的拯救也不再是可以宣布放弃的利益。进一步地说，灵魂是一份无与伦比的财富，我们受委托好好地持有它，并且在任何情况下都不能抛弃它。在此，永恒秩序的无形关系凭借它的神秘性触及了感觉，并给予生活最深沉的严肃性。然而，生活没有被它所展现的认真严肃所压制，这是因为，神圣的提升行为无休止地创造一个充满爱和自由的世界，并且将个体提升为其中的参与者。通过无限的力量和善，不可能变得可能了。因此，在新世界的生活之流中，所有独立存在的僵化刻板都被腐蚀掉了。随着从刚愎自用的自我狭隘中解放出来，人们获得了一个更宽广、更纯粹的自我。同时，通过分享新世界取之不尽的财富，无限的愉悦和福祉源源不断而来，而这些是超越于自我放纵或者低俗娱乐之上的体验。

通过如此的净化，人们时常被压制，但却没有熄灭的，对幸福的渴望变得高贵起来，并且可以被辩护。从而，接受一种自我中心式的自我肯定，还是接受一种毫无意义的抛弃——这样的两难困境消失了。那些如此频繁出现、又被压抑的情感，例如痛苦和欢乐，关心和希望，现在已经不仅仅是人类所具有的东西，而是占据了精神生活本身。因此，这些情感获得了内在的提升和不容置疑的地位。同时，生活过程不是被弱化，而是被强化了。

就其历史影响而言，基督教为日渐枯竭的社会状态注入了新动力，同时为庄严华贵的文明提供了一个充满新鲜问题的世界。当我们将古典衰落期的哲学家和早期教父进行对比时，上述影响就显得尤为明显。在形式的完备和概念的分析上，当然也包括在理论演绎的整体性方面，前者远远超过后者。但是前者的著作呈现出来的是致命的空虚感和人类存在的毫无价值，这些阻碍了他们延伸自己的力量，并且禁绝了通向更高目标的所有努力。而基督教早期教父能够提供新的生活和伟大的未来，并能够召唤人们实现胜利、愉悦的活动以及积极的幸福，因而早期教父较之于古典哲学家的胜利也就完全能被理解了。

(β) 人类的紧密联合

新生活使得人们之间的相互关系产生了深远改变，这种改变与其说是通过教条和理念，不如说是通过现实结果的影响。正如个体存在朝向自由和统一的提升向他揭示了自身，并使他更接近自身一样，人们之间的相互理解也可能增加，他们也可能变得更为通情达理，同时更会与他人共居、与他心共居。进一步地说，个体与神共居的生活所带来的不朽价值，使得个体对于同胞也具有更加重要的价值。在现实生活的所有恶之中，其中一种此时可能在源自上帝的内在存在之前退避三舍，它可能牢固地占据着人类的理念，但是它并没有错误地引导人们的理念。只有通过对人类价值的如此强调，基督教才能使爱成为基础性感觉，并为行为设定更高的目标。在这一方面，它展示了自身与仅仅包含同情的体系的最大不同，也展示了与使人类颓丧并麻痹所有活力感觉的麻木顺从的最大不同。从人类生活和人类本性中是不可能产生愉悦的，也不可能产生基督徒所知的关系的扩展和赐福。

通过对内在特征和同病相怜的感知，共同体生活被提升和强化了。尽管生活赋予个体的是不同的身份和职业，但是形成新本性的至高任务却适用于所有人。正如希腊人所做的那样，一旦人们停止将自己和其他人进行比较，同时转向神圣至善的理念，也即应用了一个绝对的而非相对的标准，那么道德上的差异甚至会变得黯淡，并逐渐消失。

所有伟大历史运动的统一力量进一步强化了上帝之国的一般特征，这种特征在人类关系中创造了更为伟大的团结和亲密。生活赖以存在的神圣关系不仅仅被允诺给个体，也被允诺给人类整体。在这种意义上，这些关系为了表达自己，需要社会组织和社会力量。人类因生活内在的共同体和新王国的建立得以统一。在这样的共同体中，个体取之于整体，用之于整体。每个人的所行所受都获得一种整体上的意义。的确，个体生活中的每个事件都要经由，并通过整体的命运得以被经历，同时把整体命运作为永恒基础，根植于整体命运之上。

诚然，如此的变化揭露出伟大的问题，也制造出强力的冲突。共同生活的发展必须不抑制个体的独立性。实际上，正是基督教如此无限地提升了个体，同时使得所有进步依赖于个体的自由——这种现象在公元纪元最初的几个世纪尤为突出。相反地，敌对力量是多么容易地瓦解并相互抵抗对方——这是通过贯穿于整个基督教历史过程中的持续不断的冲突所揭示的，而这些敌对力量正是基督教生活图景试图和谐化的。

（γ）历史的获得

贯穿着非历史的特征，古代生活观出现了。古代生活观充斥着大量关于相似的无穷循环的系列哲学理论，这种循环持续不断地回到起点，而上述理论仅仅是下述信念的表达——从根本上而言，所有的运动不能带来新的事物，同时生活也不能提供对进一步发展的展望。当日子好过的时候，这种感觉不会引起沮丧，因为生活完全被当下所占据；当世道艰难的时候，空虚感就不可避免了。古希腊最深刻的思想家们确实将瞬时性生活看作永恒的复制品，但是他们知道从永恒到瞬时没有通达之途，也没有永恒和瞬时之间的相遇之途。基督教彻底改变了所有这些思想。按照基督教的观点，不朽揭示了上帝在时间内的本质的整体深度，因此设定了无尽的任务，同时也在人类世界中制造了一些最震撼人心的运动。于此，这场战斗因救赎或者毁灭而变得激烈异常；于此，我们已经从纯粹自然状态下得到解放；于此，上帝之国的建构已经完成。永恒在时间中的显现，首先产生了世界历史，同时也给予个体生活以真实的历史。通过从继承而来的本性中得到的解放，个体、民族甚至是整个人类，不再被局限于预定的限制里；通过革命和改革，他们能够创造新开端和产生新力量，能够与他们自身斗争，甚至能战胜自己。一种强烈的渴望，一种神圣的不满[①]被移植到生活中。

这些丰富的变化被它带来的严重“并发症”所抵消了。如果永恒仍成其为永恒，它又怎么能进入历史中呢？如果没有损耗，神圣之物怎么能参与到不能与时间分离的发展和变化中呢？——这些问题留存成为未被解释的谜团。因此，一种直接的矛盾和顽固的冲突被标示于基督教的整体历史上。基督教中的一派在历史之前设定了永恒，另一派在永恒之前设定了历史。一方面，后者既倾向于将注意力集中在固定的、被限定的事实，也倾向于将这些工作唯一地、直接地归于人类。另一方面，他们的思路既存在着将当下局限为过去的一个单点所带来的危险，也存在着过度限制基督教思考范围所带来的危险。而在前者中，按照基督教的本质和影响，我们努力将基督教理解为一种普遍的持续事实，并努力将所有历史已经获得的成就转化为即时当下，同时用知识来揭示它。另外，驱散历史因素，以及将整体过度地分裂为一种纯粹的世界观，会带来相应的危险。这两派蕴含了巨大的冲突，但是在冲突的燎原之势中，留存下来的是历史的获得和行为的提升。

（δ）对待苦难的新态度

因为，在基督教生活的现实方式中，对比随处可见，所以在对这种对比法欣赏的同时，我们也必须考虑到冲突的影响——它们的联合影响才产生了对生活完全的个体型感受。通过尽量减少

---

①“神圣的不满”指的是一种不安定的、对事物不满的态度。虽然它表达了对现实状况的不安和紧张，但最终会形成一种将当下变得更美好、更令人满意的行为激励和渴望，所以又是“神圣的”。——译注

苦难，并向人类保证悲惨是非实质性的，这种感受与基督教特征之间的直接冲突开始了。甚至几乎没有东西能抵制下述不恰当的看法——将世界看作理性王国。如果它确实如此，那么转向新世界的整个问题，即基督教的主旨，就变得多余了。事实是，基督教通过导向生活的新严肃性，通过对上升到绝对至善的坚持，通过对人类乃至每个人的价值强化，也通过对爱和幸福的强烈渴望，一定无限地增加了人们对黑暗和苦难的敏感。因此，它不禁止我们对苦难的完全感知；相反地，它通过令心变得冷漠，塑造了人们对苦难漠不关心的特性。实际上，正是通过上述方式，基督教允许对存在中所有的悲惨和恶坦率承认，同时也允许苦难的感受得到最充分的表达；正是上述的允诺在开始之初就赢得人心，并且自此以后仍赢得人心。这种在其他地方被压抑的感受，在此得到自由的释放。从而，生活作为一个整体，不断增加其温情和真挚。

另外，基督教离倦怠的悲观主义越远，它离肤浅的乐观主义也就越远。尽管其中悲惨扬言要压垮我们，当下世界并不是终极目的。一个被当作基石的信念，此时超越当下，指向一个高于所有冲突的神圣生活领域。“理性是所有实在的基础”，这一论点现在被比以往更强大的力量所辩护。进一步地说，存在着一种对苦难的内在提升。上帝把所有责任都担在自己肩上，因此将苦难神圣化了。由于顽固的非理性，生活中的苦难现在转换成为生活的唤醒、净化和重生的一种方式。低落起到了升华的作用，毁灭起到了提升的作用，通向死亡的黑暗小径成为开启新生活的大门。正如即使面对最深的深渊，神圣的爱也不会退缩；在人类领域里，苦难激起了自我牺牲的奉献和充满活力的爱。同上帝之间最亲密的关系正是源于苦难；苦难的常见事实被证明为人和人之间最强大的联结。据此，对苦难的实践态度改变了。人类存在的悲惨不再被搁置到一边，并被敬而远之；相反，它被寻获，并被充满激情地掌握在自己手中，只是为了在解除它的过程中彰显爱，并在回应中唤醒爱。与苦难的冲突，尤其是与它对内在的征服的冲突，成为所有努力的首要目的。凭借这样的精神，基督教能够将被鄙视的十字架提升为自身的象征[①]，并提升为对苦难持续的沉思和直接思考；同时，人们也不会陷入苦难的力量而无法自拔。然而古代艺术，甚至在表达死亡的时候，都旨在将它刻画为一幅震撼人心的肖像画，以引导人们的思考转向生活。相较而言，基督教艺术通过一幅幅圣徒和殉道者的画像，将死亡置于生活的劳动和欢愉之中，它的目的不是为生活蒙上一层阴影，而是给予死亡和苦难以无形的关系和升华。

这种对待苦难的态度退化的程度如此之深，以至于变为苍白无力的多愁善感或者病态的喜乐。然而，这样的趋势是直接和基督教精神对立的，因为它不仅为基督徒的真心实意的程度所抵制，苦难和非理性因内在的胜利也决计不会消失。相反地，恶仍是一个永远无法解决的谜团。基督教生活的自身发展包含了太多的冲突、顾虑和疑惑，以至于不能为舒适的自我放任留下任何空间。不仅这些顾虑和冲突妨碍了基督教信念的福祉，而且新愉悦的出现也导致了痛苦感的增加。奋斗的内在方面确实被改变了，但是冲突自身却没有停止。因为基督教生活的力量不在于简单的对恶

---

① 十字架是古代处死死刑犯的一种刑具，在古罗马时期也有流行，因此是被人忌讳且鄙视的，但是耶稣在受难时也是被钉在十字架上，因此十字架以后成为基督教的象征。——译注

的毁灭，而在于对抗恶的原则，并进入一个新的更高级世界。因此，在个体生活中，两种对立的情绪使得它们自己一个令人痛苦，一个令人愉悦：苦难不能妨碍愉悦，愉悦也不能扑灭苦难。但是，因为两者中的任意一个都完全地、没有阻碍地发展自身，所以存在就获得了内在的张力和永不停止的运动。同时，那些填充了生活的事物也在艺术中发现了对自己的表达。因为，没有任何东西能比从情绪中的完全解放，以及在黑暗与光明、悲惨和福祉两极之间的波动，更能表征出基督教艺术的特点。

(d) 基督教的真正伟大和复杂

因此，基督教中的对照比比皆是。它的生活行为完全扮演了一种对比的角色，正像它主要的思想家们喜欢利用对比法，声称大难即简、至远即近、奇迹即常处。这些对立面的融合制造出无尽的运动。因为，作为一个整体，基督教生活残留着一种常见常新的找寻和冲突。同时，这种生活直到最后仍保持着悬而未解、难以融合和未被合理说明的特征，甚至进一步引发了新问题。它自身也成为一个问题，并且需要再次攀升到自己的现实高度上。危险和阻碍一步步地威胁着它；它的历史不可能平稳地发展，而成为一种前进和后退、上升和下降、衰退和恢复相互交替的过程。

对于导致上述持续困惑的原因，我们要特别提到其中一种——基督教在自然领域树立起一个超自然的世界，并且不断争取提升到作为自身生活必不可少方式的环境状态之上。这直接造成了在思想和概念中恰当表象的困难，甚至是不可能。每种阐释都仅仅是一种近似，并保留了象征性特征。但是，人们对具体真理和确定结果的要求，使得这种非完善性易于被误解或遗忘。这会导致固定化、粗俗化，使得我们无法把握到本质，从而最严重的混淆就不可避免了。

行为更高级的动机仍然被那些更低级的所压服。对生活新的肯定，以及它的福祉，经常堕落成为本能贪婪和对幸福的自私需求所进行的服务。那些通过坚定的意愿本应该将人类提升到自身之上的东西，现在反而成为对他自然状态的确认。进一步地说，当流派出现，俗世力量力图借助基督教为其自身目的服务的时候，对于人类和人类团体而言，尤其当所有内在性、自我否定和被上帝所赋予的对他的谦卑，被顽固地解释为卑屈地服从命令，并解释为对诸种非理性毫无怨言的忍受的命令的时候，眼下的情况变得更加疑云密布。难道我们能否认，从外在来看，基督教的历史整体上展现出来的是一幅不光彩的图景，同时只有当我们思考其发展的内在精神时，一种赞赏性的评价才成为可能？实际上，基督教在特殊的意义上已经体验到了康德所谓的真理，“即使是最恢宏伟大的事物在人类的手中也相形见绌，只要他为了自己的目的对其加以利用”。

在这些内在困难之外，是外在持续不断的敌对，是与怀疑之间的冲突，而上述随着文明的进步必然不断增长。世界的瞬时印象是违背基督教的，它们永远走上了大相径庭的道路。结果是，为了替自己辩护，基督教被驱使花费越来越多的精力逆转整个世界观，以无形世界为基础反对有形世界，并将无形世界作为所有实在的灵魂来辩护后者。这不仅需要对整体人格的召唤，需要穿越经验和流变，也需要对心灵和存在的英雄式提升。这是由于，尽管其具有内在性和柔和性，基督教生活也具有一种英雄式的特征。但是，它的英雄主义与古代英雄主义是完全不同的。它是一种内在本质的英雄主义，是一种单纯人道主义的英雄主义，是平凡事物中的英雄主义，更是从对愉悦的信奉和心甘情愿的自我牺牲中流露出的伟大。

就我们所着眼的人类和历史的关系而言，这些特征令我们对基督教的复杂情况有了更多的期待。基督教的历史比其他宗教更为清晰明了，它变成为实现其自身存在的艰苦奋斗历程，变成为获得其本质最高发展的努力奋争。然而它又不仅仅是奋斗，因为它也是一场胜利和重生。我们仅仅需要整体性对待而不是阶段性对待，需要超越外在表象渗透进变动不居的根源，这是为了令我们意识到强势的生活力量已然被移植到这个世界中，并令我们察觉到它对人类整体存在的最深远影响。

基督教已经揭示出一个新世界，并且通过令人分享它的可能性，授予人类本性以无与伦比的伟大和高贵，同时也授予生活行为以强烈的真实和实在的历史。基督教不仅能够革除俗世中的悲惨不幸，也能够将它们从整体上做出提升，从而内在地击败悲惨世界针对它的敌对行为。基督教并没有使得生活变得更容易，相反地，生活变得更困难了。然而，在一种让内心得到原初休息的意义上，基督教通过将人类的本性置于自由的基础上，通过打破命运枷锁和顽固本性的锁链，把所有压迫性的力量从人类身上移开。它并没有带来确定的解决方法，也没带来舒适的止息；相反，它使人陷入了痛苦的不安和严酷的奋斗中，它将他的整体存在都抛掷到永不停息的混乱中。但是，通过这些冲突和尝试，他的生活不仅因此变得更加富有意义，同时，一个冲突不曾渗入、和睦充满每个角落的领域，此时也在不断准备为其开放。而且，基督教不仅召唤个体去进行生活的高贵化，也向民族甚至人类展示了持续更新的可能性——一个人几乎可以说，“永恒青春”的可能性。从其与俗世关系的所有错误中脱身而出，它可以进入一个信念和沉思的领域，就像进入了它真正的家，这是为了在那儿恢复它的力量，甚至恢复它的外在部分。所有对进步中的文化的批评，所有对科学工作的反对，一点也没触及它的内在本质，因为从一开始它的目标就是成为有别于，甚至是高于纯粹文化之物。这特别是因为，它并不试图表征一个当下的世界，而是去创造一个新世界。因此，尽管存在着不可解决的问题和对它的滥用，基督教已经成为世界历史的推动力和人类的精神家园。甚至在那些充斥着对教会解释的不满和反对的头脑中，上述影响也烙印于其中。

II. 耶稣的生活观

(a) 序言

基督教的精神在一个冷漠甚至是敌对的世界中获得了如此多的力量，同时在基督教内部，所有变化不能摧毁一个持久不变的基础，所有的分裂也不能熄灭内在的联结。我们要把上述一切首先归因于耶稣的至上人格和他建构性的毕生之作。作为对新世界的启示，这种毕生之作必然暗示了一个相互融贯的信念体系，以及一种生活观。这种生活观与哲学思想运动的意见统一之处是如此之少，以至于它不能被现在的研究所忽略。因为，所有从基督教共同体发源的生活观都要回指向它，甚至超越这种共同体之上，它也能发挥最深远的影响。

这个问题的特别困难之处是显而易见的。首先是探索源头的困难。尽管它们在很长一段时间被毫无怀疑地加以接受，但是，近代的批判主义[①]还是对它们提出了难以计数的质疑。我们仅仅通过传说，而且是很古老的传说，来了解耶稣。同时，被利用的传说实际上融合了主观特征和目击者自己的解释，现在没有一个人能够否认他自己没有混淆宗教研究和历史研究，并且令所有的造作屈服于毫无偏见的判断。但是，通过对至关重要之事的误认，这个困难很有可能被扩大。不管存在着多少主观证言，真实的伟大人物的自身特色是绝对不可能被泯灭的。一个无与伦比的精神个体不会允许对自己的虚构和粉饰；如果耶稣确实如此呈现，甚至是在传说中，那么我们可能，实际上也必须依赖于真实的影响。但是现在，耶稣的语录随同它们美妙的比喻和寓意，被囊括在前三部福音书中，展现出了一幅特征鲜明的、与人为善的耶稣画像。我们对它们简单的字面意义理解得越多，同时对穿凿附会的解释排除得越多，耶稣个人和他的思想世界所呈现的也就越伟大、越独特。生活展示给我们的是既清晰易得，又难以捉摸的双重特征，它使得我们能够洞见人类灵魂深处，并将他[②]的人格作为一个整体贴近我们每个人的心扉，近得如同人与人才能达到的距离。凭借他存在的内在特征，耶稣对于我们而言，比世界历史上的任何英雄，都更清晰明了、更为人熟知。

质疑和冲突依然存在，并且仍然作为对耶稣的看法而存在，与其说是因为上述的源头问题，不如说是因为混淆我们视野的那

① 参见附录F。
② 此处指耶稣。——译注

些穿凿附会的信念。很显然，对基督的融合和救赎工作的坚信，排挤掉了对作为人的耶稣的生活和训诫的兴趣。特别地，关于基督神性的教会教义几乎不支持准确和严格的耶稣的人性概念。基督神人二性之间的联合实际上要通过大公会议裁决的信经[①]，但是不能被引入到活生生的现实中。它们的分离导致了基督教教会的信念、两种基督论之间持续不断的混淆：一方面，他具有神性，高居于超越尘世的王座之上，却拥有抽象的、难以名状的特征；另一方面，他是人，有着享受生活酸甜苦辣的优势，但是此时，我们不能觉察到耶稣的生活至乐及他的英雄性权能。同时，也经常会存在一种朝向感性脆弱的趋势，尤其当替代人类受难的概念占据了画面的首要位置。

然而，当教会的传统观点变动不定的时候，新的危险产生了。不同于教会，人类甚至不希望在和耶稣的关系中处于屈从地位，因此每一方通过乞灵于这种关系来加强自身。结果是，每一方都在这种关系中找到了对自己的利好方面。因此它是时代的要求，这种要求将历史图景从一种方式修正为另一种方式。但是，从早期理性主义到当今时代，这样的过程导致了过于进步、极富启迪和文明育人的事物。不仅当代的历史颜色，甚至耶稣特征中的鲜明、强势因素，都变得模糊不清了。那些把耶稣看作普通大众的人，发现公平地看待他的伟大几乎是不可能的。相对于如此水平下的理性主义，近来涌现出了一场历史研究的运动，这种历史研究坚持对简单事实的辨识。下述当然是

① 对基督神人二性的讨论，即基督论，正统的基督论的观点，也即基督具有神人二性，他既是真神，也是真人，成型于迦克墩公会议（公元 451 年）。——译注

正确的：我们不应该忘记，划时代的历史人物从来不会用单一的表达来揭示自身——而应该从整体的角度，因而从内在来揭示自身；同时，我们只有对相应的个体整体信念有所把握，上述对整体的理解才有可能。历史研究并没有通过将它转移到其他基础上，更多着墨于决定这场竞赛。总之，对伟大人物的评价和理解最终会使自己卷入到一场原则性的冲突中；同时，对耶稣特征的解释不会逃脱陷入冲突争执的命运，但是总会将人们分裂为对立的派别。然而，从历史上看，对这个问题的每种解决必须同时保证两个方面——首先，要保证完全公正地对待历史时代的特殊性；其次，也要保证下述情况是可被理解的：一种首先完全地归属于它所处时代的学说，是如何对所有时代都有借鉴意义，又是如何能和所有事物来交流永恒真理。

(b) 耶稣生活观的要点

耶稣训诫的本质在于对世界和生活新秩序的宣告，即天国（Kingdom of Heaven）。天国应当离我们很远，它积极反对当下状态，实际上反对人类所有的自然行为和设计，反对整个“世界”。在耶稣的构想中，这种新秩序绝不是简单的内在转变，仅仅影响情感和心灵，同时原封不动地留存下外部世界。相反，历史研究毫无疑问承认新王国也意味着一种可见的秩序，同时承认它致力于对事实状态的完全改变，因而历史研究不能容忍任何与之竞争的秩序。历史上没有一个时期能像这个时期一样，人类被召集去进行一场更为伟大的革命。在这个时期，各种各样的情况并没有被革新，但是人类整体存在却被革新了。如果耶稣依然高居于所有纯粹的狂热分子和革命分子之上，那么新宣告的王国的内容就会有所不同。这种内容在于人与上帝最亲密的关系，在于从上述关系中生发出的福音，在于对上帝的信和上帝对人类的爱的不可分离的联合。从上述内容角度而言，天国已经展现在人类的灵魂中；它的荣耀不是一种遥远的事物，一种期待中的事物，一种仅仅作为允诺和希望的对象，而是一种极近的事物，是明显地呈现在我们中间的事物，是每时每刻都可见的事物——简而言之，甚至在人类生活领域中，也是完全真实的事物。在此，这种新生活呈现出新目标、涌现出新能量——这是一种生动地向人类描绘崇高不朽的理念的生活，是一种把对未来的伟大展望和对当下切实改变的希望结合起来的生活。

从而，新王国作为精神生活的王国，超越于其他领域之上，也超越于所有外在的成就和显像之上。此外，它不需要各种各样的活动，也不会导致复杂的问题。新王国关注的是：建基于通向天国的不二法门之上的整体生活，完全坦白地对上帝的奉献，以及整体存在和上帝之间的交融关系。这种关系发展出了内在生活的纯粹和谐，存在之间的完全交流，包罗万象的爱和毫无条件的信所构建的王国，人在全能上帝的善和仁慈下的安全庇佑；此外，更发展出了至高的福祉。此时，无限的爱不允许任何事物的流逝，甚至最卑贱者也被它授予价值。在神圣的爱的直接显现中，在上帝的“视野”中，所有忧虑和苦难都消失了。人们从所有的混乱和冲突中被托举起来，进入一个和平的领域，同时洋溢着新生活的财富带来的喜意盎然。

在这种新秩序下，外部条件也被改变了。人类不再处于敌对力量的支配下，甚至他的质料性存在也受到全能上帝的爱的庇佑。人们所需要的会被提供给他，而对他的善无所增益之物不会降临在他身上。一种信仰的特色概念出现了，这首先影响了精神上的善，其次影响了整体福祉。一种盲目的自信流行起来，这种自信使得人们相信所有他们诚心恳求的东西都是被准许的。因为，如果“性本恶”的人类，尚且知道如何给他们孩子好的礼物，那么上帝又该给祈求他的人们多少好东西？正确的信念可令人们“移山填海”。因此，新世界——“天国”的完善不需要其他东西，没有任何敌对力量妨碍它的福音。

对新世界的思考总是伴随着，并充满着它与家庭生活之间的类比，也即父母和子女之间的交互关系——它们之间既有很大的相似性，也有很大不同。正如，在家庭中，一方面是充满爱的、自我牺牲式的关怀，不计回报和感激的行为，另一方面是坦诚的贡献和对帮助毫无顾虑的期望；正如，给予欢乐的不是任何特殊的服务，而是整体存在和其他成员的存在；正如，一个人毛遂自荐，其他的人接受了他，从而形成一个整体。而新王国是上述模式更为强化和更为完善的版本。人类可能因此相似于神圣之物，因为依照神圣之物，从一开始，人类就以最纯粹、最高贵的方式被对待。新生活在家庭关系和感受中发现了对自己最贴切的表达，这就表明了它和古代理念论（idealism）之间的完全不同。因为，对于后者而言，家庭生活和社会生活效仿国家的公民生活，而这种生活行为的主导理念是正义，同时正义又需要惩恶扬善的外在表现。相反地，一旦接受新王国，所有外在表现的差异，也包括能力的差异都消失了。从一开始，所有的人都平等地接近上帝，接受他给予我们的相同的爱。此处所需要的是整体存在的献身，需要的是盼望的力量，需要的是信仰的真挚。上述行为对所有人而言都是可能达到的，它并不需要外在的表征。

万事万物越排外地依赖于这种存在的转换、依赖于对福音的接受，下述的需求也就越决绝——这种对福音的接受应该是毫无保留的、不加反抗的，同时所有人的行为一律都要促进这个目的的达成。甚至在日常生活中，人们也会倾其所有，或者来重获深藏在他自身的宝藏，或者去撷取他耳闻的金玉良言。类似地，这种无与伦比的精神之善就更应该充盈在我们的整个思想之中。权宜之计的妥协是被严厉禁止的，外在于他目标的事物不允许占据这个人本身。因为，不论一个人所寻找的是何物，它们总会渗入他的思想，并降低他对唯一对象的贡献——“你的宝藏之所在，也是你的心之所在。”因此，神人关系中的生活和俗世中的生活之间不可调和的对立出现了。其中最可能被强调的是命令不能同时属于两个主人，也不能抛弃掉所有的优柔寡断和轻率闲荡。“手扶着犁向后看的，不配进神的国。”一旦和这个唯一的目标相冲突，即使再有用，甚至被高度评价的事物也会变得有害。而当危害到人们整体健康时，眼睛会被挖出来，手会被砍掉。所有的深思熟虑和犹豫不决都要在唯一的思考面前让路。“人就是赚得全世界，赔上自己的灵魂，有什么益处呢？”随着这种心灵和观念的提升而来的是对拥有尘世财富的欲望的坚决抛弃，是对日常利欲熏心的厌绝，是对关于遥远未来的精打细算和刻意混淆的摒弃——“肠满今日愁，莫添他日忧。”

同样地，一种对不同生活状态和感受的有特色的价值评判也出现了。无论是什么东西激发了对与上帝的关系的强烈愿望和渴求，它都是值得称赞的。相反地，无论是什么东西强化了尘世的联结，并赋予它们价值，它都是可被定罪的。但是，由于所有外在的成就和物质上的舒适参与到其中，这就导致了一种对人与事物的习惯性评判的完全逆转。贫苦和折磨、高贵和压迫，更接近天国，而财富和强力则离天国很远。因为，前者更容易导向心灵的改变，以及对永恒生活的渴望。无知无能之人仍然胜过自满和自私的聪慧睿智之人。实际上，正如我们按照日常经验会高估损失，步入歧路的有罪之人就应是特别关怀的对象。不仅要通过更为强烈的渴望来推动浪子回头，同时也要用父爱更为温暖的怀抱来欢迎他。

类似地，那些平和温雅之人，那些拥有未被尘世沾染的纯洁本性和纯粹心灵的人，那些未被生活的混乱摧毁必要感知的简单朴实之人，他们似乎特别接近新王国。因此，相对于被交易所占据的日常行为，相对于平淡生活的单调和狭隘，此处通过人与上帝之间的基础性关系，开启了一种丰富的、持续的、永恒流动的生活。由于这种生活提供了新世界的圣所，它就注定要影响整个实在。

在此，一种将重点放在孩童生活的评价找到了对自身的确证。孩子——我们脑海中首先明显地呈现出一个十分柔弱、无助的幼年时期——因为他的赤子本性、他的天真无邪以及他对其他人的依赖，从而成为追寻上帝之人的完美范式：那些愿意进入神之国的人被要求转变成为小孩子。因此，儿童的本性首次充分地展现在人类的精神之眼中。儿童扮演着神圣不可侵犯的角色，他们被神圣之爱保护着，并且特别接近神性。“我告诉你们，他们的使者在天上，常见我天父的面。”这些简单的词汇包含着对人类感受的完全逆转。古典后期自身也大量地关注孩子和他的生活，同时，孩子的形象也构成了这一时期艺术领域喜闻乐见的主题。但是，上述时期一点没有在孩子中察觉到更为纯粹的新世界的萌芽和预兆，仅仅看到了他们完全的、未受沾染的本性。它的艺术作品“表达主题贯穿了诙谐、无耻、嬉戏，甚至是口角和鬼祟，但是首要的仍然是隶属于孩子的精力旺盛和健康活泼的属性”。因此，正是这种外在的相似性尖锐地展现了两个世界之间的内在不同。

在新生活中，真挚和温顺执掌了公正的天平。因为，救赎工作主要针对意志软弱和犯罪，而且是举步维艰地奋力朝向它们；因为，罪愆通过爱和仁慈被完全清除了；因为，所有生活关系不是被严格标准所支配，而是被爱的戒律、被内在的倾向所决定。结果是，轭变得容易、担子变得轻省[①]。人之子的降临不是为了摧毁，而是为了满足、找寻和救赎那些迷途的羔羊。但是，生活的严肃性却不因仁慈而受到损害。神圣秩序扩展了它对我们存在的影响，同时对神圣之物的需要也会赋予人类的决定以重大意义。对不朽灵魂的救赎现在处于紧要关头，它已经被视若无价之宝般地委托给人们保管；总有一天，他必须，也愿意对他所进行的管理工作做出解释说明。这个时刻的到来是不可避免的，同时它导致我们通向完全的不朽。

（c）耶稣的宗教信仰和伦理观

这种在对生活的希望和要求中如此深远的改变，自然会向完整的人来展现自身，这导致了生活工作的组织和文明的进步失去了对他的所有吸引力。全部的责任可以归入下述双重诫命——“你要尽心，尽性，尽意，爱主，你的神”和“爱人如己”。因此，

① 参见《马太福音》11章30节：“因为我的轭是容易的，我的担子是轻省的。”——译注

我们要将重点单独地置于宗教和道德上。然而，上述两者不能被当作分裂的领域，而要当作同一个生活中相互联系的部分。上帝的爱和人类的爱构成了一个不可分割的整体。

人类相互之间的关系自始至终都根植于人类和上帝之间的自然共同体中，这种共同体是由天国所揭示的——只有经由上帝，人们才能获得彼此之间的关系；只有在宗教中，道德才能获得自己的基础。另外，美德或者高尚行为形成了一种对宗教不可缺少的辩护；通过引导人们进行有益的克己行为，宗教显示出它的真实性。尽管表面上看来非常简单，尽管训诫中了无新意，最重大的变革依然要归因于它。

宗教此时完全融入了与主同在的生活中，融入一种从整体上自然朝向上帝的不断转向中。它使得充满赐福的心灵的和谐更加高贵——我们用语词“爱”来指称这种心灵的和谐。作为全部生活的核心，宗教不仅仅是活动的其他形式的一种补充，而是作为它的灵魂运行在全部活动中，并通过活动得以运行。如果这种意义上的宗教是一种对整体经验的态度，那么将它等同于任何特殊类别的行动就是一种错误。因此，此处我们要着重强调对所有所谓的宗教活动的摒弃，这些活动通常将生活分离开来，并且声称有着特殊的圣洁，甚至是独有的圣洁。尤为特殊的是，后来的推衍发展成为针对爱和仁慈的基础简明的戒律的危险之源。因为这些戒律很容易通过上述推衍被压制，甚至是被摧毁。但是，展示爱和仁慈的普遍禁令是不可侵犯的上帝的律令，而上述具体特定的断言仅仅是人类自己的设计。因此，当这样的教条被允许弱化永恒律令，同时令我们对同胞的祸福麻木不仁的时候，它实际上就是一种致命的曲解。因此，对所有独有的圣洁的断言——比神庙里的所有献祭都更有价值——最为果断的拒绝，仅仅在于下述简单的戒律：“孝敬父母[①]。”

此外，宗教以这种方式立基于整个自然之上，这导致了对所有外在事物、规则和繁文缛节的摒弃，以及对所有那些规定什么被允许、什么不被允许的细微差别的遗弃。所以，宗教最令人瞠目结舌的行为现象（预言、奇迹等），也被最为简洁的克己行为、真正虔敬的代表所超越。我们通过它们的成果来认识它们。“凡称呼‘主啊，主啊’的人，不能都令上帝愉悦；唯独遵行我们天父旨意的人，才能令上帝愉悦。”

对于曲解宗教的愤慨，在对所有空洞招摇的宗教行为、人前的炫耀、层层的自命不凡的谴责声中达到顶峰。实际上，由于所有人都被平等地抛掷在神圣的爱和仁慈面前，自吹自擂和自以为是仅仅揭示了内在诚实的缺乏。因此，这种对“法利赛人的酵[②]”和伪善的着重而深刻的警醒，与其说指向的是与真实信仰直接相对的伪善的粗糙形式，不如说指向的是更加细微的内在虚伪——凭借这种内在的虚伪，外在行为使得本性的根基变得冷漠，同时对神圣事物的占有中掺杂了个人的狡猾诡诈、权利的欲望以及自私自利的因素。与上述黑暗图景相对，真正的虔敬也会闪光，但是会以更熠熠生辉的姿态展示自身。它会乐于谦卑地接受神圣的恩惠，并会用寂然无声、永不止息的爱来证明自己的感恩之心。

耶稣伦理观的典型特质比我们通常发现它时的状态后退了更

① 《出埃及记》20 章 12 节，十诫中的第五诫：“当孝敬父母，使你的日子在耶和华你神所赐你的地上得以长久。”——译注

② 《马太福音》16 章 11 ~ 12 节中，耶稣说防备法利赛人和撒都该人的酵，这里不是指面酵，而是指邪恶的道理和行为。在路加福音 12 章 1 节中，“法利赛人的酵”被认为是假冒为善，他们在微不足道的事情上也抓紧神的话，然而他们的忠心顺服不过虚有其表，内心却是邪恶败坏。——译注

远的一步。它不在于卓著惊人的个人语录——熟悉那个时代犹太作家和希腊作家的人能够指出，这些学说中的大部分都可以在更早的文本中找到相似的表达。但是，令所有的训诫中充盈着活力的精神是新式的，甚至可以旧中生新、化腐朽为神奇。因为，当除了基督教之外只存在个人的努力和愿景——思想者的精细反思和敏感灵魂的温和情绪——的时候，天国就展现出一个怀纳整体存在的世界。耶稣的语录就成为一种对原初的、永不止息的流动生活的表达和见证。甚至最难以解决的需求现在也具有了能够被满足的确定性。那些孤立看来可能呈现出矛盾的东西，在新的关系中已经不言自明了。早期计划中所有的枯燥无味和不确定性都被克服。因此，一个伟大的进步是显而易见的。以往仅仅出现在思想中的事物成为实际行动，以往仅仅以目的和理想方式呈现的事物成为活生生的现实。

因此，除了它们与过去之间的联系，这种新运动的所有主方向都显示出成果硕然的发展前景。道德问题不是和外在行为，而是和内在倾向联系在一起——这和时代的普遍特征相一致。然而，这种普遍的欲求缺乏对一个独立的、可理解的内在世界的完全满足。因此，只要共同体，乃至于他自己至关重要的基础被考虑进来，个体的精神生活就仍然是孤立的，他所有的勤勉努力就会付诸东流。但是，由于与上帝的关系将人类转移到一个自足的内在世界里，并且人们完全融入其中，从而使所有事物现在都经历一场完全的转变。凡是发生在这样内在世界中的事物，实际上都是实在的、有价值的。表现对倾向的完全从属不再是一种自命不凡的断言，而是一种简单的事实，一种理所当然之事。这是因为行为从一开始就被导向内在呈现的天国，而不是外在的环境。如果行为在这个内在世界中达到完美的顶点，那么外在行动仅仅是彰显在那里发生了什么。外在行动从赋予其活力的基础上获得全部价值。倾向自身借此得以从一种被动的情绪成长为一种充满活力的行动。同时，成就的高低之分已经失去了全部意义。每当较低成就的行为在倾向中展现出更高价值的时候，较低的成就可能超越较高的成就。已然发生的改变被展现在天才的比喻中——这里的问题不是涉及多少自然能力，也不是可以获得多少外在成果，而仅仅是人类如此渺小的整体能力是否能被一心一意地得以释放。正是这种内在成就单独地决定了行为的价值。这就造成了一种挣脱命运的完全解放，这种解放是被自然的天赋和外在成功的偶然性所戮力完成的。同时，人类的价值也仅仅建基在从属于他自身行动和他整体存在的行动之上。外在的命运力量实际上已经被柏拉图所破坏，因为他将人的伟大和生活的价值置于内在本性的力量与和谐之上。但是，内在本性自身仍然是另一种更为强大的命运——自然的特性和心智能力的局限——从这种命运脱身而出的解放首先被耶稣完成了。

同时，道德生活新的内在性展示出了一种超越所有外在形式和戒律的提升。在新王国中，人们不会被外在施加的教条所束缚。相反地，一种整体本质对精神律法的最为坚定的服从，自内在涌现而出。在下述行为仍成问题之处——将人类存在转向它最深的根源，并贯穿它全部内容，甚至包括最不起眼的生活表达——最耀眼的思想也要服从道德的裁决。因此，敌对的每一种形式、不洁的每一种形式、虚伪的每一种形式都被禁止了；同时，诸如此类的形式不仅在公开行为中显然要被禁止，而且在人们之间要被禁止。和异己世界任何权宜性的妥协都是不能容忍的；相反地，完满的理念必须被充分实现，高级的需求必须被严格满足。因此，整体存在的完善理念以及与上帝的道德相似性理念被发展——“所以你们要完全，像你们的天父一样完全”①。

这里所开辟的伦理观进步的第二个主要特征是，呈现在它对敌人的温顺、谦逊和爱中的温和特征。在此情况下，我们也有必要进行小心的区别，以便能精确地评价所产生的进步。对极端苦难的体验能产生温和，在共同的悲惨中，所有人类的虚荣感、人类的暗示出现的是软弱的温和；另外一种温和则产生于对赐予人类的伟大赐福、不当得的爱和善意的愉悦感恩中，这种温和即为强势的温和。第一种温和展现了同情之心，同时在一个给定情形中，它确实愿意用一种软弱的助力来减缓苦难。但是，它不愿意创造新的环境。另外，温和而活跃的精神想在所有能发现苦难的地方寻获到它，并精力充沛地将它掌握在手中。同时，如果温和不能完全缓解苦难，那么通过内在爱的王国的构建，它至少会提供一种必然战胜苦难的方式。在前者的例子中，我们对自然情感进行了一种精致化表达；在后者的例子中，我们则具有一种内在存在的重生。其中的一种在古典后期可见，另一种则呈现在耶稣的道德训教中。在后者中，占统治地位的观点是下述信念——正是通过神圣的爱和仁慈，而不是通过他自己的功绩，人类从所有的苦难中脱离，同时被召唤到无限的福音中。这成为流溢出愉悦

① 《马太福音》5章48节，所引句中的“完全”即perfect，也即上文的“完善”。——译注

和感恩的源泉，同时创造了一种温和与平静的倾向。无论人类做出了多少恶事，新的劝告不是击退暴力和敌意，而是通过柔顺和爱内在地战胜它。在无限的宽容看来，所有的错误无例外地都可以被原谅，这种无限的宽容是人们所期望的，也是他们从上帝处所接受的。

在这个新王国中，人们不打算超越其他事物之上，或者为自己留存任何东西。相反地，他对上帝仁慈的爱完全依赖的信念，产生出一种深刻的谦卑，并乐意令自我服从于他者、为他者服务。“正如人子来，不是要受人的服侍，乃是要服侍人。”同样地，所有同他人的争论、所有对他们错误的深思，都被禁止了。真正的仁慈精神展现在耶稣关于人对其使命的态度的说教上——“不抵挡我们的，就是帮助我们的。”

但是，“一个人爱他敌人，并乐于做有益于他敌人的事”这一命令甚至在下述要求之上——人类应该和平地生活，应该彰显仁慈，并盼望服侍他的同胞。在此情况下，训教也不是全新的。但是生活中的变革是全新，这种变革使得不可能变得可能；同时，它不仅给出了训诫，而且创造了遵循训诫的力量。因为，训诫毫无疑问是与自然情感相冲突的。如果没有在人们之间建立一种全新的关系，它就不可能实现。但是，这样的关系通过共同的天父建立。这种纽带最为紧密地联结了人类和他的内在，点燃了激荡在内在存在中的爱，摧毁了所有冷漠感情，同时化干戈之恨为手足之情。

考虑到生活中唯一的伟大目标，所有社会性区别的消失是与上面已经讨论到的特征紧密联系在一起的。这也回应了那个时代的普遍活动。但是，纸上谈兵的新要求在基督教中获得了完全实现的力量，这是因为此时生活的本质是在纯粹仁慈的内核中被找寻的，这是人们之间身份和教育等的差异所不能企及的。在情感和努力被对共同的天父的感知支配之处，内在于人的仁慈成为重中之重。

对不同人类和人类不同情况的意愿同情，以及此处展开的道德的助人和自我牺牲特征，使得对贫苦和不幸的关怀成为特殊褒奖的对象。实际上，倾尽全力帮助贫苦人是一种完善的行为。它也的确是一种具体的转向上帝之国的真实范例。与进入新王国相悖，所有俗世关怀必须被漠然处之。对俗世关怀的依靠就成为一种被禁止的对救赎所依赖之物的偏离。据此，对文明、艺术、科学以及社会环境塑造等的兴趣是不受欢迎的。实际上，酵母①的比喻和芥菜种子②的比喻预示了一种生机勃勃的进一步发展，同时也需要永不止息的活动。那些作为世界之光的人应该让他的光闪耀于人前，应该布道说教。社会中坚力量也不能丧失它的特色，泯然于众人。但是，所有这些都与天国的延展相关。它不意味着普遍的情况也处处出现在新生活中。这些事情对于耶稣来说是无关紧要的，也必然如此。不过，将禁欲主义归于耶稣就是一种错误了，这是由于——一个创造新世界，且用强大的力量召唤全部人类愉悦地努力争取这个世界的人，如何能被看作苦行者？无论谁拒斥耶稣仅仅针对他对全部俗世文化的不重视态度，他只能立刻让基督教整体前行，这是由于和现世领域相对，对新世界的揭

① 即上文提到的“法利赛人的酵”。——译注

②《马太福音》13 章 31 节“他又设个比喻对他们说，天国好像一粒芥菜种，有人拿去种在田里”；13 章 32 节“这原是百种里最小的。等到长起来，却比各样的菜都大，且成了树。天上的飞鸟来宿在他的枝上”。——译注

示是不能与它分离的。

因此，在对天国的宣告中，一个完全初始的、真实的——简言之，一个革命性的实在世界出现了。这里的一切事物都充满着年轻活力，并且作为一个整体被一种强大的推动力赋予生气，去争取新生活的整个世界。但是，只是因为新王国不能容忍竞争者的存在，而旨在支配整个世界，那么它的实现就不会遵循某个未来不确定的时间。相反地，它的目标是即刻建立自身，并立马征服万物。因此，尽管没有陷入草率而行和混乱激情的泥淖，实在还是被抛掷到最深的混乱中。因为，基督教中所呈现出的抱负涉及对个人所有的完全确定。同时，一种充斥着赐福平和的生活的权威高居于所有的外在活动之上。

（d）与俗世的冲突

在揭示出新生活与众不同的特征之后，我们接下来需要考虑它与现世世界的狭路相逢。它和时代之间的关联尤为意义深远，这要归因于耶稣在自身的观点中，同时也在其追随者的信念中所占据的独特地位。因为，他不仅宣称天国的事实是一种普遍真理，也宣称现在通过他自身，天国甚至变成了现实，并君临大地。每一个人都被召唤去进行一场心灵上的变革，并进入天国。“日期满了，神的国近了。”

但是，他同时代人的回答并不是一直充满着不确定性。很快地，大众被立即吸引，甚至情不自禁地沉醉其中，却永远不会被征服——只要当权者的态度呈现出明显的敌意。官方宗教——基督教自身经常被当作此类代表——已经成为具有较少人为痕迹、更为真实的生活最令其痛苦的敌人。因此，被召的人们没有赴为他们准备的宴会[①]。至高关怀之物现在遭遇到冷冰冰的漠然无视，抑或是毫不留情的拒绝。实际上，这种拒绝甚至达到了互为仇雠的高度。然而，在另一方面，尽管他们有着勇于献身的忠诚，有着爱的炽烈，但即使是追随者小团队中最优秀的一位也远远不足以承担得起构建一个新世界的要求——除非耶稣之死成为已然，否则单纯真正伟大的使徒是不会获胜的。

因此，新王国即时胜利的前景不可避免地消失了。毫无疑问，耶稣察觉到了此点，并由之而被抛掷到深深的焦虑和冲突中。但是，在这些冲突中，他获得了一种完全和整体的内在胜利。在所有的对立之上，在所有的怀疑和不安之上，一种牢固的信念产生了——恶的胜利只是暂时的。因为，不仅所有的困惑和怀疑在神之国的内在显现面前自我消解，而且这个王国自身也将会获得一种外在的胜利。弥赛亚即将归来成为众人的审判者，并在尘世上建立起神的国。“匠人所弃的石头，已成为房角的头块石头[②]。”

这些经验和感受究竟在耶稣的思想中有多深的展开，以及它们在多大程度上塑造了他的思想世界——这些问题现在难以确定。因为，正是在此处——而不是任何别的地方——一个稍后的时代可能将它自身的情形和奋斗归于耶稣本身。无论如何，他的信念的严肃性一定被增强了。同时，当俗世的敌对成为压倒性力量，当向上的路径通向明显的毁灭，一种悲哀的因素又加之于他的信念之上。更深之处一定会成为阴影之地，会更加强大，也会

① 参见《马太福音》22章，耶稣将天国比喻为一个为其儿子娶亲而设宴的王，他让仆人去召唤人们来赴宴。——译注

② 《诗篇》118章22节。——译注

更富有感召力。主要的目标现在变成了坚定不移地等待事业的开启，勇敢地忍耐迫害，甚至愿意承担最严重的错误，同时将当下的恶看作与未来的荣耀相较而言无关紧要之事——这种荣耀在其后日益支配着他的思想。而与俗世的分离，以及对唯一目标的专一贡献的需要，仍亟待解决。在另一方面，所有的冷漠和迟疑依然更决绝地被当作是敌对之物。这种对对立面的强调可能源出于下述谚语："不与我相合的，就是敌我的，不同我收聚的，就是分散的[①]。"同样地，其他谚语用最为明显的方式排除了任何中间情况的存在："人到我这里来，若不恨自己的父母，妻子，儿女，弟兄，姐妹，和自己的生命，就不能作我的门徒[②]。"

然而，在所有的妨碍和冲突中，不仅存在着一种对最终胜利的完全信心，甚至连苦难也在神圣律令面前丧失了它的顽固和非理性特征——这种神圣律令将万物指派为其所是。甚至人类的怨恨也被加以利用，来为上帝的意志服务。同时，即使赎罪的思想非耶稣本人所有——这种思想是为平息上帝因尘世的恶所产生的怒火而设计的，那么下述信念却一定是他自己的——正义的受难是为救赎他者而服务的，因而成为爱的见证。不管怎样，诸多危险并没有使耶稣踌躇不前。他反而以无匹的勇气迈出最后的决定性一步，一往无前地发动了对敌方据点的进攻。

在基督徒的思想中，耶稣的受难和死有着特殊的意义。它们连同复活的教义，共同构成了教会信念的核心要点，对这些问

① 《马太福音》12 章 30 节。——译注

② 《路加福音》14 章 26 节，现在一般将原文中的"hateth"（希伯来语中作"恨"解）翻译为"爱我胜过"，即为了进入神之国，信众必须切断尘世的一切，全身心地为主献身。——译注

题的讨论不能展现在此书中，作者对它们的个人观点充分表达在名为《宗教之真理》一书中。在此，必须充分地指出，关于耶稣之死的纯粹历史性观点也被强制赋予了其他英雄生命终止时所不曾具有的、更伟大的重要性。首先，内在于耶稣人格中的刚毅和力量，通过他对力量卓绝的敌人大无畏的抗争，通过他坚持到底的忍耐，被不断彰显和强调。那样，他的死连同其给人们留下的感动和震撼的印象，开始首次向他的追随者的内在心灵揭示发生在他们身边的事物的意义。直到那时，根植在他们心中的“夫子”（Master）形象才会进入超人的领域；直到那时，隐藏在他们内心中的那种崇敬和热切的爱的力量才会迸发出燎原之火。关于肉身复活的基督教的传统解释屈从于历史批判主义（historical criticism），也必然会遭受严重的质疑。但是，下述事实却是毫无疑问的——自他们的希望骤然毁灭后，使徒们的心灵中升起了一个关于他们对主的内在接近和主再临审判世界的牢固信念。同时，压倒性的灾难没有威吓住并削弱他们，反而令他们超越自我，并赋予他们为着内在的英雄主义和殉教精神的能力。耶稣在敌对的、外在的强势世界面前所展现出的宁折不弯的精神，以及在与上述世界的冲突中留存下来的高贵，都给予他的门徒以另一种事物秩序的确定性；同时也点燃他们从事表面上的卑贱事业的内在勇气，并令他们以无限的能量把它发扬光大。此外，通观基督教的未来发展，耶稣的受难和死亡赋予人们一种与他个人之间的特殊亲切感。尤其遍历早期基督教挣扎抗争和苦难不幸的基调，我们更应该感激耶稣，正是他为了我们受难而死。让我们坚持下来，甚至于放弃我们的生命去见证死亡——“爱最完善的作品。”实际上，个体的感受经常足以退化成多愁善感的无病呻吟。但是，耶稣之死的悲剧被提升到个体感受之上，并为基督徒的意识领域生动地展示了我们所在世界的悲剧特征。它强有力地表现了不容忽视的黑暗之谜和人类命运的深刻严肃性。它成功地阻止了所有将存在理性化的表面努力，阻止了所有与是其所是的世界之间的利己妥协。其他宗教通过它们的胜利而成为世界性力量，而基督教却是通过它的失败而成为世界性力量。这是由于，正是从外在的毁灭和表面的消逝中，对新世界趾高气扬的确信得以出现，随之而来的是一种牢固的信念——所有对善的保证和基础都可以在这个世界中被发现。因此，对基督教而言，所有的存在问题都聚焦到一个点上；同时，生活朝向英勇和超感官领域的转向也被实现了。然而，从那时起，人类所面临的大问题、大疑问，以及伟大的召唤和伟大的希望层出不穷。

(e) 永恒的结果

考虑到耶稣的长久重要性，我们应该提醒自己——领导式人物在其他任何地方都不能比在宗教领域意味着更多——这正好符合宗教的首要目标。严格来说，这个目标似乎在整体上难以达到。换言之，难道将处于人性存在之中的人类提升到神性领域，不是毫无希望的吗？难道不管他对于外部世界环境的依赖，而确保人类拥有独立的灵魂，不是毫无希望的吗？难道在他瞬时性存在的局限里，向人类展示永恒，不是毫无希望的吗？如果没有对自然的生活观、世界观的翻转，如果没有发生奇迹，它根本不可能被达成。但是，这种奇迹首先是在生活中、在创造性人物的存在中被实现的。继而，通过由之而来的接近性和确定性，它能够被用于与他人的交流，并最终成为对整个人类而言的普遍事实。因此，宗教的精神深度可以被加以揣度，同时宗教的特征也可以主要通过其创建者的个人特质被决定。正是他们将内在生活融入教义和法令的框架中，正是他们反对所有对无可争辩事实的质疑，正是他们不断引领宗教从一成不变的模式回溯到它鲜活的源头。

尽管如此依赖于创建者的个人特征，建基于个体人物存在和生活之上的基督教还是拥有着不可估量的优势，也被赋予高于其他所有宗教之上的超越地位。这种个体人物被提升得如此之高、如此之牢固，以至于超越了人类本性中的低级事物，超越了将生活割裂为二的敌对力量。此处明显地呈现出简明的内在深刻，呈现出寓于诙谐的庄重严肃，更呈现出混含着心灵最完善的真挚和温和情绪的对神圣事物的热望，以及在与俗世的战斗中一往无前的勇气。对上帝的信仰和人类的爱在此被不可分割地联系在一起；至善立马成为一种确定无疑的拥有物和一项没有终点的任务。所有的表达都弥漫着最精美诗篇的墨香，它借周遭自然的寻常现象描绘自己的形象，并赋予那些现象以高贵的特质。同时，无一处笔墨辞藻华丽或过度渲染，这些现象在东方类型中既吸引我们，同时又令我们厌恶。相反地，借助著名人物所进行的纯粹人道主义的拔高，以一种不可思议的亲和感影响着我们。同时，这个个体人物通过它的悲剧经历成为人类命运的原型，它那震撼人心的悲怆甚至会激发最为坚硬的心灵的共鸣。

就依然被视为当下实在的耶稣形象而言，它不会在耶稣的追随者心目中完全消失。同时，基督教具有当仁不让的护教精神——它要保护耶稣的形象，使其免于陷入卑鄙和懒散的窠臼中，使其免于固定化和平俗化，使其免于陷入教条的理性化和外在虔敬的形式主义中。此外，基督教拥有将所有历史发展的复杂性化归于人类本质的简明性的力量。这也是一种结合的力量，从而与所有部分性的、团派性的分裂相抗衡。这些分裂从一开始就威胁着基督教。因此，在基督教内部，发展的运动一再地回溯到耶稣，并从他身上不断汲取新的养分。自此以降，基督教成为一种对它自身而言的永恒理想。“效仿基督”经常被错误地理解为一种盲目的效仿，实际上却是所有追求原始训诫纯粹性的奋力拼搏的目标，以及所有令基督教成为基督教努力的口号。因此，追寻它的历史性发展就意味着揭示基督教的内在历史。

甚至对我们现代人而言，这种对耶稣的解释也具有充分的力量，我们感到自己以不同的方式偏离了他的思想世界。这种偏离实际上只能扩展到一个确定的临界点上，超越这个点，它更倾向于重组。但下述却是显而易见的——耶稣公开地表明了对于终极问题和精神之善的清晰确定的信念，从而对耶稣本身的接受也需要特定的基础信念。在每一个富有创造性的心灵中，首先也包括耶稣的心灵，人们被分离开来，并一直如此。

对神的国的直接期望使得耶稣对单纯文化和社会等级秩序的所有问题都漠不关心。因而，在这些方面，我们不能期望从耶稣处得到支持，也不能从他那里得到进一步的咨询。这就明显地将他与那些将文明进步作为首要本质和人类存在唯一目标的人区别开来。更倾向于亲近他的是那些感知到所有单纯文明的不充分性的人，是那些在基于人类与无限永恒之间的基础关系的新世界的牢固建构中，看到唯一可能救赎灵魂之途的人。

更为重要的是，因为另一种考虑更贴近于宗教的专属领域。现在的研究已经无可争议地表明，在世界的迅速重建和神的国的即刻降临中，耶稣所有的教义和他的信念之间的密切联系。甚至就伦理而言，连同它的温顺、平和与欢愉等特征，它的真正重要性也根源于荣耀的即刻来临。如果没有上述这些，伦理可能很容易变成多愁善感和关心则乱。但是，上述通过历史过程展示出来的信念证明是错误的——被耶稣视作即刻且永远被决定之物，已经变成一种不断更新的质疑和难题。如果没有当下的改变，基督教便不容易使自己适应变化。难道它就因此而远离耶稣，甚至将它自身置于耶稣的对立面吗？变化是显而易见的。同时，对任何一个在我们当下存在的世界中看到唯一实在和精神生活的最终展现的人而言，拒斥基督教是不可避免的。另外，无论是谁将这个世界仅仅看作存在的一种特殊形式；无论是谁不能看到精神上自我保持的可能性，或者，不能在所有未被言说的麻烦和生活的辛勤劳作中发现意义和理由，且不说在独立胜利的精神新世界的生动展现中的意义和理由——他们都将会乐意并感激涕零地认识到下述事实——耶稣就世界的显现给出了一种强有力的、不可抗拒的表达。耶稣不仅通过他的训教，也更多地通过他的生活和受难，打开了一扇突破即时世界的窗口；他从即时世界处剥夺了所有已被认定的有价值的善；他迫使人们越过他眺望远方，并在他们心中灌输了一种对新世界的不朽渴望。这种形式——我们现在将其看作瞬时的——成为促使他的时代认识到新王国的不可缺少的手段，同时释放它的力量以支持这个新王国。不要让我们在瞬时性的裹挟下从永恒本质处被剥离掉。所以，在这一点上，我们应该意识到自己即使不能与他一致，也远不应该与之分离——这就是说，我们应该意识到这种巨大的对立，同时努力超越它。

因此，甚至为了基督教革新，为了一个更富有活力、更普世的基督教所进行的必不可少的努力——这些努力时至今日仍在进行，并且其影响与日俱增——也没必要与耶稣进行决裂。相反，这些努力致力服务于耶稣所揭示的真理，并且全身心地信奉并铭记彼得的格言“主啊，你有永生之道，我们还归从谁呢”[①]。

① 《约翰福音》6章68节。——译注

B.早期基督教

在我们开始打量基督教生活观的历史之前，我们必须快速一览历史这个概念在这个领域所遭遇到的困难。本质上，宗教与历史是矛盾的。因为宗教不仅要宣称它的真理是神授的，还必须将这个真理当作永恒不变的；它要为我们展示新世界，就必须冷漠对待旧世界。基督教十分强调这种对立。耶稣本人，或他的信徒，或早期基督教徒，都不会相信他们站在长期发展的开端；相反，他们在寻求世界的终点，在短暂的未来中寻找即将到来的永恒荣耀。在期盼着耶稣迅速回归的渴望淡去之前，几百年已经过去；事实上，将教堂建成完全独立、主导世界的力量，最终将这种渴望淡化为背景、画外音，因为教堂宣称它们真实地呈现了神界之象。然而，作为永恒真理的宿主，教堂从来没有承认过，本质中会有任何内在的发展。更意味深长的是，路德在教堂传统概念破碎之后，迅速将设想世界不久将终结的力量纳入自己的股掌中；这也使他之后的活动变得更加容易。

尽管如此，基督教还是有历史可言的。首先，基督教的历史归属于非常不同的时代，每个时代的特征都糅在其结构中。因为人们很少仅仅将宗教看作文明的要素，因而宗教不能脱离生活对其产生的影响。基督教成立之初的时代，正是古典没落的时代。事实上，这个阶段十分特别，不能看作所有时代的正常类型，不能撼动人文的整个未来。人类必须要超越基督教萌芽的时代，事实上也真的超越了，但宗教因此被拖入了历史发展运动中。

但是，到目前看来，这场运动似乎仅仅是偶然而被迫进行的。然而，作为人类生活的永恒力量，基督教带着对世界的冷淡，内心中却一直渴望要吸纳世界，还要在世界中实现自我。这不应该只是一个人的事情，这样的约束不能满足个人需求，因为一个人甚至可以在自我中便找到世界本质的要素；相反，基督教必须建立一个相互连接着的整体生活，一个基督教的世界。但是到头来，基督教必须进入文明生活的机构中，尽管是间接地对整个人类进行转化。任何嘲弄基督教文明、基督教科学等的行为，只表现出嘲弄者不仅藐视宗教，而且藐视科学、文明。但是，这样的互惠关系，这样的奉献与索取，必然构筑起了基督教进入普通生活的大门，因而它构建了历史。

然而，这历史又分化为两个主要方向：早期与现代基督教；前一段历史与古典时期紧密相关，后一段与现代社会密切关联。与古典时期的关联至今仍然强烈地影响着当代基督教的形式，并引起诸多严重的问题。但这样的事实不应该成为我们偏颇对待基督教早期阶段的借口。因为，如果基督教的确是由小宗派发展为精神世界的力量，并影响了世界上的国家事务，那么这段时光自然是必不可少的。因为与其他文明相比，基督教更加可以被看作主宰世界的力量，是人类普遍信仰中，代表着人类奋斗的最终结果。更进一步而言，两个世界的相联合硕果累累，这一点无可争辩。的确，古典时期往往会超过基督教所赋予它的地位；特别是在概念和教义中，它常常看起来像是基督教依附古典时代，而非古典时期依托基督教。尽管如此，基督教仍然是运动、前进的动力；虽然存在着古典及后希腊思维世界的洪水，将基督教的领地横扫一空，基督教仍然没有放弃本能自卫、自我发展的战斗。即使早期基督教的最终结果常常是一般的水平，它总会呈现出重要的问题。有一个实例——奥古斯丁——便达到一个崭新的高度，他拥有整个时代最伟大的成就，他使得变幻莫测的环境中的坚持不懈没有白费。因为奥古斯丁表达的早期基督教生活观达到了当时的最高点，所以，他成了我们现在研究的主体。他绝对可以被看作当时支流观点的决定力量：之前的成就可以看作准备阶段，随之而来的所有成就都是他思想的进一步深化。

I. 奥古斯丁之前的阶段①

叙述起奥古斯丁之前的基督教生活观，相当有难度。由于没有单独的成就能上升为经典供讨论，因而我们必须做一个普遍调查。不仅仅个人之间存在很多的不同，希腊人和罗马人之间有着更为永久的差异，而且他们的整体特征之间的变化也在不断推移。从公元第二世纪末期开始到第三世纪中期，基督教进一步迅速增长。随着这种更加快速的发展，组织先于个人，外在提升先于内在精神，魔法占据了前所未有的主导优势。我们希望竭力保持公正，从不同的观点出发整体审视这些难题，最大可能地摒弃个人偏见。

(a) 第一世纪梗概

将前几个世纪中关于人类生活、命运的言辞当作新生活开始的标志，比将一些理论成就当作标志更有意义。当基督教教会必

① 参见附录G。

须外在、内在地努力挣扎时，当期待令人心花怒放的赐福，使人们更有信念和希望地活着，而非拘泥于感官时，当信徒们最终云集了穷人和无知者时，关于生活信念的理论探讨和相关处理，将缺乏发展空间和激励。正是自卫的必要性，而非个人欲望，呼唤着有人能够讲解信条；鉴于这些信条阐释是为大众设计的，它仅仅是与不同的几个点联系，而非从整体、为整体做出考虑。并且，为了感染那些非信徒，必须从他们的角度出发，为他们的偏见埋单。因此，这一阶段的信条主要有大众化的特征；更进一步讲，它包含了理性主义、功利主义。早期基督教艺术更为清晰地揭示了占据着那个时代人类心灵的东西，造访陵寝比所有的哲学内容加在一起，更能将一个人直接地传送到时代的真实生活中。但是另一方面，后者自有价值。哲学允许我们去了解那些新的、典型之物距清晰的意识尚有多远，新的信仰有多少空间能够满足非信徒。可是，这多样的阐述如何得以持久，只能通过依靠它们背后的生活来实现。生活观也告诉我们，德性是早期基督教的骨髓和精华：道德上的严苛，内心的纯粹都是基本要求。斯多亚学派与犬儒学派在那个时代的相似有目共睹，但其中仍然存在着重大的不同。结合人类的主观性，斯多亚学派指出了什么才是事物的逻辑与物理秩序；但这样的秩序不能赋予个人以宇宙精神关系，为他的奋斗提供支持。对于基督教的导师而言，上帝——完美的道德精神领袖，存在于世界的每一个角落；而对他们而言，善拥有着统领一切的力量，甚至超越人类领域。

但这样的信仰，还掺杂着其他的信念——直接经验绝不会与之和谐共处；相反，经验会给其带去更多的苦难、非理性。需要上帝相助才能把这些转变为善，因为仅凭人的力量是不够的。因此，在这里，宗教信仰与道德信念紧密交织在一起。然而，与其说宗教信仰强化和支持了道德，倒不如说是宗教信仰深化了道德，使其精神化；宗教的情感内敛，渴望无限完美的生活，很少有外露的表情；宗教的出现，不是作为人类实现幸福的手段，而是作为自在的目的。虽然更深刻的宗教可能活跃在灵魂深处，宗教未能在理论探索中展现自身。

进一步对比古代哲学时，我们可以发现，人们更关注整个人类，而非个体的改善。因此，人们提出许多新的问题，改变阐述的风格。理论观点让位于共同意识；直接的印象，简单的人类情感，更自由、更公开地发展了起来；整体变得温暖、明朗。但大众信念不仅令形式的完善和概念的精确测定变得越来越困难，而且神人同形同性论①的流行观点往往会左右人们的头脑，对待事物的客观态度不能约束住人们高涨的情绪。

因此，要描摹早期基督教思想家，就应该像古时候那样，不以理论知识为基础；他们起着昭示信仰的作用，也就是他们理解和接受了上帝的启示，传递了人类获得救赎所依赖的真理。人们培养起强大的意向偏好，贬低知识，以利于传播信仰；这种偏颇是傲慢滋生的错误，试图穿透过去的秘密，去理解信仰的内容。“关于上帝的，我们只能从上帝那里学习。”（雅典那哥拉②）。希腊人有着对知识不可磨灭的狂喜，而在信仰方面，他们的态度却一般比较温和；拉丁人贬低知识，往往被夸大到不信任任何人心

① 神人同形同性论，用人的特征、行为或情绪来形容神。——译注
② 雅典那哥拉，初期教会重要的思想家，认为撒旦“控制物质及形相”。——译注

智的地步。信仰在两个重要方面，即确定性和普遍的可理解性，似乎拥有了一个优势。哲学家不得不寻求真理，而基督徒已经拥有；信仰都可以与人共享，而理论知识则是少数人的特权，因为群众缺乏调查所必需的时间与精力。“每一个了解上帝的基督徒，都在以他的行为揭示上帝如何对他显灵、下达命令；而柏拉图则宣称，这宇宙的建筑师并不容易被找到，被发现时，也很难向所有人展露盛容。”

早期基督教信仰所关注的焦点，落在上帝的形象之上。这一点上的重大偏差，不仅来自民间信仰，也来自古人的哲学观点。现在首次出现了严格的一神论，它接受看不见的上帝，但却不承认存在半人半神；多神论首次消失，但也必须承认，它之后以修整后的形式，蹑手蹑脚地再次出现在基督教自身的圣人崇拜中。现在，人们认为，无限的圣灵迅速构筑起现实；因而，人们失去了对旧的泛神论的崇拜。对古典的情感而言，这一损失必然是难以忍受的；新世界所提供的更新版本，似乎寒冷而荒凉；他们的对手以无神论来批评基督徒时，也并非悖论。事实上，新的信仰摧毁了对上帝的古老观念；而这些新观点，由于缺乏有形的崇拜对象、缺少名字，因而不具备旧的思维方式所依赖的有形和个体性。对基督徒来说，他们不仅呼吁上帝在心灵中显现，而且相信，新生活会融入人们的本性中。因而他们认定，无形的天使可以在本性中任意挥洒；一切生灵都在祈祷；无数的例证，如鸟类的飞行、虔诚的观察，都可用以检测十字架的标志。正如这样神圣的生活并非源于纯自然的力量，而是融入事物中一样，本性处处指引着自我到更高的秩序中去。

通过所有与自然概念相关的东西的屈服，上帝的形象更接近于人，自由的道德人。虽然我们不会如此措辞，但我们可以比希腊人更加公正地讨论上帝的人格。上帝常常有未净化的人类的情感，人的成分并没有被充分剔除。实际上，这种是否会谈及上帝的愤怒，从而将情感归因于上帝的问题，在神父中引起了诸多骚乱。这样的做法与古代哲学家的学说会发生直接冲突，但在基督教信徒中，畏惧于上帝的愤怒是他们最强烈的行为动机——这甚至是认定激情与上帝的纯粹概念不相容的思想家们已证明了的事实。尽管如此，对几乎所有的思想家而言，情感似乎都是必不可少的；没有上帝的愤怒，就不可能会有对上帝的敬畏，民间社会也不会稳定。

世界是万能上帝的杰作，不可能更好。因此，基督徒们颂扬着自然的秩序和美——这往往与人类生活的混乱和痛苦形成对比——向非信徒证明上帝的存在；自然必须明确向每一个没有偏见的头脑赞扬那无形的监督者。然而，古人们相信，世界在空间里有固定边界，现代人更进一步认为世界在时间里也有边界，这与古代哲学历史非常不同。世界无休止地循环着。但是，正如它有一个开端一样，世界有一天也会结束；无论其间发生什么，首先，上帝与恶的巨大冲突只会发生一次，不会再有，虽然其后果会绵延至永恒。这个新历史哲学最大限度地强调了人类行为的重要性；旧的思维方法告诉我们，一切努力都是无用的，因为我们将失去所有已得到的，各项事业都必须重新开始。世界的时间跨度是固定而短暂的；基督徒们常常将六千年看作它的极限。他们总会进一步补充解释说，上帝在六天内创造了世界，而在上帝眼中，一天即为一千年。即使现在，世界的尽头以及最后的审判看起来也似乎已近在咫尺。这种想法首先在满怀信心地期望弥塞亚迅速回归中出现；之后，它又持续了很长时间，但是人们对文明的衰落、人类的老化的关注慢慢抵消了对救世主的希冀。甚至一直到四世纪初，拉克坦休斯[①]仍认为，世界将无法再多支撑几个世纪。因此，在基督教的这个阶段之前，人们没有开眼看长期的历史远景。人们关注当下，关注当下更为迫切的决定。

一个人的新世界观仍然是活动的诱因。尽管斯多亚学派推崇人的至高无上，古典时代仍坚持整体上人应服从于世界。但由于人的道德本性赋予了人至高无上的价值，因而人成为宇宙的中心和目的：所有的都是为着自己的利益，甚至太阳、月亮和星星都要臣服于人。但人的责任随重要性提高而提高，他的行为决定世界的命运；他的堕落将恶融入世界，并引发所有事物当前状态呈现出的苦难。罪恶之源在于人的自由，而不是本性当中的黑暗势力。因此，古典时代关于阻挠并削减质料的力量的教义也消失了；因为神圣全能的上帝所创建的，并非毫无价值。同样，人现在不敢轻视他的身体，不敢将其当作无关和普遍的东西，也不敢将对邪恶的所有责任堆在人的感官本性上；因为，身体也是属于我们的，没有身体的复活，就没有完整的不朽。希腊人对这一教条很反感，这只是他们最伟大的导师在描述教会信仰时的妥协和回避。

但我们越是高举人的位置，他当下的痛苦感就会越强烈，因为人们必然会将世界的现状看作完全不能令人满意的。无数的危险和苦难，里里外外地困扰着我们。这里是我们自己的激情，那里又是事物的无理性。尤其在冲突变得很严重的时候，较敌对势力而言，

---

① 拉克坦休斯：一个早期的基督教作家，成为第一位信仰基督教的罗马皇帝——君士坦丁一世的顾问。——译注

至善的无能为力反而笼罩了思维。此外，不必希冀事情的状态会随着时间的推移而有所改善，或希冀世界的历史会通过事物固有的秩序获得自我审判。在至善一直无能为力的自然状态中，真理必须始终痛苦挣扎。因此，对新世界迅速来临的期待维系了精神世界，使工作变得快乐；所有的愿望都集聚在那超自然的未来；“愿你的恩典降临，愿这世界结束”，这样的祈祷得以随意使用。

基督教福音（Christian Evangel）的主要内容便是这一前景的开放。然而，人们很少讨论基督教的本质，因为这样的讨论没有增进人们对基督教共同体的感情。第二个世纪的护教者将基督教看作上帝赐予的理性学说，并补充说这样的理性存在于人，显现于历史中；而这一学说的特点，是对看不见的上帝独有的崇敬和构成对上帝的真正崇拜的道德单独提升——完全内在，基于自由信念的道德。甚至在之后的时间里，基督教的伟大较少出现在新内容、新发现和人类精神提升中，而较多在更为普遍和更强大的全人类最终目标中出现。基督教首次呼吁整个人类要达成想处理的事情，不能仅仅停步于口头上和教义上。在关于这段时间的著作中，我们很少发现对耶稣崇高人格的看法和对耶稣更为虔诚的崇敬，虽然当代艺术为它们在教会中的存在，提供了无可置疑的证据。人们普遍赋予耶稣的死亡以伟大的重要性，但我们仍然需要对它进行准确的解释和辩护。作家们大都相信，耶稣摧毁了恶灵的力量，并已开始再生为人。然而，随后出现了更为深刻的思考。因此，爱任纽[①]相信，在基督那里，永恒成为人，永恒吸

---

① 爱任纽：基督教主教，早期神学家。他的著作开启了早期基督教神学的发展，并且被罗马天主教会和东正教会封为圣徒和教会长老。——译注

纳了那些凡人，因而我们也成为神的儿子。只有这样，易变易逝的才能成为永恒不变的。希腊教会长久性地接受了这样的推理过程。

人们似乎也从基督教的自卫方式上审视了基督教的本质。从特殊转变到普遍，数百年已经过去。起初，人们在旧约预言成真中发现了证明其真理性的最有力证据；圣人预言之前必然接受了来自上帝的昭示。之后，人们将治愈的奇迹归结为耶稣的神力，特别把驱逐魔鬼看作耶稣的日常工作。即使在奥古斯丁之前，甚至是在奥利金之前，最广泛而最自由的心灵也在对上帝崇高的敬意中佐证这两点。但当基督教壮大时，它自身的实力和影响力变成了这两点存在的主要证据。有人指出，基督教教会的道德状况比周围更好；只有全能的上帝能够赋予基督教净化人的力量，使他们在残酷迫害中保持坚定；只有上帝的帮助可以使它继续成长，尽管存在着数不清的不幸。“因为基督的血是种子”，“压制越多，上帝的宗教就更加发展”。同样，在各族人民中传播基督教证明了其自身的真理性；在敌对而强大的世界中，这样惊人的进步，没有上帝的援助不可能发生。此外，大体来说，与基督教同时代存在的罗马帝国，开创了一个和平的时代，并以缔造和平的救世主面貌出现，有利于基督教的传播。此外，护教士果断地将基督教变成对民间生活和社会秩序最实用的宗教：只有人们对上帝的谴责和惩罚怀有恐惧之心，才能迫使人们遵守法律。自然，我们不能忽视基督教的道德提升。基督教致力于改善人类：在奥利金看来，耶稣的奇迹不是魔术师的把戏，它总有一个道德目标，远远高于所有那些异教徒魔术师。基督教道德的内在优势很少体现在新教义上，而是更多表现在执行任务的沟通力上，否则它将超出人们的能力。人们赞美基督教的柔和、安宁、刚毅和耐心，特别是它处处体现着对苦难的新态度。“我们区别于那些不知道上帝的人。在不幸中他们抱怨、发牢骚，而我们不会被罪恶和美德、信仰的真理带来的疼痛所改变，却会因此变得更强。”同样地，人们往往赞颂与同胞更加亲密的关系。尤西比乌斯说：“谁承担邻居的负担，谁帮助弱小者，他就是优越的；谁传达上帝的恩赐给那些渴望成为神的人，他就是上帝的效仿者。”我们可以将基督教的道德影响压缩成一个单一影像：“它在神授真理中为所有人留下位置，它教你如何以一个高尚的心灵，承受敌人的恶意，而不是通过邪恶的手段制服邪恶；它使我们超脱激情、愤怒以及所有激烈的渴望；特别是，它促使我们与穷人和需要帮助的人分享我们自己的财产，把每个人当作亲人，甚至要根据废止外部统治的内在律令，在陌生人中发现邻居和兄弟。”

之后，基于它的柔和、耐心和人道，基督教开始认为自己优于对手。然而，渴望幸福和期许新世界都不会放任这样的柔和沦落为软弱，信徒的自我否定也不能随意听任这样的不闻不问。早期的基督徒吃尽苦头，否认自我，但这样做本身是为了得到更高的幸福，他更多考虑的是人与他的目标。拉克坦休斯在他的主要著作中明确了他的意图，“要诱导人不要像某些哲学家那样贬低自我，要告诉他们不要把自己当作无力、无用、无价值的人，认定自己一出生便一无是处：这样的看法会诱导大众变得邪恶”。

进一步地说，他要求人必须出于自身的能动性做出支持或反对上帝的决定，这是鼓舞人们奋斗的强大煽动力。因为，虽然早期基督教与历史传统和社会环境密切关联，选择命运所依附的信仰却完全是自己的行为。尽管存在着例外的可能，人们带着空前绝后的信心，断言完全自由意志的存在；否认它就销毁了所有道义上的责任，事实上，是所有的道德价值："如果人没有选择方向的能力，便没有什么值得称道。"将责任最大化，确实是关乎早期基督教生死的问题。因此，人们不是把自由作为个别思想家提出的学说，而是作为基督教教会的共同信念；人们把它看作超越行为、关乎信仰的问题；甚至认为信仰取决于人的自由决定，接受关于上帝的虚假教义，会产生道德内疚感。人们都觉得没有义务对自由进行心理学阐释；同样，人类自由与上帝全能的关系也尚未造成焦虑。因为在这里，是从人类而非神灵的立场看待现实。

这些信念来源于充满力量、情感和精神活动的生活。最高目标是通过将所有一切奉献给上帝，以在上帝面前保持本真。人面临着一个重大选择：要么在永恒的废墟里成功和享受生活，要么在持续的冲突和痛苦里寻求超越的幸福。如果没有别的，这样谨慎的抉择，无疑会偏好无限永恒，而不是短暂时光。因为就目前来说，邪恶统治着、严重压迫着世界；即使敌人被内在地谴责，外在地，他还依然在意气高扬，承担着残酷的是非曲直。因此，心灵必须将自我提升到感官以上，凭借信仰的力量，在欢乐的期盼中抓住更为美好的无形世界。考虑到周围环境，真正需要的是刚毅的勇气，因此人们常常称赞耐心是至高无上的美德。在这方面，早期基督教与斯多亚学派有几分相似，又部分地远离它，并与之对抗。即使是基督徒也应该是英雄，鸟瞰世界。西方基督徒尤其喜欢称自己是"上帝的士兵"；思想家塞浦路斯特别为来源于军事事件和士兵生活的隐喻感到高兴。另外，基督教思想家直接反对斯多亚学派对待感情和情绪的做法。基督教如何能召唤人们彻底改善他们的生活，而同时也压抑着所有情感，赞扬斯多亚学派的“漠然不动”！直到人们已经深深纠缠在忏悔中，新生活才会出现；新生活不断在有形和无形世界之间的徘徊中被恐惧和希望动摇。因此，其目的不是压制、调和情绪，而是引导它们如何在正确的方向上全力以赴：将对上帝的恐惧从所有其他的恐惧中解放出来。“恐惧既不能如斯多亚学派所愿被根除，也不像逍遥学派所说，可能被调和；相反，要以正确的方式引导，只有对恐惧的形式才需要特殊对待，因为真正的恐惧绝不允许任何其他事物成为恐惧的对象。”

一个人对唯一目标的完全专注使他无法参与文明的建设；考虑到救赎和未来的幸福，这样的建设工作很少能吸引到他。当然，在二世纪一次失败的复兴尝试后，古典世界随着上述吸引力的减少而迅速走向衰落。因此，早期基督教并没有冲动着要改善普遍情况，或要对世界进行调查研究。根据个体之间的差异和希腊与拉丁精神类型的对比，如果早期基督教不公开反对这两种做法，便会表现得无动于衷。同样，对于早期基督徒精神生活相当重要的艺术，也无处发现思想家们的认同。尽管在这种对艺术的漠视中，也有思想家反对形式上的喜悦，但对于早期的基督徒而言，这是在生活内容衰落、逐渐消失后，对无意义外表的过度估计。因为要满足人们对幸福的向往，形式贡献不了什么，人们谴责它的冷漠、无用，甚至是诱骗；而所有的努力是指向内容、倾向、道德构建。甚至一个叫克莱蒙特的说：“每一个造物的美丽在于其卓越。”然而，拉丁人将对形式的蔑视带到了对语法准确性的无视中。“如果条件、数量、介词、语助词或连词中有一个错误，”阿诺比斯（Arnobius）问，“会有什么害处？”这种看法就是对所有文化的粗鲁蔑视，而且说出了中世纪的精神。但考虑到他们的时代，也是可以理解的，他们预示了人类奋斗中的转折点，一个后果绵延超过一千多年的转折点。文艺复兴时期首次带来变化，并再次使形式复兴。

但是，虽然早期基督教思想家们在灵魂提升上展示了自己独特的实力，即使在这里也没有摆脱其影响。他们热烈地叫嚣着幸福，使他们在行为动机问题上远远落后于古希腊思想家们。当后者一致将内在的美赋予善，并将这个美妙感觉中的喜悦提升为有价值行为的主要动力的时候，大多数教父，尤其是拉丁教父，积极坚持对德性进行充分奖励。德性，仅仅被视为一种获得赐福的手段，一种闪耀着幻想光芒的赐福，对彼岸充满完全的信心。在这种对未来的迷狂沉思中，实际的道德生活似乎变得冷漠，至少是没有喜悦的迹象。事实上，早期的基督徒没有畏惧将之称为愚蠢，因为任何人都要遭受这个世界上的德性生活所涉及的痛苦，即劳动和困苦，悲伤和耻辱，没有对伟大的奖赏的确定承诺；或反过来说，任何人都在躲避邪恶，期望没有严厉的惩罚。“如果没有不朽，为恶者将是明智的，为善者则是愚蠢的。”这之间的鲜明对比以及事物总体的巨大张力，或许可以在一定程度上解释这样粗糙的话语。应当指出的是，基督教神父和他们的受欢迎程度，反映了大众的感情，神父们更致力于研究这种大众情感，而古代思想家则强调自己主要是少数卓越人士。尽管如此，在道德动机的纯洁性中，大多数教父仍然远远落后于希腊哲学家。

早期基督教思想的伟大之处在于对独立生活领域的发展，

在于建立包容各方的组织。这里聚集着亲密感和行为能力；这里，在所有的禁欲主义中，一个新世界、愉快而富有成果的活动领域出现。尽管时代充斥着干扰和摩擦，正是在这个领域中的伟大事物里，人们长久以来努力寻找的牢固立足点被发现了，思想和感情的统一也在此出现了，它为每个人提供了牢固的理智性存在和重要目标。每个人都能感受到与他人最亲密的关系，那些相信基督的人会聚成为一个灵魂和一个共同体。在这里，将社会比作有机体的古老比喻成真，丰满而真实。信徒们与其他人聚在一起，因为其他人就像是共同体的成员一样，每个人的经历都会立即影响到他人。由于基督教共同体主要由穷人组成，且危险接连出现，如果没有暴露在实际的迫害之下，与穷困和苦难不可避免的战役将变成生活的主要关注点。与私人慈善机构一起，教会组织在多个教区进行慈善工作。寡妇和孤儿，病人和体弱者，穷人和残疾人，被监禁和被迫害的都应该得到帮助。然而，考虑到人的力量所被赋予的张力生活没有堕落为奢侈，所有关于未来的思想关注没有妨碍人们对劳动的真诚肯定，没有阻碍人们对它的认真奉献和对现有手段的周全运用。特别地，责任从不是被外在压力所强制执行；救助也从不以需要的形式出现，而是等待作为自由提供的服务。在实践中，许多困难出现了，教父不断抱怨人们的冷淡和吝啬的施舍，但这一事实不会影响大众尊重自由的施舍的看法。虽然表面上，财产被划分为共同的基本持有，其占有者应该把自己看作它的管家，而从来不是它的主人。因此，每个人都应该只使用自己生活所需的，将其余的分给弟兄们。因为一个人享受丰富而许多人仍然匮乏是不公正的。这使得基督教反感任何形式的奢侈。同样，任何企图积累个人物质的尝试，特别是利用商业优势的尝试，都是不被允许的。为了抵制这种欲望，拉克坦休斯将亚里士多德对各种利益征算形式的禁止都移植到了基督教的土壤上，这种禁令变成以后教会统治生活的永久部分。

与不道德进行的斗争伴随着同贫困的斗争。光鲜奢华的文明环绕着基督徒们；迷人和快乐的享受引诱着、诱惑着人们；时代松弛的良心知道如何以浅显的方式堆筑起人们的道德顾虑。当前的强大冲突几乎是不可抗拒的，难怪至少在理论上，人们拒绝妥协，并采用了最恶劣的形式。人们禁止所有纯玩乐的内容，禁止所有的美化，因为这些很容易使人变得精神松弛，从而沦落到外界事物力量的统治之下，这些情绪结晶成为固定的规则。人们在原则上谴责许多异教的娱乐方式，如角斗士的角斗。一般情况下，基督教鼓励人们投弃权票、谨慎推荐。而对乱性的攻击是最坚决的，因为它会使得精神变得松弛。一种新精神也在事实上表明，男人和女人需要同样严格的道德约束。进一步而言，在难度大大增加的离婚中，男女的道德要求也应当一致，而当代犹太教以及异教使之变得非常容易。

如果我们考虑到早期的基督徒认为只有在服务上帝时，所有这些事情才会实现，并且他们以对新世界的热切期盼使自己的生活富有生气，我们就不会惊奇于，基督教教会里崇高的自我意识会发展起来，所有与异教的内在关系会被果断切断。他们把自己当作世界公民、上帝的斗士，将自己遍布整个地球的表面：似乎上帝直接开启了他们的联合体，超越了每个人类联盟。奥利金解释说，这个联合体具有永恒的品质。因为上帝赋予的自然法则统治这里，而公民法律起源于人，会被人随意变更。这个基督教联合体还具有普遍性的特点。作为神圣之地，它旨在囊括、拯救所有的人，而政治国家必然依人分类。因此，基督教联合体像是人类全部生活的中心，从那些有史以来便存在的原始人及其他人民那里借鉴一切真理。

因此，在神化帝王的崇拜时代，毫无疑问，基督教会做出与社会秩序相冲突的决定：在危险和绝境，耻辱和死亡中，上帝必须保护对其忠心的人。非教徒自然反对这种在政治上和道义上不可接受的超然。在他们看来，这种超然既不需要强制措施，也不需要哲学论点，但这些并没有造成期望中的印象。对基督徒来说，他们仍坚持不懈地辨明宗教和民间团体之间的对比，与神与人类之间的对比。即使在那个时候，所有这些说法都是以教会名义提出，并持续了整个中世纪，直到现在。

因而，此处并不缺乏在之后使得基督教麻烦重重的混乱根源。此外，我们必须牢记，神人同形同性论明显主导了时代的思想，道德目标夹杂着很多对幸福的自私叫嚣，而激情、狂热常常与可怕的暴力来回争斗。稍后还有一些阴影将笼罩我们。特别是第三世纪后，大众整个被训诫而非被教化。但即使是训诫，也不应该被低估，因为扩展的生活领域因此赢得了崇高的目标。新的开端开启，新鲜的生活苏醒，人们播种下了伟大发展的种子。整个看来，只要与过分压制的环境的阻击战能够阻止生活落入无聊的惯例，远离所有虚假和虚伪，权力、乐趣和生活的真理必然会吸引到我们。因此，在古老而丰富的文明衰落时，在所有生活关系的动荡中，基督教提供了坚定的支持并揭示了人类的崇高理想，其追随者才可能切当地以完全的公正将他们自身当作世界的灵魂。

(b) 早期基督徒的思索

(α) 克莱蒙特[①]与奥利金[②]

在东方，人们第一次企图将基督教转变成思虑性的知识，这种尝试也属于对生活问题的思考。因为在这种情况下，知识并不意味着只是对生活的思考，也意味着对生命灵魂深处的思考，意味着将生活提升到完美真实的高度。从这个意义上说，知识将自身带入情感的鲜活、温暖中，并且伴随着它自身而成长；知识增进了亲密和微妙的感觉。

两个亚历山大，一个亚历山大的克莱蒙特（189 年之后成为一名牧师）和一个亚历山大的奥利金（185—254）开启了这个时代。他们都在寻求如何将信仰推进到知识层面，但克莱蒙特没有超越普通框架，却把他的思想原则转向了道德；而奥利金第一次在基督教土壤上，架设起一个伟大的思索性系统。

克莱蒙特是热心的知识倡导者，而非信仰倡导者。但要了解他不是很困难，因为他的信仰只意味着知识的低级阶段，意味着对建基于权威之上的教条的承认。所以他表示，理解首先使知识的乐趣成为人的财产，只有理解，思维才能穿透比喻到达事物本身，穿透盲目的表面到达光亮的理性。真正的理解是如此引人入胜，与其说是人们没有具备那么多的知识和洞察力，不如说是他们自己成了知识和洞察力。正是单独凭借知识，我们收获了纯粹、

---

① 克莱蒙特：亚历山大·克莱蒙特是早期亚历山大教会的成员，之后成为一名教师。——译注

② 奥利金：东方教父，后教会从第四到第六世纪将奥氏的《论太初》一书断章取义，加以系统化而成的一种思潮——奥利金主义，是基督教早期的异说派别。——译注

无私的喜悦，不再需要奖励。凡要求劳动报酬的，便是出卖了自己的信念，成为一个孩子；相反，真正的“诺斯替教徒”（Gnostic）（克莱蒙特喜欢这种表达，而奥利金则竭力避免）则凭借上帝的爱进入成熟期，并只需要真理。如果我们必须在知识和永恒的赐福中选择，我们应该会被迫放弃后者。但是所有知识的巅峰，是关于上帝的知识。在这种知识中，人被提升到时间、空间之上，变成永恒存在，整体被上帝接纳、“神化”。因此，放下所有的情绪，“冷漠”的斯多亚理想便实现了。鉴于这种生活的内在性，心灵不需要特殊的证明；所有外在的原则和条例远远低于这一水平。真正的诺斯替在任何时候都在赞美上帝，不只是在某些日子，在规定的时间内，而是以一生来崇拜。

这一崇高的态度可能会立即将片刻的追随者和宗教会众区别开来，从而破坏基督教，这十分危险。但克莱蒙特以他的所有力量反抗这种威胁。那里让知识统领，这里让信仰统治，两种目标都指向同样的真理。寓言阐释指出将两种形式划归一致的方法：那里让对至善的爱好，这里让人们对惩罚的恐惧，分别引领人们的行为。这两种情况都需要相同的行为，共同的工作旨在同一个目标。事实上，一开始威胁要将人们分离的知识，竟要通过源于它的积极的爱去团结人们。因为就像认知行为无私向真理投降，它也像一种殷切冲动，致力于展示爱。“作品追随着知识，就像影子追随身体。”爱首先通过坚定不移的见证，甚至是生命心甘情愿的投降——“爱最完美的作品”向基督展现，然后通过一系列基督教教会活动向基督显现。这里的一切都值得驻足，并带来另一种更自由、更快乐对待世界及其美好的态度；对抗尘世的真正胜利不意味着外在的冷漠，而是一种内在的胜利。要被救赎，富人必须放弃他的财富，不是外在地而是内在地。要将这些财富放置在社会服务上，而不是将超过维持生命所需的部分供自己使用。

本着这一精神，人们没有回避作为世俗纠缠的婚姻，但婚姻的意义深化了。“为了祖国，为了依照在完善世界时我们各自的力量去合作”，人们由衷地称赞婚姻。在早期教会中，家庭生活收获了这样爱的对待，就像思想家所设想的那样：“最美丽的东西是家中的女子，她用自己的手艺装饰自己和她的丈夫，而让所有人都感到欢乐：孩子在妈妈那里感到快乐，丈夫在妻子那里感到快乐，妻子在丈夫那里感到快乐，万事万物在上帝那里感到快乐。”

这对待生活更加友好的态度，伴随着对世界和历史较高的估计。克莱蒙特敏锐地看到，基督教和它的环境之间的对立，但这并没有阻止他赞美上帝下达的最好和最合理的命令。他将生活看作一个公共学校，将历史视作人类的进步教育。作为这种教育的一部分，也作为基督教的哲学准备，古代的文化，特别是他们的哲学，获得了充分的肯定。事实上，基督教的教义可以看作对各种系统的“真”进行的选择和融合。

当然，这种信念没有表达出对基督教教会的一般看法。克莱蒙特自己往往会提到大众所表现出的对哲学的恐惧，以及他们认为哲学来自魔鬼。但是，在所有的时代骚乱中，出现这样一个自由、内在的信念是完全有可能的。在对早期基督教进行调查时，这种情况不应该被忽略。

奥利金是第一个制定出的基督教教义全面系统的人。然而，该系统的内核不是基督教的，而是柏拉图式的。柏拉图主张的真与善，主张从时间变化无常中向上争取成为永恒存在，从感官世界的混乱模糊到纯粹的灵性，主导了奥利金的思想。作为一个强大的外在掩护，我们得到了基督教的构成要素，这些要素不仅在于对道德理念更大的重视和更私人化的形式，而且在于永恒与时间的进一步连接，在于对历史进程和作为整体的人类的更高评估上。从双方思路和感觉方式的相互作用来看，奥利金带来了一个非常富有成果的运动和宽广的思想领域；事实上，他还带来了看待世界和生命的典型观点。但完整的统一和整个生活领域的和谐发展并没有实现，尽管奥利金有许多优秀品质，他缺乏伟大的原创性。

上帝的概念立即显现出了各种倾向的融合。总之，奥利金下决心要根除他那个年代的神人同形同性论。他发扬至高存在的概念，将其提升到远远高于一切人力和时间的高度，甚至我们中最崇高的思想也难以到达。因此，我们只剩下否定言论，不可能会为我们带来任何与神共存的共同生活。然而，在这些否定中，奥利金又努力肯定。因为当他特别强调去拒绝某些想法时，这些观点的对立面实际就被接受。区别于事物的多样性，上帝构建了严格的统一；区别于有限的感性和精神，上帝构建了纯粹的精神；区别于我们世界的变化和改变，上帝构建了永恒存在。这些思索结果为奥利金对待上帝无处不爱和善良常在的世界增加了新的特点，这一点首次将奥利金带进了与共同体信仰更紧密的关联中。上帝出于善，创造了世界，因为他的善，他不容许丝毫损耗的出现。他的爱拥抱所有人民和所有时代，没有上帝，人间便没有了美好。奥利金更愿意将上帝称为“超越一切的神”。人们在基督教发现了这种善的最高证明，其中涉及了上帝进入世界的入口及时间与永恒的统一。也在这里，善首次被提升到拥有完整独特性和世界不能消除的力量的层面上。

但是，为了使世界可以展现出永恒的本质和上帝的至善，它必须多于传统基督教概念所诠释的。虽然奥利金拒绝空间上的无限延伸，并运用典型的希腊式论证——没有限制，就不能拥有秩序和制度。尽管如此，他更加关心世界的延伸而非限制。然而，就时间而言，对过度限制的恐惧迫使他打破传统概念，更接近古希腊的历史观。就像古代哲学家那样果断，奥利金否认世界在时间上有开端。诚然，目前这个世界有一个开端，正像它将会有一个终点一样；但在它伸展到数不清的其他世界时，其他的世界也会步其后尘。我们当前的存在只是无尽链条中的一环，世界，包括历史性的基督教，也只是许多世界中的一个。对于基督教思想家们而言，世界承续的出现，确实不只是一个自然过程的节奏，而是作为一个神灵的创造作品；而创造本身变成了一个渐进的、不断更新的行为，不会只发生一次。同样，斯多亚学派关于所有世界时期特点的完全相似性的观点也不会被接受认同，因为它破坏了自由决定，而自由决定构成奥利金主要信念的基础。然而，自由决定一定会导致不同的世界出现，并赋予世界不同的个性。因此，由于基督的显化，我们的世界很可能处于一个特殊的位置。

但希腊和基督教的要素在这里倾向于调和，也作为世界的内容存在。希腊的世界观主要在于精神与质料的对比，而基督教则在于道德上善与恶的对比。在前者中，恶起源于质料，而在后者中，恶起源于自愿的罪行。奥利金尽力为善保留下质料的精细部分，但这决不妨碍他对一般质料的拒斥。实在的本质包括无形的思想世界——一个从那时起成为基督教思考组成部分的理论；质料存在继这种无形的世界之后才出现，并不断要求建设的动力和活力。但作为上帝的工作，质料存在从一开始便远远比现在我们周围的感性更纯洁和细腻。质料存在较低的本质，成为自愿精神退化的结果，无法以必要的努力来保存善良。因此，基督教的反对者和希腊信念表面上和解了；最终决定在于道德行动，但对一般性质料的厌恶一直影响着直接感觉，因而通向生活禁欲理想的道路畅通无阻。但禁欲主义也在基督教找到了其理论依据。与克莱蒙特的观点相反，更严格、最有节制的生活行为与平常生活的区别明显。不仅是倾向，甚至是特定行为，将基督教从人群中区分出来。

从这样的信念发展出一种关于命运和人类生活问题的特殊观点。人类的灵魂——上帝的主要创造物，属于世界的永恒，因而必然在当下存在之前就已经存在。他们在这里被发现，是因为他们自身的罪恶。他们的目标是回归到神圣的高度。因为这里是退化和诱惑的居住地；身体以其重量将灵魂拖拽到较低的空间，堵塞所有的纯粹快乐。但心灵的力量，以其知识体系成功对抗质料，在所有短暂存在的苦难中有坚定的信念——那些所有上帝创造的并以爱保护的事物最后都不会失去。因此，奥利金的思想思虑和道德倾向联合起来，产生了下述信念——所有事物者可以完全复原，甚至他已经误入歧途也能够返回神灵的住所。虽然世界的过程总会返回起点，在总的运动中没有丢失或赢得什么。整个历史似乎仅仅是永恒的一瞥，而所有的尘世之作要陷入梦幻般的不真实中。

作为从表象到现实，从暂时到永恒的唯一手段，回归到纯粹的精神和完全永恒成为生活的主要关注点。对上帝纯粹知识的渴望比对一般宗教的崇拜更为强烈。在这样的知识里，一切短暂的、感性的和可变的，都被超越了。人全身心地被上帝吸引着，被改造成上帝。

这样的理想模版给基督教提供了一种它体现出来的特殊形式。总之，尽管卓越，基督教不应该只是历史上的单点，它必须涵盖整个现实，在本性和价值上加以提升。其本质是可变中不可改变的存在，是思维超时空的活动，将所有的信徒从时间中释放，将他们传送到永恒中。因此，基督教首次揭示了关于神灵存在的完整知识及人的神化。但是，从这样的世界概念到历史的基督教，需要一个明确的过渡。对它的处理方式依然处处展现了朝向普世性不倦努力，展现了宽广、自由的智慧。基督教扩展了其在整个历史中的活动。基督的来临，掀起了一个世界历史运动的高潮。此前只是以分散和孤立方式存在的事物，被提升为主导力量。因为上帝从一开始就将世界置于他的保护下，在任何时候都有正义的人和那些讨上帝欢欣的人。但耶稣开启了完整的联盟，神灵和人类的“交织”；通过与神灵的连接，人性变成了神性，不仅在耶稣那里，也在那些接受耶稣并在耶稣身上显现出他生命的人那里。真正的追随者不应该仅仅只是基督的信徒，而是自己也要成为一个基督。为拯救他的弟兄们，他可以奉献自己的生命，遭受痛苦。因此，即使在经验领域，基督教表现得像一个渐进的工作，不断重新开始、延伸，贯穿整个历史。

至于人类，基督教主要在道德领域体现出其特有的伟大和普世性。在奥利金看来，基督教没有给人下达新的命令，但它却取得了更大的成就，它赋予了人们履行甚至是最严厉命令的力量，并令人们渗透到道德本质的最深处，同时在他们的心中填满柔软和宽容。所以，同样地，伟大的道德和伦理的影响，将耶稣的人格提升到远远高于古代英雄之上的地方。没有其他的东方教父能像奥利金那样，如此亲切而周到地处理这个人物。他思索着耶稣的善良和他的人性，他的温柔和甜蜜；那些崇高的感情，连同整体存在的安宁，可以与我们顺利沟通、交流，并将我们转化为和平之子。他还思索着耶稣的苦难，美化殉难，并以十足的感恩在纯洁的爱中接受这种殉难。

因此，基督教转化为思辨，但并没有包含这种失去温暖感觉的情况。此外，我们看到奥利金热忱关注，并与基督教教会保持密切的关系，无论是在信仰问题还是在一般的生活问题上。至于教义，寓言解释提供了一个方便的权宜之计。奥利金不仅自由运用这种方法，而且用技术资源对它进行开发。但至于生活和行为，他对道德做出的评估则显示出他与周围环境的密切关系，而他在追求基督教的永恒和普世内容的努力，又引导他站在国家之上赞美基督教共同体。

因此，我们发现豁达厚重的人能以心灵拥抱思想的多个领域，并以他最佳的能力统一这些领域，但并没有达到完全统一。即使道德在教化的基督教和大众之间建立起一个共同的纽带，底层仍然有巨大的分歧。因为当奥利金表示说，如果基督教没有呼吁每个人根据自身的能力，将自我安排到理解的力量中，甚至哪怕是点点的智慧中，基督教就不可能提升整个人类，这个论点表现出教化与大众之间的差距以及思想家离环境有多么的远。因此，基督教的神秘和通俗同在。前者以其日益增长的独立性收获了非凡的广度、自由和内在性。但它太过高于一般条件，以至于没有对他们产生任何显著的效果。其内容带有基督教色彩的柏拉图主义，内心更具有愈演愈烈的希腊主义，而不是建设新世界性的基础和新的生活秩序。

然而尽管如此，这样的基督教还是在东方获得了永久胜利，也在欧美产生了深远的影响。诚然，自然发展的日益系统化和自我觉醒的“正统”不再在意奥利金学说。也因此，他的那些敏锐感觉到反对态度的追随者，被强迫承认奥利金对基本理念的修改，然而，他们不能阻止对奥利金系统的最终反驳。在其内心实质中，上述的正统依然存在于奥利金的著作中：“教条和教会的历史，在之后的几个世纪，在世界的东方就是奥利金的哲学史。”目前，基督教的概念作为从永恒存在到达我们当前世界的入口，作为将人类提升到所有的限制和世界的苦难之上的结果，一直在东方占据主导地位。关于历史的确切内容、耶稣生命的独特性的问题在具体化的基本事实之前变得苍白；相应地，在希腊的影响下，基督教教条形成了，这一方面有许多可以言说，无论是耶稣生活内容的特点，还是基督教的精神特征。事实上，尽管教条的形成似乎标志着基督教的完全胜利；它实际上是对希腊思辨主义的权力移交。但是，这思辨性的运动，仅在与新柏拉图主义的援助下才能充分发挥其实力，而新柏拉图主义很快在基督教中播撒了种子。

（β）新柏拉图主义的影响以及尼撒的格列高利[①]（Gregory of Nyssa）

甚至是基督教思想家，也无法避免受普罗提诺的影响而发生转变。普罗提诺的世界观包含了太多人们所需求的内容，人们无法抵制这个世界观对他们的吸引。第一次，整个实在成为精神上的生活，从内心最深处到最远的清晰诠释之上。一切固定不变的

① 尼撒的格列高利是卡帕多西亚三大教父之一，格列高利的灵魂观以超越身体的非质料性为其根本特性，以灵魂的自发运动为其活动机制，为早期基督教理论塑造终极诉求奠定了坚实的基础。——译注

都解散开来，合并成为单一的生活；同时，人类的奋斗无疑被提升到瞬间存在之上，感官变成了无形秩序的表象。这样的转变势不可当地消除了基督教走向思辨的机会，它也为基督教思想提供了灵活性和多功能性。没有了信仰与知识的统一，教会制度建设就很难成功。与此同时，思辨者绝不会忽略基督教的独特性，在个人生活的灵魂中只保留了对其独特性的赞赏，没有将其引入思想领域内的战斗。但是，即使基督教原理作为一项追随而非领导人类的规则，它整个被赋予了新的格调，更为柔和，感觉更亲密，整体依旧是混合体。然而这一点因人而异。新柏拉图主义的入侵开启了基督教哲学的新时代，与之前柏拉图学说和斯多亚学派的主宰相区别：直到达到中世纪的巅峰，这种新的思考模式才被迫屈从于亚里士多德学说，而亚里士多德学说本身已经大大发生了改变。在这个较早时期里有一个代表尼撒的格列高利，他仍然能够呈现个体生命的典型状态。有了他，我们的追溯就足够了。

尼撒的格列高利是正统学说（orthodoxy）的创始人之一，并在之后不久，源于他对三位一体教条的贡献，他被称作“教父之父”。尽管他的正统学说十分真诚，但神秘的思辨倾向仍弥漫其中，使其变得不像是富于生机的精神，而是他宗教生活的框架。在他的学说中，拥有完美人格的上帝退隐到绝对存在的背后，尽管面临重重困难，对兄弟姐妹情谊的渴望，却超越了要完全融入永恒统一的奋斗。在那时候，不同的思想融合在同一概念中。之后，新柏拉图学说很轻松就在基督教中占据主导地位。说格列高利“了解”了上帝，其实他的思想没有像早期基督教流行的那样去关注人与人的亲近，相反，他对无起源的存在非常着迷。上帝——父亲，在他的脑海不仅是亲人般的关爱，更多是起源于上帝、依赖着上帝的本质；相应地，是形而上学，而非伦理关系。格列高利思想中神学与哲学思辨的关联，突出展露在他最钟爱的关于至高存在的无限概念上。这种无限不仅超越所有限制，更超越所有的理智理解；这里不再适用任何殊相。思想家格列高利的确在认真寻找可以用于指示超然存在的名称，但他很快就说服自己所有人类用语都不合适。因此，他不耐烦地渴望着将可见和多变的提升到不变的、本质的高度，提升到不变的、独立的力量之上。在这里，他欣然失去自我，沉浸在真实的光中，像光一样，成为自己。

通过这样否定所有的属性，神灵威胁着要使我们进入完全的黑暗中，让我们的世界下沉到非本质的表象水平。然而，在格列高利这里，这种危险被一种相反的倾向抵消了：基督徒信念和希腊意义上的审美的统一，使他认识到一项世界上的重要内容，并在同一时间，使神性的图景更为鲜活，使世界映衬出其辉煌。

格列高利的心灵感悟出美的概念。他不仅通过普罗提诺式沉思，而且也直接受柏拉图的影响，并因此拥有大量的温暖、新鲜、生动的特征。他发现美浇灌着整个世界，秩序与和谐使美的多样性变得统一，处处都有固定的比例，甚至人类的行为也应该着眼于正确的方法。然而，美的本质是善，最高层次的美是心的纯洁。在我们的理性本质中，我们承载着神圣存在的影像。虽然罪恶遮蔽了这种影像，我们还可以通过把一切邪恶放置一旁，将其重铸，使之得以在完美的纯洁和美中熠熠生辉，将人带入神圣的原型。从这个意义上来说，所有关于上帝的知识取决于道德的态度。从一切罪恶和一切暴力中净化他的心，他在自己的美中看到神圣本性影像。因此，心灵纯净的他得到赐福，因为他的纯洁使他看起来像复归原初纯朴。我们无法捉摸神超然的威严，但可以衡量我们心中关于上帝的知识：纯洁、灵魂平静，能驱赶一切邪恶——这就是神。如果神在你身上，那么他将完全住在你那里。

但是，尽管神灵如此眷顾我们，为我们带来更高的价值，使我们的生活更生动，总存在着高于、超过瞬时存在的倾向。世界以所有的资源，只激起我们对生活更高形式的渴望，不会令其自身对我们具有足够的吸引力。因此，生活呈现出对高于世界所提供的一切的向往、渴望。我们不应该怀疑苍穹的美丽，也不该怀疑光，不该怀疑任何其他形式可见的美丽，而应该接受这些美的引领，渴望天堂般美的荣耀。

因此，人内心最深处的倾向是贬低我们生活的现实世界，摧毁我们的欢乐。悲观者以强烈的感觉频繁唤醒现代倾向。格列高利生动地描绘了多样的痛苦与生命的罪恶，普遍的仇恨与傲慢、悲痛与不安和激情的力量。他的整个链条通过单一方式连接、运转。在这里，灵魂并不是要区分出真正和虚假的美。然而，所有的罪恶和过错在对尘世存在易变与无用的思考面前变得苍白。在这里，一切都是无常和短暂的。年年岁岁春花发，但人却只有一次青春，之后便在驶向冬日的时日中衰老。生活的财富多种多样，而人们将其只归结为两个字：快乐。但对于怀有更深愿景的人而言，所有的多彩都将消失。以最高标准审视每一个人，人人都一样，不分优劣。因为，从根本上说，尘世的一切事物都是无用的：谁能面对风云变幻的世事，注视着父辈的坟墓而开怀大笑？这里，也许有些人不曾感到悲伤，并在感官愉悦中自得其乐，但以他们动物性的迟钝而言，他们比其他人更可悲，对恶漠然麻木是最大的恶。耶稣说："那些祷告的将被保佑。"但他并没有意图如此美化悲伤，而是要散播夹杂在苦难中善的知识，因为至善曾经抛弃过我们。

尽管如此，在这里，所有的柔软和微妙的感觉都不能掩饰思想家被存在论而非道德目标主导的事实。格列高利不是在渴望更多的爱或公正，而是渴望更多的本质和永恒，这推动着他超越感性世界，直面神灵。但这却带来了恶劣的后果。因为如果仅无形的秩序是真正的存在，那么一切都将仅仅是表象，从而必须摒弃所有的感性，必须放弃一切使我们纠缠于这个毫无价值生活中的东西。对科学与艺术，以及对习俗和法律适当省略之物的汲汲以求，也属于真正虔敬的人应当置之身后的事务。跟随这一思路——在其他地方，格列高利更为宽容——婚姻被视为对无用东西之热情的开始和源头。就像以从未消失的星星作导航的伟大舵手，他应该这样塑造自己的存在，使其在生死之间获得平衡，而不应该将自己的力量诉诸生命。

相对于这样对世界的超然，还有在心灵和头脑的内在生活中的沉浸。格列高利感觉自己在这里迅速与神达成一致，就这一点而言，灵魂甚至出现在周围世界中，走进大自然。他进入灵魂生命与自然的交互中，这一点早期时候人们很少关注，他忽视了显露在古老的自然观中自然与人的关系，特别是对安静森林里的细语和对沙漠独居的感知。因而，和他的兄弟巴兹尔一起，他假设在对自然感知的历史性发展中有一个重要的地方，就像最近阿·比泽特别指出的那样。

因此，即使作为整体，格列高利的生活观也值得我们付出更多的思考，而非草草地习惯性接受。它正是我们所具有的，对于基督教生活从俗世中撤退的最为纯粹的哲学表达，在基督教获得对外胜利后，它传播得为更广泛。

在邪恶的世界里，基督教越来越难以坚持为虔诚的感情和道德生活提供庇护的想法。大众的强势涌入，势必会造成其不断地让步。最后，对外胜利与随之而来的大众泛滥导致了基督教内部的坍塌。如果真正关注永恒生命的谨慎头脑还没有完全绝望，就必须找到特殊的补偿方法。东方和欧美在这方面则背道而驰：后者在教会的提升中寻求补偿，这种提升作为一种客观秩序，高于个人所遭受的损失；前者则在个人退隐到独居生活中寻求补偿，这种生活致力于单一目标，充满为上帝服务的热情。格列高利热情地描绘着吸引他那个时代的生活所蕴含的不可抗拒的力量，而在希腊和基督教倾向的交织影响下，自省带来的柔和精细又无比辉煌地展露在这个带着神秘向往的哲学家身上。

(c) 教会生活准则的形成

从早期开始，基督教便展露出强烈的倾向，要建立起一个可见的、有组织的教会，一个人人尊为神圣权威的教会，一个能够将神圣的人和神圣的东西从世俗生活区分出来的教会；还要建立起令人印象深刻的崇拜形式，尤其要通过圣礼的神秘以掌控信徒的心灵。从开始的不发达到之后的快速发展，这种倾向逐步地成为人们的主要关注对象。宗教精神和真理基本理念的退步也可能在后人中出现，但只要关注人心的永久性需求，以及那个时代的特殊条件、特殊特征和基督教的要求，人们不仅会了解这一变化的历史必要性，而且将不再仅仅把它看作一种退步。教会的观念，及宗教占主导地位的生活特殊领域的概念，都源于基督教的内在本质。天国就在眼前，天国的福音正是对人类的宣告。对未来的希望尚未落空。在一个较长时期，基督教必须与非理性的世界调解。因此，基督教必须考虑到起初的那些热情必然降温。但是，除非基督教愿意完全容纳世界、放弃其特点，不然它将被迫区分和发展出与尘世对立独立的生活领域，只有在那里它的理想和希望才可以避难。这样一个对基督教如此重要的信念，对新世界诞生、新生活的创造和脱离与神新关系的信念，在历史领域中呈现出来。的确，假设事物的精确外形与这个理想不完全一致，一个拥有更自由、更独立、更内在的生活的共同体，最好与之相协调。但时代的特殊条件决定了其向相反方向的发展。一小群人们挣扎着对抗世界失衡的力量，他们需要的不仅仅是忍让。基督教宣称自己是新世界的核心，人们都恭敬地称之准则。难道这个小团体不会先被迫牢固地结合在一起，之后再整体反对所有权威体制的各个部门吗？相应地，难道有形的、可见的组织要素越来越强烈的呼吁，不会随着前期阶段不断升温的热情慢慢平复而渐渐平静下来吗？总之，在对抗分裂的威胁中，教会的团结一致使其免于分裂为小派别。此外，拉丁人越来越大的影响力引导着教会进一步发展，宗教生活的感性元素得以加强。而晚些时候，旨在完善感性的希腊倾向则区别于拉丁人的特点，后者在感性中看到了现实的重要组成部分。密切联系这种观点，我们可以发现教会的卓越能力、智慧及处理实际问题的技巧。另外，拉丁人的思辨性则极少发展起来，特别是他们缺乏追寻真理的内在强迫感，比如古希腊对基督教有所助益，这种想法增加个人内在独立性，防止任何能对他们进行死板权力约束的事物。

最后，关于上述发展的批判性思考也应该考虑到基督教以外事物的基本状况。自从第二个世纪结束以来，尽管存在着对所有幸福的主观渴望，宗教的渴望横扫了它面前所有理智活动，并自始至终镌刻上一个衰弱怠惰的时代印记。时代的愿望不是为活动，而是为休息；不是为责任，而是为将人们从关心介怀中释放出来；不是为自由的危险，而是为服从的安定；不是为理性的理解，而是为神秘而不可理解的迷狂；不是为提升到对神灵的纯粹精神敬畏，而是为更高世界的真实存在。它们尽可能地令人印象深刻，以感性的辉煌主导思想。在这样一个被情绪点化的时代，只有确切的发展才能使得基督教取得胜利。但承认这个历史发展的必然性，等于是最果断地拒绝基督教必须永久保持的形式说法：在那个时候，给基督教带去胜利的特点，亦不能保证其在历史中持久地胜利。

因此，有形的教会在权力和权威上稳步攀升，因而它稳步转化的若干责任已完成某些要求，使得教徒完全从属并愿意服从。个人自我的不充分越少，教会就会变得越难以接近，它的圣洁理念也就越稳固，它将更多地需要通过特殊的手段，帮助人类改善缺陷。事实上，即使是那些以特殊力量打击教会主张的作家，也在大声抱怨个人的缺点、信仰的软弱，和他的爱中的冷漠。随着这一趋势的发展，教会越来越多地作为一个神圣机构出现，而不是作为人的组织；它的荣耀来自上帝——没有人能伤害上帝。只有通过教会——基督徒的母亲，才有办法见到圣父。没人能够将上帝作为他的父亲，除非他把教会当作他的母亲。个人缺乏服从教会的精神和虔诚的崇敬。远离教会被看作邪恶的蔑视，或放肆的固执。这最严重的肆意犯罪，制造出分裂和异端邪说，其后果甚至不是殉教能担负的。因为所有的其他罪行都会影响个人，进而会影响到整个共同体。

特别是对拉丁人而言，这个思路简单而且很有说服力。现实中的一些非常严重的困惑——正是教会所拥有的自尊——坚持要神职人员、牧师保持一定的道德卓越感，将他们的职业行为有效性和拥有的素质联系起来，而其他人则拒绝了这一要求，把它当作对教会威信的威胁。在前者中，道德保留了其独立性；在后者中，它从属于教会和宗教的需求。后者的趋势取得了胜利，对较强的组织和确切的援助的需求克服了所有的道德顾忌。同时，教会逐渐从圣人的伙伴转变为依赖于神秘，甚至是神奇基础上的一种法律制度。

教会的提升包括圣职的建立。牧师，特别是主教，成为上帝和大众认可的中介，他们成为执掌神之恩典的人。最重要的是，基督教日益增强对献祭的主张，其地位不断被提升。从早期开始，基督教便不能离开对献祭的主张，但它最初以反对异教徒献祭为主。伦理性宗教发现，真正的牺牲来自内心。为促进清白和正义，为避免所有的欺骗，为了将人类从危险中拯救出来——这些都是我们的献祭，它们在神面前是圣洁的；而在我们，一个人越公正，他就越虔诚。所以，米纽休斯·费利克斯如此认为，他歌颂人们对质朴道德的依赖，将所有放弃独特的宗教行为的做法当作基督教的显著优点。甚至拉克坦休斯也认为，“崇拜者将其精神朝贡给上帝作为一尘不染的献祭，才是真正的崇拜”。与此同时，献祭的主张有着神奇的禀性。人们越是对神的审判和惩罚的残酷感到恐惧，就会越敏锐地意识到自己的无用，就会更加激烈地向往采用超常的手段来帮助和赎罪。“基督的救赎工作在最显著的地方”出现了。基督的死，较道成肉身而言——这是一个前提——更被看作最重要之点；甚至这么早，人们便开始从每一个可信的角度把它当作和解的献祭，支付的代价，对痛苦死在十字架上的替代。特别是，牧师开始提供祭祀，重复基督的牺牲，这种变化对圣职的提升，通过塞浦路斯站稳了脚跟。因此，对权威和魔幻的需要同时出现，“上帝的祭司”被提升到远远高于大众的地方，被赋予超凡的神圣。

双重道德倾向在同一方向上发展起来，从基督教的最初，这一点便逐渐在事物固定的顺序中体现出来。它提供了将禁欲主义纳入基督教的机会——禁欲主义拥有着对这个年代不可抗拒的吸引力——但没有暗示人们必须放弃通常的生活条件。换句话说，如果有可能超过限定的义务，我们就有了盈余的价值，而这样的超越就可以用于他人的短缺中。因而人们议论说，应该尊重以自己的鲜血见证信念的烈士，其实更加是因为大多数教众没有沿着他们开辟的荆棘道路走下去。因此，人们思考那些以痛苦节制世俗的善和乐趣，如禁食、贫困、独身以及为上帝牺牲的人们。赋予那些值得赞赏的著作以清除罪恶的力量，至少是可原谅的罪。以斯多亚学派为例，他们将可饶恕罪行与不可饶恕的罪做出严格的区分。在这一切中，我们看到如此的价值评判及随工作重要性的不同而异的价值等级；同时，还看到试图平衡罪责和功绩的努力。因此，补偿制度应运而生。道德背负起越来越多的法律秩序符号，牧师则负责掌管这一秩序。虽然普遍的神职概念不能完全被这样的发展抵消，就实际生活和直接感觉而言，它的影响力大大受到限制。

结果是，随着可见组织的加强和盛况的增加，对生活明显的外化和粗化出现，外来元素大量涌入，基督教面临突然衰退的危险。可以肯定的是，人们并不想消减这种影响。基督教道德的权力和内在性并没有消失；审判的日子即将到来的思想不断警示人们的心灵；与异教徒世界的冲突，使其免于落入懒散的常规中。异教徒的世界，在三世纪中叶后，开始发挥全部力量对抗基督教的世界。此外，只要对抗世界强大势力的行为使得统一行动变得必不可少，只要依附教会是个人的选择，对个人自由的限制就不会使人感觉到压迫。但是，基督教的提升变化必然包括成为国家的官方宗教部分。无论人们如何质疑，基督教转变为一个可见的组织，而这种转变主要取决于巫术仪式的建立，这种仪式至今仍不可抗拒地发挥着其作用。随着所有制度的不断完善、对仪式的尊崇、工作的热情的升级，人们缺乏实质性的内在生活及精神的深度。人们为了宗教忽视了质朴的道德，而宗教自身孕育着激情和兴趣，甚至是人类的感性概念；宗教很少拥有灵感，很少有内在转变的力量。基督教遭受着迫在眉睫、内在将被破坏的危险，而只在表面上取得了胜利。如果在基督教的历史中，基督教曾经需要一个伟大而原创的头脑，它现在会需要这样一个与时代相关、与基督教需求共通的头脑，一个将提高上述时代到自身之上并引导时代到达永恒真理之处的头脑。奥古斯丁便拥有着这样的头脑。穿越深刻的个人斗争，他为教会辛劳了一辈子，给那个时代的宗教渴望带去了深度和力量，并给教会系统注入精神内容。他也带领早期基督教的生活观在哲学上到达了最高点。

Ⅱ. 奥古斯丁

（a）一般特征

奥古斯丁是从基督教适宜的土壤中如雨后春笋般涌现出的伟大哲学家中的一个。他将所有过去的影响和一切时代的新生冲动在自己身上统一起来，因而创造出了更新、更大的东西。沐浴在拉丁美洲的大环境中，他仍然受到强大的希腊和东方风格的影响，他以一种新的方式融合了早期基督教和新柏拉图主义的元素，结果他更为仔细地保存了前者的特点。并且，虽然人们常常攻击这种联合，但它后来在基督教历史占据了主导地位。奥古斯丁思想的发展，是卓越的人格表达，更是对个人生活的直接表达。事实上，他所有的工作旨在开拓和享受自我存在；各种形式的活动的最终目标仍然是相同的，仍然保留着幸福的全部特质。正是基于幸福和被赐福的，整个思想和人的激情渴望都集聚在幸福上，不是在早期拉丁教父的狭义定义上，而是在内在本质的完全满足上，因为所有的力量都富于生机，幸福能够延伸到生命的最低根基上。因此，志向和努力，在这里囊括了一切；他们不仅伴随着，还渗透和改造着理智活动。这样的幸福，不应该只是遥不可及的希望，它应该成为一个活生生的存在，完整地被拥有。因为，仅仅在希望中快乐的他，其实并不快乐；事实上，他仍然耐心地等待着他尚未拥有的幸福。但是，我们可以而且必须收获幸福，奥古斯丁将这一点视为完全确定的目标，在他的脑海里不需要再证明；更确切地说，它是反击质疑的最强大的武器。对幸福的渴望压倒了所有的反对声潮，融合成一个甚至包含最恶劣元素的事物；它是生命、爱和各项工作的激情之源，并为劳动提供最强的激励。因此，奥古斯丁所做的一切都充满着热情和强烈的情感。人类对宗教的渴望，往往是无力、禁欲主义情绪的表达，在这里却弥漫着最强大的生命力；甚至认知也上升到自我主张的形式，成为存在的提升。对幸福的渴望驱动着强大主观性，发动全面的理智劳动入侵，这种理智入侵立即构成奥古斯丁的危险之源以及他的伟大。

因此，尽管奥古斯丁的世界观和生活观受他的本性特质影响，更特别的是，他的本性特质本身就包括最清晰的对比，从而让思想不断运动。

一方面，他要在巨大的努力尝试中去掌握存在的所有，要专注于生活本身，以所有的本性抓住幸福；换句话说，是一种超越所有形式和明确想法的升腾，是纯粹感受的完全接纳。另一方面，他又想以思想指引、照亮着整个宇宙，要发现同样的内心世界，并重视所有活动；换言之，除去直接印象，他要建立巨大的知识结构、基本概念的理论中介。这些倾向从两者的联合中带来宗教思辨的强大改变，在那里，感情和思想、直接和间接的生活，不可分割地交织在一起。但这种对立与另一种对立相交叉。一方面，人们不停地追寻纯粹的精神，将事物转变为思想及内在生命的原生独立；另一方面，人们带着热烈的感性，确切接触和掌握事物有形的数据，令人愉悦地尝试和享受。两者通过能够扭曲一切形式，甚至来自内心世界的阴暗深处的宏伟幻想而融合。因此，在同一人格中，我们不仅有不知疲倦的创作冲动和生命动荡的能量，还有由于道德不合群而产生的限制、约束；因为在他充满问题的自我本质中，也有着无可奈何的感觉，渴望通过超自然的力量获得解脱，渴望转变为平息和和平的状态。在这里，奥古斯丁的感性不是出于天真而是出于柔和，且威胁着要毒害、贬低所有的努力，道德问题也因此加剧。最后，奥古斯丁表现出双重本性，他深深地、确切地感知和生活在他的经验中，但他仍能以清晰和冷静面对这些经验，仿佛它们完全客观。

这些不同的倾向不是在一个完整的系统中会聚、统一，它们也没有像亚里士多德所说的那样，从一开始就彼此相互调整，而是单个孤立地发展，到最后才与其他联系、联合。因此，我们有鲜明的对比，迟疑不决的过程，交叉目的之上的工作，和相互对抗的多方面冲突。严重的矛盾不仅出现在小事情上，更在大的程度上出现；相互冲突的连续动荡、交叉、再交叉，生活不停息地伸展、振动，创造性的工作不断出现，所有的事情最活跃地变化着。虽然这样的矛盾元素经常使思想结构的发展严重复杂化，但至少它不会干扰自发和亲密的情感话语、简单的人类纯天然音调。换句话说，内在的宗教生活在这里达成一种孩童般简单而热切的情感表达，正如只有文学才能负担得起至高的高度。

这些相冲突的倾向互相作用，不仅增加了我们理解奥古斯丁的教导的难度，而且也干扰了我们对人的本质的公正评判。奥古斯丁拥有着不寻常的敏感性。他也认为自己专注于敏感，完全无视一切。因而，他被引向极端，发出狂热的断言。这的确代表了他的信念，但并不是他的全部信念；因为在这里，他谴责和反对他所珍视和热爱的。教会的基督教对他来说，有时像是一个狭隘的宗派文化；但作为一个全面而深刻的思想家，他也会以教会的权力和信仰，把教会的秩序作为权宜之计，把教会当作一个以大众利益和人性的弱点建构起的机构。因此，奥古斯丁的一面在对抗着他的另一面。如果我们考虑到内在发展逐渐迫使他从普世地和哲学地对待事物，转变为积极地和教会式地对待事物，部分矛盾将会消失。但最严重的矛盾存在于变化发展中，那么强行将他的思想作为整体压缩进一个系统中，绝对是一个错误。另外，只需要深入他鲜活、个性的生活中，便可以找到隐含的多方面元素，使出现的矛盾变得可以理解。但在形式逻辑的范围内，这种个性不可能会出现；人的本性中那些相互冲突的元素一定能以自己的方式进入他的工作。不过，如果他的修辞话语中没有了这些必要的真实个性，那么奥古斯丁也不会发挥出当前如此巨大的影响力。

事实上，现在只需要克服道德的不光彩。就奥古斯丁本性中交融、混合的特质而言，高贵和正义是如此强烈，以至于它们偶尔会被激情的浪潮完全淹没。尤其是，奥古斯丁的本性不是纯粹而高尚的本性，例如像柏拉图的那样；甚至在他高傲的腾飞中，他也不能完全将自己从较低的元素中释放出来，他似乎无法在不搅起大量尘土的情况下，触摸到最深的深处。因此，我们要鉴赏一个人，就必须对其设定明确的限制。然而，无论我们如何批评，如果我们遵循奥古斯丁的自我揭露，并触及根源，它们总是会为我们揭露出真实的人和完全可以理解的渴望；它们会揭示出正直、强大的人，一个人人相关的人。并且如果教会的圣徒中很少再有一个人如此圣洁、热情、充满缺点和错误，那也在于他与共同的人性本性相连接的赎罪特征，他超越人类智慧的秘密力量肯定也在其中。

(b) 生活的灵魂

人们在奥古斯丁对自然世界的强烈不满，特别是对人的状况的不满中发现了他生活观的出发点及持久特性。几乎没有人能比奥古斯丁赋予人类生存的痛苦以更恶劣的色彩和更强烈的感觉。我们的心不可避免地纠结个人的无能为力、社会生活的泛滥、人类之间的纠纷和战争、司法不公、诱惑众多、人们不断在恐惧和希望间徘徊，以及人类痛苦的不确定性——所有这些以雄辩的声音在这里宣示。时代令人痛心的颓废，将个人的辛酸添加到了人类共同的苦难意义之上。哲学家奥古斯丁的求助，能削弱他的感受力和掌控疼痛的感觉，但对于奥古斯丁而言却是道德上不可接受的，即使总体可能是有效的。他认为，这将导致恶劣的冷漠出现、本性硬化和爱的灭绝。此外，邪恶不仅无时无刻不困扰我们，而且它就以感性和骄傲的姿态寄居在我们的本性中，成为行为的动力。我们可以想出良好的解决方法，但却缺乏执行的能力。然后，也有理智上无能的人不堪疑问的重负，无法渗透到真相。伴随着如此的极端和障碍，奥古斯丁经受着彻底的绝望考验，摆脱生活的重担似乎是唯一的避难方法。

事实上，人的行为完全不同。在他所有的痛苦中，他有着对生命顽强的执着，有对自我保护的强大冲动，以及无条件的求生意志（存在本身为乐）。即使是最惨烈的存在也倾向于走向毁灭：被判处死刑的犯人急切地渴望抓住，就好像它是一个无价的祝福，死缓能够赋予他令人怜悯的生活。对生活相似的渴望，弥漫着整个自然界，从最小的蠕虫到巨龙，每一个生物都在捍卫自己的生命，并用尽全力避免破坏。如果整个世界的痛苦和邪恶是全部的现实，如此可怜的生命如果不存在于它的本质善和获得幸福的能力中，人们可以理解这样一个普遍的事实吗？

奥古斯丁的这些意见只为确认他自己的态度。他没有被苦难或痛苦压迫着，而是后者越变本加厉，他越知道在自己内心最深处的本质中，他比苦难更优越。事实上，恰恰是直接体验的痛苦唤醒他，使他坚信，这个世界不可能是整个世界。因此，在被压迫的肉体生活冲动的背后，出现了一个重要的形而上学的冲动，它强烈禁止人们放弃幸福和生活的愿望。

但是，这样的变化，这样的生活新调整，需要另一个基础和其他的超越自然世界的关系；只有在超自然的、完美的存在和神那里，新的生活才能找到自己的立足之地。这个神圣存在，被奥古斯丁看作公理，是我们自己的存在本质的重要保证，所以可以肯定的是，就像人不仅仅只是自然生长，他在上帝中，更被神圣的生命环绕着。

但除了这一包含不言自明的真理论断，我们并不需要理论分析和论证。这些仅仅从无色的轮廓到可感知的内容的进步，通过存在、精神和个性的阶段推进。首先，充满阻碍和痛苦、无休止的变化及不稳定的直接存在，不可能是真实存在。一个真正的、自然的、真实的存在——奥古斯丁自己的词组堆积——只能是绝对不变的本质，一个不为时代流逝而改变，永远保持它的最初的本质。真正的生活只能是永恒的。然而，真实存在只能是上帝；所有的自然生活源于上帝，并回溯上帝。

因此，所有的现实在其最深处都是一种精神的存在。简单的反思告诉我们，灵魂的存在是最可靠、最毫无疑问的。因为尽管我们可以怀疑一切，怀疑自身却证明思想存在的事实，也证明灵魂的事实。与此同时，这是一个不争的事实：我们存在着并了解我们的存在、珍惜我们的存在和知识；另外，物质世界的存在却不承认这种证明。因此，精神生活的内在性导致奥古斯丁的思想变成纯粹的精神；这一点再次源自于上帝——人类本性的原型。

尽管他的论点很独特，奥古斯丁对纯粹的精神和真正永恒的追求毕竟是柏拉图式的。同时，在其他方面，他又打破了柏拉图主义的界限，开辟了新的思路，因为对更多力量和个人生活的渴望引导着他寻求着灵魂本质的意志，而不是知识。正如在他看来，灵魂生活主要在于追求幸福和自我实现，所以意志是其最完整的表达，在其中生活达成统一，充分活动。事实上，奥古斯丁甚至肯定，所有的人只不过是意志，“意志是心灵所有活动的广泛原则”。这种信念稳定、显著地贯彻在奥古斯丁的整个生命中，将他从古代的理智主义分离出来，并越来越远。

然而，由于奥古斯丁保留了希腊从宏观到微观世界研究的方法，或者说，他沿袭了以微型的宏观来阐释微观的方法，因而在他看来，至高无上的意志也适用于上帝。三位一体——根据他的构想，这是神灵完全的内在生命，而不仅仅是上帝的启示命令——是生命的轮回（力量），知识（智慧），和意志（爱）。以知识来区分，生命在意志中回归自我，在其本性的统一中变得强大。按照奥古斯丁的说法，这个原型的本质会在每一个存在中被复制，特别是在人的灵魂中。

因此，奥古斯丁关于上帝的思想的确带来了思辨和宗教、柏拉图式和基督教元素融合的一个联盟。与此同时，纯粹的真实存在变成了个人生活的理想，“善在意志那里表现得像是强大的爱”。一方面，上帝与一些其他的事情共存，不是特定的什么，而是具有包容性、超越现实的整体真实存在；将自己与上帝分离意味着陷入虚无中，而与上帝联合则意味着从表象上升到现实。另一方面，上帝是圣洁、公义、善良的理想化身——远高于人类的完美人格。这些概念在相互影响下都被修改了。纯粹存在被看作生动而温暖的，确实，在奥古斯丁对神人同形同性论者的攻击中，位格的概念发展超出了人的类型，神不再被长期看作具有人的形态和激情。

如果相应地，真实存在和最高的善在上帝的概念中融合为一；如果真实而永恒的生命只存在于上帝那里，那么一切都将取决于与上帝的关联。只有从这种关联中出发，才有拯救、幸福和自我保护可言。因此，奥古斯丁带着最深的信念说：“如果我找到你，上帝，这便是我追求的幸福人生；如果我去寻找你，我的灵魂将永恒。”

对应于上帝概念的双重性根源的便是寻求上帝的双重方式。

在一种情况下，奥古斯丁追随着新柏拉图主义的思辨：纯粹的直觉将整个人提升到超然本质的世界，“迷狂”就是要掐灭所有的寻求自我。在这里，人没有在奢求神赐予什么，而是追求神本身；上帝自在地是目的，不是获得幸福的手段。但是，即使在面对神秘主义时，奥古斯丁仍保留了他的个性。凭借直觉，他以最亲密的方式团结爱，没有压制感觉，而是使其崇高；神秘主义中注入了温暖的情感生活，它甚至给予其措辞以少有的强烈肯定。没有人比奥古斯丁更能赋予基督教神秘主义鲜明的时代特色。

然而，奥古斯丁所建立起的另一种与上帝的关联，更为典型、重要，它是人类与绝对位格的生活关联，一种伦理宗教性的神人关系。同样，在这里，世界以其鲜明的多样性存在于虚无中，整个灵魂渴望分享永恒的爱。但这一点所带来的结果，较神秘主义而言更丰富：灵魂没有放弃，而是对净化的、事实上是一种再生的人类生活所必需的东西进行了强化。人的灵魂状态及内在的道德状况，成为生命的主要问题和所有活动的中心；人们与上帝的亲密关系使得人类的活动变得无比高贵；灵魂的来历清晰了，然而这一来历的趣味将所有一切，甚至是最引人注目和令人不安的经历都推到无关紧要的存在范围之中。宗教在这里发挥了最富有成效的影响，它将内在经验提高到了完全独立和内在价值的高度，并在宗教本身中牢固地建立起灵魂生活。宗教之所以能够在这里产生如此诸多的影响，特殊原因在于宗教内部包含着完整而永久的对立。现在，人们明确探索了基督教基本原理中的内在辩证，最大限度地远离上帝与最大限度地追寻上帝交互作用。在上帝和人之间，在完美的上帝和微不足道的人之间，在神圣的上帝和有罪的人之间，一个不可估量的裂缝——罪恶的后果——张开。但同时，有了上帝的无偿指示，这种分离就终止了：上帝和人的完整联盟在人们的内心深处建立。但事实上，严重的内在冲突并没有完全结束，但现在，上帝恩赐的和平远高于冲突。我们可能会听到忏悔的回响，像基调、独思，“你为自己，创造了我们；我们的心灵，只有在你那里，才会憩息。”

这场运动就此开始在汗牛充栋的文学作品中传播开来——令我们回想起托马斯·肯诺多马；它在宗教改革中获得新鲜感；同时在宗教领域之外，它成为情感生活独立运动的重大转折点，也成为引入新世界所迈出的重要一步。

(c) 精神世界的宗教形式

奥古斯丁那无与伦比、无可争辩的伟大，在于他对人自身中巨大反差的披露。奥古斯丁通过消除一切远高于人类之无用的真理和爱的源头，通过不断与人交流、把人带入最亲密的关系中，又立即狠狠地羞辱人，将上帝高举到最高点，塑造出一个独立于所有忏悔、事实上也对全人类都通行的宗教感性生活。但是，因为奥古斯丁在追寻生活深层次内容时，获得了真正的伟大，因此当涉及确定细节时，他受到了年代倦怠和衰退的影响而转向了不确定的路径。奥古斯丁更倾向于凸显而非解决对立，因此，他将宗教生活寄托在彼岸，没有将其与日常生活连接起来、提升后者。他以巨大的力量投身到思考中，这种力量使得他如此强烈地将上帝和人类、上帝的恩典和创造物对立起来，以至于上帝和人的提升不可兼得。似乎，越高举上帝，人的层次就越为贬值。因此，贬低一个人，否认他所有的独立、所有善的力量及各种各样的自由,成为人们公认的虔诚筹码。上帝的超凡在于它与人类的距离，以这样的观点，我们是否该对奥古斯丁无法以鲜艳、足色的颜料粉饰人类的堕落和无用感到惊讶？但他牢牢地抓住并强大地刻画了人类本性中的矛盾、人类在生活无可避免的困难面前的无能为力、本性的局限和自由恩典的不可磨灭。我们也应该给予他的贡献以充分的认可，他至少是为西方挽救了保罗神学最好的部分。但是，在无休无息的时间影响下，他没有贯彻新概念，没有以饱满的力量提升全新的人，没有在自由本身发现最高恩典，因而，他的宗教和虔诚保留了单方面的被动性。他们没有变成刚毅和欢乐，而是更多地暴露在病态自我折磨的危险，不加批判、虔诚不活跃的危险，甚至是生活肉欲发展的危险中。

这种危险超越了灵魂目前的状况，影响了社会生活。因此在这种情况下，他的力量也致命地助长了他的错误。奥古斯丁在自身的伟大中，寻求一个奇特元素，将各种形式的活动灌输到宗教中，不允许任何东西进入一直没有被宗教提升、神圣的精神生活中。因此，他是第一个在基督教的土壤上树起宗教文化全面系统的人，他完成了对整个存在的伟大加速和深化。同时，上帝的不断超越，使得这方面的努力变得片面而充满问题，文明的长度和宽度都没有被涉及。事实上，极少接触的世俗事务被认为是对宗教事业的危害。因此，生活变得非常狭隘、相形见绌。人们渴望以任何足够的砝码来获得澎湃、沸腾的强烈主体性。如此的超然和过度紧张，使得宗教有沦落为功利主义的危险，只将价值归于“灵魂救赎”的事物。尽管奥古斯丁坚决地努力提升人类的渺小，再次使人成为中心点，当我们检查他如何对待真善美，这些不同的危险就会更明显得显露出来，绝不低于奥古斯丁的无可争议的伟大成就。

纯粹本性和善（即道德上的善）的分离以一种特殊的力量被坚持着。道德只涵盖对神完全而无偿的屈服；所有的善行，尤其是仁慈的行动——在这里，成为真正道德的主要部分——变成给上帝的献祭；只有那些出于对上帝的爱而行的善，才是真正的善，或构成一个“真正”的献祭。那些出于自身原因以爱自己、爱亲属和祖国的人没有正确的爱，而只有那些因为上帝而博爱这些人的人，才有真正的爱，因为只有他以爱这些人来爱上帝，只有他爱这些人中的真与善。“我们以同等的爱，爱着上帝和邻居，却因上帝而爱上帝，为上帝而爱自己和邻居。”

但正如上帝是唯一的终结，上帝也是求善的唯一源泉。只有他能够以真诚的爱鼓励我们；只有从上帝那里，我们才能拥有真正的感情；所有那些我们所珍视的，都是上帝的恩赐。为了完全在永恒之爱上寻找到道德的生活，奥古斯丁不得不将所有人的自信、自主蒙上污名，即使他没有邪恶、错误、坏的和恶毒的意图。“非由信而生皆是罪。”似乎对奥古斯丁而言，通过自己的能力得到仅源于上帝的力量和恩典，不过是太过自以为是的自大。的确，奥古斯丁认为，这种上帝创造物的自信，这种对仅凭自然禀赋就可完成某些成就的假想，是邪恶的主要来源。因此，他对源于自然冲动和倾向与通过自我否定获取更高力量和发展的行为，进行了最明确的区分。而这里，我们摒除那些在古代从来没有被完全放弃的自然主义道德。也因此，基督教的主要理念之一获得了长远的规范和确定的基础。

然而，虽然赋予道德以宗教的特性带来了人的天性解放，在直接和完全地归属于宗教的关系中，一些严重的威胁随之产生，使得神与人严格对立起来。在与世界以及其他人的联系中，人的行为失去了所有的独立价值。如果在所有的关系中，我们只需爱上帝；如果在我们的同伴中，我们只需爱，而不必管是怎样的人，是不是父母双亲，是不是朋友与亲爱的同胞，而只关心他们身上的神灵眷顾，那么切断与这些底层领域的一切关联便再自然不过。人们不必再通过媒介来追寻神灵，而只需在神灵中寻找神性。而对我们周边环境的无动于衷，对亲人、对人类的淡然感觉，将最终成为真正的崇拜与献祭的最高形式。但奥古斯丁自己并不这么想，也没有如此做，这一点明显可以从他与母亲的关系中看出来。但将对永恒的崇拜从人类之爱中剥离出来，这种抛弃善行的主张仍然是他观点的产物。这种现象在奥古斯丁的年代已经出现，它在修道主义将对上帝不受干扰的沉思誉为最高境界的生活的趋势中再次展露面容。

同样，在奥古斯丁看来，要将人们从道德荒漠中拯救出来的情感倾向，遍布危险信号，即它对人们的主动性产生威胁，它将道德决心置于我们不可及的高度，它将人们的善行变成为了我们，而非经由我们的行为。但是，如果人类道德的生活缩减为奇迹及恩典，如果缺乏与人的任何合作，它就被由上及下地灌输给人类，生活的物质化将几乎不可避免。事实上，这样一种结果也出现在奥古斯丁的圣礼信条中，在中世纪的基督教得到了长足发展。

奥古斯丁在面对真理问题时，曾表达过相似的观点。他对完全拥有和享受真理的渴望，并不满足于达到仅仅逼近的程度，例如说，达到可能的地步。难道是因为如果不了解真理，我们会无法识别什么是可能吗？如果人们知道你的兄弟与父亲十分相像，却不知道你的父亲，你肯定会觉得他愚蠢。特别是在自己的基本生活条件都存在问题的时候，没有完全拥有、保有、占有真理，人们就不可能安居乐业。但是，这种信念只有在必须得到拯救的情况下才是不可缺少的，而不是针对属于人类思考范围的一切。这里，怀疑可以拥有如此自由的范围。奥古斯丁只在这里展露出对宗教功利主义的强烈倾向。他只对上帝在这个世界的活动，特别是上帝对我们的影响感兴趣。上帝和灵魂，才是知识需要研究的唯一对象。所有的知识变成伦理—宗教知识，或者更确切地说，是伦理—宗教信念，一种整全之人的热切信念。基督徒应该虔诚赞美上帝的慈爱为所有天堂与人间、所有有形与无形的始因，而不是思考天堂与人间的秘密，星系的组成与动物的结构。进一步说，任何关于世界多样性，特别是自然世界多样性的考虑，都会引起众多的怀疑。这种疑虑是多余的，因为它不会增加我们的幸福感；它不被接受，因为它花费了要了解更重要事情的时间；它对信念产生威胁，因为思考世界的指向可轻易让我们将有形的看作唯一的真；它对道德态度有害，因为它使人们过分的自负。因此，我们应该耐心地容忍我们的无知，放弃对不必要东西的调查意愿——对知识自负的渴求！“人的智慧是虔诚。”

美，也作为一个特殊的角色，加入生活的宗教系统中。在这里，演出目的是要理解展示在上帝杰作、宇宙的总体结构中的伟大和荣耀。事物的感性魅力相应地退隐为背景，对具体形象的沉迷同样如此。现在，最主要的是从世界的多样性上升到支配所有的统一，从有形现象上升到无形之地，从短暂的个人事务上升到不变的本质上。在世界之美中，古希腊的荣光再次闪耀：比例、类型、秩序（程序、类别、分类）主导并遍布所有存在中，精神不少于物质；越有秩序就会越好；没有秩序井然，就没有美丽可言。在奥古斯丁看来，所有的生命、生活多样性相统一，形成和谐的宇宙。在这一美学概念的影响下，甚至在道德世界——这一件艺术品之中，我们也会发现堕落。对奥古斯丁而言，同样的，审美是纯粹内心思考与有形存在的某种中介，这一概念的影响在他转变信仰后的哲学论文中特别展现出来。但是，他总是逼迫自己通过对美的沉思，到达最后的思想之地，到达永恒之力与善生动展露的地方。即使在这里宗教效用与灵魂救赎的思想占据主导地位，但也只有将其作为实现目标的手段，奥古斯丁的严苛态度中才会允许其占有美。因此，我们不应该以“闲置和随意的好奇心”,“无用地和徒劳地”，看待“苍穹之美，繁星密布，奢华的阳光，日夜的交替，月亮的阴晴圆缺，四季的变换，种子孕育出新生和发展的力量”——但应该为了从这样的短暂中上升到永恒不变和永恒真理，为了上帝。

因此，在奥古斯丁看来，所有与形式关系，只有在能够指导我们领悟上帝的调整思想时，才具有价值。此外，在其专注自然——神的创造时，他对美的评判轻视甚至是拒绝人的创造——艺术。他与柏拉图的思想类似，但他以更激烈的语言展示了艺术，特别是戏剧艺术，是如何在人矛盾的情感中出现，并如何使他以一些奇妙的方式从情感的痛苦兴奋中汲取快乐。此外，奥古斯丁对主导古代末期的正统文化的强烈厌恶令他将生活的审美排除在外。他嘲笑那些挑起对遥远和外来事物情感的，比如命运的恶作剧，就像惯常的文学训练所要求的那样；他以热情抗衡那些苦苦纠结着“人”这个词的发音却忘了对其同胞有所亏欠的学者们。但就他对正统文化的敌意而言，奥古斯丁仍然是阐述的大师，最高的语言运用艺术家；更重要的是，他的措辞富于力量而微妙，弥漫着情感的音调，迷人、动听而嘹亮。没有人能像拉丁人那样，使得语言完全变成纯粹内心生活的依托。

因此，完全独立的生活系统出现了。作为中世纪文化的基础存在，它完全被宗教主导，甚至在多个部分中都是如此。其特有的危险性及伟大的元素都是显而易见的。生活可以在这里退隐到一个点，在那里可以免于世界繁芜的纠缠，在那里与永恒真理确切地相连；相反，文明失去了一切独立的价值。在这里，实用、科学及艺术的活动，都无法将人限定在其空间中；超越其外、面对宗教；人们渴望全速达成，以艰巨劳动交换对永恒的爱及无所不能的崇拜。祈祷者，排除一切杂念，要在这里找到世界之外的安宁、平静，而不被任何东西带入怀疑和痛苦的环境中。这样的渴望，从时代悲惨状况来看，是完全可以理解的，同时，我们可以看到，奥古斯丁的个性如何成为强大的羁绊，将自己绑缚在时代的文明上。但在历史的进程中，必然存在对累累硕果的各种怀疑；而历史也的确遭遇数不清的麻烦，以恢复价值的平衡。

(d) 基督教与世界历史

到目前为止，人与完美神灵的内在关系已经成为宗教的通用概念。可以看出，这一点已经占据了奥古斯丁的思想。历史性基督教的特性隐藏在背景中，但当我们的注意力都集中在世界的实际状态及历史事实之上时，这些特性就会展露出来。即使在这里，奥古斯丁事实上也只对我们与神的关系感兴趣。但无论是谁，如此广泛审视宗教，都会袒露出自己独特的世界观。首先，这里有基督教和新柏拉图哲学特征形成的联盟。人们没有把拥有完全决定性的世界作为原初存在的必然流溢，而是将其看作自由行为的产物：上帝创造了它，不为私欲，而是出于自身的善的充盈。在新柏拉图主义者看来，上帝创造了一切，并没有接受下级神灵的帮助。因而，对上帝的敬仰、感激都是理所应当的。但在早期教父看来，上帝所创造的世界不是一些无关紧要的东西；更确切地说，这个世界蕴含着上帝的充实、光耀，形成了一种上帝整全存在的交流、展示。而且，世界不是纯粹的散沙结合，而是拥有单一的秩序和亲密相连的整体。进一步来说，这种感官存在并非整个世界；确切而言，它依靠着无形的秩序。这种秩序先于它出现，并成为它赋予生命的原因。在人类的空间里所发生的一切，人们不能从表面共存来解释事物，事物只接受内在动力的指挥。一切都是不可思议的，但这种不可思议天天都会发生，如新生命从种子中萌发。经验使得我们的头脑麻木。奇迹并非是与自然相悖的意外，而是按照更深层次的自然法则发生。机遇，其实并不存在，我们将某一事称作偶然，是因为我们无从发现它的起因。同样地，事件的相继发生是内在关联的；前端酝酿着后事，“种子的种子”藏在世界创造的起点；可以肯定的是，特殊的地点和时间会带来新的发展，但这些只是偶然，并非动因。因此，我们也许可以把世界拟作一棵参天大树，根脉延伸到支撑所有未来发展的无形潜能之地。在世界历程的进程中，一切成长与当初的种子相比，都一样的令人惊叹。为什么所有的多样性都有着稳固的秩序？深层次的原因在于，上帝，这位完美的存在，赋予所有的创造以不同层次的生命，因此它们的完整统一构成了一条牢而不破的锁链。

因此，作为上帝的呈现，世界越来越浩瀚、协调、亲密。而相反地，更令人痛苦的邪恶无孔不入。这一事实从一开始就让我们思想家的灵魂承受了可怕的载重，但宗教思辨在上帝中发现所有事物的基础，也只是平添了负担。而且，在对这个问题的纠缠不休中，奥古斯丁知觉中的精微处以令人不悦的方式展露出来。按照他的解读，邪恶貌似掌管着物理世界，抵抗着善，就好像邪恶有着马尼西所说的独特本性。按照这一思路发展，奥古斯丁发现，罪主要存在于性生活中。他还为哈纳克“性快感是罪恶，原罪应该从繁育的角度，解释为自然破坏者的繁衍”辩论。以不光彩的行径夸大这一观点，基督教教会的目光转向了不洁之物，他们的想象也中毒了。与此同时，对邪恶本质的追查也十分表面化。我们应该谴责奥古斯丁，马尼西主义被他嫁接到了基督教中，至今我们仍无法摆脱。

但这仅仅只是冲突交织的自然中的一点。即使在这里，宝贵的思考也点缀着情感中的怀疑。在邪恶中，奥古斯丁不仅看到了那么多个体的琐事，还看到一个普遍的现象、伟大的生命主流。借由亚当，所有的人都获了原罪，全体人类被上帝放逐，落入了恶魔之手。个体被如此的堕落团团围住，完全无能为力；他不能脱离原罪，因为他的善好能力已消失了，所有靠着自身主动性所取得的进步也被排除在外。呼吁自由意志变得不再有益，因为为了得到善，我们必须善，而我们却不善。

尽管如此，我们不可能放弃这样的信念：作为完美圣灵的杰作，世界是美好的；邪恶最终要受到善的管制。如果没有善，就会出现恶。但恶绝不会为上帝的善所容忍。但是如何解决宗教信念与直接经验发生的直接冲突？如何不仅为信仰，更为科学意识而去解决？奥古斯丁不得不召唤自己所有的力量；事实上，他以至高力量集合了心灵中所有的资源。

要解决这一问题，第一步是证明希腊信念：邪恶没有独立自我、没有真实可言，只是依附于其他存在；邪恶不过是善的障碍和丧失，而新柏拉图主义者激烈地辩护这一点。任何的损害和掠夺，都是对善的伤害；因为没有善可言，也就没有损害会发生。一个人损失的只是他所拥有的，就比如说，有视力才有可能失明。任何事物，排名越高，占有越多，就可能失去更多。按照这一说法，苦难本身就是原初的善的伟大见证者；由于这样的善源自于上帝，因此最终也不会迷失。如此推理，奥古斯丁在各种各样的尝试中，即使是在最差的行为中，找到了人们对真与善的渴望。我们通常都在以错误的行径追寻幸福和赐福，但我们的确在追寻它们。

但残缺的善或者美德是如何与全能的善和美德活动和谐相处的呢？为了明确这一点，我们需要在以上形而上学的讨论中加入美学的思考。人们整体地而非片面地理解世界，任何人只要审视那多样的点、面，就会发现不足遍布所有地方。特别是，我们不要让个人的悲喜影响了自己对世界的评判。不是出于利人或者不利于人，而是出于自身，自然反映了造物主的荣耀。站在全局来看，自身中看起来不大合理的东西将会变得清晰，就像画作整体使得其中的黑都变得迷人，或者说就像音乐作品中，冲突服务于整体的和谐。最高形式的美的确可能存在于对比和协调的范围中。因此，第一印象的严重冲突与深入观察后的完美和谐才能够和谐共处。

然而，世界以整体的形象展现自我，这种展现的方式不在世界中，而是在其上，在上帝那里。特别而言，上帝的概念的道德层面促进了和谐结论的达成：因此，基督教的上层建筑加筑在了希腊基础之上。当世界的邪恶被看作展现上帝完美道德的必需手段时，这种邪恶就不再是非理性的。要实现这样的展现，必须完成两件事：一方面，我们必须展示道德秩序的严苛事实及其审判性；另一方面，我们要展示上帝的宽恕、善行。如果人类的一部分，如绝大多数人（所有人都因原罪而应遭受谴责）都受到应得的惩罚，前者目标就实现了；如果剩下的人能够自己不掉链子，通过恩典而获得救赎，后者目标也就实现了。因为，上帝唯一的活动原则，需要或去天堂或至地狱的地位改变，这种改变并不是由表现的差异界定，而仅仅由上帝的情绪，及未受其他条件影响的上帝全能意愿决定。让人类自由来分担、合作，会贬低神灵的杰作。所以，非常受早期基督教重视的自由，在这里做出了牺牲——人类对上帝无条件地依赖（尽管，正如后面将出现的那样，它只存在于思路中）。这里所维护的善，不是人类的杰作而是上帝的："你所做的一切，是受了上帝的指使。"

因此，从总体上来，整个世界的秩序里存在着慈爱和正义，温柔和严厉；在神看来，这些构成了完全和谐。如果没有缺陷，就不能刻画这种和谐，最好就承认它有缺陷；"上帝认为，与其一点也不允许邪恶存在，不如对邪恶行善。"相应地，这个世界甚至因为"其恶而美好"，甚至对迷失的永恒诅咒也属于整体的完美。

这里，我们英勇地努力寻找一个以神为中心、解决恶的问题的方案。这种尝试在道德的名义指挥下进行，但实际上是在美学观念的主导下进行，或者可以这么说，是在对道德观念的美学建构中进行的。因为上述将世界发展当作上帝显灵、对"善"与"正义"的实质区分，及努力追求对称和秩序的观点，都是艺术的行为。实际上，在这些尝试中，较基督教的信条而言，奥古斯丁承载了更多柏拉图式的思辨。

如此对待世界及邪恶，其主要困难与整个时代的超自然趋势中的困难是相通的。它让上帝独掌现实，与此同时，又在努力阻止随之而来的解决方法流于纯粹表面。它断言一个远离于上帝的世界的存在，又在上帝那里找到了这个世界存在的所有现实。因此，这两条思维平行线绵延，互不顺从；或者说，从神与人、永恒与短暂来看待事物的不同角度相互吻合。严谨而言，只要奥古斯丁的学说仅顾及上帝，把人类的地盘作为一个可有可无的角色，纳入神的生活中，他的学说就拥有了至高无上的特质。但我们不可能让那些承载着平日压力与负担的人完全忽视其作为人类的观点和感觉，一旦这些感观占优势，他们就会将永恒拖入短暂的领域中。因此，人们无法承受这样的严酷。上帝会拯救所有的人。但是，为了顾及各方面的公平，上帝并没有这么做；相反，他为了永恒绝情地诅咒绝大多数人，不顾及这些迷失的灵魂。相比那些被上帝选中去永恒赐福之地的人，这些迷失的灵魂不过多了一点点过失。表面上，奥古斯丁不停地谈论自由、恩典，但实际上，他几近武断专制；他颂扬神秘，艰难地避免其退化为纯粹的非理性。最后，他不得不指向彼岸，期望在那里解决所有的谜题。

此外，无论怎么看待，拯救或诅咒肯定都是不朽的神灵所“预言”的，整个世界过程都完全确定；无论完成或未完成，人什么也不能改变。他在生命中的角色，分分秒秒都已被规定。这不可避免地破坏所有的激励和人们对生活的兴趣。因为被诅咒之人再努力也只是白费，遴选的缺陷也不能对他们造成任何伤害，只剩下对其归属不确定的痛苦。

但是，不管这种思路以何等伟大的力量施加在奥古斯丁身上，不管他如何追逐这种不可战胜的能量，他的自我又一次摆在了我们的面前。考虑到他目前在教会生活中的地位，另外一种思路估计在他的直观感受中占领了上峰。实际上，奥古斯丁已使得上述思路出现短路，而且他毫不费力地接受了事物瞬时可朽的观点，使得永恒秩序变成了不过是历史发展的背景。似乎在这里，事物仿佛仍然是可塑的，恩典可以，也必须向人类展现，就好像即使在现在，我们还可以做出伟大的决定。自由，再次得到了承认。为了解决这个问题，个人似乎只需要获得整体的援助就好；他明确宣布，只有神的慈爱是不够的，还需要人们的意志。因此，在奥古斯丁的思辨和他实际对待生活的态度之间，出现了一条宽阔的鸿沟。

这些对立也扩展到了他对待基督教的态度中。纯粹揣测来看，基督教意味着不朽的上帝对抗邪恶、反叛的历史性胜利，它意味着神更高力量、能力的展现。但进一步而言，这种对待给予了历史性基督教，包括救赎的工作和耶稣的人格以完全的正义。在这方面，奥古斯丁对于何为伟大和普遍的感受所辨识出的是基督教，而非历史长河中的某个单一现象。古人曾讨论过、而我们现在称为基督教的宗教，并不是从人类存在一开始到基督道成肉身时都一直被需要。但自从耶稣降临，已经存在的真正宗教开始被称为基督教。同时奥古斯丁宣称，上帝进入历史，作为有形的存在，构成了基督教独特的伟大性；这一点，可以帮助整个人类获得拯救，而其哲学的影响十分有限，因为只有普遍理性的永久作用才对其有益。基督被派遣来解放世界，通过他的受难及胜利，邪恶力量通过人类的堕落而建立起的对我们的统治垮台了。庄严的契约摧毁了那些对抗我们的事物，而人类能够再次接近上帝。

无须涉及耶稣的独特个性及生活，奥古斯丁都可以侃侃而谈。但无论耶稣的内心感觉如何丰富、自由，奥古斯丁的这些观点都证明了耶稣个性的最深影响。基督的伟大，莫过于其谦虚及对事物自然评价的完全颠覆。哈纳克说，“他关于基督的概念没有比下述更被着重强调的了：基督要使那些令我们战栗的（耻辱、苦难、痛苦和死亡）变得尊贵，使我们所渴望的（即：获得正义、受到尊敬、变得快乐）价值被剥夺。”

与此同时，奥古斯丁针对基督教，发展出一种历史哲学作为它的中心。人类拥有与个人一样的生命阶段。基督降临，人类的活力达到顶点；之后，晚年便开始了。因为当基督确切建立起了一个青春不灭的王国，这样的青春归属于另一种事物秩序，而非尘世。因此，尘世不是奋斗的主要舞台，也不是要渴望在此完成最大可能的地方，最大程度赋予世俗事物以合理形式的地方；相反，所有的外部条件与内在状态和精神善相比，都是冷漠的。这种禁欲主义的倾向使得所有社会改革的努力瘫痪；比如，尽管它起源于堕落，奴隶制仍保持原状，奴隶和主人在上帝面前都是平等的。因为“甚至当一个人在服务于他人时，好人仍然是自由的，而对于邪恶的人而言，即使他在统治，他也是个奴隶”。

正如奥古斯丁不会致力于尘世事务，所以他的情感拒绝被固定在这样的生活之上，拒绝在这里安家。事实是，他在各处都做了基本尝试，要通过上帝的即刻显现将这种有限的存在加以提升，要战胜这个世界，内在地转化它，而不是畏缩、退出。奥古斯丁认为把“世界”总放在坏的意义上考虑是不对的。对他来说，不以依赖尘世事务为目的的占有，比宣称全部放弃它们似乎更高贵。有时，我们给予禁令只是因为正如我们所实际发现的那样，人们无法自我控制。虔诚的人即使在这样的生活体验中也不觉得悲惨，因为他总可以从痛苦生活中抽身，过有上帝庇护的生活，享有上帝的爱，以及上帝赐予他灵魂深处的平安和喜乐。

然而，人类对苦难的负荷、任性、内疚的深刻意识，以及对不确定性及人类缺陷的强烈反感，不容许这里有任何绝对满意的存在；真理和完美的幸福依旧只属于彼岸。在那里我们可以找到和平和美好的异象，而在这里我们只能工作、希望。此生只是一种准备，一种在异国土地上的朝圣、在诱惑中的停留。事实上，与彼岸的生活相比，这不过是死亡。因此，只有从彼岸的生活角度来看，俗世生活才有价值。因为彼岸教育了后者，它使人们在所有的试炼和悲伤中，保持对更美好未来的坚信。事实上，当我们的思想按照预期提升到彼岸的高度时，我们当前周围默默无闻的一切，便似乎是薄薄的一层面纱，很快将要落下。与完美生活的荣耀相比，目前的苦难便淡化为单纯的幻梦。我们只是看起来悲伤，因为我们的悲伤甚至会像睡了一觉一样过去，善将在早晨重掌大权。对不朽来说，我们丝毫不必怀疑，因为生命的本质果断从可见的转为无形的，从短暂转化为永恒，从人变作神。任何全心爱着上帝的人，在那样的爱中，一定会获得永生。因为这样的一个人知道任何东西都不因他而朽灭，而上帝是活人和死人的主宰。

然而，想到未来的命运，不是自己个人的命运，而是同族人的命运，这种思想就会变作强大的动力，让我们不辞劳苦地努力到现在。一种关于人处于被赐福和被诅咒的中间状态的学说——炼狱学说，在这方面特别有效，尤其是考虑到请愿和生活行为都会缓和人们在炼狱中的痛苦。这样的学说制定，反映出奥古斯丁对人类的动机及弱点的细微感受。

对彼岸这样的集中关注，使得尘世的所有快乐都被贴上了坏的标签。因此，占有尘世的善，被人们看作通向道德生活、向上帝献祭的障碍。禁欲主义一极独大，私产被看作世界痛苦的主要来源。任何放弃占有私产的人，都将超越那些只懂向其投降的人；禁欲变成了超越婚姻的更高状态；甚至人类若因全宇宙都禁欲、独身而导致人类灭亡，奥古斯丁也会欢笑以对。因此，到最后，感情也会和希望一样，完全依赖于彼岸。

(e) 教会

到目前为止，奥古斯丁已经将我们引入了两个思想领域：普世宗教领域和基督教；然而，除了这些，还有第三个领域，即教会生活——固定条例规范着的有形宗教共同体。教会生活召唤着他不断地努力，全身心地奋斗。拉丁人已加强了教会的权力及权威。而这一点对于大众的效用及对自己嬗变灵魂的重要性，又驱使着奥古斯丁努力去完善拉丁人所留下的任务。在他的早期著作中，奥古斯丁非常坦率地表达了对这种权宜之计的考虑。与其他教会创始人一样，他看到基督教的主要优势在于其对整个人类，而非少数人，提供救赎的事实。同时，古典时代的理念深信，人类已永久地分裂为智慧的少数和无知的多数；如果人们还存在着对这一古老信念及个人能力的不信任，那么依靠权威和信仰将变得不可或缺。受过教育的人本不须如此，但为了不使自己的行为动摇群众的信念，他们也必须听从。即使这样做对他们本身没有伤害，他们也会因成为范例而伤害别人。教会就像是一个教育机构，规范着大众；人们在确切及适宜的基础上支持信仰，也就是服从教会的指导。然而，较这一实用原因更为有力的是，奥古斯丁被自己好动的天性推动着，被矛盾撕裂着，去寻求坚定无疑的支持。简单而言，思辨的咆哮不曾使他动摇，令他前去对抗别人的怀疑；除了他的智慧力量，他还拥有着托马斯般的天性，他必须要触摸、抓住自己认定为真的东西。除非一些物质性化身能直接被带到他的眼前，否则他绝不接受精神实体存在的事实。因此，他全身心依附教会，支持教会，却又对自己忏悔说："如果我没有被天主教会的权威约束，我是不会相信福音书的。"

教会，这一新的生活团体，掌管赦免的机构，通过独宠的圣爱赋予新生活的权力，成为智慧和宗教生活的核心概念。特别是，教会通过圣礼将这种思想传授给人们。只有在这里祈求拯救才可行，只有在这里罪恶可被赦免，只有在这里人们才可以道德地生活。因此，对个人来说，没有对教义及教会生活的服从，就无法获得救赎。没有权威的强力管辖，真正的宗教就不能生存下去。

教会作为一个有形的秩序，作为一个既定的制度，率先赢得奥古斯丁的尊敬。但他甚至无法对自己解释，为什么有形组织尽管独立，却既没有精神力量，也没有与其他产生联系。然而，这样的观点成为事实。在下令自身本性屈从的前提下，瞬时有形的事物获得了更高秩序的特点，也因而派生出更深刻的内容、更大的力量和无以言表的圣洁。无论从这个来源中获得了什么，它都丰富和提升了可见的事物，使得有形的和无形的合并成单一的整体生活。在这里，教会领域似乎要完全占据宗教和基督徒生活的领域；既然生活中一切合理的内容都与宗教相关，那么教会之外就绝对不存在善：没有天主教教会，就没有基督教；没有基督教，就没有宗教；没有宗教，就没有理性的生活。因此，对教会的态度，最终决定了价值和人的幸福程度。

然而，这种感官与精神、短暂与永恒的合并，在奥古斯丁看来还没有完成。早期教会的整体发展将他带入其中，然而这一规模宏大，全力扩张的合并，使得奥古斯丁变成了中世纪天主教的奠基人。

显而易见，上述合并的重要性不亚于其历史必要性。通过它，生活获得了坚实的基础，拥有了有形的目标；所有的力量都凝聚在一个任务中。鉴于可见的事物需要无形的力量，短暂能直接与永恒连通，不是作为单纯的符号，而是作为发展中不可分割的一部分与之融合。我们周围所发生，贯穿我们生活的利益无限增长，人便会知道，在人与神的关系中，他总是受到安全的庇护，他的品行不会丧失。基督教关于人神之间的关联（通常是分离的）及永恒进入短暂入口的基本概念尽管存在争议，这个基本概念在这里以更为有效的形式得到贯彻，特别适合于历史状况。因为在移民时代和新民族形成中，基督教无法以其他的形式被锤炼、裁定。但是，没有什么能比这种突出的宗教共同体及其历史，更能将奥古斯丁与普罗提诺区分开来，将他与希腊教会的创始人区分开。这需要独立的时间概念和事物的秩序。

但是，这一发展的重要性及实际力量同时包含着严重的问题。永恒及无形的事物与特殊的历史性机构联合起来，引发限定化、具体化和外在化精神内容的危险以及将永恒真理拘泥于临时的形式中，将内在目标限定于外在表现的危险。当那些在有形教会中没有分量的、那些没有达到要求的人丧失了与上帝之国，也即理性生活的连接时，严格的排外主义和激烈的盲从主义会攀升。这一点很可能无法避免。此外，该问题也在质疑，是否奥古斯丁并没有仅仅裁决，而是证明了这两个领域的统一性？是否这些概念与其说只是外在地连接，不如说已真正地连接？事实上，所有的主要观点都有双重性：基督教是上帝的永久揭示，穿越所有的时间，又是一种特殊、有限、历史的秩序；教会是上帝遴选出的无形宗教团体，又是以人为首的有形组织；信念是对完全神圣真理存在的卑微奉献，又是对教会不带审查的传授唯一的认可；奇迹是超自然力量在所有事件中的存在证明，又是自然进程的偶然中断，如神灵习惯行径的突然改变。要想将这个模棱两可的概念区分清楚，将意味着要粉碎奥古斯丁系统及中世纪秩序的一大支柱。

但当奥古斯丁把所有团体的精神生活限定在教会范畴时，他又在竭力赋予这种生活丰富的内容。神秘的基本概念、亲密的感觉、严肃的实践活动，在这里相互援助、彼此支持。因此，不可避免地，如此鄙夷人类、如此敏锐地感知着时代道德缺陷的奥古斯丁，努力使这种生活的内容区别于个人的特点。为此他发展出神职圣洁性的信条，并主张牧师作为牧师，应当拥有独特的“特征”，区别于一般个人。

正如教会为其成员提供了所有基督教生活的内容，在奥古斯丁看来，教会也特别地加强了构筑起基督教生活内容的爱。如果我们询问一个人是否是好人，我们不问他相信和期望什么，而是问他爱什么。灵魂栖居在爱出现的地方，而不是它寄居的地方，它变成自己所爱的。是爱，特别是上帝以圣礼所传授给我们的爱，而不是信念和希望，加强和裨益了所有美德，将生活提升到了彼岸的高度。然而，爱不应该只是单纯的倾向问题，而应承担一定的表达形式，并入有形的作为之中。因此，美德成为“爱的秩序”，甚至在有形成就层面，有所作为也是不可缺少的，因为人作为社会的一员，必须给予自己的倾向以确切的证明。必要的作为如下：就宗教而言，要遵守教会的条例，特别是圣礼的条例；就道德行为而言，要怜悯、照顾穷人和不幸的人。奥古斯丁没有将自己限制在个人福利的小圈子，而是放大了基督教和教会于社会整体情况的有益影响；没有限定在智慧的圈子，而是注重主仆关系的改善，阶层、国家、人类之间兄弟感情的培养，和统治者与人民之间内在连接的建立。

在这样的种族教育中，教会的最终设想总落脚在彼岸，一种超脱凡世的思想填满了教会仆人们的脑袋。但是，如果与此同时教会没有御统另一个世界的权威，也没有令其他力量臣服于它，在这个世界中的教会无法为另一个世界做准备。这不是出于对俗权的爱，因为教会的自我倾向将引领着教会从俗世中整体撤退，而是出于对拯救全体人类的关怀。但尽管所有的努力只为维持这样的高度，尘世还是会把精神限定在自己的范围内，这种通过把基督教的世界牵扯到俗世事务中，将其拉低到俗世的危险仍然不可避免。不仅个人会轻易地沦为欲念的奴隶，而且教会的管理也会极大与世俗政治相似。在邪恶的世界中，这样的状态在奥古斯丁看来，永远不能被根本改善。教会如果不顾念实际状况，便会一无是处。因此，不论好坏，教会必须与这些状况妥协；教会必须，也可以容忍除她以外的许多其他事物。因此，教会变得越来越像这个世界的帝国，在她俗权的统辖中，濒临着教会的宗教特质被削弱、典范被贬低的危险。

这样的教会自然不能将城[①]当作享有平等权利和特权的地方。时代中的世俗环境可以使得城成为基督教式的，但古代城邦的概念会持续施加强有力的影响。奥古斯丁对这一点有着充分的评判，即城要反对教会或者要夺回权力，就必须坚决反对；但在限定的空间中，如果城承认、认同教会的更高目标，这样的城应当被嘉

① 奥古斯丁关于“地上之城”和“上帝之城”理论中的“地”这一概念受到古希腊城邦理念间的影响，但绝不完全等同于世俗意义上有国家、城邦，此处翻唐朝为“城”。——译注

奖。要夺权的城，其激进的憎恨迅速发展，亘古未有。俗世和天国完全势不两立，这种对立贯穿了整个历史进程。要夺权的城，从自爱演变为对上帝极端的蔑视，而基督教城从对上帝的爱发展为对自我的轻视。该隐和亚伯分别是这两种变化的代表人。我们被告知，该隐“建立了城”[①]；因此，城的发展起源竟然追溯到了一个弑兄的人那里！基督教式的“城”则更为认可基督教。抛开上帝赋予的任务不谈，它有自己的任务要完成，因为要生活，需要一个信徒和非信徒都能接受的组织。特别是，城必须要维持秩序和稳定，而教会并不反对人们遵守世俗社会的法律。在这方面，奥古斯丁对城邦做了如此多的让步，以至于在中世纪的冲突中，城邦之友将他当作权威。但他这种对城邦的认可，其实被限定在俗世社会的事务中；永恒的救赎和精神上的善仍然掌握在教会手中，教会负担着人类的教育和文化责任。因此，对于人类，他们仍要内心虔诚地对待。

这种关系与国家和故土的关系几乎相似。基督教教会在俗世中追寻她在天国中的目标，未受到习俗、法律、组织理念不一致的干扰。无论不同的国家以何等方式处理俗世和平，只要没有对真正的宗教构成障碍，她都不会干扰，甚至她会支持、维护。但是精神层面的任务还没有受国家生活的染指，只有在世俗存在的低等空间，国家被认为是自然起源的一部分。此外，奥古斯丁没有爱国之心，他的故土是基督教。因此，在这里，所有教会以外的生活只能从外部接触基督教，只能作为盟友存在。

困难从与世界相关联的冲突中，伴随着教会内在生活危机出

① 该隐因嫉妒杀了兄长亚伯，建立了一座以诺城。——译注

现，教会在自身法令以外对神灵一无所知。个人没有自由，没有受到人类灵魂深处的真正存在的内在约束。所有的异议和分歧都被看作卑鄙欲念的后果，自大虚张的后果。非信徒——没有人比奥古斯丁更鄙视这个名号——是指不相信神灵传说的人；异教徒，是指“那些考虑到世俗利益，特别是自己的名声和与众不同，或提议或接受错误新观念的人”。此外，当这些异议对已有权威产生威胁，对社会造成了伤害时，激进的憎恨紧接着飙升，要彻头彻尾灭绝邪恶的愿望开始燃烧。很少有别人像奥古斯丁这样如此热情迸发和狂野，他对宗教渴望的全部热情都集中在基督教会系统中。诚然，考虑到要拯救这些受影响的人，基督之爱依旧完整无缺。然而这样的爱和关怀在染上欲望的邪恶之后，一个人应该排斥那些名义上归属、接受基督教的人，排斥在这之上强施善行的人，这些人是自己的敌人。“摧毁那些假的道义，热爱人类”，人们恳求上帝“希望您以一把双刃剑赐死那些圣典经文的敌人，使他们对您的敌意熄灭。因为我希望他们的毁灭意味着可以在您面前重生”。因此，带着明显的自我欺骗，奥古斯丁的情感陷入一片混乱；所有低等的感情，在被移植到基督教的土地上时，威胁着要再次涌入生活中，甚至最狂热的憎恨也打起了基督之爱的幌子。的确，这里是宗教迫害、调查、对异教徒审判——这些基督教最令人悲伤的副产品盛产的沃土。

类似地，教会的利益和教会的无所不能伤害了道德的本质。因此，道德并不是作为富于内在价值的独立领域出现，而是作为宗教法令的集合出现，或者说由于宗教在这里与教会等同，我们也可以将其称作神职权力的集合。因而严格道德层面的善行，只存在于天主教会；甚至最微小的自我牺牲的爱的行为和舍弃行为，对于那些非天主教徒来说，也都是毫无益处的。事实上，这些行为根本不是善行。

此外，这种道德对教会组织的依赖，不可避免混入到所有的变化和时间的推移当中。生活规则的变更渐渐出现在历史进程中，这一变化对于奥古斯丁的时代而言是显而易见的，最明显的区别就是新旧约之间的差异，这一变化也体现一夫多妻制的改革中。一夫多妻制最初是合法的，但一夫一妻关系到贞洁问题，因此尽管没有强制实施，人们却呼唤一夫一妻制。奥古斯丁认为，这样的改变中，不是因为男人们的观念改变了，而是道德律发生了变化，之前那些法律认可的变成了不被允许的。

由于道德具有相对性，法令才可能变作强制的。假如神灵指令人们执行这些法令这件事是无可争辩的，这便直接与普世的道德律相冲突。就像自然律一样，道德律也仅仅变成了规则，可以在任意时间被宗教的利益打破。奥古斯丁感受到了这种危险，因此，他要以最严苛的证据来证明是否任何例外的要求真的来自于上帝。因此，他对于将规则运用到个人情况这件事十分小心谨慎，比他所处时代的教父们都要小心。他将这一点提升到原则性高度，对破坏道德独立性与道德隶属教会利益，做出了巨大的贡献。

从这里我们可以看出，教会系统如何无休止的扩张；它奴役了宗教，以自身的目的改变理智生活，打击自己的敌人。可是，就奥古斯丁自身的例子来看，权威和教会权力融入了这个最有力的个人力量当中。这个与上帝直接联系的人，仍然是整体的鲜活灵魂。因为这个人不仅努力探求所有存在最深处的秘密，而且还通过个人交际发展出一个道德团体，无休无止地将力量、温情和内在性汇入该教会组织中，防止它沉没在遵守仪式和墨守成规的无灵魂的机制中。在这里，权威本身没有生效是不可更改的事实，权威也没有仅仅靠存在变得有效。更确切地说，一种内在需求和一种对幸福坚定支持的个人需求，强制着人们去寻求、去维持权威。教会系统从赋予生命的深度中，攫取了巨大的力量，驾驭着人们的头脑。这一点甚至影响至今。但人被提升到了自发、独立和处于变革的个人生活，还会把自己无条件地交给教会系统吗？这之间的冲突是这一成就的巨大影响能够遮掩的吗？这种冲突在眼下已被掩盖，但到最后，人们还是无法回避地意识到它，并被引入新的道路上去。

(f) 回顾

关于奥古斯丁，我们已经回顾诸多，无须再面面俱到地总结。这里只需简单说明，上述这些如何同时展现奥古斯丁活动及本性的丰富、稚嫩。我们回顾了生活的三大领域：普世宗教生活、基督教生活及教会生活。在广阔的领域中，它们自我展现，盘踞整个现实世界，赋予人类存在特殊的形式。或结合、渗透，或交叉、内在冲突，这三个领域在现实中给我们带来了无限的广度、充实的生活，还有最难解的矛盾。同样是这位思想家，他摆脱了古代传统的束缚，使拥有灵魂的生命个体成为主宰一切现实的中心。他超越所有人，发现了绝对权威的系统。但同样是这个人，对他来说，爱就是生活的灵魂、上帝改变世界的力量，他却以对其他信念夸大狂热的盲从，点燃了不可名状的憎恨。他通过复原改革，将精神与道德从一切自然条件中理性解放出来，又转身沦为混淆自然事件与自由人类活动的俘虏，甚至是对道德生活简单物质化的俘虏。此外，他对待单个主体有争议的态度使得他的全部努力蒙上阴影：个人主体曾一度被他归入最冒失的活动，信心满满地觉得自己高于一切存在；而另一方面，个人主体又克服了对于自身能力的消极怀疑，热情等待着稳妥的支持，顺从地臣服于永恒权威。

从特定方面来审视，奥古斯丁的本性也算清晰明了，但作为一个整体，它却又变得难以理解。其中，最严重的问题，当属他在精神层面与道德层面的分歧。没有哪一个伟大的思想家会在思维高度和深度上相距如此甚远。一方面，他有着一种奇妙而热烈的情感，有着对各色人等命运最深切的同情，有着唤醒人类身上最美好、最高贵东西的力量，还有着为神灵之力身先士卒的能力；另一方面，他对抵制更为低级的冲动感到无能为力，对幸福的鲁莽急呼磨灭了所有的激情，而他竟还将杰出的逻辑推理能力强行为其服务。对直观感受敏感度的下降，最终带来了最可怕的恶果。炽热的激情与冷漠统一，这种令人厌恶的融合始于奥古斯丁，而这一点又为之后的宗教冲突埋下导火索。

但是，事物本身的缺陷，却演变成了塑造结果的力量源泉。在奥古斯丁看来，时代中最多样化的发展趋势，不过是一个连接点，不过是一个充分、经典的演绎。他才是这种趋势的内在意图最具说服力的代言人。同时，在这里，每个人都可以其他来填补本身；所有不尽如人意的结果都可能会被永远存在着的发展可能性所改变。事实上，奥古斯丁拥有着对每一种趋势独特价值的理解；对他自己而言，所有的事物也尽可能以最独特的方式展现它们是如何起源于人的整体本性，如何最透明、清晰地揭示其终极目标。显而易见，这一点揭露了中世纪天主教的制度如何深深植根于人们的精神需求，以及对每一次粗鲁暴力或琐碎嘲弄的反抗如何牢固强化这种根植状况。

要定位奥古斯丁的历史地位并不容易。很显然，他掀起了早期基督教的思想高潮，并主导了中世纪。但后来，基督教不断受其拖累，宗教改革运动主要就是在呼吁人们对抗他的权威。事实上，如果当代人要再采取措施解决宗教的根本问题，将这一问题独立出来，就必须回到原来的历史方位；但不是到施莱尔马赫或康德那里，不是到路德或者托马斯那里，而必须是到奥古斯丁那里，因为后续发展的起点都处于这个定型阶段。从而这一点对于人们的严格审查来说，辩不辩解都是显而易见。这几乎是一个悖论。此外，撇开宗教不言，现代思想家只要能透过对奥古斯丁寻常思想的好奇猜测，参透到事物的本质，他就会发现自己与奥古斯丁在许多方面其实不谋而合。也可以说，在某些方面，以其全能的主观性，奥古斯丁比黑格尔和叔本华，站在离我们更近的地方。

尽管如此，我们仍在犹豫，是否要沿着当下著名学者的范例将奥古斯丁完全称作现代人。无可置疑，奥古斯丁拥有许多现代人的特质，其中又混杂着热情而极富穿透力的主观性，以惊人的天性包罗、容纳着最严重的冲突。但是否这些便使得奥古斯丁成为一个现代人呢？事实上，现代特质似乎需要满足更多条件。他对主体和客体的明确区分一无所知，对人们追寻纯客观性的世界、平静淡然的真理、无关利害的工作一无所知，而这些东西却充斥着现代世界，对抗着一切的主观性。然而，奥古斯丁却又迅猛将主观性一般化，赋予其客观性。此外，他对宗教直接而排外的集中思索和努力，不可能使他有空暇思考现实世界的事务，也不可能会令他为现代意义上的普遍之人的典范留下空间。最后，从古典时期起始，即从那个有着包罗万象的思索、现实的可塑模型、神秘生活与大众生活差异的时期开始，到将近结束的时期，即对遁隐于憩息避难所、远离风暴充满渴望，对栖居平和之地、最终落地生根充满渴望，又对感官与精神的对立进行夸张的时期为止：带着明显时代印记的古典时期在奥古斯丁那里得以永存。从另一方面说，也许他仅仅只追随着自我的天性，并基于此而创造出永恒不朽的伟大，这是最好的。因此，我们最好不要把奥古斯丁固定在任何一个特殊的族群或时代中，而应该把他当作激发后世灵感的少数人物之一，把他当作解决横亘时代、困扰人们的几个永恒问题的指标星。

III. 中世纪哲学

(a) 中世纪早期

如果我们要谈论中世纪一般的生活观，而不是中世纪思想家们的生活观，那么我们将接触一个极具特色、吸人眼球的话题；我们或将寻些有趣又极具价值的区别出来。然而，到目前为止，就我们所关心的特殊问题而言，这满满当当千年的时间却没有什么新意。中世纪的思想家从更早时期那里借来生活观；这一特点也就决定了，再多的陈述也不过是在阐述历史状况而非具有永恒价值的东西。因此，简单概括成为我们的优先选择，也是我们的责任。

在哲学上，中世纪的第一纪元主要沿袭新柏拉图主义。简单概括来说，除却上面已提及的来源，还有另外两个来源：波埃修（死于 525 年）关于哲学的慰藉的论著，这是一本献身教化的哲学书，及伪狄奥尼修斯（无疑是五世纪的一名匿名哲学家）的多部著作。波埃修所说的慰藉，比力量和温暖更文雅、更不同。这位思想家感觉到自己被一切尘世、感官的无用包围着，他上升到超感官的实质和宇宙观的高度，发现所有的事物都变得理性，邪恶在表象中消失。他就是在这样的思考中寻求到慰藉的。

狄奥尼索斯更多考虑了整个社会的秩序。他新柏拉图式的智慧基本上被中世纪广泛接受，并被看作基督教真理最深刻的反映，为罗马教皇所批准。新柏拉图主义关于上帝自身循环往复的观点成为基督教的核心，世界不过是上帝之爱的永恒循环。历史变成了永恒者的象征，而人类变成了宇宙和神灵的象征。生活的格调变得梦幻而令人渴求，基督教教会也受到两大方面的影响。通过将新柏拉图主义关于生命无法改变的等级概念移植到基督教会，生命的队列由此变成了从高到低的序列，等级的观念也压过了奥古斯丁的设想，快速发展和建立起来。顶端是天堂，其次是天堂的仿象，人间。更进一步而言，通过时代趋势的哲学发展，这个等级系统慢慢融合了感官和超感官，以至于感官现在仅仅呈现为一种精神的反射，呈现出与等级制度不可分割的状态，这使得崇拜活动，特别是圣礼、神秘仪式的符号，因而变得更加重要。中世纪教会系统的主要两大支柱，等级制度与圣礼，在这里展露出了它们的古老根基。

为了介绍西方的狄奥尼索斯，我们可能会特别提到九世纪的爱留根纳（Scotus Erigena）。较古典末期而言，他表达了一种对生命更为清新的认识：在上帝那里，所有存在的根基都有着令世界和自然更为重要的效力，事实上，更有着为激进的泛神论做铺垫的效力。然而，这一观点的影响，直到几个世纪后才显现出来，到那时，教会对其进行的抵制已不可避免。

无论在中世纪的哪里，要对先人遗产指手画脚都是不合适的。然而，较其他因素而言，这些遗产中的某些因素影响更为强健，基于这一事实，一些改变已经发生，也轻微改变了整体。但是，这样的改变是双面且背道而驰的：一方面，需要更多的理智洞见；另一方面，又需要占用更多的同情共鸣。前者的变化，开始于坎特伯雷的安瑟尔谟。他努力探寻，以发现信仰真理的理论基础，不是为了使得它们的表达更容易被人接受，而仅仅是为了更清晰地分析我们已知的真理。但当基本问题，如上帝的存在和道成肉身，立马变为理论探讨的问题时，一种内在变化的发生、对传统教条的理性化，已是不可逆转的结果。此外，一旦理论研讨的兴趣被激发，安瑟尔谟就不会轻易满足。

事实上，在阿伯拉尔这位睿智的辩证家那里，公开的冲突加剧。在他那里，主观性倾向与引人注目的自由和活力突然迸发。以感受的充盈饱满、思维的灵活变化，这位法国哲学家努力清扫过去遗留下的垃圾，为当下生活本身赢得一席之地。

阿伯拉尔没有畏惧地在宗教传统教条之前低下头，他将这些教条当作无休止的深思和讨论的对象，在教条中最晦涩难懂的地方展示自己的辩才。在一本值得高度关注的著作中，他将一个犹太哲学家和一个基督徒加入了关于终极论题的争辩中，并发现他们两个比表面上看上去更为亲近：他确实以怀疑的态度做了受人尊敬的调查，这与“借由怀疑，我们展开调查。借由调查，我们获得真理”的观点相一致。他只把权威当作临时替代品，尖锐地批判那些在号召平常人要忠于信念的人，批判那些在诅咒和责骂他们所忽视事物的人，和那些将他们不曾理解的东西贬低为愚蠢和废话的人。

阿伯拉尔理论中的内容与这一理性主义思维转换相符。对于阿伯拉尔来说，道德构建了宗教的本质。基督教没有提供新的、富于挑战的东西，它仅仅是一种普遍运动的顶点。除此以外，它连接了分散的事物，清扫了模糊，将先前只有少数人可得的信息公开呈现给所有人。耶稣尊为纯粹纯道德律的奠基人，基督教也没有让无所作为大行其道。阿伯拉尔发现有一点十分引人注目，尽管在生命的过程中和时代的延续中，人类投向创造物的眼光增多，在错误十分致命的信仰中，没有任何进步发生。这必须要归因于这样的事实：并不是所有人都可以放开，自由调查人们应该相信什么的问题，也不是所有人在质疑人们所断言的内容后都能够免除责罚。然而，在道德层面，阿伯拉尔实现了从中世纪朝向现代观的转变，因为他给予了单个主体足够的重视，使得行为人的自我确信和良心成为行为中的主要部分。

因此，在我们的瞩目中，一个新的精神诞生，也注定了它必定与周围环境发生尖锐的冲突。但是阿伯拉尔赋予继承而来的内容以活力，他对理论阐释、信条更有技巧的调整的需求，也必然影响了他的反对者。说起阿伯拉尔的学生，我们不得不提伦巴第族的彼得，但托马斯·阿奎那，经院主义的首领和先驱，也与彼得紧密相连。就像宗教历史中常发生的那样，在这里正统学说为实现自己的目的，拔出并使用理性主义所准备的武器。

但更危险的是教义的情感同化趋势，这一说法出现在神秘主义中。同样地，这种趋势在此首先会出现在基督教领域，并完全赞同教会（伯尔纳德和维克多修道派）。但不久，新的激进泛神论（阿马力）出现、传播，教会只能以最严苛的手段加以阻止。生活作为整体，明显需要新的整合，要达到这一点，根据这个时代的天才及它提供的方式，生活构成了由顶峰时期的经院主义所描绘的主要致力之处。

（b）中世纪的高潮[①]

为人所需要的综合法，作为经院主义的主要贡献，不仅仅是正统学习和精妙独创的产物；对普遍历史条件的迫切需求，使得综合成为具有普遍历史意义的成就。主要有两个对基督教会传统信念有着致命威胁的来源。一个是神秘主义，它强调感觉的即时性，威胁着要消灭信仰的内容、要摧毁教会的组织；另一个是当所有亚里士多德的著作继十二世纪之后，渐渐在西方流传起来时，知识与信仰的直接冲突成长到令人担忧的程度。中世纪早期有的只是逻辑学著作，当伊斯兰教世界与西班牙的亚里士多德主义的无限富有和精心构建的系统，经由相当曲折的路线，最终到达了基督教统辖的西方时，哲学必须要有惊人的发现，必须在所有学者的思维中施以重大影响。阿威罗伊，这个伊斯兰教的亚里士多德学派主要领导人，构想出知识和信仰在某种意义上的关系，一个基督教与伊斯兰教都无法接受的关系。因此，哲学领域的震惊可想而知。他未曾顾及宗教而建立起知识体系，与此同时，在新柏拉图主义的影响下，他将亚里士多德阐释为泛神论者；完全没有经过调解，他便引入了信仰；将信仰的真理盲目地当作公认的上帝诫命，无论它们如何冷酷地与调查结果相冲突。因此，我们得到了一个关于双重真理的著名论述，即宗教中认为是错误的，在哲学中可能是对的，相反亦然。因此，人们的头脑中出现一条内生的裂痕。对于信仰世界的局外人来说危险的东西，在外在环境中，似乎是可以接受的，是可以缺少内在真理的。尽管如此，这两个领域差异依然如此明确，不仅受到了敏锐心灵的特别欢迎，

---

① 参见附录 H。

也渗透到了基督教中。它在十三世纪的主要代表是布拉班特的西格尔，他的历史一直到最近才弄清楚。他的作品有着明晰的风格、缜密的思维。但丁曾无比骄傲地提起，自己曾受其深思启迪，这使得西格尔久负盛名。亚里士多德主义的入侵将这些教会的代表逼到了一个尴尬的境地。我们不能忽视其智慧力量、丰富资源，特别是完美的科学技术。就发现新武器这方面来说，之后的人没有不拿来作战斗之用。与此同时，那些沿袭传统思维的人，特别是思维被奥古斯丁和柏拉图主宰的人，觉得亚里士多德及他对异质要素概念的阐释不仅威胁了基督教，还危及了自己的特点。对传统信仰内容的理性瓦解，似乎近在手边。解决冲突的方法贯彻基督教亚里士多德哲学的发展，艾伯特提出一些，托马斯·阿奎那提出的更多。阿奎那属于亚里士多德学派，他很快便利用亚里士多德所贡献的财富，着手保护基督教的优越性。等级概念成为使知识和信仰，自然世界和恩典国度变成亲密联盟的手段。这个新亚里士多德哲学要想进一步发展，就不可避免会与阿威罗伊的哲学相冲突。事实上，这两者之间的暴力冲突在十三世纪中期不久之后就在巴黎大学迅速爆发，之后就成为基督教徒们冥想的焦点。最终调和介入并取得了胜利，但还是对科学和宗教造成不少伤害，但它与整体情势却十分和谐。因为只有这样的调和，才能满足中世纪对秩序和组织的需求，才能防止内在衰弱的发生。无论这种调和多么不充足，由于大的变化已经发生，再考虑到它具有无可争议的重要性，这个解决方法现今已变得对我们有利，对时代有利。教会在这里彰显出看起来很危险的埋没这些调和的能力，也在神秘主义中显露出来。但这种能力没有遭到反对，而被放在一个看起来不会造成任何伤害，十分有益的地方。在其外，尽管状况都在变化，冲突在发生，对生活的广泛综合已经影响，并仍然影响着今天的人类。

对托马斯的史学评判已被当今时代的冲突多次误解。对非历史事实的新托马斯主义比较公正的反对，经常使得原本的托马斯有些被贬低。尽管托马斯不是位于第一阶梯的思想家，他也并非毫无建树，并非一个狂热者。他没有在时代中凸显出来，但是他会聚、阐述了一切他所坚持的论点。他以高超的技艺、温和的精神做到了这一点。但丁对他的赏识明显表明，他处在那个时代思维发展的巅峰，而这本身应该平息所有琐碎的批评。

托马斯的伟大在于对一个全面基督徒世界观的构建和系统性的完善。他拉近了基督教与文明、科学的关系，还完整地保护了宗教的支配力量，赋予生活的其他部分以相应的权力。然而，对他来说，亚里士多德在整个学说中呈现的文明硕果，像新出现的一样，因此拥有着完全新鲜的影响。因此，一种关于世界的惊人财富和对称执行的观点出现了。这一系统有着确切的结论，没有不确定的问题，也不会困扰人们。无怪乎它以完全难以抵挡的强力，征服了中世纪的人们；事实上，它为他们提供了想要的一切。

与此同时，一个严肃的问题出现了。要将希腊融入基督教并非易事。希腊人的生活遍布快乐，完全只考虑俗世。而对我们这些现代人来说，这其实是不可能的。但这个中世纪的思想家发现，在对事物的理想估量中，希腊人与他的表现如出一辙。此外，他沿袭之前大部分阿拉伯哲学家的思考，以新柏拉图主义审视亚里士多德，比事实上所能做到的更内在地、宗教性地去理解他。亚里士多德的兴趣主要在感官世界，他在终极问题——两个世界间的等级关系之上持保留态度，使得他与基督教得以和睦相处。但这样的等级，是托马斯的主导思想。对他来说，每一个空间都有自己的合理假设，甚至较低空间在不受较高空间的影响时，也能展现其独特性。托马斯承认独特的自然领域，也承认了解自然知识是一项独立任务；他谴责在科学细节上直接指向上帝的行为，他认为这实际上是为自己的无知辩护。但他还认为，较低的领域必须保持在边界内，避免侵犯所有较高的空间。自然领域仅仅梗概性地描绘出那些在恩典领域、在历史性基督教世界中被深度开展，并被最终建立起来的事物。因此，例如，根据托马斯的说法，神的存在、天堂的基础、不朽的灵魂，都是单凭推理就可以论证的；另外，三位一体的教义、世界的瞬间创造、耶稣的复活，都是从基督教的启示中获得权威的。因此，从属与上述独立性相关，领域间的区分与综合关系相关。在这里，我们被告知，“神权不会侵害人类”，“恩典不会破坏自然，而是使其完整”，“理性是信仰的先驱”。

但是，在历史启示领域中，有着一个更高的阶段：神秘主义者开创的荣耀境界，人与上帝的直接联盟。但是，这种境界希冀而未占据俗世生活；此外，个人无法通过教会的秩序获得这种境界。最后，整体构成了一个简单而伟大的庙宇：自然是前庭，恩典带领我们进入圣所，圣洁满足每一个向往，在庄严时刻的狂喜中，将自身展露给信徒们。

但是，放在一起还挺顺利的设想，往往会造成巨大的麻烦，在处理细节时需要努力。现在，我们就不得不缓解一些矛盾，填补现有制度的缺陷。这需要我们娴熟地使用一个充满活力的逻辑工具。其实，在这里，托马斯取得了重大成果。通过三段论，他将明显截然不同的东西连接起来；通过尖锐的区分，指出概念的不同意义来解决冲突：在两者中他都证明了自己的大师地位。

这个逻辑工具也对基督教传统的永久性做出了有益的贡献。事实上，教条不是来源于纯粹的理性，但一旦上帝昭示，它们也就可能会成为逻辑处理的对象。由此，基督教道德神学的第一个系统出现；特别是，教会秩序被认真地阐释、坚定地焊接在一起。所有的细枝末节也都被引入系统中，并服从于高等秩序；因此，教会假设出一个层次结构形式，甚至比奥古斯丁所预计的层次更多。在这里，不同的思想指向同一个目标，即人们呼唤教会构建起一个紧密的结盟或单一机构，人们相信神权从高到低的进步性传送；最后，中世纪思想家假设，对我们来说没有可见的具象化，就没有充分的事实，因此同样的，没有个人的领导，就没有坚实的组织。因此，托马斯必须要单打独斗地为教会权力的集中作辩护。他谴责那些迷失的人，号召人们严厉惩罚那些从教会退出，甚至开始反对教会的人。个人放弃了所有的独立，教会变成了人类的良心；此外，关于炼狱学说的全面发展，增加了教会的权力。同时，教会的世俗伪装扩张，现在已主宰着所有的精神生活，并无条件凌驾于国家之上。正如在整个基督教中国王不如牧师那样，所有基督教国家的国王都必须臣服于罗马教皇，服从于“我们的主耶稣基督”。

尽管严重形式化，这一原则并不值得我们对渴望权力进行批评。它不是在渴望自己繁荣，而是渴望神圣秩序的事业、关怀拯救人类，这些都提高了教会的世俗统治。托马斯自己深深浸透在一种禁欲精神中，与时代相一致，他毫不犹豫地把彼岸称作故土，并朴实地渴望着独献身给上帝沉思的和平生活。但是，对圣礼中神圣生命与神圣的爱相交流的信念，比其他的事物更能防止教会完全转化为教会式国家。在他们看来，基督的激情仍然鲜活，新约中的圣礼“不仅指带来恩典”。因此，这些都变成了托马斯生平中重要的特征，特别是，教会秩序系统通过圣礼，攫取了神秘的背景和宗教精神。

因此，我们可以完全明白为什么托马斯成了中世纪的主要哲学家。正如那时期的绘画中所示的那样，他被尊为基督教真理的权威解读者。主导着中世纪的秩序概念，在托马斯那里有了合理的哲学阐释。生活的巨大系统被打开，人们辨识并将所有的问题紧密连接在一起；通过引入古代思想的主体，人们将范围扩大，一种复兴就出现了。当然，仅从中世纪的角度来看，而不是当前的角度来看，这种认可还是很好的。

托马斯是时代最卓越的思想家，这一点我们可以从但丁把他当作自己思想的起点这一事实中看出来。虽然在这里我们不能公正评判这位伟大的诗人，但我们不能完全对他置之不理。但丁为我们提供了一个惊人的关于真理的实例，人不一定是纯粹时间产物，相反，人可以成为超越时代内容和范围的个体，成为探索普遍真理的工具。考虑到他思维世界的内容完全是中世纪教会的思想，特别是托马斯的，但丁展露出接受传统古老的内容，并给予其艺术形式的一面，这种形式赋予这些传统发以新鲜的面孔，展现了新的方面。事实上，通过与个体的紧密关系，它基本上变成了本质上异己、更高的事物。也即是说，因为这位诗人、思想家在这里将所有他认为合理的都转化为自己伟大灵魂的私人精力，因为他将无穷无尽的世界多样性积聚在一条思路上，通过强大的力量将其包装为完全的幻境。世界的无限与丰富无可抗拒地融入了一个更为亲密的联盟中，不是单单组成一副骨架，而是以精神生活做了填充。从此，中世纪结构巨大的轮廓，将以其独特性傲然屹立，其主要真理直接而简单，又不失理论依据。事实上，我们可以说，中世纪世界在其他情形下通常不过是思想的小分支，在这里第一个也是唯一一次完全涵盖整个思想生活的领域，受个人内在掌控并转化为个人经验。特别是，鲜明的冲突和中世纪世界强大的动力在这里第一次完全发挥作用和影响。通过将严厉的否定上升为对幸福肯定，强大的正义和爱之间的冲突渗透、搅动着这个世界。要把这整个思想世界变成了个人媒介，可能只对一种人有用：这样的人，有着统一全部的力量和最广泛的感受力、能力，即从外在认真、严厉到内在温柔和激情的爱，体验整个人类情感的能力。这样的人，牢固地植根于本身，拥有着对所有一切活动和人类财富最强烈的同情感。如果这位诗人没有被赋予这样的权力来给予身体以表象，给予想象物以这样的力量和真理，使它们好像真的一般，能够站在我们的眼前，搅动我们的爱与恨，那么诗人创造的境界就不会成为人类的永久财富，也不会继续发挥其无尽的影响力。因此，但丁受到了教会他丰富语言的人民的支持，而我们也将他当作人类智慧财富的创造者。此外，在他的时代中，他超越一切对于永恒内在而言只是短暂存在的东西，因为他获得了对永恒有价值的认识。没有人会再藐视那公正地赞赏但丁的中世纪。

但中世纪并没有在托马斯那里多做停留，也没有简单地跟随他所标示的中世纪进程而发展。人们没有很轻易地认同神秘主义，其领袖们的个人立场也没有倾向于与教会发生冲突。之后，人们开始尝试不同于托马斯的方法，构织知识和信仰的关系。而从这种尝试中，一种不同的生活出现了。总的来说，中世纪表现出了比当时甚至现在所归结的、更多的多样性和更多的运动。

神秘主义的领袖及其至高无上的思辩心灵是爱克哈特（卒于1327年），一位玩味文字的术士，德语哲学术语的创造者。从整体来看他的思想，我们会发现使其区别于经院主义和阿奎那的不是他的目的，也不是他的神秘主义赋予概念以前所未有的新内容；它包含着与普罗提诺之后的思想家所着迷于逻辑抽象和宗教情感的相似交织；它也面临着同样的危险，即要在放弃其明确性和特定性之时，牺牲所有的内容，在杂乱无章中失去本身。但是，这位中世纪思想家，来自于一个新的种族类型，比沉没的古代思想家拥有更多的新鲜而直接的感觉，更愉悦的心情和更简单的表达。此外，他拥有神奇的能力，能够赋予难以理解的事物以形式、时尚及摸得着的现实。我们会多给他留一点点时间，因为在这个时代，没有其他思想家能够产生如此直接的影响。

爱克哈特的神秘主义有着简单的知识框架。上帝不会悄无声息地从纯粹本质，从他本性的“深渊”中显现，进入活生生的现实；相反，他创造了事物。因此，他便是所有一切的现实。所有来自上帝创造物的错误和堕落，都在依靠自己努力做着转变。救赎完全仰仗上帝的谅解。作为思维的灵魂，人被分配去将世界引领回上帝那里，因此上帝离开人类举步维艰。

因而，将灵魂归还上帝，给予那个整个生命都属于他的人，将所有对幸福的自私要求都消除，成为生活的本质。一种对抗顽固坚守个人自我的有力斗争出现了，一种出于神圣生活的无限，为人类本性自由、大量增长的斗争出现了。那些要求对自己劳动有所回报的人，就像被耶稣驱赶出神庙的银钱兑换者一样，然而，真理“不会垂涎交换”。不管谁为自己寻求什么，都不可能拥有对上帝真正的爱。因为，“如果我有一个朋友，我爱他仅为他能够回报，按照我的意志来，那么我不应当爱他，而应该爱自己”。同样，宗教的自私和虚荣心被毫不留情地照亮。“真正的生活并不在于我们的存在，不在于所有甜蜜的话和神圣的举止，也不在于神圣而伟大的表象，不在于以我们的名义承担着一切，也不在于让我们的生活受到上帝之友们的极大宠爱，更不在于令我们的生活如此养尊处优、娇生惯养，以至于似乎对我们来说，上帝已经遗忘了所有的创造物，单单拯救了我们，似乎我们可以想象，不管我们向他要什么，都是理所当然的。不，不是这样。上帝要的，是一些不同的东西。”

事实上，人们想要消灭个体存在的表象，消除一切自私，主要的手段就是受苦，不仅是外在地受苦，而且最重要的是要内在地痛苦。外在的痛苦“没有使人变得有耐心，而只是检验了他是否耐心，就像火炼检出了真金”。相反，真正的痛苦“是一切美德之母，因为它如此看重人心，使得人不能傲慢地屹立，而必须谦虚。但成功的最高峰又存在于谦恭的最深处，深渊愈深，海拔愈高，高度和深度才统一”。人必须被带到一个精神贫困的地方，这样他才不会为自己设想，他一无所知，一无所有，那些“为了自己的意愿和利益而活，或为了其他意愿而活”的事物都必须被摧毁。

但是，这样贬低人身上的纯粹人性，与通过被神性接纳而获得的提升是一致的。精神死了，完全被上帝的奇迹接纳。因为在统一中不存在差异，个人在其中失去外表，上帝将灵魂带到身边，就像太阳将晨曦招引回身边一样。接着，世界充满了“被赐福的人，他们在上帝那里逝去。”因为，在重生中，灵魂在神圣生活的整体中占据了一席之地：“如果我被赐福，所有的一切都归属于我，我之所在是上帝所在：因此我在上帝中；上帝之所在亦是我之所在。”所有的自私享受直到现在一直被压制着，它可以说：“不管谁曾被真理、公正、善良眷顾，谁都不会再将这些置之不理，即使地狱的痛苦随之而来。”

这样的生活只有在最深的内在中，在超越一切权力和成就多样性的连贯统一中才能完全舒展。如果灵魂发现“心的和平与自由在无声的安息中”，它必须“调用其所有力量回归己身，再从分散事物中退回到内部活动中”。因此，一种深刻的内心生活发展起来；甚至词语 Gemüt（心脏，作为情感和意志的场所）从爱克哈特那里也获得了特殊的意义。

然后，一种致力于宗教生活的完满直接性的抗争，以及对所有外在中介的拒绝，或至少是减少中介的要求出现了。上帝没有离我们很远，“你可能不会在这里或那里就能找到他，但他没有比到你的心门距离更远。他就是站在那里，默默等待，发现那些准备好的人，开门让他进来”。同样，基督的工作意味着不需外在的替代机构来减轻我们的责任，我们都应该成为他。“似乎我并不需一个完美的教友，我必须成为一个完美的自己。”

但是，耶稣“一直是向我们传递神意的使者，给我们带来了救赎，那些救赎是对我们的救赎”。作为榜样，他应该减轻我们的痛苦，因为“好的骑士抱怨的不是他自己的伤口，而是担心他的国王跟他在一起时所受的伤”。

有了这样的信念，作为公正的判断，对上帝的敬畏，带来高尚的感情——爱和信任。人不应该害怕上帝，只有一点值得恐惧，那就是担心失去上帝。我们不应该是天主的附庸，而应该是他的朋友。的确，人充满了罪恶，但是，“所有人的罪对上帝无边无际的善而言，好比海洋中的一滴水”。

最后，在这里，一种要通过积极行动向世界宣称对新生活财富的渴望、冲动出现了：“当一个人沉浸在沉思的生活中时，他不能负担其庞大的财富，必须要倾泻出来，回归到积极的生活中。”但是，由于现在整个世界是神性的反映，神圣与世俗、精神与尘世的激烈对抗就没有了空间。正确的倾向可以在日常的生活中在与人互动中，很安全地在一个荒凉的旷野或房间中拥抱神灵。人与人之间不事张扬的周全行为优先于其他；有益的爱的最简单的行为也比所有虔诚、热情更好。体现了对耶稣自我牺牲式的关心的马大[①]，被认为比倾听圣主马利亚更有价值。生活的主人比得上一千个阅读的大师。的确，“当一个人赶上进入第三重天，像保罗那样，遇到一个可怜的人向他求一碗肉汤，放弃去天堂的狂喜而去服务这个需要帮助的人会更好”。因此，宗教作品在这里失去了其独特的价值。我们被告知：“心不是靠外在祈祷来净化的，而是祈祷者会因一颗纯粹的心而变得纯净。”对遗物的崇拜者回应说：“人们，你们在死者的骨头里寻找呢？为什么你们不关注可能给你永恒的生命、鲜活的神社？死者不能给予也不能汲取。”特别令人反感的是，要将所有人都限制在一个单一的顺序中，因为所有的人都没有以同样的方式向他们指出：“一人的生，是另一人的死。”重要的一点是，一切都要从爱，它是“所有纽带中最强的，又是一个甜蜜的负担”。“他已经发现这种方式，就不要再让他去寻求其他的”。但是没有人知道，更多的爱在哪里；这隐藏在灵魂中。

在爱克哈特看来，这一切都应该属于教会管制的范围，而不该反对教会的管制。教会没有任何驱逐的力量，就像路德所面对

① 马大：马利亚和拉撒路之姐，参见《路加福音》10章38~42节，《约翰福音》11章1~44节。——译注

的那样。然而，在这里，有一股力量酝酿已久。它在努力改善生活，使其更真诚，努力要将人们从对幸福的利己主义追求中解放出来，将人们从所有外在形式、行为中解放出来：其实，比起路德的情况，这里的情形更广泛，更自由。

从一开始，托马斯的体系就受到那些依附奥古斯丁和柏拉图的人反对。这些人有着旧运动的显著特征，将那些把基督教发展归功于亚里士多德的人，看作过于理性和对辩证阐述概念过于依赖的人，以及反对强调事实的重要性、意志的首要位置和实际宗教利益的人。这场反对运动的主战场在英国，特别是在牛津大学；还有另外一个人将这一运动推向高潮，也是他第一个反对托马斯主义完全成熟的系统，这个人即是中世纪最敏锐的头脑，邓·司各脱。他与托马斯的关系，经常被人们拿来和康德与莱布尼茨的关系作对比。他有着对理性证据日益增长的渴求，他大大限定了理性认知的领域，并坚决抵制将神学改造为哲学。像康德一样，他并不太多攻击真理的内容，而是较多攻击那些惯常的论证和公式。在神学中，他以拥护意志和实践至高无上的地位反对理论。因此，他将神学称作实践认知，就像信仰是一种实践态度一样。他援引由上帝绝对自由意志所造就的关系，他不关心其必要性，而关心“偶然性”。自始至终，自由意志都是智慧的先决主导，与此同时，自由裁决接近于无动机的选择。在这里，就像宗教变得完全实证性一样，总体上来说，个性特征也被看作实证性的东西，而不能从一般的概念推导出来。这种不可推导的个性特征，不是偶然的甚至是阻碍的，而是存在的最完美状态，就像对亚里士多德学派来说的那样。在以下对比法中，从理性到实证性的思维方式转变很明显地表露出来：按照托马斯的说法，上帝掌管善，因为它是善的，而根据司各脱的说法，善之为善，是因为有上帝掌控。后者的说法具有科学性意义。实证主义倾向不是反对辩证法的结果，相反，它伴随着技术的提高和敏锐、辩才技能的展现而出现。特别是，概念分析的力量在这里达到了顶峰，而没有人理会语言形式的魅力。其实，司各脱划分出永久重要的差异，使得哲学术语得以丰富，使之在多方面更为精准。每一个受过教育的人每天所使用的表达，都可以追溯到邓·司各脱。然而，词汇间的吹毛求疵和空洞纠缠的危险又近在咫尺。因此，对于后来的思想家，如伊拉斯谟来说，司各脱表现得像是一个空洞的经院哲学的典型代表。事实上，这是可能的，这仅仅是因为占主导地位的问题的意义在这个最奇异之人的思想和生产活动中消失了。

(c) 中世纪后期

在中世纪的进一步发展中，有一种对思想关系的解构出现了，其产物构成了巅峰时期的重大成果。所谓的唯名论，其主要代表是奥卡姆的威廉，他追寻着司各脱的方向，否认存在的共相，把人完全限制在主观概念上，并拒绝接触任何事物。但同时，为信仰提供科学依据的所有可能性都消失了：信仰被简单看作为一个事实，就像教会传输的那样——教会在这里直接乞灵于圣经。最后，一切都取决于神的全能和专断意志。但是，具有讽刺意味的命运向我们展示了这种权威原则的信徒，如何在与现实构建起的权威发生激烈冲突时发挥作用。绝对贫困的典范，不仅是秩序个别成员的，而且是秩序本身的典范，一个他以最大热情接受的典范，在他看来是受教皇反对的。他被这种冲突引入了日益激烈的谴责中，这种谴责不仅是针对罗马教皇，而且是针对教皇制度及其世俗权力。与此同时，他成为国家和帝国独立自主的拥护者。贫困的神圣，将他转变为一个教皇制度的反对者和自由国度的拥护者。但是，尽管他坚定不移地为这些典范奉献一生，他实际并没有获得什么直接的成效。然而，他心灵的科学转变主导了多达一个多世纪的思想发展，并在某些关键方面为宗教改革做了铺垫，路德将自己称为奥卡姆主义者，并将奥卡姆敬为“亲爱的大师”。

对于我们而言，这些中世纪晚期的作品，反映出了较为温和而现实的神秘主义，这一点更为重要。最重要的是，著名的托马斯·肯培多马的灵修书《效仿基督》，产生了一种影响，它使我们有必要停在某一个时刻，认真思考其影响的根基。

这项工作很少涉及连贯的生活观。作为一个整体，简单而强大的基本感情迅速弥漫其中。我们察觉到一个承受着人类群体痛苦的灵魂，一个正在努力渴望提升到人类群体之上的灵魂。

所有的渴望都被指引着超脱世界，指向天堂；超脱此岸，指向彼岸。在这里一切都截然相反，接受其一，便不得不拒绝其他。最高的智慧是通过蔑视当前世界，上升到天堂。所有的生活内容和价值都来自于与上帝的关联，但这种关联不是由知识和带有强烈不信任的深思建立的，而是通过心与心之间的个人关系和自我牺牲的爱与奉献建立的。价值的整体尺度是由信念决定的，一切让我们从尘世解放的信念都是好的，而让我们纠缠其中的都是坏的。同样地，宗教的功利化出现了，这是一种对于什么需要拯救的限制，一种对世俗知识与其他事物重要过程的处理。要到达天堂，主要方法就是受苦。以力量摧毁一切世俗的快乐与痛苦，人们要孤独和沉默地生活、心甘情愿地服从、快乐地顺从他人、掌控自我以完全自抑、不断纪念死亡。人以一双翅膀超脱尘世，简单和纯洁。这样的情形又因为爱、因为对持久有益情感和共同承担责任的要求而完整。

但是，这些情感没有具体运用到鲜活的人那里。它们缺乏坚实的基础，飘浮在自由的空气中，率先进入抽象和不确定性中。因为，这里不鼓励人们亲密，我们必须尽可能少地与其他人互动，或应该既不要希望其他人把我们带到他心里，也不要希望以对他人的爱来深思自己。因此，在这里，我们得以一睹苦行者的禁欲与他们对禁欲的激情。但是，在这种抽象行为中，心灵不会真的去爱，而是追求一个活生生的情感对象。因为感觉越是同人类的具体关系分离，它就越会将自己集中在耶稣的人性之上。他超群绝伦，独享圣宠，所有人只为他着想。一个人应该将耶稣的生活形象放在自己面前，并作为自己的行为模式："效仿基督"，在爱和痛苦里，在自我否定和征服中，成为人类生活的源泉。

但是，总的来说，这只是简单思考了个人救赎，并没有广泛地关怀人类。社会条件被人们接受，就好像人类没有力量去改变那样。即使在基督徒的生活中，所有的重点都放在了个人主动性上。上帝的恩典和教会组织是预先设定好的，而人必须依靠自己，受它们的调拨和使用，最终决定权在于个人。这个决定不是外在的，而是内在的行为，"他爱得越多，能实现的也就越多"。但是，无论如何，这仍然是来自我们本身的一些事情，甚至内在生活的状态也变成了一个人的成就。人类行为存在不足是无疑的，不足意味着有缺点，而非完全的失败。之后，所需要的就是补充我们的能力，而不是重铸我们的本性。因此，这一生活观中出现了多种交叉支流。而它所有的精神内在性无法通过运作，使自身免于受到不公的评判。

因此，在对待至善之上，相互冲突的各种趋势也出现了。一方面是对幸福的利己渴求，另一方面是对幸福的推延享受，人们没有完全放弃。我们牺牲了当下，只是为了未来；我们接受了管理，只是为了之后能够掌控；我们容忍了短暂的苦难，只是为了获得永恒幸福。所有的奉献和牺牲都意在保证个人利益，信奉上帝和基督仅仅是获得人类福祉的途径。但这不过是托马斯的一个侧面。一个类似的趋势——无私奉献上帝出现了。在这里，对至善和永恒的纯粹之爱自我显现，简单而高贵。“我宁愿为了您而遭受贫困，也不愿离开您享受富贵。我愿意做您尘世中的朝圣者，也不愿待在没有您的天堂。因为您所在的地方，就是天堂；没有您的地方，就是地狱。”“我不想纠缠于您给予了什么，因为我在追求您，而不是您的恩赐。”

因此，高尚的与自私的，非凡的和卑微的，都在这里并行。正是这种组合，使得这本书受到了无与伦比的欢迎。那些与普通人共享诸多事物，并拥有着提升读者力量的作者，获得了扩大广泛影响力的最好机会。此外，在他的学说发展中，托马斯经常将自己完全从禁欲的观念中释放出来，因此，深沉而崇高的情感在上文提到的群体冲突中不断出现，这些情感如此简单、恰当、有说服力，以至于每一个宗教灵魂都可以在那里找到自己的沉思和体验。

因此，那些十分受基督教会排挤、拥有着多种信念的人们，在《效仿基督》中寻求到乐趣，并从其中为自己的生活汲取到新鲜和灵感。这便是基督教最后的工作——以旧的形式发出了普世的号召。

C.现代基督教

Ⅰ.宗教改革

基督教迄今为止经历了无数的内在革命，且这些改革并未导致其发展进程的突然中断或妨碍其延续性。上述变革现在则采用了一种不同的道路并兴起了基督教的一个新派别，却几乎无法从宗教本身来解释。其成因是在生活的进程和基调中，对智力水平和精神状态的基本改变。早期基督教因其在四世纪的鲜明特点而备受压力，那个时代的特殊条件深刻影响着它。人类对文化过于沉溺而感到厌烦；没有伟大的处理方法来指导和提升工作；对个体而言，道德的薄弱感占据支配地位；由于大量天然粗陋的要素的汇集，基督徒的生活迅速地衰退。另外，那个时代被精神和感官的强烈比照所压制——这一对照呼应于每个衰落文明造成的微妙知觉。在这样一种事物的状态中，首要需求就是在人类自身外提供一个稳固的立足点，使其摆脱疑虑，战胜所有最终的缺陷，保护其免受生活风暴的肆虐，并带领其到达永恒安宁的纯粹天堂。对时间的渴望支持权威和绝对预定论；人类争取尽最大可能地减轻他们的负担，热切地投身于神秘、魔力和不可思议的存在。因此，教义融合进一个无懈可击的体系中，教会的客观法则声明其拥有至高无上的权力来拯救所有人类，这一灵活的体系和声明恰好满足了该时代的条件和需要，并在那里展现了它们不容反驳的力量。

这一运动通过中世纪得以延续，且在其顶峰时刻罗马天主教会创造了一种体系，这不仅是在基督教和宗教领域，更是人类思想史上的一种独特现象。不只是个体的信徒，各个分支的文明成果都被宗教吞并被同化了。另外，在教会的形成上，宗教被寄望于突破人类状况的缺陷和偶发性，强化自身，从而成为一个神圣力量和活动的完全独立王国。这个王国反对与永恒真理相对应的、人类生活其他部分的不稳定性，将自身定位为人类和精神、神圣事物之间的唯一媒介。然而，它的内部蕴含了人类生活所推动的对象和它持续受内在混乱威胁的种种方式之间矛盾的完美调和。此岸与彼岸，感性和精神，都是紧密联系且互相缠绕的。公认的世界观以一个活生生的共同体为代表，并且这一共同体因神圣力量而升华且崇高，它被该神圣力量所恩赐并成为伟大全球联系的中心点。智慧成就与力量的发展始终同步；大量的推理继续秉持严格的逻辑一致性，但它依赖于一个超理性的、神秘的基础；道德理想的苛刻因为一种借鉴于希腊精神中“美”的元素而变得缓和，而同时落入软弱放纵的危险也因道德秩序的严酷而阻止。借助着阶级分等的理念，任何不平等和矛盾的地方都被谨慎地和解或者巧妙地隐瞒了。

对于这样一个世界和生命的有机体，任何一个公正不阿的观察者都无法否认其伟大特性。但是，正如这个体系起源于特殊的历史条件，它也依赖于独一无二的预想前提。而这些是否在所有时代都有效，或者是否可以永远约束人类，都很可能成为一个疑点。只有当不仅对永恒真理、更对该真理完全短暂的启蒙怀有信念的时候，当历史进程不承诺任何真实的进步或创新的时候，相应地，当生命自身的基础拥有完美的稳定特性的时候，这类问题的最终定论才能被接纳。只有当它们呈现出的宗教形式包含了所有宗教的标准类型，且与人类灵魂的必然要求没有冲突时，它们才更具可能性。然而这样一种冲突是无法避免的，因为人类，即生命个体，不会长期接受此处分配给他们的被动角色。至于在中世纪制度中，人类并未在自己身上或在其信念和道德意识中找到理性重心，反而是在包围和统治其生活的教会身上有所得。生活系统与其说是一种人类活动的结果，不如说是强加在他们身上的事物。自始至终，无条件的顺从和自发的奉献都是对他的要求。尽管所有感觉的热度、所有虔诚善行的坚韧，以及自由、快乐和独立的品质都是欠缺的——这是无作为、自觉无作为的宗教，但是这样一种无作为能持久吗？难道当有一股力量复兴的时候，却不得不有越来越多的力量在抵制上述趋势吗？

这样一种力量复兴还未出现：它不是个体所表现出的鲁莽放肆，而是确实存在着现实生活条件的巨大变动，这些动变曾经为人类带来更鲜活的力量和勇气，并改变了人们对终极问题的态度。古代遗产败落所带来的沮丧压抑的影响正在消逝；新的民族崛起了，在最初主要专注于外在事物的年轻活力而狂喜后，终将转向内部，且必定带来一个崭新的理智纪元。而教会凭借其有形的组织结构和严格的纪律，出色地完成了教化国家的任务。然而，如教育的每个阶段一样，这一切也同样会结束。一旦未成熟的状态被明显地感知，它就无法持续下去；从那时起，几个世纪以来作为赐福源头的机构将面临成为顽固阻碍的危险。

甚至在中世纪，这种类型的情绪和运动就已经显现。然而直到文艺复兴前，新的推动力都无法成功实现自觉的意识。于是思想仿佛从漫长的沉睡中苏醒。生活变得更自觉，对于神和世界的思考更自由，精神和神圣生活的信念甚至超越了苍白无力的教会形式，升华并创造了对新黎明的欢喜心境。同时，人们张开了发现周围世界美的眼睛，而思想和沉思却被自然对象的丰富多彩所迷惑。此外，激进的社会动变也拉开帷幕，引领新的发展进程。封建制度开始从内部瓦解，一个强大的中产阶级兴起，随之而来的市民斗争的影响和荣誉感也不断上升。其他的社会阶层也在寻求崛起，并要求一个更好的生活标准。所有这一切都最终导致终极信念的动变。

然而这股鲜活的推动力，即使拥有生活的五彩缤纷，也无法自行发动宗教的革新。从人类力量的提升和对自我重要性的领会而言，它应该是经过了充分的预估，而不是从宗教中将人转移出来。如宗教能获得胜利，只有运动转移到其自身领域，只有假设先进力量自身感受到一种强力的引导需求，只有当独立人格为那些无法通过教会诸种形式而平静下来的灵魂挺身而出的时候，一个足够强悍的人格才能够渗透我们精神存在的根基从而赢得那种平静，一个足够勇敢的人格才能够在面对人类信仰不可侵犯的崇高秩序时，贯彻不容反驳的内在信念。

这种人格在路德身上体现得淋漓尽致：蔓延整个宗教改革的精神潮流就是他的血肉之躯；他对事物精湛且具体而微的掌控，以热烈的生命力和无可抵挡的魅力贯穿了整个运动。

“在我们自身之间，”歌德向奈比尔写道，“在整个宗教改革中，除了路德的品质外没有其他有意思的地方；再者，也唯有他给群众留下了现实的印象。”

我们对人类的特性描述主要针对的是斗争时期，且主要在论基督徒自由的专著中发现其文字表述。我们应处处向墨兰顿借鉴，他以特别明晰的方式系统地阐述了主导思想。

(a) 路德

路德对中世纪体系的主要改变，包括将所有生活要素中的宗教问题转化为个体的当下自我生活，并在各个领域将其实现。这不仅仅意味着既定内容更接近主观感受。因为中世纪必然不欢迎主观的感受，且其中的动变绝不会引起理智生活中的革命。这一革新更在于使被传播宗教整体，更有力地瞄定人类整体存在，以及人类人格的鲜活统一，并通过该标准来衡量自身。该宗教因此越发演变为所有人类的一项事物，也无可避免地变得更现实和更真实。而这个动变孕育了更伟大的凝聚，使得从教会结构中广泛延伸的支流分散到一个统治全体的单一中心点，相应的对一切事物的消除，或至少是对一切事物的隶属，似乎与仅仅具有附带价值的主题相冲突。因为这种凝聚被迫介入更近的亲密性，正如它表现得一样，宗教世界的整体实在、潜在的骚动以及基督教界所有矛盾的利益使它们自身更加剧烈地被感受到。所有人类对所有难题的斗争已经成为一个难以承受的沉重负担，同时，中世纪体系所提供的帮助具有完全不恰当性，这是十分显而易见的。公共和个人的宗教不再像它们在中世纪所做的那样，平和地互相容忍，并联合一致；反而，越发强大的新生活进程将两者的兼容性转变为二中择一，而对两者的选择并没有疑虑。因为在目的的多样性中，拯救灵魂和道德人格这一使命变得至高重要。由于该使命的提升意味着需要整体内在人类的完全圣洁，他的拯救似乎被拉到一个无限的距离，而且这种拯救已经是绝对不可能的：没有其他事物能够在这样一种极端但至高无上的力量下得益。然而上帝，一如其曾经与中世纪体系下人类的瞬时生活渐行渐远；上帝的地位已经被教会通过其恩惠与善功的方式所取代。但人类是否因之篡夺了神的位置呢？而当神被认为是激怒了的、耶稣作为世界的审判官最先出现之时，我们能否通过极度人为的手段去强要灵魂的拯救，并且确保这种拯救？这就是事物呈现给路德的状态。

因此，一种直接通往上帝的强烈渴望油然而生，对无限的爱与恩惠的救助奇迹迸发出燃烧的激情。如果对这种救助的憧憬如此呈现其自身，那么对人类或人类法令的涉及不应当被准许阻止醉心于永恒救赎的灵魂向其皈依。相反地，我们知道："我不在乎犯罪；必然性打破桎梏，并不知何为冒犯。我应该宽恕软弱的良心，若它不危及我的灵魂。而若它使我的灵魂涉险，我应该听从灵魂的忠告，任其给予全世界或半数世界打击。"

这种期望通过超越人类的力量来实现的解放和救赎，事实上，依路德所说，已经出现了，它因耶稣基督所赋予的神的恩惠而诞生。对生活、对公正以及对基督教的自由而言，只有一件事是必不可少的，那就是最神圣的圣言，基督的福音。福音的内容即宣告对原罪的宽恕，通过"圣子耶稣道成肉身，受难而涅槃复活，终主显圣容"。我们相信耶稣为我们受难，因着他的缘故，我们的原罪得以宽恕，正义和永恒的爱得以赋予我们。因为，神接受这一信念而赦免他。故因基督的缘故，人类得到一位怜悯而仁慈的上帝，爱的奇迹跨越了其他方面不可逾越的鸿沟，使人类重新皈依成为上帝的孩子。

这一结果即是基督教的高度凝聚，生命突破了所有与上帝直接联系的有形约束而得到升华。与这种凝聚一致，整体生活服从于一种尖锐的对照，即律法和福音之间的对照。律法是神令和道德秩序的表达，同时一旦将其当作整体、内在和完美的标准，它对人类而言就是不可实现的。福音是对仁慈宽恕和救赎的宣告，此后成为信仰的特定对象。这种宽恕与和谐想要摆脱内在推动力而神奇地影响人类，这是不可能的，它要求个人捐赠圣俸，而这在信仰中才得以实现。但是，这一独特过程必须基于人类的部分而发生，且其自身尤其体现了神的恩典。对于其他部分，上帝通过我们并对我们施以影响，但于此，上帝无须通过我们也能对我们产生影响。此处我们必须避免将任何功绩都归咎于人类，而只把荣誉赐予上帝。如果辩护释罪归结于信仰，那么它也应归因于上帝的仁慈，而不是人类的奋斗、人类的成就或者是人类的价值。

然而，如果上帝与人类之间建立起新的联系，那实际上完全是上帝之作，而人类只是一个接受者。这起源于路德引入的变动，即一种充满生命力与喜悦的活动。因为当恩惠与爱已经消除矛盾，并摧毁了上帝和世界间的壁垒，基督启示的荣光也许将被所有信徒共享。并且，作为真正的神之子、列王中最自由的存在，它有能力成就他们。对罪恶负担在之前越感到沉重，对现在新发现的自由的欢愉就越巨大；对救赎的踌躇越令人痛苦，那么对其的完全肯定将更令人欢喜。正如“每逢其降临，圣言为改变和复兴世界而诞生”，所以人们现在被要求为坚持不懈的努力和成就而振作。特别是，乐于助人和自我牺牲的倾向比比皆是。从信仰中涌现上帝的爱与欢喜，从爱中涌现一种欢乐和自由的精神，渴望为他人服务，不求回报、不为毁誉、无关得失。在这种意义上，我们知道自己应成为彼此的基督，从这一完全伦理上的参照来看，有些东西比希腊教父更有意义。正如基督为我而受难，所以我将像基督一样将自己奉送给我的友邻，以便在生命中只做在我看来对我的友邻必需的、有益的和有利的事物。这是因为凭借信仰，我能充分享受耶稣的所有善行。这种对某一友邻的服务是神的恩典拯救某人最确信的见证。“宽恕某人的友邻使我们坚信上帝已经赦免了我们的罪过。”

无论如何，新生活的主要特色在于自由，所以墨兰顿明确表示，“最终自由即是基督教”。自由不是一项自然财产，而是上帝的恩惠与馈赠；自由不存在于人类自身，而只存在于“基督信徒”。然而，这一自由首先是指法律上的自由，法律不应再以镇压和强制使我们恐惧，但我们应自觉自愿地积德行善。自由，同样来自善行，尽管它们无法被摒弃，但它们也绝不会带来救赎。因着信，我们不会免于善行，但却能摆脱善行中的价值归属。由此，基督教徒至善至美的理想发生了转变。当善行失去所有独立的价值，日常生活中就再没有特别庄严神圣的仪式，其领圣俸者也无法再冠以特有的权威；没有荣誉的勋章，没有无边无度的功德，并且任何活动都无法超越侍奉上帝这一范畴。“《圣经》是我们的避难所并能赐予一切事物神圣之光”，根据这一信念，每日的善行和公民的感召都具有赋予它们的荣誉和神圣权利。因此，许多原先最为重要的信念跌入了谷底：藐视俗世、双重道德，教士与普通信徒的差异，额外善行的累计以及涤罪炼狱的教义。因此，教会特权地位和优越势力的基础被动摇。

至关重要的发展进程顺势而生，致使无形教会的旧有概念得到极大增强，且同时，有形教会中的人性和瞬间可朽要素能被更明显地感知到。它不仅仅是理论上的区别，更实际地使宗教从纯粹教会形式中解放出来；它是道德和宗教人格的升华，凌驾于所有的人类权威和因袭惯例之上。基督教徒确实受到神圣秩序的约束，且其所有力量都来源于神的恩典。因为这一原因，遵从人类俗世教义似乎变得可耻而卑屈；也因为这一原因，我们得知一个人“不应该在祈祷、礼拜等人类发明的宗教仪式中寻求救赎”。不论是教皇抑或是主教，乃至任何人在没有得到基督徒同意的情况下，都没有权利置喙他，否则其所作所为都是专横残暴的。宗教仪式现在被视为拥有短暂形式的约定。限制对他们的救赎意味着贬低神的恩典。它们历经时代变迁，就像为了完成修建而到处搬动的脚手架。圣徒的祈祷受到强烈谴责，因其隐瞒了基督的善行并削弱了人们对神之恩典的信任。它不得不转向追求更强大的精神性和本质，因为每个个体都充分享有神的恩典，并且我们实现无限制的对重生的信念。基督应得到普遍承认，且他必定成为你我的救世主，但这并不够。神圣生命不应该仅仅能打动人，也要从外部使人类依附。它应将其根基植入人们特有的本质中，在他们身上发挥效用并能伴随其一生。

在寻求更大诚意的努力中，所有纯粹个体表现出的反复无常以及认为神圣真理源自人类理性，都被以最大力度地抨击了。神的恩典确实降临于人类，但它无法更深入地被演绎或阐释为普遍理念。因此，在这一无可辩驳的事实面前，理性必须无条件地屈服。理性的思辨在神圣事物中毫无地位，也不会根据其主观发现来阐释《圣经》，但必须通过《圣经》的朴实定义而被采纳和接受。在这一范围内，人类的救赎将从本质上取决于一个历史事实，这一事实不仅仅是无形且精神性的，也可以是有形且物质性的。除非该文字本身具有权威，或者刨除信仰的强制力，圣餐中包含了基督的真实，否则不可能有更稳妥的方法去制止穿凿附会。

从这些状况中涌现了一种充满运动和强烈意愿的生活状态。

因着爱与恩典，人们赢得了一种更可靠的内心平静；人类与上帝的纯粹关系逐渐有所发展，且内在的喜悦随之用世界照亮了生活，甚至向外在自然界施展它的魅力。然而，生活中的一切内在成长都无法将世俗存在转变为纯净极乐世界的居留。因为黑暗和敌对世界的反对势力始终坚持不懈，我们被一个完全无理性的世界所包围。上帝把我们赶进撒旦统治的世界，因而此处没有我们的伊甸园，只有每时每刻发生的各种灾难——人类的灾难、妻子的灾难、财产的灾难，乃至荣誉的灾难。痛苦以及对痛苦的体悟在我们走进新生活时开始增加："越是一个基督教徒，他越暴露于罪孽、痛苦以及死亡下。"但无论如何，最难承受的是来自怀疑与踟蹰的引诱。因为怀疑以及理性的反对势力仍在持续觉醒，精神性的内在攻击和冲突远比躯体性的打击更可怕和危险，尤其是它还在不断被更新。然而最终，因着神的恩典和爱所孕育的救赎意识比所有反对势力都提升得更自由且更成功。曾经谦卑而被蔑视的坚定毅力证明了自身比最大的障碍更优秀。天真的性情融入了男子汉的勇气，伴随着一种英雄主义精神，这种精神有意避开世界但却勇敢地扛起了对抗世界的斗争。于是，即使那些怀有敌意的存在最终也必须为提高内在成长而努力。精神力量在敌人面前掌握了控制权并在所有压迫中表现得强势有力。这只能证明美德在软弱中得到升华，且对任何事物我都可以用之增强救援，以致十字架和死亡不得不为我所驱使，不得不协力实现我之救赎。然而，即使存在这种内在胜利，这种生活也并不是终点和完结，而仅仅是一个起点，或者是来生的初始。它还未被完成和结束，而仍在前进中；它不是目的而是条道路。并不是所有事物都会闪闪发光，但一切都在被横扫一空。

在生活发展进程中，主动为善的力量通过反对传统形式的清晰意识得以增强，而在传统形式中，基督教的神圣真理似乎因人类的附会变得扭曲和模糊。这存在两个斗争敌手：天主教的自大和因善行的赦免，以及希腊人的思辨及主观性。与天主教势力的竞赛被有意地看作越发重要，然而对希腊精神的反对声浪实际上却不怎么突出。根据路德的看法，希腊精神凭借外来思想体系覆盖了基督教，因此首先，亚里士多德哲学和新柏拉图哲学不仅在细节上扭曲了它，而且难从整体上将其转化为一个纯粹的世界观或理论。在他看来，思辨在这里已经代替了宗教。人类理性使首要事实与之相适应，现在用这个方法或用另一个方法：主要考虑的是当寓言解释能悉知一切时，就陷入成为一个纯粹运动主体的危险。这种解释的多层含义与路德在德国天性下对真理的朴素感知发生尖锐的对立。由于无法抗拒的力量，从显而易见的文字意义而言，他反对这些简单的事实。这是对历史的求助，此处历史欣然地排除了所有的哲学思辨；这也是对基督教根本道德品格的接受，该品格排除了所有追求学问的精神。因此，基督教的独特性似乎在净化中得以实现，且同时完成了早期真正基督教的复苏。

宗教改革不是一个简单的复原而是一次发展和改革，但这个说法仍存在争议。在其探索如何与上帝进行直接的灵魂沟通，以及道德和宗教生活的纯精神性本质时，它可能会求助于早期基督教：因为早期的基督教确实拥有这些要素。然而基督教也拥有其他要素，故上述要素并未如路德定义的排他力量那样被赋予专属性。同样地，中世纪的基督教绝不排斥直接性和精神性，尽管它们所占有的领域仍被进一步地限制，而且不得不强迫自己更迎合另一种样式的趋势。于是，宗教改革实现的创新变革并不在于那些全新事物的引进，也不在于那些已被废弃和埋葬事物的复活，而是迄今安然携手并存的两种要素间，即纯精神性的宗教以及教会体系式的宗教，萌生了不可调和的矛盾对立。而这种对立是因为精神性已经更加成为全人类的事业，事实上，它已经成为统治全局的精神力量。那是宗教世界重大变动习惯发生的形式：这里存在一种还原呈现原初意识的渴望。但若只关注它本身，这种渴望就会激化加剧，进而消除任何与之对立的事物，并产生一种内在的转化，转移生活的重心，故而原初性的含义也被彻底改变。因此，宗教改革并不是还原旧事物，而是开辟一种崭新的基督教。

宗教改革的新特征通过一种非常坚定的运动变革而得以被证实。内在生活更为突出的地位使得精神性超越感官性，并给予它更大的自由。这两者间的混淆，通过日渐衰落的古典文化而传递给基督教，并在中世纪变得更为混乱，乃至现在已经消逝。感官性作为其完全实在的本质组成部分，因此被吸收进更根本的精神发展进程。这样一种融合将宗教生活置于极端物质化的危险中，这更导致随着精神性更自由地脱离感官性，必然会呈现魔幻迷信色彩，正如愚钝的迷信和无法忍受的盲目崇拜。宗教改革令这种精神的解放臻至完美，且与此同时将感官性降格为一种单纯的表象和符号。于是，这种解放不仅意味着一个宗教的真正实现，认为上帝应该在精神和现实中得到礼拜，而且与早期相比，生活已经升华到高昂的独立和威严。感官性与精神性之间更为清晰的划界同样对伦理和实践有着深刻影响。因为对它们之间混淆的消除直接导致对生活中禁欲主义理想的排斥，该理想本身从感官性中察觉出罪恶之处。就古典最晚近时期内精细和堕落的感官而言，该观点是正确的；但当适用于更自然和自发的状况时，它将失去对自身的辩护，尽管现代民族的感官更为强健甚至粗野。没有这样一个新环境，宗教改革将很难从理想修道禁欲生活中赢得解放。

一种不仅关涉到宗教，更关系到整体生活的一般趋向是显而易见的，这种趋向朝向更伟大的活动。这种活动在本质上不同于纯粹的义气方刚，敌立性的简单粗野欲望或对革新的肆意狂热没能诱使路德发动重大斗争，而只有对他天性和意图的最粗俗的误解才会曲解这些事实。事实上，整个生活的发展进程此处对于绝对依赖无限力量的意识已经感到厌烦；所有的精神力量无可否认地来自于上帝；而只有救赎不朽灵魂和解救基督教真理的忧虑才能推动教会体系的瓦解，而这一体系迄今为止都受到热烈的尊崇。然而，一种新生活的创造，尤其是某人自己的生活被看作神圣活动的主要成果，这一事实是新发现的且十分重要。与一种超然力量的直接联系使得人类自身能够超越世界，并且将自己从所有人类的依赖关系中解放出来。自此以后，他就无须盲寻外在生灵的支持，并能够在无限的爱与恩典中得到对所有一切事物最坚定的支持。同样地，虔诚，呈现一种更为积极活跃的特性，发展成熟而不再具有早期基督教高度评价的盲目虔诚。与此同时，层级体系曾在灵魂外部的巨大架构中发现宗教的本质，而现在它的基础已经被动摇了。路德以及其他的改革家对待这一体系的态度更加偏激，他们将实际上只是历史条件的必然结果归咎于该体系中人类代表的个人失误，并且将时代的特殊缺陷视作该体系的长期特性。但是，上述历史状况已经消逝，或至少正在开始消失，而宗教改革已经以一种令人信服的姿态表明了它；无论这个壮观的圣职等级组织下隐匿着多少不可能和错误，它们必然会在一些时刻被确切地感觉到，而这些时刻中，精神性的内在世界被认作神之王国的真正所在，且这一王国直接存在于每一个体的灵魂中。明显地，宗教实体若从灵魂生活中分离，必定会威胁到宗教精神；因为它倾向于用教会代替上帝，用教会主义代替宗教。如果人类个体的自发性能够尽可能远离宗教生活，那么善和神的影响就只能以一种奇迹的形式，仅从外部施加于他；粗俗的唯物主义以及内在的颓废都存在危险性；宗教和魔法奇迹间的分界就此抹去。此外，所有隔断教会与个体立场的努力都无法防止人类理念和利益进入其组织结构。尤其是，权力的理念危险地控制了活动，以致表面上上帝变得很人性化。与上诉所言截然相反，宗教改革认为人绝不可能超越纯粹的人类天性，除非凭借神迹来锻造他的内在天性，而只有依赖这种内在基本原则，凌驾于人的神之王国才能够建立。

那意味着生命和死亡都在与老旧的思维模式做斗争。一个新的纪元就此迎来了人道的黎明。承认这一新运动具备更高的品质，绝不等同于宣告它在所有方面都高人一等。很多在旧世界有价值的东西都被牺牲了，因为对所有惯例的抛弃是一种不可否认的陋习。例如，过着修道院式的苦行生活，远离尘世而独身致力于精神性的目标，连同双重道德和因行称义被一起遗弃，这是否必要呢？再者，在一些要点上，旧思想比新思想更出色地保留了对宗教的必然要求。譬如，前者更朝气蓬勃地捍卫宗教团体相对于政治共同体不可或缺的独立性。它更积极地抵制一种纯粹世俗的文明进程，避免堕落至纯粹的权宜和功利。然而该新运动的不成熟，甚至是错误之处都无法阻碍对它的认可，而在这期间，一个更高的原则开始形成，这一原则最初仅适用于宗教，但最终必然会转变生活整体。

实际上，宗教改革的不成熟之处在于，越是需要对其着重强调，对该动变重要性的预估就会越高。而最意料之内的是，新思想没有完全摆脱旧思想的影响，而是更多地保持与自身本性的不一致性。如此，道德准则范畴内生活中心点的转移，必然会导致思想世界的检验和改革，故主要依赖于早期教会的教义中留存的希腊式思辨。因此，同样地，坚定基督教的精神特性将促使人神同形同性论从宗教理念和情感中彻底根除。然而人神同形同性论比其他学说更支持某些教义：神的愤怒需要平息，以及耶稣基督的救赎和代人类受难。

同样地，在其内在特性中，新思想时常无法达成与其自身根本目标一致的完美阐述。伟大的创新要求人的精神生活应在所有独特活动之上建立一种新统一。只有在道德使命实现人类世界整体升华且不局限于特定领域时，生活整体才能得以改变。这种目标行之有效并能在改革运动中产生一定影响力，但它无法简洁而平衡地施行。它时常表现得好像革新的意图纯粹是将生活的焦点从理智转变为感觉和意志，正如墨兰顿描述的，“带有情感的心灵是人最重要也最不可或缺的部分”。但这也存在风险，革新运动有可能过多地朝着纯粹精神性和主观性的方向转变，且道德生活的深度挖掘也许更局限在个体身上，其影响力并未超越内在天性的束缚而延展到整个文明成果。这个结果即生活二元论：一方面，宗教仅包含一定的主观倾向和情绪；而另一方面，文明教化的生活与终极问题间没有任何联系。就路德本身，秉持尘世的尽头近在咫尺的信仰必然也会导致相同的结果；对于那些坚信者，他们没有能力很好地承担生活新秩序的重新建立。因此，生活最深处所出现的活动没有在生活的整体范围内传播。相反，对这一罪恶世界的被动忍耐，对现存势力的屈从，对准则的接纳、“沉默、受难、抑制和忍耐”却时常被视作正确的态度。故由于对非理性世界的默许，路德教教义在处理一般状况时比宗教改革的其他分支更显软弱和低效。

然而新生活不仅是不成熟，它的刚硬不屈最终铸就了让人无法容忍的矛盾。宗教生活将基于一种人与上帝的直接联系，并因此在纯粹精神性中得以探知。但同时，不计代价的防备是必要的，这能避免其自身堕落至主观反复任意的势力下并由之丧失其真理。因此，路德就有很好的理由要求一种建基于事实之上的确定性，它可以巩固内心的确信，并给予对方抗敌对世界的行为以力量。这种毋庸置疑的优越确定性只有在精神生活自身中才能得到，也只有这样一种新状态才能直接展现出神圣实在。然而路德在他所处时代的条件下，无法在史实以外更好地发掘出这样的确定性，这样一个坚定的立足点——此处的史实指的是掩埋在历史中并在历史中流传下来的事实。他认同圣主基督道成肉身和因爱赎罪的事实，且就理性力量造就的晦涩难懂而言，这一事实不仅要求自身足够笃定，也要确切保证能以一种毫无疑问的态度传承给我们，因而发展成对无懈可击的见证和认可的渴望。路德首先在《圣经》——即圣言中发现了这一稳妥支持，他发现该史实也出现在早期教会的传道中，甚至最后在圣礼中也能探索到它的存在。所有对这些事实证据的主观释义，以及将其转变为纯粹概念意义的损耗，都必须被阻止。所以信仰的一个重要组成就在于圣经的绝对权威，以及对其经文字面意义的回溯，而且假设这些经文对所有人都是简单易懂的。首先对一个基督徒来说，圣经是一个精神明灯，且远比太阳更明亮夺目，尤其对涉及救赎和必要性的事物意义非凡——这个认知是无可争辩的。对文字内涵理解偏差的恐惧，对有形存在的不变需求，以及对免于释义和讨论的事物的需求，解释了为何沦落成为圣礼理论的戏法，而这却是路德在别处积极与之搏斗的理论。他此处危险地将所有现实都归咎于感官性和精神性的结合，并可能因此退化到混淆两者的中世纪道路上。

这一切都存在着矛盾之处，掌握权力之人的专断命令确实可以抑制，但却无法解决。在宗教生活与上帝完全直接联系的地方，历史因素也许会成为唤醒和教化人类不可或缺的手段，然而因为这种因素无法被直接体验，它也不应该成为信仰的一部分。并且在路德看来，救赎在本质上是与史实相关联的，这就造成了一种重大的不和谐，而这种史实必须包含所有的基本理念。因此，信仰现在不仅仅是整个灵魂对无限的爱和恩赐的绝对信任，同样也是对大量正统传续的教条服从性的接受，尽管这些教条都与理性思维直接冲突。故同样地，圣言并不只是上帝自身的救赎圣举，也是对圣经书籍的文献定义。一个纯粹内在的宗教生活必须依赖于无法成为直接体验对象的事物，而这一事实导致大量的精神压抑以及对道德良心的沉重负担。此外，路德的历史观立场假设了一个矛盾方面，由于他以最严峻的态度表面上攻击了相同的观点——尽管这一观点已经或多或少地修改了它的形式，但他仍不得不将它包含在自身的思想体系中。他致力于解脱于教会权威，但却被迫以另一种方式引进该权威；他力图于免除理智主义，但因为替代思辨和神秘主义需要对历史资料的学识和了解，最终止步于理智主义的另一种形式，事实上，对路德而言，教会立足于卓越的教义集合，仅仅是纯粹圣言的学派。路德以自由和纯粹精神之名质问罗马，然而他很快就被迫支持权威和《圣经》的字面意义，并反对“狂热者”“再洗礼派”“愤进派”和“盲信者”，他苛刻甚而没有公道地实施这些行为。对精神的诉诸——这也是最初令他的立场得以成立的方式，使他开始尖刻斥责他人。“但是，我的挚友，精神意味着什么呢？我同样置身精神中，也同样感知精神。”从而，教会的新教教义无法避免这种矛盾：在其给予内在升华时，它即开始准备彻底改革世界；但在履行其使命时，它却再次受思想主体的影响而倒下，而它一直试图打破这种思想的支配。

无论如何，路德来到了一个中间地带，既无法摆脱思想的变幻莫测，也不得不将无礼的严苛标准强加于所处的时代。一方面，每一个体的个人信仰得到强烈呼吁；而另一方面，任何决议都受到严格的规定，对其产生的任何偏差都将打上犯罪的烙印——这些事实催生了一种异常痛苦的压抑沉闷。

这种矛盾不仅在现在出现，甚至可以说是从一开始就存在，但在当时普遍条件下，它具有无法避免的必然性。该时期前所未有的混淆有可能导致全面的崩溃，缺少一双能勾绘中庸道路、不顾后果全力守护它的铁腕，从而能立即维护历史的延续性并顺利向前推进。新运动只能通过与其内心深处相悖的矛盾来建立其历史，而路德自己就是首要受害者。己所不欲，勿施于人，如果他对别人采取一种专横跋扈的态度，那么这首先是因为他自身必定有着最严峻的磨炼要去战胜，而这些磨炼时常使他“冷汗涔涔”。因为他与别人的争斗同时也是他与自己的斗争。而恰恰在这些斗争中，坦率的真实、完美的忠诚以及人的真挚，都特别清晰地显现出来。他将所能想象的极度严肃认真都奉献给了永恒事物，并且由于他整体性格中的认真，数世纪来都为人类提供了安全无虑的保障；他同时禀有强大的力量和孩童般的天真，以及坚毅强硬的态度，他在德国人民的眼中曾是难忘的经典，一位忠告人们永远对灵魂保持警觉的伟大劝诫者。且由于他成功地从所有混淆、疑惑和危险中突围而出，并到达一个绝对安全和深刻宁静的境地，所以他的工作成果，除去所有可疑和瞬息变幻的糟粕之外，都能呈现一种有着永恒意义的生活形态。一个取之不尽、用之不竭的生活源泉在内在改革运动，甚至是在灵魂的情感交织中得以公开；谦恭的信任和勇敢热烈的精神在此处融合为一；人被带入无限和永恒上帝的直接存在，从而凭借无可匹敌的高贵和价值而升华。尤其是，精神生活现在为了世界，也为了反抗世界而斗争。因为独立、自由感和勇敢生活在此处显得更为尊贵，甚至是被神圣化，通过无限爱与恩典的教化，一种完全崭新的世界观公之于世，且建立起一种本质上前所未有的现实联系。从这一意义来说，宗教改革已经成为现代世界富有生气的灵魂，乃至其发展进化的主要原动力。从更大意义上来说，上世纪[①]最伟大的思想家和诗人，譬如康德和歌德这样的大师，都对宗教改革怀抱感激并承认自身为其追随者。事实上，现代生活的每个阶段也许并未直接或间接地与宗教改革有所联系，但它的每个阶段都存在与这一运动相关的某些平淡和琐碎的东西。

但即使是在最狭窄的教会形式下，问题和冲突还是大量涌现了，因为一个更高目标蔓延全体，因为增加了任务，也因为人的

① "上世纪"是就作者所处的时代而言。"上世纪最伟大的思想家和诗人"即下文说的康德、歌德。——译注

天性与真理和爱的来源间更紧密的联系终于实现。任何承认这种深化改革已经发生的人，尽管清楚它还有不足之处，仍将会为其整体的精神而感到荣耀，并迎接一个崭新且更加真实的生活破晓。中世纪体系含纳了甚至天差地别的利益诉求，聪明地将它们互相调整并结合它们的成果。这一内在和外在完美调和的神奇体系，这一组织上无与伦比的巨作，伴随着它关于人类的累积学识以及丰富的历史经验，在它对社会生活和存在的现有条件的影响上具有不容置疑的优势。它有更广阔的历史基础，更伟大的理性以及更成熟的文化。新运动能够有优势，只在于下述信念盛行之时——正如路德所描述的，“不以全世界为代价而出卖任何一个灵魂”；只在于人们在欣然的信任接受了重大的人生使命；此外，也在于当面对最激烈的冲突和最深处人类利益的碰撞时，无法测量的人格价值以及独立精神之王国的建立都得到了认可。

因此，毫不妥协地选择宗教改革所塑造的生活观，尤其是路德对这一观点的设想，可能同样起到自我批评的作用。任何拒绝以上过多的或不必要地深化精神性的人，只是把宗教改革看作黑暗中的飞跃，以及狂野热情和对教会致命分裂的煽动。相反地，任何人，若承认该动变的可能性和不可避免性，就必然能接受它，包括所有它还尚未解决的问题，它是强大的解放行动和新的一天的黎明。

（b）茨温利与加尔文

尽管路德毫无疑问地成为宗教改革的精神领袖，他的人格发展变化作为整个运动的沉淀和积累而得以被接受，而基督教改革的领导者，远比他们在沉默回避中给予生活的影响拥有更大的独立性。我们基本遵循狄尔泰做出的扼要概述，在茨温利的部分，同样充分利用了施特赫林[①]的杰出成果。

与路德相比，茨温利与人文主义及其时代普遍文化的关系更为紧密，他也更为有力地推动了当代事务的积极合作。他并不像路德一样以激进的态度与世界决裂，也不会赋予宗教生活一种目无旁人的自足性，更不会将其归因至一种优越的权威地位。然而，尽管在整体上深化程度不佳，但相较于宗教改革的奠基者和英雄们，他已经消除了许多矛盾和粗糙之处，使宗教方面与现实生活更紧密地相互交织，思想世界因此变得更为理性。

施特赫林说："茨温利与路德在信仰处理方法上的差别在于，对茨温利而言，信仰的宗教面与精神面结合更密切，且相应地使他领会到宗教与福音的联系，他更关注到两者的类同关系而不是对立关系。"他不愿承认基督教教会的其他改革运动，除了一种——"其中人们的道德生活和社会生活将通过福音的更新和圣洁力量而被渗透和改变"。与此相一致的是，譬如在对待基督时，他会强调道德和理想的人性面，并不会对耶稣受难过多深思。一种更理性也更自由的思想模式不仅出现他的圣礼信条，也同样表现在他对原罪和本罪的明显界限，对魔鬼观念和世界终结的概念延续，甚至表现在其启示理念的拓展——不仅仅包含基督教界本身，也同样包括人类整体。

然而，尽管茨温利费尽心思地阐明人与上帝的联系，但他在这一联系中只看到了上帝的启示，而没有探寻到人的纯粹天性禀赋；另凭借着与路德和墨兰顿同样的果断，他否定了关于上帝的

① 施特赫林（1889—1980），瑞士改革宗教历史学家。——译注

自然知识先于信仰的学院派教义。同样地，基督教保持着一种核心地位和独一无二的特性。因为基督的出现对“至善”产生了最终也最深刻的启示。自此以后，人对上帝的完全皈依变得十分明晰，这种联系也为人们提供了完全的赐福。所以真正的宗教，应该是：人们发现自身唯一地皈依于上帝并唯一地信赖上帝的善与恩典。“这就是我们宗教的起源，即我们承认上帝自生永存，为世界万生之缔造者，拥有一切并慷慨地恩赐众人。”

因此，横亘在我们与上帝之间的一切事物必然会消失。怀抱上帝本体之外的希望是一种迷信。“这种不容置疑且确实可靠的信仰力量不应依赖于其他创造物。从前曾不存在的事物如何能成为我们信任的基础？”无形的上帝行动，这种优越于自然界任何一种形式的活动，对内在意识的作用历历可睹。最伟大的神迹是，上帝将自身与人的心灵联系起来，使我们认之为父。就此而言，关于蒙恩之道的旧教义，其中的大部分留存在路德“圣餐礼”（亦作“最后的晚餐”），必须像单纯的魔法一样呈现，因此需要被否定。

但是皈依上帝绝不会摧毁人们自身的主动性；反而，人们会全力以赴地成为神圣生活与行动的载体，从而像上帝一样拥有永不疲倦的活动——即万物赖以生存、运动及实现自我之所在。在与全知的至高主动力量之间的普遍联系下行动，是这个体系的灵魂。“因着上帝即是力量，”茨温利某次提到，“上帝不会让被他吸引到身边的心灵化为虚无。”唯有虔信之人，才明白基督如何使他的信徒不置闲暇，以及劳作中他们的安详和欢乐。”“一个基督徒没有责任宏观地宣扬教义，而只需要安稳地与上帝携手实现那些伟大而艰巨的使命。即使是恩典下的拣选之教义，也首先似乎彻底地废除了代理人的独立性，更在这些联系中增强了他的重要性和主动性。对于上帝自己直接对个体救赎或诅咒之处，一切事物都与其直接联系，且个体上的宗教发展进程具有不可估量的价值。信徒能在上帝中感到全然无虑，并清楚自己是上帝至善和全能意志的载体。”此外，在茨温利看来，“排斥的思想显然比福音的拣选思想更落后”。

于是，一个活跃而果敢的基督教理念，因着宗教改革而更为杰出，在此将以一种极其有效的形式得以发展。那就是，宗教将持续转化为道德行为从而得到认可，生活的其他方面都将自身与该宗教和谐地联合起来，且个体在这种群体生活中拥有自己的独立使命：这是一种新鲜而愉悦的精神，从茨温利起源散射到四面八方。此处的一切事物如此顺利地契合并能呈现出这样清晰的轮廓，原因在于茨温利没有感受到生活的黑暗面以及我们精神存在与其他力量的矛盾，也没有和路德一样拥有着深刻的情感，并与这些矛盾艰苦奋斗——纵然这里面有相当一部分是真实的。即使他的实用性趋势可能很容易导致宗教和政治的混淆，甚至导致宗教和警察的冲突，但这个简单而健康、新鲜而坚挺的基督教仍然具有独一无二的重要性地位，而这应该值得永久的承认和重视。

在另一种外观中，基督教新教的根本理念也出现在加尔文的研究中。为组织和管理而生，他的心思非常有条理并能坚定不移地贯彻逻辑的一致性，每个细节都符合一个单一的思想架构。然而不仅是形式，就连基本感知都是截然不同的。按照奥古斯丁的方式来看，思想的形态是以神为中心的，而神的荣耀即为中心思想。世间万物都臣服于神的荣光，神的意志必然决定一切，以一种常人无法了解的方式。所有的疑虑，甚至是所有与生俱来的自信，都是对上帝权威的亵渎。人们生命的全部都应该献身于上帝——这个生命从一开始就皈依的至高存在。上帝四处工作，因此所有的次要因素和人类工具都脱离退出。那些将纯粹精神本质降格为可见之物和纯粹表象的事物，都应该从崇拜中清除出去。

但是，即使在这里，个人的活动得以全面保留，甚至如果可能，仍然能够进一步地增加。而正如上帝自身被视作最高等级且持续有效的活动，所以同样的，对上帝的服侍必作为一个活跃生命的最高等级的活动。然而活动失去了茨温利拥有的那种光芒四射的欢悦特性。它假设了一种坚定而严苛的，甚至是悲恸而阴郁的面貌。说到底，人生即是为了实现上帝意图而发动的一场艰难而冷酷的斗争。除了这场斗争以外的其他事物，一切自然之物中的欢乐，都被当作对最高上帝的抢掠而被禁止和谴责。“严格戒律笼罩着生活的每个时刻，而这种教规下神的勇士们承载的粗糙职责，使得这种宗教狂热区别于路德所说的宗教信仰。天主教的虔诚也因为它所产生的独立行动力量而有所不同。然而它的特性是由以下三条选择的道路决定的：神权政治和恩典拣选原则造就了整体生活中的宗教仪式；与他人直接或间接的联系在那种神权政治中寻求到了它的动机；最后，一种对神之敌人的傲然严酷在宗教基础上得到辩护。”①

神的全能意志与人的绝对服从之间的紧密联系是《圣经》旧约理念的重新恢复，而该理念在改革后的群体生活中清晰易见。这种生活充满了深切的诚挚并且明显地不快乐，但是它拥有一种不屈不挠的能量，不仅有忍耐的实力，也有行动的冲劲。它赋予

① 参见附录I。

个体和自我牺牲精神的宗教团体——上帝选中的载体以一种无法估量的力量。没有其他地方能够有如此巨大的效力将宗教改革上升到一种世界性的力量。同样地，尽管此处教会最终选择正统教义做庇护，但正是从该宗教改革的分支中，诞生了公民自由和思想自由的最强推动力。而也是在这里，现代生活在宗教改革的怀抱之外赢得了自己的独立道路[①]。

Ⅱ．基督教和过去的世纪

无论我们多么毫无保留地接受宗教改革的必然性，无论我们多么高度地评估其重要性，但它深刻地改变了生活的普遍状况也是事实，并且该决裂造成了可怕的罪恶。两种信仰声明间的对抗尤其将宗教热情沸腾到了最高点，并消除了当前对文明成果的普遍兴趣。为了驳倒对方，人们常忘记其生命自身的内涵，事实上他们现在也如此。此外，这种决裂带来了对双方来说狭隘的危险。就天主教而言，增强的权威、集中和稳定性可能轻易导致对人的特性的约束，以及对各种形式的自由的恐惧。而对新教徒而言，相反地，对个体灵魂的最高关怀容易忽视知识的重要性，将宗教分隔成为若干宗派的教义，并使人们滋生出刚愎自用的固执行为。再则，教会保留至今的伟大历史联系，这些可追溯到东方国家早期历史的联系，在这里消逝了。取而代之的是，新教拥有更出众的自由优势，以及更为丰富的历史底蕴；尤其是，人格的价值提升以及个人责任的增强给予它卓越的力量和能力来持续挖掘新的

① 参见附录J。

精神深度。

时光飞逝，天主教也并非一成不变。相较其表面可见之处，对它的严格审查暴露出了更多的变化以及更丰富的多样性。特别是，它面临着对立：在旨在权力和统治的体系和较少关注灵魂内在状态之间的对立，在教皇极权主义和简言之，将宗教视为自己在目的的纯粹宗教信念之间的对立。这两种趋势事实上总是不可分割地凝集在同一个体身上，然而它们觉得自己与对方之间分歧颇大，并且天主教将其内在生活完全归因于第二种趋势。尽管后者给予个体的精神生活——足以唤来帕斯卡的灵性、柔和和精细——但当它与教皇极权主义的严厉组织相比较时，它对社会总体具有明显劣势的效力。而仅从未来就可以判断，生活是否可能从这一立场出发而得到整体发展进步。

新教中的反题更为明显，因它们滋生于其最深处的天性。压倒一切的原初力量的人格伴随着强力而产生，并反对教会秩序，反对这种秩序将自身的内在本性看作更高神权的强烈要求——新教正通过该事实而产生。它无法放弃这种个体性起源，也无法在坚持自身存在理由的情况下舍去人格的统治地位。然而同时，一个特殊的内涵，一种基督教的独特形式得到发展，并为所有人建立了一个准则规范。这一宗教形式清晰地揭露了基督教潜在的差异，反对先前过于理性主义的形式，具备朝道德感和历史性发展的趋势，并通过建立一种灵魂与上帝的直接联系，赋予生命一种意义深远的深度。它正是一种由此得以发展的特殊形式，并且它要求一种灵魂的特殊状态。它根据建立者的个体化、自然倾向甚至是气质，以不同方式来修整自己。如果这一宗教形式对所有人都有约束力，那么它是否有必要成为一个沉重的枷锁呢？随后的世代是否不会同样要求满足其宗教需求的权利？正如改革家们实践过的那样，没有这些权利，宗教改革也不会存在。

如果新教没有与现代文明结成同盟，如果没有在这种程度上成为文明的宗教，那么新教很难在现代世界实现它现已获得的地位。呈现给我们的宗教，是德国文学在其最高发展时期下的产物。具体的教会要素都被尽可能地消除，差异的尖锐性在更欢悦的生活影响下也被柔化。人性中更多的快乐和信任氤氲而出，人们在自身以及他人的内在联系中都获得了伟大意义和价值。同时，最广义上的宗教继续发挥其影响力并为生活增添了庄重诚挚性和更深刻的意义。早期新教的巨大分歧在这里一览无遗。生活的所有特性都从本质上被改变了。自从先前的宗教形式继续存在，甚至开启了新的生活，现代的新教就能够接纳两种不同的宗教。但随着十九世纪的历史感使得两种形式的特殊性和对立性在我们眼前愈加明显，两者兼容并蓄的难度也在成比例地增加。然而这种二元性正是新教的优势来源，同样也是其劣势所在。只有在如此幅员辽阔的地方，它才能使现代生活的两极保持一种富有成效的联系。即使新教在对抗上述内在对立面前的准备显得相当不足，然而它在面对问题时表现出的诚实和真挚，以及努力解决问题时全神贯注的精力，足以使它弥足珍贵。

事实上，它们的重要性只有意识到基督教与现代文明之间矛盾的严重性，才能被充分领会。在其丰富生命演变的过程中，现代社会带来了新生和伟大事物的无限财富，而没有人可以逃离这些事物的影响，且我们每个人都在享受它们的成果。伴随着这不可否认的收获，存在一种紧密交织的特有趋势，该趋势深切纠葛在疑虑与冲突之中。自十七世纪起，现代世界开启了一种与基督徒截然不同的崭新生活形态。一股强烈的生命冲动促使人们的思想和活动越来越进入到基督教认为的低级世界中。在这个世界，理性占据了统治地位——也许现在还尚未实现，但人们的劳动成果一直在试图建立它的统治地位。精神力量永无止境地涌现，增强力量成为生命最高及最充分的目标。这种新生形态需求的活力和自我意识越强大，它与基督教无法兼容共存的冲突就越明显，甚至事实上，两者的基本运动趋势完全大相径庭。它们如早期那样平和而友好的合作，不再可能，而一种明晰的理解越来越有必要。持续的不和谐是由于那些遵循特定现代趋势的人们对基督教的否定。但正因为这对基督教的威胁最大，事情的转机彻底改变了这种情况并再次依其方向开展一场新运动。现代文明是否真的绝无过失并且自给自足？这一信仰开始动摇。现代生活本身呈现了许多黑暗和邪恶的地方，且同时，力量的增强滋生了一种强烈的内在空虚感，从而人类生活的整个行为再次出现问题，我们再一次被迫为我们存在的重要内涵展开搏斗。而在探求新的生活目标时，基督教，以其精神深度以及融合巨大对立的能力，也许能出色地塑造出新的重要意义。表面上看它绝不会耗尽自己的心力，同时在一种新的宗教形式下，它仍然能够唤起新兴力量，而这种力量对人类的奋斗目标是必不可少的。

关于这点的深入证据也许可以从现代思想家对待基督教的态度中窥见，鉴于他们的建设性和实质性，并且辄止于纯粹机敏和反思与毁灭性的批评。他们对待基督教教会形式的态度必然是无情的，若非敌意的话。然而他们中没有人愿意完全摒弃基督教，反而每个人都在力图将其以某种方式与自己的信念联结起来，并通过这种联结增强自己的信念，并且他极力联结基督教的自有念头决不落人后。由此看来，每个人都雕琢了自己心目中的基督教——斯宾诺莎和莱布尼茨，洛克和卢梭，康德和费希特，黑格尔和叔本华——这些理念共同描绘了现代理智运动的真实情景。然而，如果不考虑差异性，现代思想家都以某些形式依附于基督教，他们必须真正地在基督教身上找到或感受到现代文明自身无法创造的东西。事实上，我们很容易看到，在他们所有人的成果中，存在一种精神深度、内在性以及对事物的理想揣测——这些成就与其说是他们自身思想的产物，不如说基督教生活中传统思想凝聚的结果。

这一借鉴的要素早前被视为理所当然，并和其他种类的要素未加区别地融合在一起。直到现在，它与整个文明产生了决裂和危机，迫使它以更独特的方式在更明确的界限内做出明示。此外，现在基督教必须做出自省，更清晰地分辨出属于特定时代的部分，以及囊括所有时代并继续焕发新成果的部分。

基督教并未使自身耽搁在那些迄今出现的宗教形式上。在最初几个世纪，它坚定有力地促进了道德的凝聚力和生活的革新再生。然而其影响力所在领域最初是站在文明开化世界之外的，它的成就更多地显示出主观热度，而非理智深度。随着古典文化的进一步衰落，基督教徒的时代凯旋而来。可是基督教却发展成为希腊罗马式世界不可抗拒的影响下的普世体系，而这也带给了它一个倦怠而萧条时代的所有罪恶和弊病。中世纪展示了教化新子民的这一较为积极的使命，然而时代的状况使这个成果带上了浅薄和强制的特性。内心生活在体制统治之下失去活力而变得萎靡，而精神性也在宗教生活显著的物质主义下日渐衰弱。为了抵抗这些趋势，宗教改革应时而生，而基督教也在简化自身的过程中焕发新生。但我们也能看到，对宗教改革下一个精确结论的可能性有多小。基督教今后必须保护生活的更深层内涵，以免受到世俗而自觉有现代世界文明的侵害。近前，这种文明本身已遭遇了危机，只有生活的深度激进以及人的内在革新才能拯救它：我们无从抵抗地从文明的持续活动回归到灵魂问题上，回归到保障生活重要性以及保存精神存在的斗争中。这些问题很难盖棺定论，甚至如果不将宗教问题摆在台面上，根本无法做出有利的论述。而在新世纪，这个问题可能会越来越支配人的意识。而结果——若没有严重的灾害的话，这一结果也不会实现——实际上应该是，基督教不仅拥有一个伟大的过去，也怀抱一个灿烂的未来。

第三部分　现代世界

A.现代世界的一般特征

较之于以往，今时对于现代世界的一般概括显得愈加困难。因为现代观点的大行其道源自新问题的层出不穷，同时毫不含糊地说，我们通过这种观点所意味的东西越来越难被定义。而对形式化一般原则的任何努力的推延，会使得我们将盛行于现代时期伊始的历史条件作为出发点。新生活的黎明不可避免地因下述事实展露出自己的曙光——传统秩序是被作为时代产物的一组环境和情感所塑造的，并且这种环境和情感不可能永远有效。旧有观点的独特性在于它将基督教——被会聚于教会组织下的基督教——和古典文化联系在一起。这种文化再次成为特定民族的产物，同时也成为一种对精神发展特殊阶段的表达。随着新民族的出现，它可能更易变得陌生和令人不满。因为精神生活在基本方面被大为深化，它不得不驱赶旧有的教条主义。现在，新民族实际上已经步入了世界舞台——其中的主导者当属日耳曼民族，同时他们开始不断地彰显自己民族的精神个体性。基督教自身更加内在化，并且形成一种转变——这种转变只要被充分认识到，就一定会摧毁基督教与古典时期旧有的轻松愉悦的关系，尽管这种关系对于中世纪而言显得如此自然。这些事实已然孕育了重要变革的萌芽。但是，致力于带来最终破裂的变革，实则是一场人的生活倾向和生活感觉的革命。陈旧的教条主义，以及它对终结的宣告和对教会控制的屈服，契合了身心疲倦和缺乏自信的人类的欲求，因而使得他们产生了对权威的轻信和对天兆的热切渴望。

然而，现今新生活和鲜活的勇气已然苏醒。人们愿意独立自主，愿意直面他们的问题，同时不遗余力地为自身寻找新的出路。与过去的决裂和新生活的实现，成为迫在眉睫的必然之举。

同时，在这种与过去的决裂中，新运动所要采用的方向已然显现其中——它有望与迄今为之所留存下来的立场产生直接的对立。首先，它只能发轫于个体，这对个体就意味着——相较于中世纪仅仅作为给定的特定共同体的成员，并且不得不在共同体的秩序下生活，个体的存在状态已然转变为独立、强势的立场。其次，将传统文化弃之如敝屣的个体一定会相信进步的可能性。最后，如果没有对于无所限于时空的理性的积极信念，如果仍像中世纪一样，局限于为历史传统做注脚和详解，那么人类就不可能抗拒业已被历史淘汰的既定秩序。因此，从一开始，现代时期就被嫁接进了个体主义的萌芽，同时也被植入了进步和理性的信念。整体而言，它作为一种自由体系，立足于反对中世纪的权威体系。

但是，现代殚精竭虑的努力的首要特征在于它对于世界的兴趣，以及它对于世界资源的充分占用。这显然不同于古代的封闭时期，以及基督教的成型时期。然而，已显倦容的人道主义只有在逃离了可见世界，并进入信念和神秘情感的王国后，才能找到生活的支持和意义——在通达终极统一的努力中，它已经丧失了所有徜徉在多样性中的欢愉。另外，新的生活脉动现今竭尽全力地鞭策我们进入世界。我们需要一种更宽大的生活——我们需要更接近事物，同时与它们之间的矛盾做斗争。在信念和情感笼罩下的多愁善感的生活让位于勤勉的劳作和勇敢的活动——存在的整体形势被转变。这种乍看之下如此简单的新生活，很快地证明了自己是极端复杂。它旨在将灵魂和世界最为紧密地联系在一起，同时令生活胸怀天下，并将世界镂刻进人的根本存在中。显然这绝非易事，因为灵魂深处的动荡不居如此广泛地离间了生活和世界之间的关系，同时又令生活如此深刻地囿于自身。此外，现代科学思想开始意识到灵魂并不直接类似于我们所在的世界，同时不同于旧有观点的主张，一个人不能由此直接影响其他人。但是，如果两者之间已然呈现出深深的间隙，同时为了勾连两者、相互调试成为必要，那么以往关于实在的简单观点就不再可能了。从而，人们现在必须以十足的劳作和辛勤来构建原本毫不费力就归属自己的世界。我们已经看到，现代生活不是波澜不惊地被掌控和逐步展开的；相反，其中充满了永不止息的冲突，并且存在着对现代生活基础孜孜不倦的奋力追寻。

一种深刻的对立确实已经显现，随之而来的是不可缓和的冲突。对灵魂和世界所欲求的统一可以用两种迥然不同的方式来理解。一方面，可以用以下方式理解——灵魂吸引并同化世界；另一方面，世界吸引并同化灵魂。因为也就出现了两种根本不同的实在体系——唯心主义的（idealistic）和现实主义的（realistic）。每种都具有深远的影响力，同时本质上改变了存在的整体状态。如果不能拓展它自己的本性，灵魂就不能设法寻求征服世界。精神上的努力使得它自身不再局限于纯粹个体的立场，同时就可能的抽象梗概而言，它也使得自身脱离了或此或彼的民族和宗教的特定限制。精神生活现在关注的是，就其本性而言，并立足于自身无限精力的最为普遍的事物，它只能被自身内在的必然性所推动。就它活跃在现代生活中日益剧增的影响而言，这种变革更应当引起人们的注意。较之以往任何时期，我们文明的推动力和引导力此刻被认为是更为强大的。目的和方法都预先被讨论，所有的可能性都预先被考虑，生活被提前规划，并在未雨绸缪中度过。精神建构、理念和原则——这些构成了我们现代生活的核心，同时充斥于存在的整体领域中。我们可以看到，在各个方面，理论都为实际的运动铺平了道路，并且强化它们的力量，激发它们以热情。人类生活比以往任何时候都更强烈地受思想的影响和塑造。

但是，受其他方面影响的，由于世界的发展——这个世界独立地站在人类的对立面，并尽可能地将他置于自己的控制之下——而出现的转变也未尝不重要。被人类想象和欲望投射在涉及我们的事物之上的所有东西，现在都被看作对事物自身真正本性的扭曲，因而应该被冷酷地驱逐出去。只有通过对主体性的严格清除，自然才能首次自在地成为一个巨大的相互联系的整体。人类对于自然的依赖——绝不比“他是她的一部分”① 的事实意味着更多——首次获得了完全的认可。但是，它一直是一种外在对内在的影响，而且这种影响被日益强调——灵魂似乎完全从外在得到支持，同时它的整体福祉似乎依赖于它与环境之间的关系。这种运动开启了一处永采不竭的关于事实的矿藏，同时激发出永不止息的劳作。现在，人类生活和努力似乎首次被置于一个牢固的立足点上。欺骗的幻觉被真理的全然之光所驱散，主体的自大则被一种对自身局限的谦逊认知所取代。因此，我们就有了现实主义文化的发展，这种文化首先赢得了独立发展之路，继而开始要求独有的权利。它甚至着手于完全满足人类的理念需要，并解释它们——在与古代传统大不相同的意义上，这是真的。所以，在现代生活中，我们有着一种双向的发展，有着两种实在体系，

① 这里的“他”指人类，“她”指自然。——译注

这两种体系具有对立的倾向以及处于若隐若现的冲突中完全不同的内容。只有肤浅的、讨好圆滑的乐观主义才会希冀将两种完全对立的立场简单而快速地融合在一起。真正超越于对立之上，同时将世界整体状态的转换变为必然之事——已经成为所有现代生活中的最高水平旨在达成的目标。但是，最终结论是难以达到的，而对于那些全身心投入目前充满混淆和冲突的运动的人而言，他们甚至也不能接受一个固定的立足点。

这样的内在矛盾，连同为了克服它而坚持不懈的努力，以一种翻滚不息的运动和暴风骤雨般的跌宕起伏特征深深地烙印在现代时期的画卷上。这个时期不仅包含了无尽的个体问题——它的整体存在也是个问题——也持续不断地全神贯注于理解它的自我本性和自身意义。结果是，较之于先前时期，现代个体的生活更加有待完成、更加不稳定，同时更易受到干扰。在上述激荡下，我们可以更容易理解此时出现的对于更早时代更为强大的安定和稳固的渴望。正是新时代的不安定，成为对旧时代遗老遗少们最尖锐的申斥，也是他们如此强烈地反对它的原因。

然而，不论这样的思路可以被怎样理解，它都是违情悖理的。时代的动荡已经带来了对事实的新的整体领域的审视，同时生活的全部特征已经从根本上改变了。我们早期的不成熟已经被暴露无遗，同时我们再也不能回归到上述的不成熟。无视团派的区别，我们所有人都接受并受惠于新思考方式的伟大后果。但是，如果不能以意愿为荣、不能以激发意愿的努力为荣，我们就不能达到上述成就。我们所身处的巨大混乱并不是源于人类自身的专横和自大。它们实际上是由精神生活的历史演变强加在人类身上的。同时，如果确定性、平和及舒适上已然存在缺漏，相应地，自由、宽广和宏达上就会有所补足。勇敢地面对问题比下述方式更能拥有真理——满足于不顾实现的成就表面的旧态度，不加分辨地将人类置于阶级分层中的倾向，以及一种通过无视而非克服我们存在的矛盾所获得的平静心态。

所以，不顾它的不确定性和矛盾，甚至不顾它的错误，我们将会欢欣鼓舞地把新时代作为生活更高形式的具象化，把这样的精神轨迹看作步步向上的奋力攀升。这不是对“现代的”一切事物的奴性屈服，而是对奔流在所有人类错误中的真理血脉的热切找寻。

B.新世界的崛起

Ⅰ.文艺复兴

(a)文艺复兴的基本特征

卓越学者们的杰出研究已经十分清楚地表明，文艺复兴绝不能被理解为一场朝向古典时期的简单复归，而应首要地被理解为一种现代精神的发展。由于得天独厚的环境，意大利成为新生活的滥觞之地。也因此，它更为普遍的特征与典型的意大利特性密切地联系在一起。但是，人们依然不能感受到自己是如此贴近古典时期，并将它与他们自己的创造物紧密地联系在一起。同时，在重要特征上也不存在着真正的亲缘关系，从而也不会允许现在和过去联手跨越中世纪的鸿沟。首先，我们要探究这些普遍特征。

类似于古典时期，文艺复兴为尘世和世俗劳作确立了价值。远离俗世并进入与世隔绝之所的隐居生活——这是先前基督教的最终结果——不能再吸引朝气蓬勃的精神奋力向上的热切努力。直到重心全部转向那里之前，它越来越感觉到自身不可避免地被拖入尘世之中，同时那个世界的影像变得越来越模糊。这种改变较少通过遽变，更多的是通过渐变而产生。宗教不是公开地被攻击和责难，而是被褫夺了它统治中世纪人们时的严肃顽固的权威。它获得了类似于瞬时性、归属于直观和感觉印象的事物。它的神明以一种纯然人类的形象出现，同时以亲友的身份现身我们之中。由于和神灵之间的交流，人类本性被提升了，两个世界之间的距离被缩短了。人类不再处于和神的尖锐对立中，而成为它的表征和镜像。艺术在尘世改观中，并在将尘世改造为人类的精神家园、也是现世家园的过程中，发挥了主要作用。但是，它在此岸的提升绝不会干扰它对彼岸的信念，同样地，它也赋予这种提升以最为人性化、最为吸引人的特征。这两个世界都深深地浸润在存在的愉悦中，两者间任何冲突都不可能实现。所以，陈列在美第奇礼拜堂①里琳琅满目的、此岸的尘世艺术理想作品，实际上是彼岸荣耀生活的鲜活肖像。处在这样的心境下，人们可以看到，热心于古典时期与同时狂热于基督教的虔敬之间并没有不一致之处。新学院派——文艺复兴的最高哲学成就——毫不犹豫地试图在古代和基督教之间建立起完全和谐的关系。

但是，尽管隐藏起来并未被意识到，上述改变还是存在，同时它潜移默化的影响也行之有效。尘世，或者“此岸”，就其本身而言被描绘为一种更加融贯和自立的整体——它长期处于冲突中的内在和外在方面，现在已经寻找到新的融合之途。本性再次受到精神的鼓舞，这个概念被古典时期从始到终地加以辩护。对于生活行为而言，精神性中介的发展比起教会的发展依然更为重要。它作为尘世圈专注于自身新的兴趣和问题，并将自身发展为一种紧密的内在联系——这首先发生在意大利，然后拓展到整个

①“美第奇家族”(Medici Family)，或译为“梅蒂奇家族”，是佛罗伦萨十三世纪至十七世纪在欧洲拥有强大势力的名门望族，而美第奇礼拜堂则是美第奇家族统治者的重要安葬地，里面陈列了大量建筑、雕塑作品。——译注

西欧。

古典精神似乎再次以一种新的形式重现于大地。我们看到，以往的基督教——被后古典时代形式特征的圆滑空洞所抵制，同时醉心于不朽灵魂的救赎——将它所有的注意力放在主体情感上，同时把形式作为少有价值或者其价值尚且存疑的事物而弃之不顾。野蛮未开化的危险已经逼近，这种危险随着古典文化的衰退越变越大，并一直持续到中世纪——在这段时期，所有的精神在物质的无形阴霾下苟延残喘。现在，反响再次出现——形式赢回了它旧有的重要性，并通过年轻人的蓬勃能量将他们自己束缚在下述任务中：克服所有非精神性和无形式性的混淆，做出明确的区分和无畏的选择，同时将精选的质料重新融入一个完全系统化的形式中。正是在这个过程中，从粗糙的本性概念到精神性的转变才首次出现，世界才屈服于人类，整体存在才充斥着蒸蒸日上的愉悦。在这种意义上，一种发展就造就了被广泛理解的生活理念。同时从此点出发，它的影响就在整个现代时期拓展到了每个方面。

但是，不论文艺复兴是多么密切地触及古典时期，两者仍存在着本质上的不同。被古代人视为初始的自然观点以及被每个人视为理所当然的东西，现在被明显地奋力争取，而且只能以勇敢对抗当下传统为代价被获得。整个过程变得更加自觉和富有侵略性，同时通过它所遇到的反对来定义自己——朝向形式的客观世界的运动就像一种在长时间向永久真理漫游后的复归，就像大病痊愈后的愉悦。作为文艺复兴最重要的特征，主体更为显著的发展已然出现了。我们看到，它更为自信地将自身同环境相分离，更为自由地满足自身，同时更为充分地展现自己的力量。它甚至成为生活的核心，并将所有事物都看作与自身相关，同时依其本性转变所有呈现在它面前的事物。

沿着文艺复兴的线路，现代精神开始策划实现自己与众不同的特征，但是我们却难以解释现代精神借以达到目标的方式。两种影响在此发挥作用——一是长期历史过程的结果，二是敏感和易受影响的意大利独特气质的诞生。首先，旧有的文化在意大利并不是完全僵化消逝，一旦有微小能量的介入，它就会死灰复燃。此外，比起北面，中世纪并没有在此遗留强大深刻的烙印。同时，极其不幸的是，它们之间仍然有着独特的政治联系。各个国家分裂为不同派系，法制的力量被弱化和颠覆——凭借上述手段，个体被迫使依赖自己的力量和判断。在意大利，我们首次看到个体的地位不是由他所属的阶层决定，也不是由他所属的社团和公会决定，而是由他摆脱了所有外在权威束缚的自身特征决定。他的社会地位不再使他成为一个特殊类型的个例，不再在他身上戳上确定清晰的标签，更不再将他的活动逼向无从选择的绝地。他能够自由地移动，能够将自身置于自己的创造中。个体的发展比以往任何时候都更活力四射、更清晰明确。比起中世纪惯例性和一致性的特征，早期文艺复兴的特点是多么充满活力和生动鲜明啊！

但丁在此处标志了一种真正的转变。据资料显示，他应完全属于中世纪——他的杰作表明他是思想家中最“中世纪”的托马斯·阿奎那最真正的门徒。但是同时，他以极大的独立性和自主性进行感受和创造。他在自己的思考中倾注了大量激情，并以爱恨的热潮不断激荡整个宇宙。通过但丁，我们可以感到自身完全置身于现代性的坚实大地上。

但是，我们不能指望理解那种使得现代个体重建自己世界的力量，也不能指望理解他在各个民族的解放工作中的非凡成就，除非我们适当考虑到在世界历史更大范围内产生作用的力量。内在生活的实在性并不是一种新的发现。它是一种古代封闭时期业已攫取到的真理，尽管其中历经了痛苦和辛劳。中世纪将它作为次要或枝节问题忠诚地保留了下来，这在神秘主义生活和对神秘的沉思上体现得尤为明显。但是现在，它感到自己的力量足以破茧成蝶，朝向广阔的世界振翅而飞。个体已经被允诺了自身存在的无限，也被给予一个开启它的无限宇宙。所以，朝向更加内在的生活的运动，以及一个濒死世界的遗赠，现在成为更光明未来的萌芽，并充满了无限的可能性和问题。

然而，正是在对世界更清晰的理解中、在世界和自我之间的界限更清楚的区分中，现代主体更大的独立性才得以出现。这种增长具有两面性——当精神生活更加内在化的时候，我们也会拥有客观世界更丰富有力的发展。世界和自我之间的交互使得生活无比鲜活，并使得它更富有生气、更充实。“在中世纪，人类意识的两方面——人们内在生活自省和对世界的观察——一直处在一层共同的纱幕之下，处于睡眠或者半醒状态。这层纱幕是由信仰、幼稚的偏见和幻想织成的——透过它的网丝向外看，世界和历史都罩上了一层奇异的色彩，而人类自身却只是作为种族、民族、宗派、社团、家族或者一些其他的普遍形态，去看待这个世界。在意大利，这层纱幕最先烟消云散。这个世界上的事物和状态开始普遍地被客观地看待和处理。同时，主观方面也要求自己的权利——人成了精神的个体，并且也这样来认识自己。”

这种将人类所处的环境和他自身更为清晰的区分，导致了对他所有精神力量更为明晰和自由的运用。反思成为排头先锋，它开启了新的道路，处处考量和计算，并相信自己能够从自己的内涵里创造事物——例如，根据纯粹理论建立一个国家的宪法。但是，这种自信预设了自身同想象，甚至是天马行空的想象之间的密切同盟。这种想象勇于采取大胆的综合，同时在明显不相关的现象之间发现新的统一联结。事物可能不再保持原状。人类迫使事物接受他的批判，向事物展现自己的力量，同时强制它们供自己使用和娱乐。此外，情感生活以及它对幸福的要求完全不同于中世纪风格。它拒绝被彼岸的信念和希望所满足；它要求当下的满足，同时以如火的热情全心寻求完全占有它的幸福。

但是，通过内在生活的强化，人类心灵仍不断保持着与实在之间的关系。因为只有如此，他的力量才得以释放，他的生活才会丰富多彩。为了将事物从传统偏见的迷雾中引导而出，并攫取到它们真正的本质，人们尝试了每一种方法。正是在被冷静而清楚地把握到的实在的坚实根基上，人们自身的活动才发现了自己的立足之处。据此，发现事物的真实本性、准确定义并清晰描述它们——将上述作为起点，在各个方面都是最为重要的。用这种方式，世界就获得了一种牢固的客观特征，同时谈论客观的世界意识也由此成为可能。但是，这绝对无损主体的重要性——毕竟正是通过主体所提供的基础，客观化过程才得以前行。

所以，主体和客体相辅相成。作为思想的两个极点，它们更易走向对立。但是，正是在两者一起产生作用，并将各自限于成果卓然的相互关系的时候，生活才获得了它至高的完满。同时，这也正是艺术领域发生之事——主要通过艺术家的视角来看，但是一定程度上也通过观察者的视角。因为，正如在艺术领域，所有内在冲动都希望自身得以具象化，同样地，如果没有被灵魂赋予灵气，外在形式也不可能恰如其分。因此在美中，生活达到了统一，同时也达到了它的自我完善。力量和美的联姻，或更甚者，充溢于生活的美，成为掌控一切的理念。

在美的这种复兴中，我们可以看到自己在多大程度上游离了旧有的概念。美不再是平思静虑的专属效果，也不再是深陷于对象中的迷醉。主体冲动是如此的活跃，以至于不可抑制地将自身适应于它的诸种经验，同时将这些影响转变为将它的生活提升到个体愉悦的力量。此外，在以往的时代——至少在最伟大的思想家之中——美是如此类似于善，以至于它们能够被统一到一个单独的概念[①]中。如果有选择的话，它通常会偏向于善。另外，在文艺复兴时期，对道德的涉及更加少了；美开始超越善占据了独立的地位——专属美的生活编码出现。这并不是说，艺术是不道德的。而是说，这样的道德正如它自身所要求的，遵照它的内在必然性去制造并评价事物。此处，借助自身对生活的照拂以及对人类精神能力的完全发展，美实现了它的至高功效。这种表达在形式上得以激发人类所有不同种类的能力，使其成为令人身心愉悦的活动。他内在生活的所有富庶，历经时代变迁逐渐累积起来。这些富庶现在终于通过它们在艺术方面的表达得以被完全掌握和充分享有。给予文艺复兴时代的艺术以永恒意义和力量的东西，正是现代精神所找寻并发现自身置身其中的事物。这幅图景不仅仅是清晰确定的对象的摹本——通过它，生活自身接受了一种新鲜动力。所以，艺术产生了一种新的生活理想——人的理想是他

① 即希腊文 kalokagathia，意为美善，由 kalos（美的）和 agathos（好的、善的）两词构成。——译注

的普遍本质，是同融于一个和谐整体中的活动的不同显象。

但是，创造性的艺术只有在鲜活事物中才能被保持在高水平。在其他地方，主观和客观、感觉和行为，已然失去平衡。而且，一方正希冀对另一方的抑制和倾覆。一方面，朝向愉悦和眼花缭乱的表象的趋势出现了，奢华和愉悦的生活也出现了，尽管根据审美情趣，它确实高贵而富有气质，但却缺乏崇高的目标。另一方面，这里也存在着一种将外在行为从内在动力的分离、一种将所有努力聚焦在对环境的掌控的冲动、一种朝向纯粹有用和实践目的的运动。这导致了一种对技巧性艺术的成果丰硕的教化，也导致了对机械设计的利用，这种设计被证明是非常实用的，尤其是在那些有天赋的个人手中。但是同时，人类的终极目的和他的内在状态被完全无视了。据此，勤勉力行的主干分为诸多支流，奔流在极为不同的水平上。但是，它最后仍是一个相同的运动，这种运动怀纳所有类型的对立趋势，同时渗透入生活所有独立领域。它的影响不仅贯穿在康健和充分成长的宽广领域里，也经常体现在充斥着巫术和迷信的阴暗处所中。

首先，人们与世界和自然之间的关系经历了巨大的变化。文艺复兴是一个充满奇妙旅行和惊人发现的时代。它感受到一种迫切的需要——将所有现实存在的可能地域囊括在它的视野之内，同时将这地域和自己的生活联系在一起。文明人以尘世作为他的财富，当清晰地扫视了尘世的整个范围，他发现它不再是那样的硕大无朋、那样的无法抵抗；他能够骄傲地用哥伦布的名言宣告："地球是很小的。"实在也以更为特殊的方式，被强制开启自身的资源，并满足人们的享受。植物园陈列得樱红草绿，动物园也扫榻相迎。在每一个领域，视野都被极大丰富，并且新的兴趣已经觉醒。

但是，文艺复兴时期的人们并不仅仅满足于观察自然，他也得控制她。然而在此处，他仍受限于狭窄的局限性。同时，当他急不可耐地想超越这些局限性的时候，他就会陷入惨重的错误中。我们的确在科学研究领域发现了一些有价值的开拓性工作，而且在15世纪末，意大利就成为欧洲数学和自然科学领域的执牛耳者。同时，人们对技术探索的热情也已经苏醒。但是整体上看，人们对自然的态度仍旧是思辨性的、主观性的，研究工作还没有获得一个确定的立足点。一种对自然的万物有灵解释仍然盛行，人们仍然没有清晰意识到自然要符合律法，所以他们并不反对神迹。同时，当生活巨浪拍岸般的力量宣称对外在世界的完全统治时，我们就容易理解人们如何被一种天马行空的想象所席卷，并被带入魔法的幽暗森林中。较之于中世纪，巫术和迷信被粉饰得更具有光彩魅力。对于科学而言，自然仍然是一本尚未被打开的书，神秘的艺术必须机智巧妙地战胜自然，同时令它为人类服务。但是，最为糟糕的是人们对巫术的信仰，尽管北方大地远比意大利更能感受到它那连同其血色历史的恐惧梦魇的重压。在迷信和魔法面前的软弱必定要被囊括进文艺复兴时期的人类浮世绘中。

他更乐于被置于对自然的艺术观点的发展过程中，被置于一种自己当下徜徉其中的与自然之间的精神交流中。这些的后果是生活的永久丰富。中世纪的人们太过依赖于他的感官环境，也太过囿于自己的感觉中，以至于不能超越他的片段性印象。古典后期与自然有着更为亲密的精神联系，但是自然仍然只是一种人类存在内在扩展的方式，而不是一个和善、亲切的同伴。在文艺复兴时期，它扮演着一种更为重要的角色，因为人们现在开始乐见自然风景之美。他开始感受到一种不可抑制地想要描绘它的冲动，同时这种对自然的感受通过造型艺术的媒介作用经历了彻底的变化。环境终于能被统一，而形成一幅完整画卷；灵魂通过它呼吸，并将它解放性、平静性和高贵化的影响倾注在人们身上。

与世界的发现对应的是人对自身的发现。个体首先被一种热切的渴望所掌控；这种渴望在行动中释放他的力量，并在所有的方向发展了它们[①]。他用自己的所作所为使自己鹤立鸡群，他的成就一定卓尔不凡，他的技能一定无可置疑。这是一处利于私人公民发展的适宜土壤，这种公民使自身远离所有的公众关注，并形成他自己的圈子。但是，随着个体主义的发展，一种个体特征更为清晰的知识也出现了。人们以更大的精确性观察自己和他的伙伴，并乐于对他所观察之物进行清晰甚至尖锐的描述。他试图追溯个人、阶层和社会关系的典型特征。他在关心外在的同时，也没有忘记内在生活。所以，人成为一个对其自己身而言的对象。通过更为清晰和冷静的思考，并且不被道德上的考量所打扰，他决定彻底搜寻自己的本性，同时衡量它的能力。这种自我知识使得他的生活更加自觉和有效。在一个更为真实的意义上，人类的生活和行为成为他自己的。

普通日常生活也经历了改变和转换。每一个地方都有着朝向恩典、美丽和舒适的运动，每一个地方的生活都感受到艺术塑造万物的大手。习惯变得更为精细；人们从演讲的纯粹和美中寻找乐趣；社会关系被高尚化了；节日将艺术和生活最为紧密地联系在一起；每一个部门都有一种对力量和技能有效展示的需求。这

① 在这里，“它们”指的是个体的诸种力量。——译注

就是文明社会的开端——在其中，个体能够自由运动，同时人们会依照他对公众娱乐和愉悦的贡献来评价他。出身的不同被忽视了，阶层之间的不平等被拉平了——男女共事。所有文化圈子更加排外地将外来者拒之门外。人类认可了一种划分的新依据。

国家方面也被完全改变了——我们拥有了现代共和国的崛起，这种崛起伴随着它的教化目的，它对于安全问题的关注以及它对规范所有社会关系的宣称。政治生活整体上凭借经验被发现，且从不可见的关系网中脱颖而出——中世纪精神正是在这种关系网中包裹己身。国家不再是怀纳整个世界的神圣秩序的片段，不再是一个以个体为其成员的有机体。在此处，“并没有北方那种意义上的、伴随着人为派生的权利的封建制度”。政治是一种掌握在大人物和特权贵族手中精巧机械性的工具，同时无论如何也必须行之有效。一种对可见领域内的力量、成就和名声贪得无厌的渴求，压抑了被看作幼稚偏见的道德判断。马基雅维利以其严酷的格言构建了他所在时代的指导性原则。“国家的理由”向这个时代的意识证明了甚至最声名狼藉的行动也是正当的。但是同时，政治生活的技术有了大规模的发展。为了控制外在世界，人们必须拥有对自身力量的确切知识——所以，在文艺复兴时代的意大利，统计科学涌现出来了。同时，本国政府不仅有所改进，也被系统化了，而和其他国家的关系需要更多的关注和技巧。意大利，尤其是威尼斯，是执行“外交”政策的大本营。这种朝向技术性处理的倾向渗透进各个部门。战争现在成为一种艺术，并强迫每一种新发现都为其服务。在要塞建设方面，意大利人是所有欧洲人的老师。财政学也被彻底发展了。国家充满激情地工作，来提升日常生活事务中康乐、安全健康和舒适的整体水平，提升城镇的设计等等。在每一个地方，思想和快乐都并肩出现在创造性活动中，而成果必然伴随着对其的描述、评论和批评。尤其是佛罗伦萨，伴随着当地的政治运动，它同时也成为各种政治学说的中心。

正如在这个门类里，力量和工艺技术的发展将道德判断深深地推入背景中，所以一般而言，文艺复兴的土壤也不适宜道德的成长。这并不是说，这个时代缺乏高贵、仁慈的情感，缺乏值得尊敬的人物。它们都在最大程度上显现了。这个时代真正缺乏的是一种有组织的道德领域——它面向个体，对他的偏爱实施限制，并且驱使他超越自身纯粹的自然立场。与此相反，我们发现所有事物都依赖于个体特征的不确定本性。一种完全高贵的倾向确实能够在自己的自由根基上绽放出最美丽的花，但是这也使得还有大量的空间留待最残虐的兽性和暴力，留待披着人皮的狼去践行自己那些得心应手的罪恶行径。社会的平均状态呈现出一种崇高和低下、高贵和卑鄙的明显混合，这些状态也经常一起出现在同一个人身上。道德一旦和自然倾向产生对立，它就被看作一种外在的强制力，阻碍着人们用自然的方式完全释放自己的力量，并充分掌控对象。

最能够抵消低级诉求影响的是个体对名誉和不朽的渴求，甚至是对他身处圈子的单纯尊敬的要求——我们应该称其为“自尊”。但是，这是一种关注表象而非实在的动机，同时，这种动机乐于不去掌控真实的道德，而去把握它的幻影。实际上，文艺复兴时期的道德大环境完完全全是污浊的。同时，这个时期艺术作品中的美和纯洁，到最后并不是全部都能够掩盖那威胁着吞噬它的道德深渊，甚至对它自身而言也是如此。正是道德活力的缺失，而不是改革或者反改革，根本上使得文艺复兴时期难以为继现代思想中的领头地位。

文艺复兴时期的宗教要归功于它和艺术的亲密同盟，以及随之而来的对现代生活的强化掌控。但是，文艺复兴的普遍倾向绝不是支持宗教。大多数人仍然深陷于迷信之中，同时仅仅单独受宗教中的魔法因素影响——这些现象通过异教形式仍活跃在基督教土壤上。中等阶层和更高阶层将对教会著作和行事方式的强烈反感，和对教会权威讨好圆滑式的服从糅杂于一体。它们两者也不免受魔法因素的影响。特别地，他们会寻求拥有圣礼的保证，借以对抗死亡。实际上，这种感受完全是世俗性的，同时它主要是一种假定宗教会提供给人们的世俗偶然性。但是，在这个当下世界，生活的激情欲望和对名誉及伟大的渴望使人们敏锐地意识到横亘在他们面前的障碍，并领着他们的思想导向命运的神秘统治。如果一项事业注定要失败，它至少被渴望预先知道结果，并据此管理自己的计划。所以，通过这种彻底的无信仰，怀疑论时期被强烈地烙印上了宿命论、占星术，甚至是魔法的痕迹。这是一般大势。但是，与此相反，我们发现思想家的精英群体和他们的高贵本性发展出一种更为崇高和更为深刻的宗教，一种为着宗教本身的宗教。在此，勤恳奋勉高翔于所有可见和有限的形式之上。普世宗教的理念出现了。属于文艺复兴的生活的自发愉悦被高贵化，并转变为一种熔一神教和泛神论为一炉的宗教——泛神论将人们提升到神人合一的无限生活中。这是令现代思想受惠极深的影响的开端。但是，不管特定孤立个体的个性是多么的令人满意和吸引人，对它们而言，宗教与其说是道德转换之事，不如说是一种形而上学理论。在对宇宙的思辨沉思和美学沉思面前，在希望随之而来的存在的扩大面前，人们对早期基督教基本问题的兴趣已经消退。因此，意大利少有宗教改革的拥趸者，也是不可避免的了。的确，这些凤毛麟角的个体通常仅仅在更为自由和更普遍的思想模式下才能独占鳌头，同时他们也理解为了这个原因如何牺牲财富和生命。但是，他们发现自己努力的真正领域远离了他们的家园——文艺复兴的土壤完全不适合创造一种普遍的宗教运动。

我们现在必须将注意力转向文艺复兴中最重要的生活哲学。如果它们的确不是金字塔顶端的成就，同时在旧秩序和新秩序之间摇摆不定，那么它们同样也可以提供丰富的启发性观点。我们选择了思想的三个主要方向——宇宙思辨系统、人类行为系统和以科学为媒的自然控制系统，同时在它们的领军人物中寻求代表，这种方式可被理解为对论述进行的一种限制。

(b) 对宇宙的思索。库萨的尼古拉斯和乔尔丹诺·布鲁诺

文艺复兴时期最为真实的哲学表达包含在宇宙思索体系中，这种体系发轫于库萨的尼古拉斯，并在乔尔丹诺·布鲁诺处达到发展的顶峰。前者在很多方式上仍然紧密地和中世纪联系在一起，而后者则浸染于新时代的精神中。一个是教会德高望重的枢机主教，另一个则是被当作异端遭到迫害，甚至被烧死。

正是这些思想家的特立独行，使得他们倾向于从内在经验问题转向宇宙整体，并期望由之获得一种更为宽广和真实的生活，也使得他们用人类个体的狭隘局限来换取宇宙的无垠。因为它[①]

① 此处指宇宙。——译注

仅仅作为一种对神圣存在的表达而具有如此崇高的价值，所以人们对它的屈服具有宗教的内涵，这种内涵也赋予它精神性的光耀。新柏拉图主义者和神秘论者也相信，万物都存在于神之中，也即绝对存在中。但是，这种信念现在却处处碰壁。在世界与神合一的思想中，一个厌世的时代找到了即刻升级到终极的存在之源处的动机，同时也是从艳丽的现象全景中抽身而出，并进入永恒的统一的动机。但是从相同的思想出发，一个充满生活乐趣的时代则会将这种诱因引入到下述方面——更紧密地与世界混合为一体，同时全心全意地为它自身的富饶而欣喜——因为神居于万物之中，并通过整个复杂的宇宙，他的脸庞转向了我们。正是神的在场现今才令世界更统一、更和谐、更富于精神性。

库萨的尼古拉斯出生于德国，但其思想却承袭自意大利。尽管在他身上新思潮已经足够强大、明确，以至于能够为重要变革铺平道路，但是他在很大程度上仍属于中世纪。上帝的超越性和他与世界的分离仍然被维持了下去。但是，在两者之间发现某种统一的内在基础，正是思辨的目标。在上帝那里为“一”的存在，在世界中却被展开为“多”。如果不是不可见的上帝的显现，世界还会是什么？如果不是可见者中的不可见，上帝还能是什么？这个被创造的世界并不是在某个时间点上突然出现的，而是作为一种不可见的潜在，先于它的显现永恒地存在于上帝之中。上帝并不通过中介事物而工作，如理念，而是直接经由万物来活动。他是整个世界单一的“灵魂和精神”。作为一种无限存在的显现，世界没有限制。但是，作为对神圣统一的表达，它必须不顾自身的无限，掌握联系的原则。这正是尼古拉斯所要找寻的原则，这种原则有时会将世界描绘成一种和谐的艺术整体——因而将数学和艺术概念紧密地联系在一起——有时会将世界描绘成在一条未阻断的链条上，从最低处向最高处攀爬的一系列步骤。在两种概念里，将事物看作整体的思路都同样地和对单位个体的尊重联系在一起。万事万物都有它的固定位置和它自身独特的任务。在自然中，没有任何事物在本质上是无意义的或者无用的，因为所有事物都有它自身的活动。每一种“多”都和谐地混同为一，就像许多音符形成和谐乐曲、许多肢体构成身体一样。富有生气的灵统合了整个身体，同时通过整体又统一了肢体和部分。在此，我们已经得到了经常被归属于莱布尼茨的理论——两个事物绝不可能完全相同，否则它们就会成为一个事物。

但是，个体存在的成长孕育于下述事实中——它不单单是整体的一部分，它实际上能够以自己的方式通过自身直接感受到存在的无限和宇宙的丰盈富饶。在所有事物中，上帝是无所不在的；而所有事物，也存在于上帝中。其中人类精神——小宇宙——通过它和所有实在的神圣根基的内在联系，尤为凸显了此点。它是“一粒在其自身携带了所有事物原初样式的神圣种子”。从这个观点来看，生活似乎会成为一种内在胚芽的演化，这种胚芽在自身囊括了整个世界，它是一种源自内在的一个世界的创建。这种发展的观点现在开始承载起将潜在进行现实化的进步意义。尼古拉斯当然不仅希望在尘世中找到上帝。对于宗教意识而言，头等大事仍是对上帝自身的直接理解，是一种朝向所有存在根源的神秘提升过程中的升华。这紧密地依着于旧有的神秘理念——作为从“一”到“多”的分化，演化（explicatio）是一种次于返退（complicatio）的过程，而返退过程则在无分化的“一”中来理解所有的“多”。但是，尼古拉斯会允许俗世生活具有更大的重要性，因为他没有在尘世生活和上帝之间划下固定的鸿沟，而是通过持续地接近上帝，从而越来越多地实现尘世生活的自我本性，来表现尘世生活。正是我们内在的永恒与瞬时、有限与无限之间的冲突，令我们疲于奔命，同时也让我们内心充满了自身在不断升华的确定性。正是宗教的，甚至是神秘的理念对我们存在的渗透，孕育了无限进步的概念。

对无限的渴求掌控了人类精神，也超越它达到了自然界，并将之带入躁动不安的运动中。自然生生不息。作为迄今为止被牢固确立的宇宙中心，地球现在必须像其他天体一样运行。甚至作为所有东西中似乎最为牢固确定的天顶，也无法逃脱变化的规律。运动永不停息。死亡自身仅仅是生活的仆从，因为它不过是一种“生活借以交流和多样化的分离”。

这样的理论导致了自然概念和现象世界价值的重大改变。自柏拉图时代以来，改变和运动已经失去众望，尤其在中世纪——这个时代为了对抗流变的世界过程而设定了分属于上帝的永恒止息——它们已经被认为是无足轻重的。但是现今，恰恰是这些受更为鲜活的生气所影响的改变和运动，赢得了自身的重要性和价值。同时，尘世也获得了额外的意义。由于从整体上看，它根植于上帝并追寻他，所以它内在的所有东西都不会成为轻侮的对象，当然也包括我们的地球——人类精神的居所。

文艺复兴时期的活动更为亲近自然，所以尽管它和过去仍然藕断丝连，它还是向我们揭示了一种全新的倾向。就将知识作为人类最为重要的能力而言，尼古拉斯与新柏拉图主义、神秘主义相一致。正是知识通过对存在核心的渗透，引发了存在与上帝的统一。人类精神是一面宇宙的活的镜子，是一束源自神圣之光的光线。但是，对所有对立面统一于其中的无限的神秘沉思不再完全令他感到满意。在面对生活的无限多样性时，他也感到眼花缭乱，也被其所吸引。同时，由于寻求知识紧密地和无限进步的理念联系在一起，所以对更宽但更广泛知识的渴求成为生活的灵魂。能够不受限制地知道越来越多的东西，就类似于永恒的智慧。人类会欣然地不断增其所知之知、强化对其所爱之爱，同时整个世界不再对满足他有所增益，因为它不能平复他对知识的渴求之情。这种对知识的奋力追寻产生，并发展了精神的真正内在本性。就像火激发于燧石，精神也通过自它辐射出的光无所限制地壮大已身。这种精神的新概念作为一种拥有无限发展可能性的变量，为尘世工作提供了强有力的激励。尘世存在现在有了它自己的未来，而不仅仅是一种对更好世界降临的期望。这些已明显近似于一种新思维模式。

与此同时，尼古拉斯在很大程度上也确实依赖于经院哲学——他的作品中不仅包含真知灼见，也包含十分奇异的思考、大量碰巧为真的数字象征以及对中世纪传说虔敬而富有启迪的沉思。此外，他内在的新鲜东西经常被证明是借用于新柏拉图主义和神秘主义，甚至关键的概念和意象也是如此。尽管有着这一切，我们发现自己已然置身于新世界的门槛前。因为那些真正新鲜的、能够革新世界的东西，是生活倾向的改变，是创造和工作中的愉悦，是朝向一个充满运动和美的世界的吸引力，一句话，是文艺复兴的典型状态。

当我们从尼古拉斯转向乔尔丹诺·布鲁诺时，两位思想家之间的亲密关系是显而易见的。但是同时，我们很难忽视这样一个伟大的改变——生活被吸引朝向世俗劳作，从而更加远离宗教。

从俗世的角度，上帝得以现于人前，而不是从上帝的角度，俗世得以显现。此外，新思想更加富有自我意识，也更具有抵抗力量。它感到自身与旧思想之间的对立，并近乎放肆妄为地对它们提出了质疑。而深深吸引布鲁诺的哥白尼体系强有力地支持并确证了新的倾向和感觉状态。天文学再次展现了它对人们的普遍世界观，甚至是生活情感和调子的影响。宇宙是一个封闭的系统，星星沿着永恒不变的轨道运动——从柏拉图时代以来，这一信念已经变成基本信条，并支持将宇宙看作是被永恒不变的理念所统治的自我平衡的艺术整体的信条。这种宇宙空间无限和永恒流变的新天文学理论为世界的全新概念扫清了道路。

像尼古拉斯一样，布鲁诺在有限精神攀升到无限存在的过程中发现生活的主要支撑。他也共享了尼古拉斯关于尘世的观点——作为可见存在的领域，尘世涵盖了伸展开来的“多”，这种“多”存在于作为无区分之“一”的上帝之中。他随后赋予人们的努力奋斗以双重趋势——当它试图通过表象渗透入实质，它也会乐于参与到泛神论式的尘世生活中。但重心现在已越来越向世界贴近；凭神之名似乎通常意味着一种内在地提升世界，并将它看作整体的单纯策略。这种神圣本质和能量是在事物内部起作用的，正如巧匠由内塑形，神圣理性也要因此被赞誉。上帝的存在并不超越、远离尘世之物，而是经由它们完全显现。这就如同没有抽象之物能脱离个体存在而存在，或者自然能脱离自然事物而存在，抑或善能脱离善的事物而存在。因而，尘世便成为科学所关照的中心，同时根据布鲁诺的观点，轻信的神学家和真实的哲学家之间的区别恰恰也在于此。前者的解释超越于自然之上，而后者的却局限于她的界限之中。

作为上帝和宇宙之间紧密联系的结果，尼古拉斯对上帝所沉思的，主要归属于上帝的那些特质，现在已经转变到了宇宙身上——无限，也就是说，所有对立面的同时发生。就像在尼古拉斯那里，正是思辨性思考力促布鲁诺承认宇宙的无限——他论证到，一个有限的宇宙和上帝是不相称的。真正符合上帝本性的是他能将所有潜在者现实化。但是，这种思路现在从新的宇宙天文学理论中获得了巨大的附加支持和活力。正是在布鲁诺处，这种观点首次展现出它转化和扩展的力量。随后，教条惯例令它变得死气沉沉、变得异常迟钝，但是在此刻它仍然充满活力地发挥着作用。旧有宇宙有限的观点因其狭隘性而被抛弃。同样地，空间天空的观念也取代了天球的观念。地球之外的世界完全开放，并进入无限、生活与运动的充盈以及神圣存在的所有显象之中。与它的扩展和丰富正相对照，人类的具体领域逐渐减少到无足轻重的程度。从我们死气沉沉的现实上升到宇宙的纯粹以太[①]中，并用“英雄般的”爱去拥抱宇宙——正是上述构成了我们存在的灵魂和伟大。真正的道德也在此处——在上述英雄主义中，我们终极能量的推动力，我们整体存在所展现出来的张力，才能紧紧固守住无限，而不是在自我牺牲、自卑自辱或者自我贬低中。

宇宙的无限本性也具有另一种不属于人类的、更为拔高的内在特征。因为人们永远在找寻，同时在每一个转向处都必须权衡利弊、驻足沉思。而宇宙则远远地抛开了所有这些不预无备和犹豫不决，终极动因知道没有找寻和选择，它只为其所能为。所以，

---

① 以太：或译乙太、光乙太，是古希腊哲学家亚里士多德所设想的一种物质，为五元素之一。——译注

自由和必然的对立消失了。因为真正的必然性指的是没有外在的强制，仅仅遵循个体内在本性的律法。因此，没有必要担心：如果终极动因根据本性的必然性而行动，那它的行动就不是自由的；相反，如果它以其他方式，而不是以被必然和本性所要求的方式行动，那它就不会自由地行动。所以，在超越他之上或他周遭的世界里，人们都见证了一种比他自身更为真实的生活，这种生活远离了他自身经验的喧嚣复杂。但是，他能够通过思考学习去搁置自身的渺小，同时把握到这种普遍生活。

然而，在布鲁诺那里，对宇宙的屈从紧密地——尽管不是公允地衡量了他文学创作活动的所有阶段——与他对于单子的认识联系在一起，单子即相互间不同、不可见的、不可摧毁的单元。这些单元不仅仅是没有内容的单点，它们中的每一个都具有“在它自身最为重要的东西”。每一个都参与整个宇宙，但是以一种独有而特殊的方式。每一个都通过自己生活的发展，为整个宇宙的完善有所贡献。最后，每一个都拥有不朽的确实性。因为所谓的生和死仅仅是它自身存在中的状态，是一种演化和返退，这与稍后一个时代的莱布尼茨所认为的非常相像。诞生是从中心的一种扩展，生活是这个圆圈的完善过程，而死亡则是又复归到中心。然而，这样的不朽性并没有断言这种生活形式的连续不断，自然存在的不可毁灭性也不是基督教意义上个体的不朽。但是，这确实是一种对弥散在文艺复兴时期的崇高活力的真实哲学表达，同时也令个体意识到自己要成为不朽。

正如同在此处一样，我们在其他所有地方都有着借以克服实在对立的清楚明确的努力，这种努力并没有超越当下世界的限制。长期被分离的事物再次感受到了相互吸引的完满力量。按照布鲁诺的观点，宇宙知道由内而外没有分离，知道身体和精神没有分离。因为，不仅所有这些对立面最终都根源于相同的基础，而且甚至在经验领域里，精神也无处不在。至大和至小之物同样都具有灵魂，正如所有的灵魂生活都局限在肉体存在中。同样地，形式和质料难以避免地在自然过程中被混合一起。形式不是从外在附加到质料之上，同时质料也不是一种纯粹空虚的潜在，“近乎于无”——正如中世纪追随奥古斯丁传统对它的称呼。实际上，形式隐含在质料内，而质料内在地被形式所塑造。自然相对于艺术的超越性就在于此——艺术会利用异己的质料，自然则是经由自身而活动。艺术外绕着它的质料来创作，而自然却是在质料自身中行动。

所以，自然以其全部的生活和能量来展示自身。但是同时，作为艺术整体的宇宙的旧有概念被保存下来，并重获生机。生活和美紧密地联结在一起，这种联结不仅存在于文艺复兴的整体精神层面，也存在于此时期伟大哲学家的宇宙论中。伴随着它的所有运动，世界还成为一件金碧辉煌的艺术品，而部分之间的不一致和差异也不再妨碍世界的和谐。确实，这种和谐自身需要各个部分，因为“没有差异，就不可能有秩序”。没有差异，我们就不能理解联系；没有“多”，我们就不能理解“一”，多样性也不能在“一”的立场下得以保全。找到统一点就能引发对立，这就如同精妙的魔法。

在万事万物都会聚向宇宙和谐的过程中，我们有了一种激励，这种激励能令人类在实存的所有不公正和苦难的芜杂中出淤泥而不染。思想的领域又被赋予众望，去达成和实在的完全和解。在这个被看作艺术品的宇宙里，一切事物都表明自身是有用的、美好的和合理的。宇宙中没有东西是如此的微不足道，以至于不能为至高的完善和完全有所贡献。所以，对特定的人或者在特定的地方是坏的，而对其他人或者在其他地方就不是坏的，甚至是最好的事物也是不存在的。所以，对于关注整体宇宙的个体而言，没有东西是卑劣的、邪恶的或者不合适的。因为，尽管有着所有这些多样性和矛盾，万事万物都是最适宜地被自然加以安排，而自然就像唱诗班指挥一样，引导着不同的声部成为和谐一体，同时也是所有可能中最好的和谐。正是由于满足了完全的美和无限生气之间的联结，自然才是宗教崇拜的真正对象。对上帝的发现和崇敬并不是在人类的渺小和卑微中，也不是在我们的罗马颓废者的神秘根基上，而是在不容侵犯的自然律中，在烈日的光彩炫目里，在那些涌出自我们大地母亲的事物形态里，在至高的真实映像里——当它在无数的生命中展现自身，这些生命在无垠的天空之下，拥有着光彩和生活，拥有着感觉和知识，同时歌颂着唯一的至善与至高。这种对自然的崇拜就像真实的上帝之国一样，对布鲁诺个人有着极强的吸引力，而他也以热烈的情感全力转向自然。然而宗教生活的内在问题，同样作为宗教的历史和教会的要素，却令他无动于衷。但不幸的是，他却属于一个完全陷入教条之争的时代。

通过对这个思想世界的批判和鉴赏，我们可以增补下述评注。布鲁诺有着一颗富于智慧和启迪性的心灵，也由此更自由奔放、激励人心——他为文艺复兴时期的主要潮流给出了哲学表达。同时，最终的殉难连同英雄式的坚忍不拔为他的整个生命画上了一个绚烂的休止符。但是，除了对他在个人同教会的强烈对立时有着如此崇高的评价，布鲁诺不能称得上是一个伟大的思想家。因为，对布鲁诺而言，思想不是一个穿越喧嚣嘈杂的混淆，进入到澄净清晰之状态的过程。作为从单纯人类的渺小解脱而出的方式，宇宙设想人类重获力量，而这种力量只是已经凋零的人类形式的复制品。这个世界作为神圣的映像是高贵华丽的，但是这种神圣性被很快被尘世所奴役和吸收。在此，我们就有了自然崇拜——这反映出文艺复兴时期针对自然的审美感受。但是就其自身而言，它是一种奇异的、混合的现象。

如果在世界与上帝的关系中存在着矛盾，那么世界自身也同样会存在着矛盾——美学角度和动态角度之间的矛盾。我们在古希腊时期可以发现自然的美学概念。在这种概念下，没有无形式的生活，同时万事万物都有着自己的界限。现在，形式失去了它的永恒不变性，生活的浪潮无拘无束地向前自由奔流。但是同时，旧有的美学观点仍然存在，甚至以异乎寻常的热情被加以鼓吹，它们一起被留存下来。毫无疑问，这是一个过渡的时代。

然而，我们必须不能低估文艺复兴时期解放性和鲜活的影响力，甚至在它的理智层面上。只是我们必须不能忘记，得到的越多，相应地失去的也越多。同时，我们被给予的只是一个粗略的梗概，而不是一个详细描画的结构。

（c）人类行为的技艺——蒙田

个体的解放是文艺复兴时期的主题之一。然而，这场运动在不同国家有着不同的发展。在意大利，它被吸引到伟大的、强壮的、超人的事物上，因而猛烈地冲击着现实环境。在法国，这个民族赋予它一种尽管不怎么高昂、不怎么具有英雄气概，但却更温和、更亲善的气象。进而，在意大利，个体精力的充盈、对束缚的蔑视和宇宙的无限产生了冲突。在法国，对运动的独立和自由的诉求却并没有挑战现存秩序的稳定性。此外，意大利思想家的兴趣在于寻找和新柏拉图主义的联系点，而新柏拉图主义通过自身将上帝和宇宙等同起来，通过自身对作为容纳世界的小宇宙的人类的提升，来吸引他们。相反地，法国人却感受到和后古典时期的快乐主义、伊壁鸠鲁学说以及怀疑论最为自然的联系，这些哲学趋向使得个体从所有奴性束缚中得到解脱，并通过将生活转变为一种技艺而令它从其自身的苦难中得到救赎。这场运动最为卓越的代表当属米歇尔·蒙田。他被描绘成即使不是典型的人类，至少也是一个典型的法国人，所有令他苦不堪言的怀疑和误解、令他欢欣鼓舞的愉悦以及他所憧憬的希望和心愿——无论在感性方面还是在精神方面，都按照他的整体本性对他进行了描述。”（兰克[①]）

旨在发展自身力量、享受自己生活的现代个体能够为他的作品注入更多的趣味和鲜活感，而生活在后古典时代的个体就不能如此。同时，在面临环境和传统时，他的反抗会更加举步维艰。如果所有绝对价值和严格习俗将要被放弃，思想就会有更多的事情要做、有更多的芜杂要清除，也会更多地要求它的敏锐、机智和讽刺，而这种期望完全被事实所证实。

绝对绑缚在个体之上的严格正统的文化被蒙田斥为危险和不幸。它将人们从他自身转移到异己的兴趣上，从现在转移到未来。

① 利奥波德·冯·兰克（Leopold von Ranke，1795—1886），十九世纪德国最重要的历史学家，也是西方近代史学的重要奠基者之一，被誉为“近代史学之父”。——译注

我们一直在外飘荡，从未落叶归根。我们希望四海为家，所以我们一无所依；我们在生活，但对自己的生活却没有任何真正的意识。同时，生活已然充满着人为的刀工斧痕。我们放弃了自然，现在又想命令我们的女主人，尽管我们曾经在她的引导下过得如此安全和惬意。虚假和伪善弥散在我们所有的关系中。我们主要通过表面来关注自身。正如佩罗尼乌斯[①]所说，“整个世界都在伪装”。通过令自身卷入陌生而异己的兴趣中，我们使得自己漂泊无依，并深陷麻烦。我们失去了纯粹愉悦的力量，失去了舒适和无拘无束的运动力量。同时，我们对需求的精致化使得我们的激情更加危险。所以，比起有着单纯直接眼界的自然人，文明人更加不快乐，也更加伪善。

在随之而来的对我们文明的控诉，蒙田的脚步似乎先于卢梭。他对文明邪恶的描述，甚至所使用的实际词汇都和卢梭的相一致。但是，他开出的药方却迥然不同，远远不及这个闻名天下的激进派所建议的那般野蛮和危险。卢梭希望摧毁我们整个现存文明，破而后立地建立起一个全新的生活，而蒙田则仅仅满足于减轻文明施加在人们心灵上的压力。通过揭示文明所有安排的相对性，并拒斥社会法令的固定不变，他达成了上述目的。但是，表面上一切照旧。同时，在一定程度上，相对性理论在时代大潮里完全充当了守旧者的角色。

对于蒙田而言，解放的主要手段就是批判性反思。正是这种反思揭示出了历史建构中流动易变的本性，揭示出了人类制度的偶然特性，揭示出了那些所谓知识的不确定性，揭示出了经院式

① 盖尼斯·佩罗尼乌斯（Aius Petronius），古罗马官员与作家。——译注

学习的空洞和荒芜。最重要的是，它也揭示出了所有观点和价值的主观性和个体性。

如果事物和它们的价值随着个体不断改变，正如在一些特定场景中，同样的东西对一个人展示出它的一面，对这个人的邻人则展示出另一面，那么将一个人的观点绑定在另一个人身上就变成一种讽刺和无稽之谈。而清楚地察觉到所有信念和直觉中主观性和相对性的人，就更容易表现得宽宏大量、兼容并包。

这种内在生活的革命必定会改变我们对所有传统的判断，这些传统被我们习以为常地看作伟大的、善的。个体所具有的唯一标准就是他自己的感觉。所有对实在的宣称只有通过契合他的感觉才能被提出——不能证明自身是令人愉悦的事物，就不是善的。所以，个体印象就成为真理的判决者。那些自身为善的事物必须让位于令人愉悦和有用的事物。

但是，这种运动日渐增长的自由绝不意味着个体就丧失了他与同伴之间的联系。因为人类生活是在和其他人的联系中，在祖辈的影响下度过的。这种联合的结果是普遍接受的信念和规则集合，是上述集合被习俗长远发展的影响范围。我们最为睿智的自由抉择就是追随那些偶然盛行于我们的大环境和特定社会领域中的惯例和观点。宗教被看作社会安排的一种形态，甚至就它的历史地位来看，它也推崇保守主义的态度。国家的最优之处就在于“赞同旧有宗教和旧有财产分配”。所以，这就很好地解释了蒙田的游说何以被教皇所接受，以及他的作品何以得到宗教裁判所的批准。

当所有限制由此被移除的时候，新生活就能够自由完全地发展自己的本性。此处的发展主要立足于生活技艺方面，立足于对所有机会的正确把握，以及对时机需要的机智适应，即适时地生活。

显然，这种生活缺乏深度。即使如此，它还是拥有一些令人赞赏的特质。尽管至善是令人愉悦的——在个体自我满足的意义上，尽管没有人能够将考虑他人福利看作自己的责任，它也绝不意味着一个人必须对除了他之外的世界漠不关心。一个针对周遭之人的善意行为自然会受到慈悲心肠和向善的人们欢迎。大量努力被投入到对社会关系的人性化，以及对诸如大刑、拷问之类的严刑峻法的废除上。动物甚至是树木都任其自生自灭。此外，人与万物相关，人人权利平等的思想有助于形成对他人行为的宽容判断，以及对人事的宽博胸襟。所以，蒙田追求自己的道路，而不受其所处时代的尖锐对立和激烈冲突的打扰。

快乐生活主要源于节制，而这也构成了美德。美德不是严厉的监督，去束缚生活的自由，而是人类幸福的助理，它教导我们正确享受的技艺。它是愉悦、快乐的在场，并从未要求放弃对更高等欢愉的诉求。正是节制所发现的黄金法则才适用于所有情况。不是大胆而高翔的超越，而是对简单充足的满意才称得上幸福的最佳指南。超越方法的善只是沉重的负累①。

此外，幸福要求一种简单而自然的生活形式。所有真正的愉悦和能力都在和自然天性的密切联系中得到发展。所以，最简单素朴的印象和感受应该构成我们努力的起点，甚至对道德教化也是如此。痛苦和快乐，爱和恨，是一个稚童首先感受到的东西。

① 意思是不能由任何方法或途径达到的善，只能成为一种人类思想的负累。——译注

当他能够运用理性时，这些基础感受就和理性一起构成了美德。此处似乎首次出现了后来引发广泛争议的格言，不要太多地干预自然，而是给她自行其道的机会。她比我们更理解自己的事务。

试图洞察宇宙的生活越少地关注自身，附加在人们社会交流之上的压力也就越大。社会是愉悦的主要来源，而生活也在人们之间的相互影响中臻至完美。但是，这种相互作用仍然必须给予人们以独立。即使人们一直沉溺在思想中，他们也不会在一天中的每时每刻都要求物理上的接近。所以，按照蒙田的观点，我们最好避免所有固定的束缚和僵化的关系。“就算她要求我，我也不会和才智结婚。”

生活规则被特别地赋予了自由自在、欢快和愉悦的特征。当我们将之与作为宗教改革派标志的深重和庄严的责任感进行对比时，那种易于按其自身接受事物的特征就显得尤为典型。生活现在似乎完全从过往令人窒息的梦魇和宇宙玄妙难解的谜题中得到解放。通过将交往的中心转向感官环境，它呈现出一派愉悦轻松的、与事物表象的嬉戏之景，在其中存在着不同力量之间持久的相互作用，这些力量将欢呼和快乐洒满整个存在。所有问题都丧失了它们的严肃尖锐性，和善倾向的暖风令百炼钢化作绕指柔。

正是这些趋势影响了法兰西特征中极为重要的方面的发展。其他民族尚没有准备好去移除破旧不堪的传统遗留下的废物和垃圾，因而也不能将生活置于当下存在的中心、去活在当下，同时以最鲜活的感受力去拨动时间的钟摆。所以，正是在法国人之中，我们发现了对文明生活的情绪和趋势的改变最为清晰的表达。他们是一群不仅仅为外部事物设定样式的人。正是法国人将生活融于精致的技艺之中，将存在变为一种愉悦的消遣，并给予个体完全自由的发挥空间。同时，就蒙田所有方面而言，我们都能够说“这个国家的特殊天分在他身上得到了体现”。

但是，满足生活特定水平的东西因而不再是根本性的，不再是生活的全部。常识并不是智慧的总和。然而，蒙田仍然坚持这点。而古老的伊壁鸠鲁主义引发的所有异议也纷至沓来，数个世纪以来它们的力量有增无减。显然，这种生活方式是毫无建树的，它的乐观主义也没有为对抗悲惨和邪恶提供庇护。一旦巨大严重的问题迫在眉睫，它的支撑点——举重若轻——就岌岌可危了。我们可以进一步说，如果它的玩世不恭使得我们精神存在的根本问题变为社会趣味之类的东西、变为单纯的时尚和怪想，那么它就已经离肤浅和毁灭的轻率动荡仅一步之遥了。一种生活方式有助于增益表面的愉快，并允许怀疑论和伊壁鸠鲁式的思考方式不仅决定暂时的事物，也决定永恒事物，但接受这种生活方式的民族却是不快乐的。

（d）对待自然的新态度以及通过科学对自然的控制——培根

在培根处，我们已经置身于启蒙运动的门槛之前。因为在培根那里，文艺复兴的沸反盈天复归清澈和理智。但是，这种新要素仍然是在旧形式中产生作用，而不为它自身找寻到独立的基础，并创造自己的表达形式。这个思想家精于概念的大胆创新，而疏于细节工作。他像他的前辈一样被高翔天际的想象所驱使，这种想象给予他的观点以有力的促进，同时将对它们的表达与才思纵横的意象熔于一炉，他随之也建言多于实干。所以，我们仍将他归属于过渡时代，而这个时代则是现代世界的引导员。

他的工作始于对流行哲学的尖锐批判，以及与历史传统的完全决裂。他发现现存的科学状态完全不能令人满意，因为它既不能给予我们以事物的知识，也不能给予我们控制它们的力量。那些冒充科学的东西仅仅是一种自吹自擂和冗赘。它是贫瘠和死板的，是几个世纪的辛劳遗留下的结果。面对眼前这些事实，我们如何还能继续在我们大加赞扬的古典——尤其是亚里士多德面前卑躬屈膝？曾经我们将传统当作超越理性的代言，但是现在我们开始怀疑她是否真的只留存下了过去时代最伟大的成就。因为时间为何不能像一条河流，托浮起轻的、蓬松的事物，而将重的、凝实的事物沉潜到底？因此，我们必须将自身从所有传统的权威中解放出来，并另起炉灶。在此，我们对待历史的态度发生了完全的改变。从对过去盲目的崇敬中，我们又转向对它盲目的拒绝，并独尊当下。

这样一种和过去决然的分裂经常受到非难，同时培根也不免因其对革新的肆意激情而受到责难。但是，一种有鉴于时代环境的无偏见评价则会给出不同的判决。当人们开始严肃地怀疑陈旧方法的正确性的时候，传统妄自尊大的力量对于他们而言就成为一种巨大累赘，一种不堪忍受的束缚。不论付出什么样的代价，我们必须甩掉这种重担，廓清这条道路。当历史不再威胁人们的自由时，人们才能更易于正确评价历史。为公正而斗争的人通常不是公平之士。

但是，我们怎样对这些早期思想家进行改良？显然，他们的错误不在于缺乏任何理智力量，因为他们当然不可能会有才竭智穷的饥馑之虞。它一定在于他们的做法方式、方法，正是这些才令他们误入歧途。他们的工作是徒劳无益的，因为它沿着一条错误的道路前行。通过一种更为正确的方法，我们可以预见到更高的成就和对毫无建树的劳苦的终结。

错误的立场可以用如下内容详加阐述。人们不是将事物视作其本身，并将关于它们的真理重于他自身的观念，而是使他自身置于中心，同时将万事万物进行符合他自己感觉和目的的解释。他将难以揣度的整体宇宙财富禁锢在人类概念和规则的罗网之下。人类偏见的幻觉压制了作为、阻碍了进步。下述的探究因而就变得迫切，其中首要的是，对于它的难题的解决和从思考的辛劳中得到解脱。所以，它在伊始未兴之时便戛然而止。普遍命题被鲁莽冒失地提出，并被设定为给出所有问题答案的不容置疑的真理。这种主观性和演绎过程没有给出对自然的任何解释，而仅仅给出了未经证实的预期。同时，它也没有赢得对自然的任何控制，仅仅通过它的规则和抽象维系着那些对生活目的而言徒然无益的成果。

这种对错误的清晰感知表明了一种补救措施。我们必须保持和事物之间紧密而持续的联系，发展出一种客观的、归纳的方法，并将科学从神人同形同性论中解放出来。事先已有的观念和教条必须被清除掉，而心灵在外在世界面前要像白板一样。只有先服从自然的人才能驱使自然。所以，通过这些工作的全过程，所有个体的偏爱——甚至所有个体心灵的附加之物——都必须被搁置一边。心灵不应该被允许自己发挥作用，而主观之物也应该尽可能地被机械化对待，并仅仅跟随对象自身的运动。这种新的探求必须从个体印象开始，因为它们将事物的本性如实地传递给我们。因而，基础必须宽博和牢固。在可能行之有效的地方，我们必须借助仪器的帮助去清楚而准确地看，因为这些不仅使我们的观察更为精准，也消解掉了由主体欣赏趣味的偏差引发的不确定性。然后，循序渐进地、慎重地感知我们逐步前行的道路，不断改变观察条件，并睿智地选择关键实例，我们必须步步为营地达到我们的普遍命题，甚至在这个时候也不能急于获得一种最终系统——从而阻碍更长远的发展——而应该将问题开放化，并令思想鲜活、富于进步性。同时，推理必须一直得到实验的大力支持，它绑缚了自然，并驱使她对问题做出应答，否则自然就会凭借自身变化多端的能力脱离人类的股掌。如果所有这些通过矢志不渝的耐心和坚定的自我批判都被达成，我们就会逐步地为恢宏的知识金字塔构筑起确然无疑的基础。

许多异议力促反对培根的新方法，这并非空穴来风。心灵活动不容许如此完全的消除，劳作也不会如此简单地累积和安排自身。它需要正确道路的引领，而只有思想的开拓性工作才能从现象世界的混沌里赢得这种正确道路。在此，研究依然极大地受到直接印象的支配，却缺乏深入分析，而这正是现代科学研究最为重要的手段。然而，到目前为止，培根没有找到最为简单的力和规律，只是找到事物的普遍形式和本质。在上述限度内，他仍然徘徊在经院主义的道路上。但是，就整体而言，他的工作还是标识出了一个新的起航点。人们对自身渺小的认知已经充分觉醒，而随之觉醒的是人们对于自身与万事万物，甚至与宇宙的无限之间的鲜活互动的渴望。为了这个目的，人类必须抛弃掉他久为珍视的幻觉和反对自身的战争——这是一场不能凯旋，却需要极大代价加以拯救的战争。这种人类与事物之间的联系也不只会导致生活的扩张。它的主要效果似乎在于令生活远离阴影，正是在这种阴影下，生活曾挣扎于实在的熊熊烈焰中。同时这种胜利的结果就是——不管他是否意识到自己对自然的服从，人们都可以感受到与对内在于自身的力量确定而自豪的信心之间的切近。

培根把这些进一步往前推进，因为对他而言，研究并不停留在单纯的知道，而是去寻求获得对自然的技术性控制。科学真实和实际的目的不过是通过引入新发明和资源而达到的人类生活的丰富。这是日后变为“知识就是力量”这一格言典型说法的源起。只有当他能够从自然处窃取她的秘密，令她屈从于自己的摆布，人们才愿意为自然服务。因为这样的控制意味着我们力量的一种持续扩展，意味着将自然的力量转变为我们身体的四肢和意愿的工具，它无限地提升了我们的生活水平和幸福。生活的成功因而变得依赖科学知识和它的技术发展。

这种思想过程导致了一种对发明的热情歌颂，它们“就其自身而言是新的创造和对神圣作品的模仿”。而发明家是一群增益人类财富，并为其赢取新领域的人。因此，他们远胜过战场上的征服者，那些征服者是以他者为代价而富其一国。以印刷术、火药和指南针的发明为例，单个发明改变了整个生活历程。因为如果没有这些发明，文学的进步、战争和世界范围内的贸易都同样不可能了。当方法论式的、系统的攻击代替了对纯粹意外惊喜的依赖，当发现的普遍有效的方法被明确表达并屡次付诸实践，我们还能期望更多吗？因为，自然确实还会隐藏自身的大多财富，许多发明还有待我们完成。同时，通过将曾经归属于偶然巧合领域的事物提升为一种技艺，我们能够希冀可观地提高生活水平。培根凭借先知式的热情预见了文明的新条件，并以燃烧的激情朝着它的实现奋力向前。像一个真正的预言家那样，他也期望这种更美好的未来源自一场直接的革命，而不是缓慢艰辛的过程。

以这种方式考虑生活主要问题，会孕育出一种新精神，这种精神在许多方向上都展示了它的影响。构建知识金字塔，通过发明彻底改变整体存在的任务对于个体而言太过宏大。它需要普罗大众的戮力同心。不仅如此，更重要的是，不管当下是否为关键的转折点，它都需要前赴后继地工作，需要汇总所有可能的贡献。科学不再是个人事务，而是一个群体的事务。每一个人必须愿意令自身屈服并适应整体，而整体会要求所有人的贡献。大众应当来回奔忙，知识将会不断增长。因此，新知识获得了一种富有特色的伦理特征。

同时，业已成为培根作品中原初激励的对方法的崇高敬重，现在变得越来越明显清楚。任何程序模式必须独立于主观偶然，必须被事实本身必然化。这些模式确保了其所在部门的进步，并将诸多心灵星罗分布的能量融合在一起。它会将差异性的能力削减到同一水平，并增加少才寡德之人的效力。因为“只要以正确的方式和顺序被应用，才穷智短和前途无望之人的天赋也会变得重要起来”。沿路直走的跛子可能会超过绕圈子的赛跑者。在此处，方法似乎使它自身摆脱了个体，并和机械永恒不易的精确性相偕出现。这就开了高估方法、贬低人格的先河，其结果也成为我们现代生活更大错误的源头。但是，夸大其词必不能一叶障目，以至于我们不能看到这一主要论点完全无可非议和必不可少的特征。如果工作没有矢志不渝地沿着自己的道路坚定前行，而且这种坚定必然受到个体的尊敬，那么今时今日精神生活的发展就不可能了。同时，为它赢得这种权利则是这种整体上坚持方法的真正动机。

科学改革伴随着发生在生活领域相应的位置改变。它现在达到巅峰，一览众山小——它是文明真正的灵魂。事物的新秩序可算作“哲学和科学的王国”。这个新的理智时期毫不含糊地宣告来临。但是，所有科学的母体是自然科学。这就是“伟大的母亲”，是所有知识的根源，任何与它的分离就意味着死亡。实际上，在培根处，它为所有科学提供了概念和规则。所以，在这早期，我们已经有了那种根本上是错误的“自然”和“世界”相同一的认识，以及自然科学和普遍意义上的科学相同一的认识，这已经造成了非常多的谬误和混淆。

当科学被如此构想，并和技术进步的动力联系在一起时，一种确定的典型生活观点和倾向就随之产生了。甚至在时间自身限制之内，人们现在已经有了一项重要的任务有待完成，有了一种重要的未来值得期待，他的能量现在完全专注于当下世界。从他居于工作压力之中的能力运用来看，一种更加生动鲜明的自我意识、一种心灵的基础乐观主义框架现在开始逐渐形成。思想家没有意愿去哀悼人类的苦难，他更乐意去细细品味伟人和他们的作品，品味“人类本性中的那些奇迹”。他愿意去设计一个庆祝人道胜利的大事记。同时，尽管科学可能从妄自尊大中受害匪浅，但是尤其值得我们引以为戒的不是这种自大，而是懦弱卑下和过早的绝望。这和中世纪精神是一种多么鲜明的对比啊！

工作的主要目的是产出和有所效验。因此，一种漠视事物纯粹内在方面的持续增长的倾向遍布于所有部门。例如，培根就对宗教主题有着鞭辟入里的隽语。正是他说，在哲学里，对其表面的惊鸿一瞥或许能将一个人导向无神论，但更深的涉猎将会把他再引回宗教。然而，他仍然坚持人类和神的分离，坚持科学和信仰的分离，科学研究从而不会被宗教狂热所妨碍。他希望道德不再以宗教和神学为基础，而是建基在人类本性上。但是，他的处理方式并没有更深入地进行下去，而他的研究也更多的是在方式和方法上，而不是在终极目的上关照自身。培根提及一种心灵的熏养（cultura animi），同时他也深受如下比喻影响——他能够谈论对心灵的“耕耘”。律法被视作文明成就中的一个部分，它的主要功能是辅助增益公民的公共应用和幸福。律法必须被清楚准确地理解，它们的应用必须被现实普遍的思维方式所规定，并在最严格的意义上排除所有反复无常和不确定的因素。在教育理论中，技术也优先于道德。培根推崇耶稣会模式的学校体系。最后，一个非常值得我们注意的特征是他对艺术和所有美丽形式的轻视。他不关心事物的美，只关心它们的内容和使用。表现性的艺术对他而言毫无价值。所有的修饰似乎是多余的，甚至是有害的。实际上，培根以如履薄冰式的典范形象和光辉的外形来践行自己的思想；他通常镌刻出令随后几个世纪不断借用的夺人眼目的隽语；他的呈现方式显示了感觉最生动鲜活的一面，以及在其作品中处处洋溢着的近乎戏剧化的兴趣，而这种兴趣是由于尖锐的对照产生的。综上所述，他是一位科学样式的大师，同时相较于其他人，他更为这种样式描画上其与众不同的现代色彩。

所以，在其他方面，培根也经常通过其科学工作的技术性特征，冲破强加在他思想上的限制。科学的倾向仍然引导了他的思想主流，同时只有会合到这条主流中他才能参与到这场公共运动中。培根为我们现代生活的紧迫需要提供了典型表达，并欢欣鼓舞地支持它的目标。这场由他发动起来的运动是一场从抽象概念到直接直观、从微词妙言到关于事物的知识、从学院派的狭隘眼界到社会生活的宽广文化、从主观主义轻快的自由到客观世界被绑缚的关系的巨变。他将人类存在和他[①]所处的环境紧密地编织

① 此处的“他”指人类。——译注

在一起。简而言之，他是现代现实主义的创立者。他的著作究竟在多大程度上契合其所在时代对直接性和实在的需要——更为突出地展现于十七世纪的教育理论（Comenius）改革中，这场改革承接了他的努力方向，并将之推得更远。

尽管如此，培根仍然处于过渡位置上，这可为他对生活的态度所充分表现出来。他对许多问题都完全保持沉默，而对这些问题的表达和解决则成为启蒙运动的伟大成就。特别地，他没有提及与地球在宇宙中的位置的原初观念之间的决裂。他允许相互冲突的趋势并肩而行，却不试图去调解它们。当它作为一个知识问题时，人类心灵和实在之间的关系就完全不同于假定行为关涉时两者的关系。在一种情况下，它远远避开了事物，空洞而无力；在另一种情况下，它斩获了巨大的比重，并将环境置于其专横的淫威之下。但是，我们可能会问，在那些能力由之被大幅扩展的人类自身之中发生了什么？随着力量的增长，他有什么内在性的收获？培根并没有对这个问题的答案。

从而，我们看到，他像文艺复兴时期的思想家一样没有达到一个究根究底的结论。不论他通过其充沛的精力和乐观信念对一个新领域有多么重大的奠基性贡献，对他而言下述说法依然成立——他不是白昼中的引领者，而是黎明前的引领者。

Ⅱ．启蒙运动

（a）启蒙运动的一般特征

鉴于启蒙运动同文艺复兴运动一样肩负着重构现代世界的使

命，那么这两个新纪元自然拥有一些共通的特征。而宇宙对于两者都具有难以抵挡的魅力：生命的欢愉、以行动作为存在之核心的意向、统治和管理外部世界的渴望，以及为了各种力量自由发展的抗争——这些东西都是它们共有的。并且，这种过于旺盛的生命力伴随着对现实世界中理性统治的坚定信念。甚至对立的意见更像是对我们力量的积极刺激，而并非一种合格的阻碍，但生活的整体基调是绝对乐观的，雷厉风行更是其突出的特点。

然而在这种普遍的相似性中，也存在完全对立的差异之处，且这种对立必须明确遵循对现代世界之发展进程的理解。若说文艺复兴更趋于年轻与活力，启蒙运动则呈现出一种早熟的倾向。文艺复兴往往以无差别的统一来展示整个存在王国，它更倾向于英雄主义，允许想象力不受约束地统治一切。启蒙运动不仅使客观世界，也同样使主观世界更为清晰明了。它的能量不至于那么猛烈，而是谨小慎微且深谋远虑的，并希望做些深度打击且行之有效的工作。在文艺复兴时期，我们的第一印象是充满新鲜感的，然而冲动下的行为通常只有混乱和困惑。但启蒙运动寻求的是坚实的基础、严格的秩序以及系统化的联系。一种情况是，人们与世界有一个亲切的立足点，那么他们与世界的交往就不会那么尴尬：这是一种互谅互让的合作关系，而该思想的普遍模式是一元论的。而另一种情况是，人与世界更尖锐地被割裂，由此发掘出差异性并阐明对立意见，而这种方法本质上是二元论和二分法。一方致力于建立广泛综合的体系，另一方试图将事物划归到它们的基本元素。对于前者，综合法独领风骚；而后者中，分析法更胜一筹。对文艺复兴而言，自然是生机勃勃的。精神既居于伟大之物中，也居于最微小之物中，它们有时是引人入胜的美丽形态，有时却是暗黑而折磨人的魔鬼。但对启蒙运动来说，自然是了无生气的：一切都被分解为最小的原子，受制于故步自封的法令，并随之转变为一个机器——其透明的转动齿轮难以容许丝毫的魔力和幻法。

这种差异性越发剧烈并影响了所有人类活动的分支。在文艺复兴时期，道德是由外部强加而来的，因此它很容易被看成对强健生命力的累赘束缚。然而启蒙运动将道德视为人类天性的一部分，也是将生命升华到一个更高境界的媒介。同样地，在政治中，文艺复兴通过人类对统治和支配的欲求来提升个体。而启蒙运动使所有人自由且平等，因为它专注于同一理性的所有表现形式。哲学信念，同样地，一方面支持新柏拉图主义，而另一方面也钟情于斯多亚学派，这一切最终导致了迥然不同的历史态度。文艺复兴将自己标榜为传统生活形式的再次复苏，并在其成果中将新形式与旧形式密不可分地融合在一起。然而启蒙运动将生活奉为理性的永恒呈现，且因此，与所有历史传统以及依赖于权威的生活体系都截然相反。

在普遍倾向上，文艺复兴乍一看更加声势浩大，但是启蒙运动的脉动确实更强烈，并且活动的成果也更有价值。在这两个时期，生活的乐趣集中于探究世界，并急切地将存在的所有领域屈从于人的意志：对两者而言，人类与世界的隔阂比中世纪时期更加严重。但是在文艺复兴时期，人与世界的关系还没有如此破裂，它们仍然可以轻松地相互联结：在艺术创造方面，对立的意见似乎都完全消失了，而现实完全处于人类的掌控中。然而另一方面，启蒙运动却激化了这种对立性，且几乎没有超越它的希望。自然缺乏任何精神性的存在，完全不受外来控制，而与此同时，灵魂从外部联系中松懈下来并坚持以自身为中心。现实的两个形态似乎处于不可调和的对立面。尽管人无法完全与世界背道而驰，但若其孤立于世，则他的工作变得没有意义而生命也无丝毫快乐，他面临着一个棘手的问题：如果世界和灵魂将重聚，它们的原始概念必然彻底改变，而促使这种改变的主要手段就是科学。无论如何，这样一个发展进程包含着更多的思想与辛劳，以及更批判性的反思与更清晰的界限定义，而不是那些可能更原始的文艺复兴文化。综上所述，文艺复兴给予我们一幅更鲜明、更富才能的图景；启蒙运动则给出一幅充盈着更多思索和意义的画卷。

如果上述足以证明启蒙运动的第一印象不尽如人意，那么十九世纪自然显得对其尤为不公，因为它自身的精神主张完全涵括了这种完全反应。此外，当启蒙运动真正处于其年轻理想伊始方兴时，人们尚未意识到它的降临，而只有当其落入日常生活层面之时，人们才得以悉知。尽管该运动对历史的态度极不友好，但只有根据其自身的历史联系，它才能被正确地赏识和认可。如此看来，它不再表现为一种由逻辑支配，受到形式理解繁复限制的发展进程，而是人类为实现其生命真义的一种诚挚努力。启蒙运动声称的“完全自由”理念与中世纪大相径庭，其声称的“完全清楚”之说也与文艺复兴迥然不同：通过这两种理念的实践，人类掌管了世界并成为世界的统治者。

人们需要过自己的生活并且拥有一种可信赖的心理禀赋，这是掌控自然的必备条件。所以启蒙运动为保证上诉要求的主要论点，是证明人类不是一个纯粹的空容器，不是一片白纸，而是自足之自然的拥有者，绝对真理的智囊库，更是丈量一切事物的标尺。为获得对世界的统治权，人们所需要做的就是探索其本性并不遗余力地开发它。从人们的内在理性出发，他可以指定一种“自然的”法律，一种“自然的”道德品行，一种“自然的”宗教——独立于所有传统之外。它使人们能够评判事物的传统秩序，质疑世界万物，淘汰与理性相悖的存在，凝聚并珍藏与理性相契合的一切。号召每种力量去全力工作，这似乎是人类精神第一次行使了它的统治权力，它牵扯进与周遭世界里的表面上非理性主义的激烈冲突中。除了它的内在理性外，它反对教会机构——一种普世的生活体系，它随后改革了一切领域内的整体事物秩序。这个体系遭受了严重的攻击且几乎每个支点都被胜利突围。但作为一个整体，它仍然存活着，因为所有的革命和创新尚未成功地建立起新的秩序，而且只有一个体系才能推翻另一个体系。

若从更详尽的细节来考虑启蒙运动，我们完全被其认真劳作的精神和快乐的信仰所震惊，善行的力量以及对人性的热忱从四面八方向我们扑面而来。我们欠缺了多少对教化社会的不懈热情！例如，改善严苛法律、提高文化和教育的普遍标准。我们承受了多少知识敏锐力的恩惠！它使我们摆脱了灾难性的迷信，而这种迷信摧毁了文艺复兴的精神及天赋。事实上，我们时常冷酷无情地评判启蒙运动，最终原因就在于我们已经从它的启示中汲取了最优秀的成果。

即便认可这种主张，但无论如何，我们同样没有忽略其局限性和错误性。不管我们是否试图孤立理性、聚集其势力，然后引导它们与外部世界进行斗争，我们至少要承认，这个规划进行得太过轻易和草率，致使生活陷入局限和否定中，最终堕落为一种浅显且墨守成规的约定主义。启蒙运动的权力意识和乐观心态，使我们觉得理性仿佛已经存在于每个人的灵魂中。单独个体直接展现的善良本性，期待权威的释放和提升，并使周围的世界与理性和谐共处。任何地方都不存在精神难题的生命活力。于是，许多曾经不可或缺的东西现在却变成多余的。如果理性存在于每一个体的任意时刻，那么何须担忧历史，难道历史真的弊大于利？此外，维系个体与共同体的精神纽带变得薄弱，并且这一时期的乐观主义，最终阻碍对旧宗教生活观的更深刻理解。就上述所有观点来看，随着它的自身特性发展得越来越自觉，启蒙运动必然变得越来越狭隘。

此外，这种狭隘甚至渗透到生活最深处的结构中。启蒙运动一直寻求坚固且终极的基础，即直接提供给意识的实在基本构成。并且意识最初获知的东西被认为是事物的真正本质。因此，整个灵魂集中在思想和知识中，原子的并立共存构筑了整个世界。表象领域以及它们的空间性存在共同形成了实在整体，尽管它们无法单独地或共同地引发精神性或自给自足的事物。

随着运动的蔓延和加深，这种否定和限制必定会增强力量并最终激发强烈反响。尽管在细节上有可疑和缺陷，但根本主旨的伟大和永久意义却毫无争议可言。最吹毛求疵的批评，也不能忘记该运动多么伟大地将光明与自由带给人类，即使在今日，它仍然深刻地影响着我们。

从文艺复兴时期到启蒙运动的过渡既不突然也不鲁莽。在旧时代向新时代转变的过程中，涌现了许多非同寻常且妙趣横生的代表人物，他们统筹两个时代的趋向并为最高级的成果增添了更加别出心裁的思辨。在这些领袖人物中，德国天文学家与物理学家——开普勒更是一马当先。在他的身上，文艺复兴蓬勃有力的精神依然萦绕着，且在这种精神的驱使下，他很有希望凭借一次大胆的尝试揭开自然之谜，从而踏入自然深处的幽秘圣地。他的思想成果受高深莫测想象力的启发，且这种想象力将“美”作为世界的主导动力。然而同时，他对“清楚”怀有一种锲而不舍的热诚：内在的力量越来越偏离自然范畴。于此，事物的差异以一种量化的形式呈现：数学不仅象征性地表现自然，而且赋予自然以准确认识。尽管尊崇思想为知识的源泉，但他也能深切领会经验的价值并对细枝末节明察秋毫。而开普勒也骄傲地吹嘘，他对八度弧分差异的尊重，而这为所有天文学的改革铺平了道路。想象力与科学、心灵的艺术性和数理转向进而融合在一个和谐宇宙的理念中，也正是这个理念最有效地激励开普勒做出了使其永垂不朽的发现。

而另一方面，我们曾跟随伽利略呼吸着启蒙运动带来的新鲜气息。在此，严谨科学的范畴摆脱了所有幻想的猜测，而自然也从一切心灵混杂物中脱颖而出。总的来说，在十七世纪二十和三十年代，新运动在实力和独立性方面有显著增加。1625 年，胡果·格劳秀斯的代表作问世，该巨作不仅在系统基础上制定了自然法，而且以更概括的方式斩钉截铁地宣告新思想的到来。相似的发展倾向也同时发生在法国以及英国。一种新的精神正在觉醒：现在需要一位伟大的思想家，将这种精神转变为纯粹的自我意识并完全掌控生命。而笛卡尔正是我们所寻求的这样一位思想家。

(b) 启蒙运动的领袖人物

(α) 笛卡尔

虽然笛卡尔只是偶然论及人类生活的难题和重要意义，但他仍是我们试图描绘的思想家之一。他的哲学不仅有博学的研究，或是纯粹包含技术价值的成果，该哲学的影响力还衍生了一种全面改变精神视角的新思维方式：在笛卡尔的作品中，我们看到了精神的胜利展现，它带着全然的感染力与明晰度，而这种精神主宰了未来几个世纪并给人们的精神生活烙下了难以磨灭的印记。

从他的青年时代伊始，笛卡尔就对完全“清楚”充满狂热的激情。这就是致使他对数学热情奉献的原因，但这同时也使他意识到经院哲学传承下的恶劣科学条件：无秩序的混沌、永不停歇的循环往复、人为区分而不是寻求富有成效的解决方法——尤其是，对必然性和固定性的可悲匮乏。从此唤醒了一种彻底的怀疑论并深刻地冲击了原有知识体系的根基，而现有秩序的来源无论如何都无法满足一位积极思想家的需求。人们对历史传统的权威毫无信心，而事实上，这些权威自身也充满了矛盾性。从这一层意义而言，那些我们关于现实最值得信赖的信息来源显然也会欺骗我们——不仅在某个小细节上，而是在整体呈现上：见证梦想，甚至是狂热患者的幻想。我们确实寄望于逻辑的推理链条，但这种信任是否可被辩护呢？神秘的力量塑造了人类，而我们对自然法则的绝对服从却使我们步入了错误的深渊，这难道是不可能的吗？总而言之，我们无所依傍：不仅没有建立完善的信任，还开始显露出放弃的迹象。很显然，这个领域依然充满疑问。这样的痛苦姿态只会逼出一种逃避途径：一个绝对固定点的发现，譬如像阿基米德寻求能撬动地球的支点，只有从这一点才能给认知带来些许确定性。然而反过来想，我们去哪儿找到这个点呢？它不可能存在于我们的外部，故只能在自身上找到这一支点——而在思想和精神活动中我们终有所获。任何特殊的主张和坚持，甚至我们思想的所有内容都有可能是错误的，但事实上尽管思维错误，但我们仍然在思考。即使在我们怀疑的时候，我们也在思考，乃至怀疑本身就证实了我们在思考这个事实。无论如何，思考包含了思维主体，即自我——非来源于它乏味的推理过程，而源自它直观的呈现。因此箴言“我思故我在”必然承载着整个哲学的上层建筑，而我们所寻求的支点当然就是思维主体本身。于此，哲学必须找到自己的定位以及所有进一步发展的起点。

这似乎是种拥有简单明晰线索的策略，但在精神活力和彻底性上，它的表现不亚于一场完整的革命。以前，世界就是固定点且问题仅是证明用人来过渡的合理性，而现在，自我才是一切的起点且我们不得不解释向世界过渡的合理性。这种改变不仅影响了探究知识的方法，而且提供给现实一种全新的内容。不管怎样，笛卡尔不能将“自我”作为其世界的基础——这种哲学无法进一步增强我们对它的能力的信仰根基。并且他认为，如果我们完全信任自身的理性，那么必有一位上帝、一种完全的理性使我们有限的理性值得信任。因此，他致力于寻找这种神圣存在，一种无量且万能的智慧。对于这样的存在，真实性是其核心精髓。如果我们的理性从良心上服从其自身本性的规律，那么上帝不能引导它步入歧途。但是，只有当我们拒绝承认那些不像在思考中我们自身存在那样自明、那样清楚明晰的事物为真，我们的理性才能做到不误入歧途。这里我们有一个安全的标准，并同时激励人们肩负起一次最彻底的转变——改变那些过去作为真理传承给我们的一切。错误似乎不再是人类本性的必需品，而是需要事实来进行解释：在我们达到对“清楚”与“明晰”的必要程度之前，对求知的渴望促使我们必须找到一个定论。然而在那种情况下，如果愿意，我们可以控制自己的冲动并实行严厉的自我约束，从而避免发生错误。即使我们无法抵达全体真理，但是那些我们已经实践的真理应该是纯粹并值得信赖的。所以自我批评并不是出自康德，而是最初起源于现代科学和现代文化的主要需求。

笛卡尔对这些观点的证据支持在很多方面仍有待商榷。很不幸，他对于相信上帝存在的依据差强人意。可是，当一位伟大的思想家的论证产生一些普通智力也能明显察觉的缺陷时，我们只能推测：那些论证背后具备一些原创的、公理的、直观肯定的元素，同时尽管无法找到正确的表达方式，他仍由一种内在的必然性所驱使。笛卡尔认为人类理性是所有知识的来源和实在的标准，故自然而然地受到将其牢固根植于普遍理性的强烈欲望的影响。由此不可避免地产生一个循环，且这个循环再次指向第一原则中的差异，但尽管如此仍能达到其直接目的：哲学家强化其自身信念并满怀信心地开始他的工作。

它的主要使命是对知识问题的彻底修复：不存在无法满足“清楚”与“明晰”需求的知识，但一旦将知识升华到这个标准时，我们能无限地增加它的清晰度、新鲜感和连贯性。数学过程成为所有科学探究的参照模型。在数学中，我们一般从那些不证自明的地方开始着手，并遵循一种百分百确定的顺序逐步求解，从不偏离到未阐明的模糊区域，并使得繁多的数据系统地排列保存，因此我们现在必须将相同的理念广泛植入哲学和科学工作中。就我们目前所做的而言，我们期望知识能够永恒地向前发展，而学术过程需要对相同基础的重复覆盖。

但是笛卡尔不仅成功地实现了这一改革，甚至说一场科学革命，还开辟了一个普遍文化的新时代。在中世纪，文化首先是一种历史产物。如果没有最高权力——传统和权威的支持和认可，理性根本束手无策、难有作为。然而现今兴起了一种新的文化，其基础是人的直觉洞察力和他的内在理性。只要它是善的、真的，以及对我们的理性直接明了的，那么迄今被认为可靠且有价值的大多数财富确实会失去它的重要地位，而我们也不得不承受草率否定和极端激进主义的风险。无论如何，这种对传统地位的批评也有其积极和建设性的一面：比如新标准和新价值的发现，以及一种对待人类存在的问题更透彻和更新颖的处理方式。

对“清楚”的诉求造成人们对自身存在以及自然与精神联系的观念改变。当思想的主张越来越迫切，它们也更能决定对身体与心灵的观念，而这种迄今盛行的观念是——身体与心灵相互依存、密不可分，并给予质料要素以内在的力量与推动力，然而，精神性依旧含混不清，完全受质料性暗喻的支配。随着各自变得更容易定义并且能回指向一个单独的原则，以任何直接的方式连接它们几乎变得不可能。心灵的本质在于意识活动——或者更广泛地说，在于思维活动，而身体的本质在于空间上的广延。另外，心灵活动是沉思性的：它总能绕回本身，或者即使尝试接受外部指示时也坚持以自我为中心，而身体的行动包含其相互接触和交互作用。心灵本质上是不可分割的；而在空间扩展的质料可以无限分割。因此二元论成为必然之选；但确实，人们永远都不会对它满意，它只是人类发展过程中的一个必然阶段，以及刺激其不断努力的动力。尤其是，心灵与质料的清晰分隔让其获益匪浅，因而迫使两个分支沿着自身的路线实现强劲且明确的发展。现今，两者首次从自身的特定环境进行解释——从心理上解释精神，从物理上解释物质——这也是第一次使精密科学和自我诠释之心理学成为可能。再者，就社会生活而言，精神与质料的分隔是使得野蛮的革命运动远离巫术的最重要媒介，并且能抑制这场改革运动的发展，这场运动曾受到所有宗教忏悔拥趸的支持。它的主要反对者巴尔塔萨，是一位狂热的笛卡尔信徒，而启蒙的笛卡尔哲学即使在刑事法庭上也具有显而易见的影响力。

物质与精神的分隔需要理解界限划分的重要性。事物的感官特性——丰富多彩的颜色和声音等等——迄今为止都被视为事物本身的内在特性，经由心灵的仔细审视，并通过内在本性对外部刺激做出反应。自然的神奇魔力使我们欣喜和着迷，但这并不真正属于自然，而是心灵所赋予它的光——给予物质和运动的死气沉沉的世界这种璀璨的外观。由此，自然失去了所有的灵魂和精神特性；它作为一个陌生和奇异的事物站在了人类的对立面；在它的浩瀚面前，灵魂的范围可能萎缩成一个卑微的渺小存在。但是对笛卡尔来说，这种事物转变似乎暗示着收获而不是损失。自然独立于所有精神元素之外，最终对思想而言更一目了然。现在，它将自己定义为微小原子的集合，且从一开始就由某股运动力量提供。它是一个由简单力量和规律构建的体系，在某种程度上也算一个伟大的机械系统，其优越性体现在能精湛地调整自身以适应人类的发明，而它与上述的偏离只是一个程度上的问题。即使是最错综的有机体系，也无非是一个最具完美可能性的机械系统。如果早先的唯物论者能概括地从有机体系来理解自然，那么现在，有机体将在一个纯粹机械的体系中占有一席之地。物质实体的行为并不取决于内部，而是依赖于来自外部的刺激。自然是一张相互交织的、难以测量的庞大关系网。从自然到无生命机械体的转变给后人们留下人为建构和了无生气的印象，然而在那时，人们更普遍感觉到的是骄傲，以及用人类理念控制自然并使其依附于人类目标的愉悦。因为只有将自然剖析到其最简单的元素，我们才有可能施行培根的纲领——通过人们的洞察力和技术控制自然。

笛卡尔并没有忽略这个问题的技术层面，他的回应有说服力地证明了其对技术难题的投入程度。但最后，他使得所有功利主义的想法都屈服于知识自身的价值，且让位于启迪自然中其他黑暗区域的快乐。他第一个依据自然法赋予了自然一种系统的精确解释。

因此，自然获得的自主同样也授予给了灵魂。尽管笛卡尔认为，由于灵魂被剥夺了在宇宙中的所有延展机会并只能严格地局限于人类自身，它只能是更确定、更原生和更独立。没有外部事物可以影响它，并只依靠自身协作得以保存。人生中的所有外部表达必然起源于自身存在的深刻奥秘。然而如果它完全从零开始，那么这一切都是不可能实现的。而为了自立，它必须拥有自己的原创禀赋：不容置疑的真理传承，以及与生俱来的“天赋观念”。虽然在达到一定发展水平之前我们都不能清楚地意识到它们，但是它们确实从一开始就存在，并一直指导着我们的努力。故如果我们想要维持灵魂的自给自足和思想的独立性，天赋观念的学说是必不可少的。

我们需要在这一学说中看到笛卡尔灵魂概念的至高重要性，而这种卓越性归因于思维的意义循序渐进且悄无声息的变化。整个灵魂的根本能量具有意识活动极其广泛的内涵，而由此伊始，它就被狭隘局限为概念性思维，即认知活动的独特内涵。理智远比感官知觉更重要，因为后者并非意识纯粹自我约束的形式，它也能够由外部进行制约。然而它同样优先于意志，因为意志包括思维和认知。所以认知成为整个人生中灵魂塑炼的核心，而凭借这种塑炼，我们的绝对存在将进入自决自主的阶段。我们的幸福，同样地，似乎将完全与我们的思维活动联系在一起。科学的洞察力给了我们掌控知觉的能力，并能治愈所有的苦痛和伤悲。因为它向我们表明，自身外的事物并不受我们所控制，而我们也不会对自认不可能的东西感兴趣。在另一方面，我们的思想处于我们自身控制能力之内，我们可以使其专注于无量的宇宙，并在其浩瀚的知识海洋中拓展我们自身的存在。若世人爱上帝，并因着他，感受到我们和所有造物统一于精神，那么我们对这些事物的构想越伟大、越高贵且越完美，而我们也将越珍惜成为完美整体的一部分。乍一看这些似乎只是随意的评论，但是它们忠实了这个体制的精神并明确指示了前进的道路，而斯宾诺莎在其诠释的生命图式中也对其做出了经典解答。

笛卡尔哲学中尚有许多不足之处，然而若要以此为由责备一位开启了思想新世界的天才，那将是徒劳且不合人意的。最重要的一点是，他不仅提供了最有价值的意见，而且确定了意义深远的改革运动立足点。从思维主体出发的现代趋势，一种理性主义文化的建立，对朝向于机械概念的自然的严密调研，精神生活的自我中心以及它对理智的过度赞赏——这些发展都是基于笛卡尔的哲学理论。然而对当今世界而言，这些发展大部分都缺少特点和平淡无奇，这恰是因为它们已经成为我们生命存在的一个组成部分，我们也就把它们当作理所当然的事。此外，阐述思想时的流畅和清晰经常使我们忘记其深刻而原创的内容特性。无论与此同时一些本质问题是否仍未被触及，也无论简明性的胜利是否以牺牲所有事实为代价，这都不在我们此处的讨论范围内。无论如何，笛卡尔“清楚性”和“简明性”的天赋使他成为指导我们研究启蒙运动特性的最佳人选。在笛卡尔身上，我们能看见推动这场运动兴起和发展的动力，也能感觉到从一开始就伴随而来的艰难险阻。我们相信，不可能有可以与其伟大性和局限性相媲美的更好出发点。

从笛卡尔跨越到斯宾诺莎之前，我们不得不提及一些与其同辈的典型思想家。托马斯·霍布斯（1588—1679），在任何时代都最具一致性的思想家之一，将其参与创立的关于自然的机械概念应用到世界整体，由此做出了卓越贡献。他试图摆脱灵魂，这不仅在国家理论中，也在生活内在性和概念全体中，以一种机械推进的全新目光来审视灵魂。他一直以令人钦佩的活力和明晰性来坚持这个观点，尽管我们也不得不承认，这是种必然狭隘的精神观[①]。如果照这样冒着风险将所有事物置于某个单一基本概念的发展上，那么这种思想家通常没有绝对的支持者和所属派别。但是，他们在人类活动的整个领域里，同样会以所有力量和独特类型的明晰性来标榜自己。曾经他们永远会自己提出问题，并在这些问题被认真讨论时会给出答案。因此，霍布斯影响了斯宾诺莎和莱布尼茨。在十八世纪尤其是在法国启蒙运动时期，他受到了极高的尊崇，一直奉劝我们关注所处的当代乃至当日。他永远能找到朋友，而他总是慷慨地给予帮助，即使是面对他的对手。

笛卡尔现代精神的胜利以及其造就的宗教运动，更有助于我们了解人类生活。若宗教无法满足数学明晰性和独特性的新要求，那么它必然会衰落，或者找到证明其思想真理的新方式？而帕斯卡（1623—1662）则在感觉中寻找这样的证据，他将感觉视为生命之本以及一切直接确定性的来源。如果宗教此处拥有一个坚定的立场，那么所有的科学怀疑和日常经验滋生的矛盾都难以撼动其分毫。宗教生活变得更平和也更感情化，然而在温和的外表下它仍然充满活力且健康向上，因为它扎根于道德情操，并以最勇

① 参见附录K。

敢无畏的方式对抗狡诈的诡辩。宗教为我们的生活带来一种持久的焦虑和一种令人窒息的期望，它第一次唤醒了人类对存在之苦难的完全意识，然后使他们悉知无量的真爱能拯救他们脱离苦海。它对人类最大的启示是，让他们深刻认识到自身的渺小，但另一方面，也正是这种渺小使他们全面认识到自身的伟大。谁不愿意成为一位拯救被废黜国王的新国王？这种心态容易导致在两个极端间的明显摇摆，从这一头跑到另外一头，怀疑然后肯定，寻找然后拥有。从而孕育了一种专注个人情操和内心经验的宗教，这种纯粹顾虑个体的宗教并没有建立任何新的精神训令，因此并没有与任何现存的教会组织冲突，反而能够在这些组织中找到自己的容身之地并展开工作。这不是宗教改革精神——能使世界改弦易辙并另辟蹊径，但在面对所有教会主义的外在仪式仍能保持宗教真理精神之际，它已经回报并将继续回报以价值不菲的侍奉。

皮埃尔·培尔钻研的是同类问题，但采用的是一种截然不同的精神。对他而言，基督教和理性似乎拥有不可调和的分歧，没有宗教如此强烈地反对一个依据理性做出的解释。尤其是关于罪恶的问题——不可言喻的现世苦难以及对全能且完全公正之上帝的信仰之间，具有难以协调的矛盾——这一直困扰着他并迫使其疏远任何教条主义的信经。然而由于他同时对人类认知能力，甚至是对自身道德的坚定性产生了深切怀疑，他又不希望摒弃宗教的支持。只有当变得简单而宽容，宗教才能在内心生活的净化中发挥自己的主要作用。但即使在培尔的主张中，他也过多地表现出了怀疑论、辛辣的讽刺以及对人类灵魂的悲观解释，以至于他的个人荣誉也经常受到抨击，尽管我们的信念是不公正的。不管怎样，由此产生一种独特的思想类型，并在整个 18 世纪中都保持了正确性。培尔还拥有一位与腓特烈二世同等尊贵的狂热崇拜者。[①]

在法国，宗教的发展陷入了一种可悲的困境。一方面，自吹自擂的教会主义由于政治上的理由不得不被保留下来，由此一种招摇的宫廷神学兴起了（鲍爱修[②]）。而另一方面，更多公众逐渐远离宗教并以一种漠不关心的态度来看待其产生的问题。倘若这种浅薄和表面的宗教处理方式是现代法国的突出特征，那么我们要记住，法国精神也曾极其强烈地反抗过它。严厉的苦行和戒律、绝对的自制和克己、最苛刻的忏悔和赎罪——除了法国之外，在现代世界的其他地方都不会使这些宗教方式有如此显著的发展。"法国民族的极端特性在宗教领域更加显而易见。其世俗物欲和耽于享乐的背面，是嘲讽的傲慢和鲁莽的否认，然而在法国历史的所有时期，这些已经演变为一种严厉且时常苛刻的宗教情操。由个体的内心经验中可以验证出，它经受了无数次忏悔和净化的洗礼。在公众生活中，它转变为狂热的盲信、暴政和迫害，并使得某些世纪中的法国历史留下了残暴的黑暗印象。"

（β）斯宾诺莎

(aa) 引言——斯宾诺莎哲学的非凡财富在于充分标示了自身极其复杂的特性。这是启蒙运动的自然结果，并迎合了该运动的某些趋势。斯宾诺莎首次为启蒙运动成功创造了一个真正伟大的世界概念，且首次向我们展现了通向最本质和最内在人性的方式。但尽管如此，他的哲学却并不被当时所接受，并不容许有丝毫自

① 参见附录 L。

② 鲍爱修（Bossuet, Jacques-Bénigne ,1627—1704），法国辩论神学家、演说家、讲道者、天主教主教。支持法王路易十四，鼓吹绝对君权论，在教会中引起神学与灵修方面的辩论，是感情的传统主义者。——译注

由发展的空间。不仅是正统教义的信徒，而且像培尔这样最宽容的自由思想家，都断然拒绝对它的考虑。只有当人们开始厌倦启蒙运动并发现它的思想方式太过于狭隘时，斯宾诺莎哲学才有了可乘之机。由此人们开始了一段对斯宾诺莎的狂热追逐时期：新一代在他身上找到了对其信念和信仰的经典表达。于是，很多人都擅自曲解斯宾诺莎的原意，但他的哲学必然比启蒙运动的成就更赢得世人瞩目，否则卓越的德国诗人绝不会如此热情地崇拜他。

奇怪的是，斯宾诺莎得到了与其广泛不同，甚至是坚决反对者的尊敬。严谨宗教性和艺术美感，思辨哲学家和科学经验论者，唯心主义者和现实主义者甚至是物质主义者，都能在他身上感受到一种欣赏和情感共鸣。当然，这要是可能的，就只是因为他们各自在斯宾诺莎身上仁者见仁，智者见智，并且这些独特的诠释必然最终源自斯宾诺莎的哲学理念。但是我们要如何解释，他为何将追求统一当作最优先的使命，以及他的体系是如此昭彰地独立自主？让我们看看是否更贴近的考察能帮助我们解决，或至少减轻这个乍看下令人费解的难题？

（bb）**世界和人类**——世界和人类的关系是斯宾诺莎的主要解决问题；这一关系的探讨在其伟大理论成果——《伦理学》中有着重阐述。该阐述采取了单一的数学论证形式，但其内在本质却充满了生命力和运动，从而人类的命运正如一些宏伟的戏剧般在我们眼前上演和落幕。斯宾诺莎首先攻击的是人类的自命不凡，这是场艰难的斗争。如果不清除所有已存在的人类属性，世界将无法揭示其真正本性；并且当这个过程完成后，我们对人类的观念将全然改变：人类已经缩小为庞大的机械宇宙中一个微不足道的枝节。但是，人们并不会停滞于这个低微的身份。一条逃离之路将会展现并带领人类到达一个新的高度，因为他将世界视为一个整体且在精神上与它统一，由此使自己迎合世界的伟大性、永恒性和无量性。然而，只有当他彻底放弃遗世独立和对独立的渴望，将自己完全沉溺在普遍生活中，这一切才有可能实现。所以，最终的接受并非排除少许逆流异议，而结束之时的大无畏精神也与纯粹自然冲动截然不同。

在对世界的塑造中，斯宾诺莎试图排除一切具有歪曲事实倾向的人类贡献，并坚持在宇宙自身中找到对宇宙的诠释。因此所有人类思想的反对势力必须在统一的单个体系中被战胜。而首先被抛弃的就是世界和神之间的敌对。这两者不是不同的实在，而是作为存在与本质现象与终极理由、被动自然和能动自然在唯一的实体中相互关联之物。神是纯粹存在，能完全容纳一切样式，且是一切特殊样式下隐含的原则。所以我们对上帝的信仰可以超越人世间的一切，而对他的认知是所有其他洞察的必要准备。从这层意义上来理解，上帝为了影响事物不需要求身外之物，然而所有的事物变动都发生于其生命和本质。用专业的学术名词来说，上帝是事物的内因，所以与其说上帝存在于世间，更不如说世界在上帝之中。

这种能够自我理解无限全部内涵的上帝，无论如何都不能视为等同于人类的存在。即使我们最高等的精神活动，比如思考和意愿，它们与现象界的联系是如此密切，以至于我们不能认为它们具有无限和无所不包的特征。此外，上帝是不可能将人类的幸福当作其首要关切，也不可能为这一特殊目的安排好一切，或根据人类的功罪来奖励和惩罚他们。因为这除了与我们的日常经验截然相反之外，也使得这一普遍存在的形象太过于琐碎和拟人化。经验告诉我们，世界只追求自己的发展进程，对于人类的愿望和目标完全漠不关心，而幸运和不幸就像正义和不公一样只是偶然造访，而最优秀的人也难以逃避风暴、地震和疾病。不仅是在这种情况下表明人类没有受到任何特殊照顾，而且更广泛而言，所有的刻意行为都不值得上帝关注——这正是其伟大性所在：他不渴求任何身外之物，而其自身的无限存在，体现在他所有活动中，并不为任何现世动变所影响，亘古不变地自我安歇。

世界一直被形容为对自身的撕扯和分裂，因为人们总是习惯转移到因其感受而存在的事物自身的对立面：譬如善和恶，有序与无序，美与丑。这样一来，他歪曲了事实并将新的分隔插入原本连续顺序的事物。所以，如果事物不再被错误地对待，而是在没有任何主观价值评判的妨碍下简单地进行思考，那么所有的事物都将契合如一，且多样性将联合起来构成一个单一的普遍生命。确实这种生命的演变，无论是发生在自然或灵魂，我们关心的是纯粹个体显现，且这些显现是系统地相互联系的。它们不仅被约束在接连不断的因果关系链中，不仅以简单且永恒不变的法则来处理所有复杂的事件，而且最后，事件本身无非是神圣本质的演变以及永恒存在的现世显象，在“无限”汪洋中前赴后继、连绵不绝。

一旦现实由此被焊接起来，我们也许会希望对物质和精神之争有所超越，而笛卡尔也极端尖锐地提出过这种斗争。与此同时，我们必须着重于处理主体和客体的关系，思维和存在的关系以及真理问题。对此的早前思想可追溯到柏拉图，他轻而易举地认定真理是人们思想对外部客体的对应。因为我们周围的世界和我们体内的自然似乎是类似的，而人类的自我生命通过其外部要素而得以延伸。世界和主体的现代分隔排除了所有诸如此类的亲密交互。因此我们是否能不采纳笛卡尔虚构且迂回的策略，而是以一种直接而自然的方式带来一种新型的联系？

斯宾诺莎相信自己能够真正地提供一种交互方式。对他来说，质料和心灵并非不同的东西，而是同一事物的不同方面，是同一个根本实质的发展、呈现和存在显现。每种系列都彻底独立地运行自己的演变，没有任何交互或相互干扰。然而它们双方都完全同意，鉴于事件在本质上是唯一一个，那么它一定会落入其中某个系列中。这种二元论从实在到表象的转变似乎为难题提供了一个从容的解答，并意外地避免了对任意一方的不公正，且允许它们充分发展各自的独特性质。

思维和存在的统一随即而来。它们无须被迫接受来自外部的强制一致，但却能完美地和谐一致，因为任意一方都基于唯一的无限实体。为了实现真理、完全的真理，思想不得不简单地将所有能量彻底集中在自己身上——不允许外部的阻碍，淘汰所有混淆的理念，遵循自身的法则，放弃所有的神人同形同性论，并成为一个客观控制的思想，而这只当所有人类偏见和幻想被搁置时才能实行。那么观念的秩序与联系必须和事物的秩序与联系不谋而合。观念的逻辑顺序必须一一对应于实在事件的顺序，而思想世界也必须成为质料世界的真实映射。这种密切对应并不因任何外部调整而产生，而是由于同一实体内两个系列的共同基础而发生。思想进程和自然进程共同构成了实在整体，在这一整体中，一切事物都平静而必然确定地运动，而即使是所有事物的内心最深处都充满了光明，没有任何黑暗的角落遗留。

（cc）人类及其渺小——只有全然去拟人化并彻底逃离人类的理念和目标，宇宙才能获得这种卓越性。自此以后，人类仅仅是宇宙的一部分，他不再拥有任何特殊的豁免和优待，也无法再创建“国中之国”。正如他的全部存在只是单个意外，也只是无限宇宙中的某个“样态”，所以他的身体只是无限延展的一部分，而他的精神只是无限思想的一部分。而机械主义确信，身体只是微小原子的集合，精神只是简单观念的组合，它没有内在的统一：意志和理解并没有脱离个体的意志行为和个体思想。另外，由于意志力与思考并无二致，而只是思想的某个方面——即隐含在每个概念行为中的对实在的断言——那么全体人类仅仅变成一个由简单观念组成的机械复合体，或者如这个哲学家所说的，一个“精神机器”。这是“清楚性”的伟大进步，但它是以放弃所有行动自由权利的代价换来的。我们表面上的决定，实际只是这个有生气的机械体制的产物；我们的自由意识仅仅是因为，尽管我们经常能意识到自己的行为，但却不知道它们发生的原因，并因此把它们看作无前因的。据此，人类的行为和欲望应该被当作纯粹的自然单位，比如点、面和体。怜悯和嘲弄在这里同样是不合适的，我们真正所需要的是理解。

人类对自然的这种附属关系使得人类直接服从于自然法则。同样驱使一切外部事物运动的推动力也控制着我们的活动：推动力即自我保存。它不仅仅是我们本性中的一种特性：它就是我们的本性。我们绝不会将视线从自己身上转移，绝不会为了他人的利益而作为，而只会受自己的利益所驱使。然而有助于自我保护或提升的事情，我们称为“有用的”。因而，我们的一切行动都是以实用为目的：越能干的人就会越积极地为自己的利益所奋斗。

但是在经验领域，个体存在相互邂逅和交集，时而救助他人，时而打扰他人，从而滋生出无数的纠纷，而机械则处于永无休止的运动中。此时激情（感情倾向）占据统治地位，此时为幸福的奋斗将据理力争，此时爱之花绽放而恶之源漫流。此外，我们的整个主观生活将根据工作时的力量施压而变化，而人类与事物的关系将依赖于它们对生活的充实程度，并由两者的表现价值进行衡量。由于实在错综复杂的本性，我们也许不会即刻注意到这种依赖性，但哲学调研将很快揭露那些看似随意事物的必然特性，而支持用自然科学的方法来处理人类生活的人们。

这个问题涉及我们的欢乐与痛苦，但我们将通过这些术语了解到什么呢？欢乐的条件是使精神获得更伟大的完美性，而痛苦则是使精神逐渐沦为不完美的状态，其完美的程度将由生命进程的强度来衡量。然而爱与恨也将伴随着欢乐与痛苦如期而至。当一个客体被描述为欢乐之源时，就产生了爱；而当这个客体被描述为痛苦之源时，就产生了恨。这一经验的特性在于它的产生是友好或是敌意的。所以，即使在爱与恨中也不存在反复无常。那些帮助我们的，我们必然爱之，而那些伤害我们的，我们必然恨之，而即使是这种爱与恨的最小粒子，我们也无力改变。再者，爱与恨并不仅仅局限在直接影响我们的事物。因为这些事物的进程还依赖于其他事物——尽管它们自身与我们相斥，但也许会通过其他不相斥的事物来间接影响我们。因此，我们的情感可能会转移给它们，即使是以一种改良的形式。“吾爱友之友”，正如我们帮助那些帮助我们的人。“吾亦爱敌之敌”，因为他们会削弱那些伤害我们的人。相反地，我们恨朋友的敌人以及敌人的朋友。这些间接关系延伸得越来越远，直到它们包含了所有与我们经验相关的存在，以及所有涉及这些存在或者任何方式下伴随的环境。所有与令人愉悦的经验相联系或提醒我们该经验的事物——无论这个联系多么外在和偶然——是我们快乐的场合，相对于带给我们痛苦的场合。在这种迂回的方式下，即使是那些距离我们最远的存在也能够激发快乐或痛苦、爱或恨。同情和厌憎，即使我们自己都时常困惑不解，但只要知道我们的爱与恨真正的原因在此于我们意识之前被蒙蔽，它们就能被轻易解释。然而这些激情，仍是行为的强劲刺激物。我们必然会发扬对自己有利的事物，镇压和摧毁危害我们的事物。所有说教者的训诫都未减少此必要性的分毫。激情只能被更强的激情所克服，而不是单纯的诉求和决心。因故，激情的机制已昭然于世，而它们错综复杂的网络难以理清，我们为自己揭露了一个丰富的矿藏——精于世故地反思人类本性。

在这一切中，斯宾诺莎满足于纯粹描述，他允许其主题不受到他自身强势价值的影响而展现出来。但若回顾他的整个体系，我们难免会有一些挑剔的判断，我们也能清晰地看到他分配给人类的地位是多么令人不满。因为即使在这个生命机制中，个体在任何地方都可能独占鳌头，但基本上他仍依赖于一个陌生而神秘的世界。我们为了外部的原因而时刻辗转反侧，就像海中的浪潮与逆风时刻搏斗。我们对自身的起源和命运一无所知，只能沦为自身激情的奴隶，不断地与彼此冲突和倾轧——无疑，如果考虑到这些所有情况，那么我们则处于一个悲惨和被奴役的状态。这是最终的结论吗？或者是否存在一条从奴役走向自由的道路呢？

（dd）**人类及其伟大**——实际上，斯宾诺莎促成了一个重要的思想转变，他已经发现了新的道路，但却没有进一步探索和开拓，如果无法找出自身体系的根本缺陷，他就不可能走得更远。他将新运动仅仅视为原有努力方向的发展：他认为新运动只是带领自然进程进入到逻辑推论阶段，但事实上，它影响了整个改革活动并构建了一个与自然相对的新世界。依照斯宾诺莎所说，我们仍必须以自我保护和实用为目标，但这种实用性必须是真实且根本性的，而并非普通生活中的实用性，它只能由知识、真正的科学知识给予。这种知识从内部照亮了原本陌生且迥异的世界，教导我们关注实用性的基本面，并将其赐为我们的财产，使我们处在一个能对其采取行动的位置上。当我们运用自己的思考来推断事物时，就不再觉得它们难以忍的。我们是它们的主人，并活跃于意味着幸福的一切活动。然而，只有将自己视为宇宙链条中的一环，并根据事物必然且永恒的秩序来解读自己的位置，我们的思考才能拥有这种力量。除非我们使一切事物与作为根本实体的上帝相关联，否则这一进程将无法实现其完整性。而从这个观点出发，我们的思想则将形形色色的多样性存在当作无限实体的呈现，但从永恒的角度而言，我们的知识将不再依赖于推理的逻辑思路：它是凭直觉获知的。这种对上帝的直觉认知是难以企及的最高善，以及所有真切努力的终极目标。它使人类整体蜕变为思辨活动，然后将其提升至全然的自由和成功，且同时驱散一切悲伤。激情甚至摆脱了每个痛苦的元素，并在我们清楚明确地参透它们的意义时演变为净化活动，因为它们呈现的讯息并非痛苦的背弃，而是愉快的努力。整个生命从此充满了力量、活动和欢乐的坚持。由此诞生了一个“自由人”的理想——对他 / 她来说，所有的痛苦环境都是一种罪恶。同情、谦逊、悔悟和其他相似品质对低层次的生命是有益的，但它们对高层次生命却毫无价值。在此我们被告知：“若为做过的事懊悔，人的苦恼和脆弱将双倍增加。”

这是一个崇高的理想，而我们只能无限接近它。即使它很难让真正的知识完全渗透我们，但作为一种治愈激情的手段，这种理想却足够清楚明晰。我们越注重依其必然性环境看待我们生活中的事件，它们对我们的影响力就会越小，而我们就越需要深思熟虑，直到这些事件滋生的爱与恨被驱散，而精神升华至纯粹沉思的平静中。最终，直觉将从一切意志和欲望中得到解放，成为释放忧虑与痛苦的重要工具，并保证为我们整体天性提供一条前往平静与幸福的天路。

然而这种经验能够在普遍大全中达到某种生命的一致性，只要与对上帝——此永恒和无限存在的直觉认知相联系，它就能变成深刻的精神性。正是这种知识本身完满了我们的思想和生命。故我们能看到，所有提升幸福的事物必然会唤醒我们的爱。因为对于上帝，我们应该感受到一种无边无际的大爱。这种爱远远优越于其他以爱为名的情感。它并非带有平凡忧思和激情的爱，而是完全依赖于知识的“理智之爱”。只有不求回报，这种对上帝的爱才是真实的。上帝不能罔顾其本性，而依照人类的观念来爱任何特殊的客体，因为这会使他的存在堕落到低级层次。因此我们会读到，“真正爱上帝的人，不会要求上帝也同样爱他”。如果不完全放弃一切卑劣的利己主义，那么将不会有自由和自我升华。正是理智之爱使得上帝爱他自己——那就是说他们完满中的永恒和无限——以及对上帝精神上的理智之爱成为上帝爱自己的无限大爱中的一部分。由此，宇宙获得了一种精神深度以及内在生命，虽然事实上，这只是人类灵魂生活的一种不同方式。

与神合一同样保证了人类的永恒生命。从我们纯粹延续自然存在的角度而言，斯宾诺莎没有提及这种意义上的不朽。只有身体能够尽可能长时间地维持，心灵才能形成观念并铭记过去，因此身体的死亡意味着个体的灵魂对生命的依赖的生活终结。然而因为灵魂之源在于上帝，所以当身体腐靡时它也不会完全地灭绝，上帝必然存留一个表达其永恒实质的理念，这是不可毁灭的永恒上帝思想。凭借其正确洞察力，对其不朽性的坚定信念将随着从现象界到永恒实体世界的转换而成比例增加。灵魂的不灭力量越强大，死亡对它的影响力就越微弱。沿着这个思路，身体的死亡实际上脱离了可朽的命运，并从生命的低级形式中解放出来。只要躯体能延续，灵魂更容易产生悲伤的情绪。

无论如何，对于哲学家来说，不朽的重要性不在于它是否能带来一个更好的未来，而在于它有能力使我们超越所有现世条件，并使我们在当下就掌握永生。怀揣着这种思想，他写道："自由人对死亡的思考不多于他对其他事物的思考，因为他的智慧不是通过死亡，而是通过生命关注自身。"为了遵循理性的指示，我们无须关于不朽和惩罚的思想。即使不知道自己是永生不灭的，我们仍应该尊重美德和虔敬、勇气和慷慨，将它们当作最高价值，因为真正自由的人类并非为了报答而行动，而是因为他不得不按照本性的必然性而做事。它不是美德的奖赏，而是被赐福的美德本身。幸福在于获得最完美的精神境界，而这只有通过上帝的认知才能获得。所以智者将永不停歇地认识自己、上帝以及世界。他不会逝去，而是永远地享受精神的真正平静。

以这种丰富和欢乐的自信作为结语的生活，为伦理和宗教提供了一个新的基准以及本身所独有的特殊表达。也许人们会感到很奇怪，"伦理学"应该是某位思想家为其主要著作所选择的标题，他本应煞费苦心地消除所有的道德评估，并试图将经验减弱为一种纯粹自然进程。但对于斯宾诺莎，这种以绝对存在为基础的必要性是人类的理想。我们从一开始就不是生活在真正的现实空间中，而是必须依靠自己的努力爬升到该空间。我们的生活是一场屈服于现象界或提升至实在界的战争，坚定地依附微不足道的个人主义或全神贯注地追求无限存在的战争。这是做出重大决定的时刻——号召我们通过改变信仰而全神贯注于自身存在。而寻求真正的知识本身就是一种完全自然的行为。然而同时，它也是一种道德行为。可是在这种情况下，道德更关注的是存在的新秩序，而不是某个存在的特殊表现。与其自觉持有的学说直接矛盾的是，斯宾诺莎给予人类极大的选择权并期望通过一次性的突然改变得到拯救，而非循序渐进的发展。在本质上，斯宾诺莎比启蒙运动的任何思想家都更接近基督教思想。

他的根本宗教信念也更趋近基督教，而他对教会形式的艰涩反对也许值得我们期待。这很符合他本性中的坦率诚意，即他应该是首位完全揭露出现代思想的自由理性趋势与以历史传统为基的旧同形同性论之间的敌对的人。对斯宾诺莎而言，上帝并不是一个众多存在中的特殊代表，也不具备人类意义上的人格。他无处不在地包围着整个世界。他并不会特别偏爱人类，却活跃于无限宇宙中的每个角落；他不会挑选特定的人来赐予特殊启示，但却会在任何时间和地点，以我们众所周知的自然和理性来显示其神启。宗教不需要任何历史信仰，而斯宾诺莎尤其对任何奇迹学说充满敌意。他之所以拒绝奇迹之说，不仅是因为他对自然法则同一性的科学信念，还因为他的宗教信仰使其将这种同一性视为永恒神性的一种表达。而确实，平民大众也许会通过上帝来反抗自然，想要看到上帝的力量如何背离自然规律，并在非凡事件上有惊人表现。但是，哲学家却会在周而复始的日常生活中发现了它的伟大和神圣，所以他也不会长时间地承认特例的有效性，更遑论捍卫超自然和反自然的奇迹。因为在自然领域内的超自然本身就是一种反自然，既然它置身于自然中，而不是自然体系外，那么质料性质奇迹是可预见会发生的。所以，人类对奇迹的信念现在开始被动摇了。在认可自然的本质同一性之前，奇迹还未遭遇丝毫为难，即使是宗教改革时期最激进的思想家都未对它提出异议。尽管笛卡尔确实承认自然的同一性原则，但他尚未理解它的逻辑秩序，抑或者他的表达太过于谨慎。

然而，抛开他与教会形式的分歧不顾，斯宾诺莎的思想仍然非常接近基督教，尤其是他的核心理论——上帝存在于世界内心以及神圣精神无处不在。确实，他难以相信，上帝——永恒且无限的存在本会具备人类天性，而且他并不认为有必要去认识“世俗的”基督，即历史上的道成肉身。但是，当我们谈论上帝的永恒圣子，也就是上帝的永恒智慧时，所指的完全是不同的事。上帝的永恒智慧彰显于所有事物，通常是在于人类精神，但更重要的是在于耶稣基督。如果没有它，则没有人可以获得幸福，因为它独自教导了我们何为真与假以及善与恶。人类精神应该超越存在的其他一切形式，而耶稣也应凌驾于所有人类之上，这是对哲学家普遍教义稀奇而显著的反驳表达，这种普遍教义宣称上帝的公正存在于宇宙各处。不过，斯宾诺莎本人比他的理论成就更伟大，并且他的丰富思想世界蕴含了其理念的框架。我们甚至可以说，他最伟大的时刻，就是当他反驳自己的观点，并且其天性的内在必要性迫使他比自己的教义走得更远之时。

（ee）**鉴赏**——斯宾诺莎在世人心中所产生的深刻印象以及仍旧影响人类心灵的能力，在一定程度上能通过其体系的特点来解释。他的思想明显地倾向于伟大且本质的、简单且真实的人类。他的所有成果都受到客观事实推动力的鼓舞和支持。它们是如此强势地掌控思想家们，甚至于没有留下任何主观感知和反思的空间，即使最强劲的改革都伴随着自然进程的宁静特质。然而这并不暗示着该体系中的灵魂缺憾。自始至终它都存在一个强势的人格，将生活注入概念和学说的干涸骨架中。确实，在详尽阐述这些概念时，斯宾诺莎采用了巨大的科学宝库，而他的思想也以连贯的秩序不断涌现，并且这种秩序坚决排斥任何干涉。没有什么东西是突兀和孤立的：一块石头也要紧紧依附于另一块石头。然而当他的成就达到最高水平时，将会出现突破形式限制的启迪之光，以及解放灵魂的直觉。这不仅是其体系中的最优点，也是最让人信服的部分。在此点上，这位哲学家值得被尊称为圣人，一个行走于现代世界并使用现代方法的圣人。但这种圣人需要的英雄主义并不卓著或夺目：他只是来保留这种标记着放弃和冲突的生活，以及其科学信念所要求的精神安详和崇高。这也是他所做的。一种生活和教导的绝对合一使斯宾诺莎的成果更具完整的真实性，这种真实性是古典时期所尊崇，而为众多现代思想家所欠缺的。

然而，向斯宾诺莎的伟大之处致敬并不意味着对其体系的盲目追随。甚至很多时候，我们必须在困难重重的解读中独自发掘他的重要性。他同样分享了失败的经验：当他看见一个他觉得必要的新理想，他会把它想得太过于简单并且容易获得。有了一次打击，他决定抛开那些每个时代都困扰的棘手问题。他的处理方式太过于贫乏且简洁，从而产生了不幸的纠纷：无价的真理与可疑，甚至是谬误的主张同时出现。但从实际成就中的缺陷来看，我们可能需要专注于他精神本性中创新且有推动力的力量，而且当我们探测这些思想深度时就应该意识到，无论我们对其学说的批评多么尖刻，他仍然是一位值得我们永远尊敬的大师。

陶醉于自身世界观的壮丽宏伟和自给自足的同时，斯宾诺莎试图消除其中的每个分裂元素，并使一切多样化融合为一种极其简单的呈现。上帝和世界，灵魂和身体，思想和意志，必须全面统一甚至融合为一体。而现在，斯宾诺莎的体系是否真正实现了这种统一呢？如果凭借第一印象，我们也许会说“是”，但这种印象并不是经由仔细观察所证实的。世界与上帝之间不可能存在一种完全的和谐或统一，只要个体间没有突破独立存在于普遍生活的迷惑表象。无论如何，在斯宾诺莎看来，这种迷惑性坚定地贯穿了人类生命的每个阶段：我们不得不发挥思想的极限力量来摆脱它。然而如果所有的多样性确实只存在于普遍生活中，那么这种力量又来自何处？

同样地，灵魂和身体只是简单代表了同一存在的不同侧面，精神生活和自然进程将齐头并进，并且两者都同等重要。但事实上，斯宾诺莎无法成功地赋予它们这种平等，他或将精神从属于自然，或将自然从属于精神，前者出现在其体系的最初概述中，而后者在其结论中。因为从一开始，他就将自然作为实在之核心。自然机制的法则不断丰富，直到它们甚至成为统领人类灵魂的普遍法则。这种灵魂并非一种新生命的显现，而仅仅是物质世界的意识苏醒，一种伴随着自然进程的反思活动。这是自然主义，甚至是唯物主义的明显趋势。而《伦理学》的最后总结部分呈现的是另一种不同的类型。由此我们发现，只有当思想达到一种完全独立于自然的水平，并能够根据自然成为初因的一种单纯现象呈现而拥有一种自身的真正存在，这种转变和解救才能够实现。当生活在对上帝的沉思中感知自身的极致圆满，并意识到世界进程的灵魂深处即是神圣之爱，我们则拥有了精神性的显著优势。于是，始终坚持的一元论被瓦解，而只剩下相互敌对的两股势力。

此外，知识和意志将会合并，因为意志行为完全包括在认知过程中。然而当知识融入整个生活，它就不再是纯粹的知识活动。当我们通过知识而理解人类自我保护的真正手段，而这种保护将使他的整体存在转变为欢乐与爱的活动——那么它包含的就不仅仅是理智活动。它能够发展出一种更加深邃的生活，并能表达一种完全自给自足的精神体验。在试图解决该困难的过程中，立即萌生了一个更棘手的新问题。

但现实太过于复杂，从而难以适应斯宾诺莎提供的简单框架，并且我们也不应该将世界看得比它的真实状态更简单。但尽管如此，斯宾诺莎也有极佳理由在世界中发掘更伟大的同一性和内在一致性。学院派的惯例是通过关联和区分概念来解决它的问题，然而经过数世纪的历程，这种学术锐利性将衰落为彻头彻尾的做作和虚伪，然而斯宾诺莎的尝试却与这种惯例截然相反。对更伟大同一性的渴望，以及现实的不同侧面再次汇集、互相增强和补充，并形成一个统一且完整的生命——所有这些都仿佛自然真理的回归，从沉睡和死寂中复苏。我们是否应该责备斯宾诺莎，因为他对这个问题的解决方案太草率，或者我们应该欣喜，因为他的尝试给人类思想带来了持久的推动力？

如果世界不承认这种简单的调整，那么生活就无法迅速地转化为纯粹的沉思，尽管这种转化也不能解决所有关乎我们存在的问题。然而斯宾诺莎凭借其对不为激情所染的知识的渴求，确实在探索一种人类与实在关系的新基础，一种人类生活的重新构建。他认为传统的行为规范已经琐碎且细微到了一种不堪忍受的地步，因为无论它们覆盖的范围多广，它们都不会将人类从自身理念、利益和情感的范畴中释放出来。为了满足这一要求，我们需要通过真正的知识从而更亲密地接近宇宙，所以，斯宾诺莎不仅讨伐个体的利己主义，而且对人类整体的自我主义进行了激烈的改革。

他的壮举开辟了世界发展的一个新阶段，同时也是一个反对一场运动的阶段，这场运动回溯到古代的基督教世界并最终在奥古斯丁时期达到顶峰。奥古斯丁时期对幸福的强烈渴望以及广泛认识宇宙的天性追求，使得所有存在的浩瀚和丰富服从于人类的救赎和福佑。这样一来，激情被带到了生命的各个领域，使得所有存在闪耀着意志和奋斗的火花。实际上，人类不是为了自己而被创造和保存，而是属于实在的更高层级，并作为一种精神和神圣秩序的参与者。然而奥古斯丁激昂的性情，已经为承认人类的这种细微卑下的地位而负责。随着时间的推移，这种微不足道的要素在人类生命的基础上得到凝聚和证实。从一开始，现代世界就认为这种人类天性的概念太主观、狭隘、琐碎和不真实。然而直到斯宾诺莎时期，它为更大覆盖度和自由度所做出的努力才找到了更为清晰的表达方式和支持，因为斯宾诺莎明确了它的理念——自由并不是通过文艺复兴激烈的侵略来获得。它是一种内在动变，一种人类自身的普遍天性的发掘和发展。而且斯宾诺莎声称这种普遍天性应该在知识中获悉。当允许知识自由发展时，它将事物的客观意义赐予人类，并使人们充分意识到知识的无限与永恒，而完全抑制自我的所有感知。正是知识使人类逃离毫无价值的自我主义以及相互矛盾的奋斗目标，并带领我们向上找到一条明确的道路，奔赴更清晰和更纯粹的实在与真理。

但如果深不可测且不可改变的宇宙就这样独占了我们的生活，那么我们不仅被立即剥夺了所有选择，也即刻失去了所有自由。纯粹事实、自然必然性以及命运的力量获得压倒性的优势。古时人们就充分认识了这种力量，然而基督教已经承诺，作为它所有使命中最重要的一项，将把人类从命运的王国提升到自由的国度。在基督教世界的历史中，无论如何，我们发现对这个问题的考虑太过轻率。与其说我们遭遇并克服了反对势力，不如说在神秘主义的颂扬中忽略了它们。通过再次坚持自然或命运在人类存在中扮演的角色，斯宾诺莎丰富了真理的概念并给予生活更深刻的意义。的确，他倾向于将自然当作整体实在而对其格外强调，并认为物质世界的真理外在于或区别于我们的精神生活，然而他带给思想的新变化已经足以掩盖任何细枝末节的瑕疵。

而如同其他地方一样，斯宾诺莎的现实意义比他形式上言论更加深刻。他寻求的不仅仅是本性，而是一些在本性中或本性背后的，一种本质的生命和存在。在他看来，我们的普通生活太过于肤浅，并容易自欺欺人和幻生错觉。只有将我们的行为放置于自身存在和个体中，它才是真实的。因此我们必须高屋建瓴，找到我们的真实本性。这需要对过去立场的彻底改变，以及一种永恒与无限宇宙的归属。斯宾诺莎的伟大之处在于，对他来说，问题不在于人类生命中的这个或那个细节，而在于人类自身整体。他认为有必要快速发展所有针对狭隘个人观点，针对被普遍看作幸福之物——事实上，针对所有对于用途和目的的考量的谨小慎微。

斯宾诺莎的思想极度鼓舞人心且具启发性，但它常常无法脱离其深奥的表达形式——这有效解释了为何只有从适当的角度出发时，他的伟大性能得到充分赏识，以及为何他的理念能被自由掌握和讨论。在这种情况下，他所表达的意思很自然地被解析为各式各样的含义，所以他会因为各种各样的理由而吸引到不同的人，尤其是他的身上聚合了许多与众不同的思路，因为他倾向于同一性思考而不是以任何明确和总结的方式解决问题。所以，关于斯宾诺莎的争议将会继续。但他将永远被一群人尊崇为伟人，这些人希望从哲学中得到的不是封闭的概念和教义系统，而是能更充分地掌握人类的真实本性，以及更独创地洞察到生活的潜在奥秘。

（γ）洛克

洛克的思想成果，与其他启蒙运动领袖的境况迥然相异。作为为公民和宗教自由而奋斗的国民之一，他个人占据了该斗争的决定性位置，而这场斗争也直接影响了他个人的思想财富。他的思想承载着对社会的强烈观感，而他个人也做了很多工作来增强和突出这个社会的独特天赋。

洛克绝不是英国精神的完美典范——每一个伟大的文明国家都存在与其普遍形态背道而驰的反动势力——但毫无疑问，他仍旧代表了盛行的民族倾向。英国学派反对一切大胆的思辨，以及任何建立新世界的尝试。该学派坦然地接受世界原本的样子，并寻求一种可行的方式来理解它，在世界范围内使生活明智而快乐。大部分的注意力都集中于人类以及其命运。当指定人类作为研究课题时，英国诗人（蒲柏）仅仅只是表达了当时盛行的信念。然而个体不仅是其本身，也代表他的社会关系。若试图清晰明了地呈现灵魂和社会，需要从两者最简单的起点进行重构——这也是英国启蒙运动的独特功绩。更敏锐的审视以及更准确的经验回顾更能排除任何不确定的事实；理论将紧密联系实践：更清晰地阐明我们真正拥有的事物，以及所需要的对生活的相应重塑。所有这一切也许将限制人类生命和奋斗的空间，然而同时它也表明，在这些限制内存在着迄今难以想象的可能性：能够丰富的经验内涵能够满足每个合理的愿望。由此萌生了思想和行为的独特模式，它以自己独有的方式进入生活的不同部门并使自己发展为一种社会力量。正如在英国所呈现的那样，启蒙运动成为一种世界性力量，并且对其后期的理解不能脱离于英国运动的历史。

现在，洛克是英式思想最确切也是最有效的典范，而他主要关注的是知识问题。一场哲学讨论使他敏锐感知到我们目前知识理解的可怕混淆，而这一信念促使他开始对知识的起源、正确性和范围展开彻底调查。这一调查的结果首次系统地描绘出个体心目中的知识发展进程。对于洛克来说，调查知识的来源意味着追溯其在心灵的起源和成长：而心灵就是意识，或者有意识的生活。对该问题的构想——在洛克看来，绝不会有其他的可能——立刻决定了其工作的特性和成果。我们关心的是在意识中找到最简单的知识元素，并逐步地追踪它们的成长，直到完美地理解整个知识结构，同时清晰规划人类能力的局限性。很明显，意识的内容并不是唾手可得的，而是通过与事物的接触而获得，因此一种确定的原始理性禀赋之教义，即天赋观念论的教义也会终结了。经验是唯一的知识来源，而我们通过对外部客体或者自身内在状态的观察得到这种经验。心灵就像一张有待被填满的白纸，或者像一个黑暗的房间，一旦有阳光透过窗户就会被感知。简单的观念是不可约的元素：凭借它们的组合与相互关系，逐渐建立起更复杂的心理结构。所以我们可以遵循这些思路解决一切复杂的认知问题。必须承认，世上不存在一些无法在这一图景内占有一席之地的事物：由于对该问题的此种构想而超出限制的事物，必须像对待错觉一样被弃之不顾。但洛克是否严丝合缝地实施他的根本原则，对真理的认知是否可以沿袭这些思路而获得，这些问题确实都值得怀疑。可是即使他极力否认，却不得不承认这一事实——这种经验主义哲学经验—心理的处理方式广泛揭示了一种崭新且富有成效的生活观、灵魂观和人类存在观。追溯灵魂的真实发展使我们对自身存在有更睿智的认识，以及对自己的力量有更清晰的概念。对于生命问题，我们更乐意接受一种实用的，甚至是技术性的对待方式，从而人类赢得了突破自身及周遭环境的力量。

但洛克坚信，这类知识无法穿透事物的真正本质。事物的本质区别于其呈现的外在，对于我们来说它永远是未知的。然而我们没有必要惋惜这种局限性，因为现在拥有的知识已足以实现我们生活的主要目的，这种生活即实践和道德生活。我们不需要认识所有的事物，而只需了解那些与我们行为相关的：道德是普遍人类的特有科学和事务。如果蜡烛能给予我们所需的一切光明，那么舍弃原有的烛光而妄求灿烂的阳光将是愚蠢的。

然而此处我们突然面临着一种矛盾。根据洛克的根本原则，生活从经验中汲取其所有内涵，但在发展这个观点时他引入了理性，而这种理性被认为独立并超越于经验之上，也越来越有可能成为主导因素。从一开始，一切奋斗的最高目标和原因都是为了主观意义上的幸福感，而经验的价值是由其伴随的幸福感所决定的：只有涉及欢乐和痛苦时，事物才有善恶之分。这必然导致某种形式的享乐主义。而同时，洛克将人类定义为一种具有独立内心生活的理性存在，并因此提出新的问题和新的标准。然而他的真正伟大性在于，能够响应理性的召唤而抵制所有纯粹的自然倾向。伟大原则以及所有美德和价值的基础体现于，一个人能够否认自己的欲望、违背自己的意愿，而完全遵循理性所指引的最佳方向。然而事实是，尽管英国思想家普遍以类似上述的方式，通过理性来补充经验，但他们几乎不可能达到如此效果。

不管怎样，洛克关于人类生活的观点在其社会学中有更清晰的表述，甚至超越其伦理学中的孤立言论。但在这里，同样只有破碎的论述，而不存在系统的详尽阐述。然而一个典型的基础信念仍然贯穿了洛克的所有思想变化，而也正是这个信念，成为其整个理论以及现代自由主义哲学的基础。

洛克从个体开始追溯政治团体和社会团体的发展，因为个体是直接被给予的也是最能深刻领会的元素。只有从个体出发并持续回顾个体的发展进程，他才能准确地定义社会并给予它一种理性内涵。国家优越于个体，因为国家能容纳个体且由个体组成——这个根深蒂固的理念因为困惑和误导公众而被驳斥。个体现在将承担起统领社会的责任，再也不是霍布斯所描述的纯粹自然人，而是一个理性人格，并且理性的特性在于它的审慎力、决断力和自我指导能力。这暗示着对于理性的旧有理念发生了翻天覆地的剧变。因为他们使理性成为融入普遍理念的形成与依据这些理念的实行能力中的力量。这一概念被独立理念和个人选择的能力所取代，并揭示了新世界的精神。尽管有一定限制，但法律仍支持自由。单凭这一点就可认定，法律本身取决于制定法律的力量，而这种力量终究是个体的意志。所以限制即是自我约束，并未受到外部的强制。

从个体出发构建社会的过程中，我们非常清晰地目睹了现代对于社会理念的发展，它将社会视为一种自由的联盟；甚至连国家也只不过是一种具有明确目的和严格边界的社会样式。国家的主要使命，是为了捍卫其个体成员的权利，并保护其自由不受外部的侵犯。而且由于公民的独立性与财产问题格外密切相关，所以洛克认为，国家的功能仅仅只是捍卫财产所有权。这似乎与旧理念有巨大落差，并且它为攫取财富的有产阶级追逐私利的行为创造了条件，而自由主义后期时常堕落为攫取财富的有产阶级。然而我们不能忘记，在旧自由主义中，财产问题的背后永远存在着独立行为人，对他们而言，财产只是自我实现的工具。这使整个运动产生了一个理性主义的转变，并为持续不断地推动社会活动的发展。当国家的功能局限在狭窄的限制中，并且个体获得尽可能多的自由，这对于力量的壮大和生活的真实性都是一个巨大增益。安格鲁－萨克逊的国家类型向我们展示了启蒙运动所构想的完整国家发展进程——一个建立在公平正义和个体自由之上的国家，而不是基于权利和传统的文艺复兴式国家。

但是如果一个国家要建基于公平正义和个体自由，它就必须扫除现存条件下的障碍，为自己的发展奠定基础。而在此，政治理论应该通过对传统秩序严密而透彻的分析而得到援助。这种国家拒绝盲目地尊崇事物的实际模样。它不会因其是权威而承认权威，而是坚持将权威标准建基于理性基础。只有那些受到理性证实，并同时赢得人类自由同意的存在，才能对其天性行使内在控制力。现在对权威的唯一辩护理由，就只有它的实际使用性：因为团体中的个体地位是由个体的实用程度所决定的。因此，权威不可能脱离理性，更罔论反对它。即使父亲的权威也不会源自天性中的一些神秘法令，但父亲对其尚不能承担义务之孩子的实际照顾使这种权威变得正当合理。由此可见，一个政府的特殊体系或凭借上帝恩典而创造的王国是完全矛盾的。王国内阁必须通过对群体的服务来证明自己。财产同样不能被任意处置；它是工作的奖赏。服务者必须首先声明一些事，并在有处置权时，将自己的力量耗费在这些事务上。事物的经济价值也是由需要的工作量来衡量。随着人类文明的进步，我们的重心不再是纯粹物质，而是它包含的人类劳动力。洛克为朝着技术和工艺的方向发展的现代运动，在此提供了一种哲学依据。

严格遵循理性的需求，由个体开始发展所有的政治和社会关系，以及绝对强调服务精神——即有形且有效的服务——上述作为个体提升的唯一真实基础，将使理性和公平的理想国度以及历史和传统的国度之间产生激烈冲突。如果完全消除每种历史元素、传统以及世袭头衔等，将不可避免地引发一场革命。但洛克远离了诸如此类的严格一致性，并且默认社会的基本框架是合理的，尽管在细节上，仍然存在很多缺陷和注定衰落的地方。理性和历史并没有像启蒙运动后期那样完全分离，它并非所谓的革命，而只是改良。

另外，在证明个体的独立性时，洛克并不打算使他们相互孤立。只有与其他个体联合，并成为社会成员之一，个体才能发展他的理性并获得幸福。事实上，洛克承认社会环境的力量，尽管这种力量之前从未被确认。并且在上帝之法（自然法）与国家法之外，他认可第三种力量的存在，即民意法，他认为这是理性的确切表达方式。在我们的道德教育中，我们同胞的意见，他们的支持和反对同样是最重要的因素。激发正确的荣誉感是教化我们道德品质的主要手段：荣誉为美德之友。所以政治自由的意义——这是英国生活的普遍特性——与同样强烈的社会责任感相互制衡。社会限制也许没有那么明显，但它的影响力却能渗透得更远和更深入。

在教育领域，洛克作出了最伟大的服务贡献。在他之前的拉提修斯①和夸美纽斯②都努力建立一种理性的教导方法。然而迄今为止，新的潜在影响一直作用于旧质料，然而洛克却使它直接承担了当前存在的事实。确实，他仅止步于普遍概要，也并没有使其原则得到最终结论。但他发起了一场新运动，只需要将之开启并进一步实行，并在卢梭的纲领中颁布。

洛克所代表的启蒙运动阶段具有罕见且独一无二的特质。它本身并不关注人类与实在的基本关系，而是通过认可直接印象为真来解决这个问题，并致力于在一个既定的世界里塑造一种生活机制。洛克倾向于寻找最简单的元素或力量，并从那里衍生出一种行为与事件的复杂构架，让我们自然地期待一种基于理性的绝对独立生活。我们可以认为，这些力量确实试图使生活趋于合理。但如果认为它们能够提供一种经验原理的充分阐述，那确实过于乐观，并且忽视了所有精神生活中更令人费解的问题。而且这个观点缺乏内在一致性。其主要特点在于，它使救赎行为完全依赖于思想的启蒙作用，但思想并不是独自地发挥作用。而根据我们社会生活的惯例，思想被不断地补充、限定和调试。如果逻辑的一致性需要打破这种惯例，并全然逆转现有的社会安排，那么逻

① 拉提修斯（1571—1635），十七世纪德国教育家。——译注

② 夸美纽斯（1592—1670），十七世纪捷克新教教育家，近代资产阶级教育思想的先驱。——译注

辑必须让步和屈服。印象的直接性和人类的实践知识柔化和了抽象理念的尖锐棱角。再者，洛克认为不仅存在方法二元论，更存在内容的二元论。生活的全部内容来自其直接环境，即经验。然而所有未被观察到的内容，正如在临界点上的，需要一种经验之上的理性，并且我们无须为这种理性辩护，也无须将它区别于经验。因此，经验的与理性的，实在主义的与理性主义的观点总相伴而来，它们此消彼长，交替占据主导地位。他允许纯粹印象拥有权威，尽管这种印象尚未屈服于科学的澄清过程，并且这使得洛克比其他著名思想家更受到欢迎，但事实上，也可能使人们将哲学意义上的常识经验与日常生活意义上的常识经验混淆在一起。思想和生活在这里使平庸才能开始起航，与较低的水平相比，它有足够的价值并且巧妙迎合了时代的需求。常识经验性的处理方法会成为一种危险和损害的来源，只要当它的局限性被视为终局，而且进一步的努力受制于显而易见却不可避免的可疑方案。无论如何，没有人不欣赏洛克丰富的启发性或严谨性，而他的每页作品都散发着真理和诚挚的光芒。

(δ) 莱布尼茨

(aa) 他的思想特性——莱布尼茨以一种非常引人注目的方式，第一个将启蒙运动带到了德国。惊人的广泛性和普遍性——坚韧不拔、毕恭毕敬——强烈倾向于系统化和支持任何被接受的理念，而无论事物的当下直接形势如何反对它，这个方法起源于灵魂的内在生活，并试图从这个立场解释一切——所有这些都象征着创造性精神活动的英勇战斗，以及我们当下直接世界的激烈转变。同时，这种形式的运动具有其前辈所没有的危险：它会由于无用的压载物而超重，并希望调和本质上不可调和的事物，忽略经验直接性以及徘徊于无路可走之境地的危险。简而言之，固执己见和自我折磨的主观性风险。不管怎样，在这些危险有效积聚的地方，我们也会拥有最高秩序的创造性工作，这种秩序将人类的思想和努力显著地提升到一个更高境界。

除了莱布尼茨，我们无法在启蒙运动的其他地方发掘到这种广泛性。其他思想家都没有如此坚定地掌握事物的内在本性，并如此努力地争取系统的彻底性。在他身上，启蒙运动搁置了纯粹异议的狭隘性，甚至力图理解所有的异议及其多样性。它将欣然地公平对待生活的传统图示并将旧思想和新思想融合为一。但毫无疑问，这个过程也存在巨大的危险。我们需要的也许只是妥协而非调解。对一致性的强烈追求也许将轻易钝化那些典型或独特事物的锋利边缘，而为了尽量公平地对待所有其他类型，思想家也许很容易对自己不公。此外，无法否认的是，莱布尼茨理论中的有些奉承意味，他避免冒犯他人并尽力以最调和、舒适和愉悦的方式对待事物。但与此同时，我们必须承认，他的努力调解不仅表明该问题的崇高概念以及对纯粹党派观念的狭隘性的完全超越，而且证明了他的努力是被其本性的迫切必要性所激励。他所期望调解的两个世界是他生命的两个部分。一方面，他深深沉迷于数学和自然科学领域的新运动，因为它们将他的创造天才变成富有成效的活动；另一方面，他对道德和宗教的传统形式怀有一种与生俱来的真挚热爱，因为只有它们才能反驳那些未能洞察他工作之终极动力的人。他提出的问题绝不是人为设计的，这是他为其精神被迫做出的自我保护——他本性的统一也需要捍卫。无论我们对他的计划和处事方式有什么疑虑，我们必定会支持他个人的真理以及对最高尊严的忠诚。

另一层考虑会让我们不再指控莱布尼茨的软弱，这种软弱通常以奉承式的妥协为特征。他的天然情感联系于一种完全典型的技术型思想模式，这为对其主旨的原初掌握打下良好基础。这种典型思想模式的核心在于数学，或者说在于数学思考方法。数学一直都在启蒙运动中都扮演着重要角色，不仅影响了它的抽象思维，而且改变了它对生活的普遍态度。但莱布尼茨使我们第一次意识到了数学影响下的完整内涵。从一开始，数学就成为决定启蒙运动独特方向以及支持其根本论点之一的实质要素。因为对于数学，我们毫无疑问拥有一种与生俱来的知识，并拥有一个储藏着永恒与普遍真理的内在于灵魂的宝库。也不存在纯粹孤立的真理。心灵证明自己能够产生一种连贯的思想体系。在建立该体系的过程中，采取了一种与经院派逻辑截然不同的方式。它不满足于永远对一种既定质料起作用，而是不断地尝试去拓展其质料并且希望找到窥见真理的新机遇。在数学创造中，思想将自己打造为一种无可置疑的富有成效的力量。我们的思想世界并未构建一个与外部世界分裂的领域。而数学上的真理同时也是自然的基本规律。数学将精神活动与外部世界紧密结合，并赋予思想引以为荣的自觉意识，使其掌握通向宇宙之谜的钥匙，并在其生命中直接地感知伟大的生命整体。该主张的态度包含了两种的否定：一方面，它反对一切对传统和权威的盲目服从；另一方面，通过教导我们依据思想的某些形式来看待事物，它则从本质上打击了自然主义和唯物主义。相较于其他媒介，数学更能独立地教导理性，并欣喜于对其力量的自觉。

这些观念尤其迎合了莱布尼茨的想法，甚至他能以一种特有的方式使它们得到进一步发展。我们应铭记，在成为一位哲学家之前，他是一位数学家，尤其是他对微积分的发现领先于其哲学体系的形成。对于其哲学信念的系统化，他的心灵饱含并拥有这些无穷小的、潜在的、连续的理念。他觉得自己被迫去完善过去的宇宙观，以及为了严格的不变性而抛弃原有的不确定与动变。我们所看见的并非全部事实。可能性与萌芽力量的领域隐藏在我们所见的背后。而只有通过可能性及其连接，实际事实的本性才能得以理解。我们的实在概念必须扩展到容纳一切可能性——这是种最关键且最深远的扩展。这种对可能性的认可似乎使人们摆脱一种固定负载，并无限拓展其自由创新的范围。同样也有无穷小概念的发现，莱布尼茨对其深以为傲。确实，他在此沿袭了现代科学的整体趋势，并且比其他人走得更远，他将无穷小的概念从经验领域抽离到形而上学领域，因此从一定高度上为经验制定了其奋斗发展的目标。但是——通过新开放的微观世界，尤其是通过列文·虎克发明的显微镜——对莱布尼茨而言，甚至经验也将证实无穷小的假设，只要在其力所能及范围内；所以他大胆地否认任何事物不再进行分割或组合的节点存在。每个原子背后仍有接连不断的原子，就像丑角脱下一件衣服后还会露出另一件衣服。为什么我们感知的极限同样会是自然的极限呢？此外，这种无穷小概念所维系的，是一种无所不在的概念类型。自然无法自我复制，对于两个近乎一样的事物或表象也是同样道理。只有浅薄的观念才想要发掘完全的相似性。事实上，假设的相似性只是一种不太明显的差异，甚至在极限之内，这种差异程度仍然在消逝过程中，尚未全部灭绝。

表面上的对立在这里却被解析为程度的差别，故大致而言，莱布尼茨的数学处理头脑始终试图将假定的对立转化为层级，使种类的差别取代程度的差别。开普勒也曾提出相似的观点，而现在，凭借无穷小的概念，它最终能彻底且系统地实现。甚至明显矛盾的事物也能认可这种调解方法。例如，静止也许被看作活动的消亡阶段，因为其增长趋势在不断减缓；而善与恶、真与假的对立能同样以此处理。所有的刚性和排他性都被驱逐出思想世界，一切都能找到解决方法，并且所有的对立倾向都能完全和解。所有存在和生命的连续性理念具有前所未有的勃勃生机和令人震撼的印象，所以莱布尼茨拥有充足理由将连续性原则视作他的特殊哲学贡献。再者，调解自然和精神的尝试允许以一种全新的视角来对待存在。是否无须仔细检查——这里同样存在一种持续的渐变，使自然和精神包含于单一的普遍生活中，以及一种初看之下相互排斥的术语间的亲密关系？它确实是一种大胆的想法，而且是一种伟大的思想。而它是否能履行其承诺，并避免破开潜在于我们整体实存中的非此即彼的难题，这是另一个问题。莱布尼茨的言论以其惊人的技巧和机敏给我们留下了深刻的印象，但它们并不总是令人信服的。无论如何，他的普遍趋势——更精细的分级和更灵活的区分远比他采用的其他特殊方式更为重要。它本质上属于我们现代世界的运动，而莱布尼茨确是现代世界最具影响力的思想家之一。

（bb）**宇宙学**——莱布尼茨的宇宙学与笛卡尔的学说有共通之处，但他并未满意笛卡尔的解决方案。而他不满的原因在于：第一，他自身的冲动是寻找到一个超越世界与灵魂分裂的联盟；第二，笛卡尔在这些领域的理论对他而言太粗糙和草率。他习惯用数学思维来理智地思考世界，质料对他而言已经失去了可感觉的、有形的实在。这个持有无穷小和运动理论的哲学家不得不越过小天体进行其研究，力学已经将宇宙分解为各小天体。这些天体自身必屈从于深入分析从而证明其能够容纳独立生命的核心。因此他越过物质元素趋向形而上学——即当下的单元或“单子”。不可能出现没有“内在”活动的存在，或者说一种自为的存在。内在力量，精神实质是所有实在的基本成分。不存在两个世界，一个能看见，另一个看不见，而所谓的自然界不过是一种“有充足理由的现象”。这是“看不见的世界”对我们有限精神的保护，因为我们不能凭借纯粹的精神直观而将实在理解为连贯整体。绝对智慧绝不拥有任何外在世界。这种观点将身体看作灵魂的聚合，并通常将灵魂存在称为中心单子。这为灵魂和身体、精神和自然存在的问题展示了一种新的解释：它们并不是被放在相同水平上，而是一种类似本质和表象的关系。在更详细地发展其教义的过程中，莱布尼茨严重偏离了这一理念，并允许物质世界容纳比其一贯宣称得更多的实在。但这并不损其体系的独创性。在其专属领域内，自然不会遭受骚乱和侵扰，但是这整个自然领域只是潜在实在的一种表象呈现。自然的所有机制完全为精神服务。这种世界的概念绝不会盛行，因为它过于直接地反对我们的直观印象。然而对于少数知识分子，它仍然有充分的吸引力。

在一个被这样构思的世界里，过程的概念必然会经历相应的改变。相互作用理论对早期思想家而言毫无难度，但由于启蒙运动对灵魂与身体的尖锐分裂，以及它对生活不同领域更严格的限定，该理论已经成为一个十分棘手的问题。而对于这个问题，莱布尼茨像斯宾诺莎一样只能独自探索。如果单子——实在的基本成分是自我存在的实体，那么就只有自身状态能影响它们，并且不可能受到外部的影响。单子没有与外部世界进行沟通的窗口。

它们不是由外在的手填写内容的白板。反之，它们的所有运动都源于内部，它们的变动只能依靠自我发展。因为灵魂的基本能力是构建理念，并将多样性集中于一个“统一”，它相信，所有重要过程本质上都是理念的呈现，以及对思想领域的揭露。一切进步，都是对清楚性的完善和从原初混淆的解放。

如果其自身不引起一个困难且明显无法解释的问题的话，单子论也不会因此改变我们的实在观念每个单子都必须独自生存，从自身演绎出所有内容并且不受到任何外部影响。然而同时，生命的真正意义在于，它能映射出我们周围的世界并成为宇宙的一面镜子。怎样在拥有独立存在的同时映射世界？生命如何能在我们身上展现并同时表现我们周围的世界？我的思想如何与世界相调和？这是至关重要的一点，但莱布尼茨的逻辑想象力却没有上升到更高程度的无畏和自信。这是内在生活在奔赴其独立进程时，对外部世界的一种回应方式。更高阶的力量统治了灵魂和世界，它必然预先安排好一切，并且令每个单子在自身发展过程中都制造出对应单子外在于它的现实世界所发生之事的准确表征。这些时钟一定是由伟大的工匠巧妙设计，它们总是互相保持时间一致，尽管它们之间不存在任何物理联系或外部的监管。因此，我们的太阳理念必然存在一种准确对应，譬如实际的太阳。这种令人困惑的假说很快成为莱布尼茨确定教导的一部分，并构成“预先和谐”这一热议学说。对于莱布尼茨而言，该学说给予了我们最宏伟也是最有价值的概念，无论是对于上帝还是宇宙。

我们，作为他的继承者，更震撼于此概念的人为造作而非其宏伟性。然而在一些重要方面，这个学说毫无疑问地促进了思想领域的延伸。当涉及灵魂的理念时，这点尤其突出。如果灵魂将在自身中包含一个世界，并发展出一个源自于它的世界，它就不再是纯粹的知觉：我们必须渗入并察觉到灵魂的微知觉生命。我们只有更密切地观察自己，从而能领会这种生命，并意识到呈现的行为与了解被呈现的对象是两种大相径庭的进程。我们的感觉通常来自细微印象的积累，它们独自出现却共同逃避观察。然而它们必须存在，否则我们永远不可能意识到它们的总体效应。比如说，我们无法听到海洋的细细喃语，因为产生它们的小海浪不能被单独听见。因此，我们的知觉所包含的东西仅仅是我们整体存在和经验的小部分。精神生活包含了无数的呈现，并且它们不断地相互交织。但它并不仅仅是贫瘠的土壤，而是充满了小萌芽，这些萌芽开始追逐它们的向上之路。知觉只是一种过程的高潮，且这种进程将向下延伸到深不可测的深度。

微知觉的发现是莱布尼茨对其精神生活为万物普遍所有的理论的有力支持。因为它导致对整合过程不同阶段的区分，对呈现形式不同清晰程度的区分，即从最模糊的混乱到最完满的清晰。精神生活存在一种完整的连续性，它的每一部分都遵循同样的规律，但同时又给个体差异留下足够的空间，特别是将一种独有的高贵赐予人类。他独自拥有一种自我知觉，一种同一原则，从这一高度上，他可以回顾所有不同的独立事件并将它们串联起来。这种增强的系统化自然会伴随着一种道德同一性的崛起，区别于纯粹的物理同一性。我们逐渐拥有了人格、责任、自由行为和一个道德世界。伴随着这种人格，单子的不可毁性成就了一种个体的不朽。当不可分割地与宇宙相连接时，人类则获得一种个体的价值。他紧密地束缚于自然，且同时超越它。直到我们成为一切的中心，而凭借着我们的理性，我们可以成为上帝，然后谦卑地模仿我们的宇宙建筑师（即上帝）。作为自由公民，我们能够提升整体的幸福。人类“不是神的一部分，而是神的复制品，也是宇宙的代表和神国的公民”。在我们自我人格中存在一种潜在的无限性，一种关于上帝全知全能的印记或形象。

灵魂将不断延伸，直到它本身变为充满无限生命的世界，这是对我们将知识限制到纯粹感官经验中的最有力的反驳。现在，我们终于能了解灵魂如何拥有一些它尚未接受的事物，以及抛开所有的意见分歧，人类如何能仍旧遵守某些共同的思想和行为原则。每个理性存在都埋藏着永恒且普遍的真理财富，而将它们完全暴露于知觉之下则是哲学的主要使命。同样地，随着灵魂生命在其成长中突破了知觉的限制，幸福将扎得更深。快乐的人不用每时每刻都确切地体验快乐，因为有时他也会停下来思考，通常将他的注意力转移到适宜的事务上。他能够如他渴望思考那样时常地经历这些快乐，而在间隙中，由此涌现的欢乐能在他的行为和性格中得以体现。

无论是否由此提高了人类的整体水平，对莱布尼茨而言，这意味着个体的相应提升。因为每个单一事物都有其独有特征，所以特殊的人类存在绝不仅仅是其物种的一个样本。的确，我们都会根据相同的规律反思宇宙，但我们每个人都是以自己独特的方式进行思考，或者给予其在莱布尼茨身上发现的、更现代的转变——特指透视学说——每个人都以其自有的独特观点来看待宇宙。与此同时，我们被包罗万象的真理所环绕。正是莱布尼茨将中世纪术语“个体性”引入我们现代世界。他最先声称：个体自身蕴藏着无限性。

于是，个体性在莱布尼茨手中获得了一种更丰富且更深刻的意义。然而这种附加的价值并非是被一劳永逸地赢取。它的赢取是一项我们永远面临，并且需要不懈努力的使命。个体本性的深度必然首先从它们的静止状态中被触及并被唤醒，从而投入活跃生命中：由于这个使命是永无止境的，所以它只能通过永无止境的进步来实现。这种进步对莱布尼茨来说，就如同他的连续性理论令我们期望表面上缓慢却连续的发展进程。没有鸿沟，没有飞跃，也没有倒退。那些仿佛突发性的革命实际上已经事先准备很久了。当我们似乎被制止或击退的时候，我们实际上正在为下一次进步而积攒我们的能量。再者，世上不存在根本恶的事物，所以不需要一次彻底的革命：道德生活存在于循序渐进的改良以及迈向成熟的缓慢成长。自我发展仅仅为了呈现某个已存的本性。它是一种有条理的进步，而非突然转变。至于个体，它依托于历史也形成一个整体。我们第一次目睹历史哲学清晰明确的发展，或如莱布尼茨所称的，人文学科的传奇。我们现在能了解过去，是因为本质上相似的事情无处不在。但正如它的发展程度会在不同时期有所差别，这些时期自然就代表了不同的特色。不管怎样，所有的时期都靠着完整的序列互相维系，它们是同一结构的所有组成部分。在过去和未来之间，现在有其安全的位置。它承担着过去，并且孕育着未来。眼前的可能性被束缚在有限空间内。目标不能凭借激烈和激进的方法而被快速实现。但无论我们在数个世纪以来的成就中的份额多小，它仍然是整体结构中不可或缺的一项，并且没有丝毫被浪费。与其他人相比，莱布尼茨更明确地揭示了下述的内在合理性和历史必然性——关于不懈进步的概念、对更加理想未来的坚定信念，以及现代社会的精神清单中拥有至高意义的项目。理性和历史的对立与启蒙运动极其相似，这种对立在历史中发现理性这一事实而前来缴械投降了，由此铺就了一条意义深远的新发展道路。

在行为世界里，这个进步概念在孜孜不倦的勤勉中找到了表达方式。文艺复兴的沸腾骚动被澄清和冷却，但它的能量却没有削弱。即使是为整个精神生活提供其独特印记的知识形式，都改变了它的特征；它不再像文艺复兴时期那样与宇宙展开搏斗，也不像斯宾诺莎描述的平静错觉。它更像是一种孜孜不倦的努力，在每个分部和细节中寻求清楚性，或是一种对所有传统理念的解剖和揭露，一种为人类所普遍接受的既定事物找到充足理由的尝试，一种甚至对终极公理的启蒙性分析。在这些方面，它标志着思想领域的广泛拓展。而随着对生命的知觉深化，其活动变得更加激烈。思想不仅证明自己是一种对外在控制活动的更有效刺激：它自身也越来越成为一种有目的活动。莱布尼茨通过更好的知识，一直在谋划和思虑人类命运内在和外在境况中任何可能的进步。他乐于为我们思想、推理和记忆的力量进步而策划新方法，他也愿意创造一种普遍语言，但他仍然有空余时间来改善家庭用具、邮政马车等等。对他来说没有什么东西是太过庞大或太过细微。在任何地方，他都能发现对新理念和启发性提议的激励。启蒙运动所倾心的功利主义在他的人格和成果中得到深刻揭露。

这种孜孜不倦也许乍一看比不上斯宾诺莎对唯一和永恒的不懈追求。但是，斯宾诺莎绝不允许自己耗费在单纯的多样性和运动中，无论它们对他有多重要，他会使它们牢牢地扎根于永恒的“统一”。只有通过这样将有限性确立在无限性上，他才能证明自己的独特学说——关于完全融贯的世界体系，所有存在的同质性以及灵魂和宇宙间的对应关系。这甚至近似于——在其德语作品中更为明显——神秘主义的本质以及我们本性中对上帝直接存在的信念。他可能正是在上述心境中写下："上帝是最容易也是最难立即感知的：当前途是光明时，则是最先且最容易的时刻；当前途暗淡时，则是最后且最困难的时刻。"

把莱布尼茨对宗教的支持归咎于一种对教会拥护的渴望，这显然是不公平的。而事实真相是，他对人类理性的所有自信都取决于他基于神圣理性的信念，否则我们没有希望达到那些永恒的真理，而它们使我们的生活和奋斗有价值。整个尘世"都不能为我们提供完美性，除非它给予我们发现永恒且普世真理的机会，并且这些真理必须在所有世界里都奏效，甚至在所有时期都有效，乃至对于它们将永久从事的上帝自身亦是有效"。不顾他心灵的自然移动性，这一信念使他免于一种毁灭性的相对主义学说。当他容许个体从自己的立场来看待世界时，绝对和神圣的观点将是他有史以来最确实可靠的最终标准。

(cc) 宗教和哲学的和谐——如果思想有必要为了自己的利益而将自己立足于上帝，那么我们也不会感到惊讶，莱布尼茨希望使他的哲学接触到基督教：这样他也许会合理地希望为哲学提供额外的支持，并提高已建立的宗教的影响力，作为一种历史事实，他认为这些宗教已经存在对他有利的坚定主张。他坚信宗教如同人生，一览无余的知识是所有思想的目标。上帝的爱是宗教的本质，除非它扎根于关于上帝的知识，否则它不会真实或具有启发性。"若不了解上帝的完美，我们就不会爱他。"只有通过这些知识，宗教才能成为一种统治全体人类的信念和情感。没有洞见的信仰只是一种无意义的重复和间接的领受。另外，不受理性控制的感性宗教生活很容易倾向于混乱和夸张。知识是宗教赢得灵魂忠诚的唯一途径。但这并不排斥其他的精神活动；特别是，它不会让自己反对感觉。但它是整体生活的圆满。正是这种秉性，使得莱布尼茨以及把他作为模范的旧式德国理性主义彻底地感受到与基督教的一致性，将它看作对所有宗教而言最纯粹和最具启发性的宗教精神。凭借着基督，他坚持认为，智者的宗教将成为人类的宗教；自然宗教将通过一种新的责任感被高贵化。神不仅是我们敬畏和崇拜的对象，而且是我们爱与忠贞的对象。

从这点出发，基督教信仰和哲学洞察的和谐对莱布尼茨也许没有那么困难。他的许多哲学理念都与基督教十分相似：世界的基础在于超越它的统一，灵魂经验对实在的认同，赋予人类的中心地位，对道德价值给其应得的承认。所有这些都需要只用更生动的历史语言来表达，并且完全符合莱布尼茨时期的基督教。它仍然只是一个道德和精神价值的理论，而不是一股修补和改革灵魂的力量。莱布尼茨希望促成哲学教化与宗教信念之间的完全和解，这个理念的建立包含两种特殊前提：自由意志是道德秩序的基本条件，实在的合理性是神圣天意的表达方式和证明。

对意志问题的处理是一种让人印象深刻的阐释，甚至于哲学家能够在其教导本性上来欺骗自己。莱布尼茨强烈反对决定论。他想要论证——并认为他已经证明了——自由的真理。但事实上，他没有给任何自由话题留下丝毫空间：他将全部的精神生活转变为一种理智机制。因为当他证明所有活动都是自主的，并且到目前为止都遵循统一规律时，它详细反映了个体的独特性。此外，当他坚信人类的差异性是一种才能，使其能理性地依照既定的精神经验来行动——那么我们不得不感知到，尽管决定论也许能改变其迟钝性，但自由尚未赢得胜利。

同样地，对于“所有可能世界中最好的一个”的理论，无论多么具有激励性和启发性，它都意义深远地预示了时代的显著活力，而不仅仅是对哲学的一种贡献。它只能确信那些已经存在的信念。在对现存秩序的评价中，莱布尼茨已经显露了他的乐观品性。他不打算否认世界拥有很多的不完美、罪恶和痛苦；而弊病、形而上学、道德和物质也是随处可见。但这些弊病对于灵魂而言并没有表面上那么伟大，这些灵魂暴躁而怨恨，在任何地方都能察觉罪恶，即使是最尊贵的行为都被赋予恶毒的阐释。一般来说，善行比弊病有价值，就好比住宅比监狱更美好。事实是，善与恶在一定意义上都是规则。圣人是例外，盗贼也是。总的来说，恶行并不能构建自己的王国，但却在世界发展进程中扮演一个纯粹附属性的角色。但即使被这些局限性所束缚，它仍然严重反对“世界建立于绝对理性之上”的教义。有必要进一步澄清和表明，一个拥有所有罪恶的世界比一个没有任何罪恶的世界更美好。这种证明可以在《神正论》，莱布尼茨最重要的作品中得到确切论述，该书来源于他与天资聪颖的索菲·夏洛特皇后的对话。

如果要正确解答一个问题，那么它应该被正确呈现。它应该从整体观点，而不是从部分观点呈现——尽管整个人类物种只是宇宙的一部分。也许这种重心的转变将改变哲学，如同天文学一般，因为哥白尼的“日心说”使我们的行星系从混沌转变为秩序井然的状态。世界，作为全能和至善精神的创造物，必须是至善至美的。莱布尼茨试图通过驳斥反对意见来使该言论更可信，而非采用直接的证据来支持这个观点。他奋力寻找一种超越所有个体特殊性质的价值标准，而他在完美理念找到了这种标准，这种完美是积极存在的完美，生命力的完美。由此看来，世界是最好的可能世界，因为它是生命最能充分发展的体系。我们可以在自然界中察觉这点。在每个地方，自然都采取最简单的手段和最短的路径，而它遵循的规则则以最经济的方式调整适应彼此。我们也能在人类的精神生活中察觉这点，在世界发展进程中，它面临着个人决定和坚持不懈合作的挑战。如果世界的善因为每个生命都有它自己的烦恼而受到质疑，那么自然的回答是，我们关心的是整体而非个体。整体最佳未必是每个细节的最佳。正如在棋盘上，单个棋子只能以适应整体计划的方式移动，所以在现实生活中，个体也必须服从整体。如果问题不是像关注“与其他可能性的连接可能”那样过多地关注“自身的可能性”，那么次级单元的联合有可能比具有更高价值的单元联合更富成效。一件低劣的东西联合另一件低劣的东西时常比其他两个东西的联合会带来更好的结果，尽管这两个东西都比前者的任何一件都更高贵。这蕴含了恩典拣选的秘密，而问题也随之解决。莱布尼茨的体系中也描述到“恶”，这归功于他的数学和定量推理方式。恶很有可能孕育出更伟大的善，如果不是对于该个体而言，也至少对于其他个体，从而善的总和得到增加。罗马帝国的伟大是否能脱离王权旁落所引起的恐惧？如果在建立我们的判断时，我们不是由直观印象所引导，而是仔细查探结果和事件之间的联系，整体的合理性将必然因之建立起来。我们看见的事物拥有太多理性，所以我们可以从苏格拉底对赫拉克利特的评论中寻求安慰，并将其作普遍应用：“我理解，故我愉悦；而且我相信只要我能理解它们，剩余的部分也会使我愉悦。”凭借着思想的力量，人类能够分享宇宙生活的所有丰富财富，而这样做，能使人们忘记他特殊命运中的所有苦难。真知将我们提升到一个新高度，在那里我们“能够看见脚底下的事物，就像我们从星星上去看那样”。我们还必须铭记世界的不断进步与发展，以及灵魂属于一种永恒的秩序。灵魂不会毁灭，不仅如此，每种完美都必定会将持续下去并结出果实，从而第一次，我们可以正确地领会到，真正的幸福起源于智慧和美德，并且更加势不可当且深不可测地超越人类心灵的所有构想。

对这种思想方式的反对不难找到。莱布尼茨提出过可能性，只要它们不能容忍自己被令人信服的加以反证，就把它们视为确定的。这些可能性的实现是一种信仰而不是证据。然而这种信仰是一种热烈且蓬勃活力的表达，而鉴于这种情感，我们必须解释“所有可能世界中最好的一个”的理论。

莱布尼茨所引发的各种启迪意义深远，而更重要的是他对某些主要原则的坚持，这些原则从它们的学院背景解放出来，成为我们古典文学的信仰声明以及现代生活的指引。然而其体系的细节却不会不引发异议，它实际上促进了其他目标，而不是他自己冥思苦想的那些。他的意识完全沉迷于建立自然与精神、精神世界与道德世界的正确关系。在细节上，自然必须提供自己的解释原则，但从整体来看，它的基础是精神性的，故它必须服务于精神目标。在实现这一概念的过程中，无论如何，莱布尼茨取得了与其预想截然相反的结果。符合自然秩序的概念侵入精神生活，并征服了它们原本要服务的对象。所有存在都集中于灵魂生活，然而这种生活转变为纯粹表象的建构，正如令人耳熟能详的钟表比喻充分展示的那样。自然研究所特有的定量处理方式无情地扩展到了对心灵的研究上。即使是善与恶以及真与假的差别，都转变为纯粹的程度差异，以至于新式的形而上学有可能简化为一种纯粹物理学的延伸。同时，通过坚持将活力的增长作为至高检验手段，道德屈服于一种动态的价值评鉴形式。最糟糕的矛盾是，不管怎样，当莱布尼茨最坚定地强调精神生活的自我直观性时，他只能将它描绘成对外部世界的纯粹认知反思。诚然，这将摧毁内在性的概念，或至少使它贬低为一种无价值的空洞。

因此，理智主义再次弄巧成拙，而我们不得不寻找另一种解决方法。这正是德国发展后期所尝试的，从而全面实施了莱布尼茨的真实丰硕成果。他试图使新旧融合，尽管在施行时造成了接连不断的矛盾，但这仍然是具有价值且富有成效的，并且勾勒了一个更恢宏也更稳定的远景。任何一个重视历史连续性的人都会把它当作一件大事：通过莱布尼茨孜孜不倦的努力，旧秩序逐渐悄然演化为新秩序，并且德国的精神生活没有遭遇丝毫的遽然变动，无论是革命的或反动的。我们也许不会认可莱布尼茨的全部学说，但这并不影响我们将其作为思想家，并受惠于它。[①]

(c) 启蒙运动的衰落期——亚当·斯密

十七世纪的思潮领袖已经勾勒出启蒙运动的主要特点，但是仍有一些工作需要留给了十八世纪的思想家。他们要更细化，并将那些思想应用到整个社会生活中。过去不应该以权威压制当下，它必须展现自己的才智，所有反对复活、再生当下精神的传统都应当放在一边。净化、解放运动入侵了所有思想领域，在所有方面，超自然和先验的观点让位于自然和内在的观念。这很像在宗教和伦理中，在政治和经济中，在哲学历史和美学中的情形。数

① 参见附录 M。

不清的沉睡力量被发现，被唤醒。伴随着上升的活力，一股对力量的自豪意识和愉悦的自信出现。尽管初期阶段的矛盾现在才第一次完全显现，我们却已无力阻止。他们像是激进的人，以自己最大的能量，追寻一个更美好的未来。总的来说，宇宙问题让步于那些关心人类状况和工作的问题，形而上学让步于心理学。只有通过个人的解放和发展，我们才能迎来理性时代。我们注定要承认，这一观点使得我们的整个存在更丰富，更新鲜，更鲜活。但与此同时，纯粹个体经常自我要求那些能真正作为一个整体归类于精神生活的事物，却降低、枯竭了自己的状况。人们的头脑被不受历史约束的理性观念主宰着，但这个观念本身便是历史发展的产物，这个观念构成了从束缚状态到自由状态的必要的转变。只有在十八世纪为我们创造的这种自由氛围中，我们才能超越十八世纪。

英国人是十八世纪启蒙运动的领导人。在法国，笛卡尔的学说，或类似的已被证明极具影响力的学说，很快覆盖了经院哲学。这些人的影响赢得了国家对新运动的普遍支持。在英国，十七世纪令人振奋的政治和宗教斗争使得人们的头脑更加警惕。奥兰治王子登基后，启蒙运动获得了最大程度的拓宽、最大的自由。因此，贝克莱可以如实地说："思考是当今时代最大的渴求。"关于人类利益的所有问题都受到了热烈的讨论。最受欢迎的对话模式，现今成为论辩的武器，再次作为表达哲学真理的方式出现。通过期刊这种媒介，一种新文学应运而生。个人及其与他者的关系，出现在现代小说中，并变得越来越有意义。到处都有强有力的探索出现，找寻着我们社会生活的精神基础；到处都有人们勤勉、值得赞许的努力，寻找合理的生活观和社会条件的改善，所有这些都包含着对当下运动与日俱增的依赖。然而，这个无疑有着资产阶级简朴特点的社会文化，与路易十四朝代的繁盛奢华格格不入。

这场运动在道德和宗教领域的变革力量同样明显。所有的导师都同意要反对权威，要建立个人知识的基础。他们也一致反对一切超自然的干预：我们所预计的目标，必须由我们自己的本性及我们与环境关系所决定。所有探询的出发点和落脚点都是个人。道德的基础不是神学或形而上学，而是心理学。科学的任务是要通过精辟分析的手段，揭露人们的基本情绪，这些情绪被强化后，就上升为道德关系。这些导师大多认为，道德存在于为别人工作中，真正的美德是以心和手为社会福利工作。同样，他们大多同意将行为的动机从彼岸转移到此岸中。我们不会被神灵对我们行为的惩罚或奖励影响，但是会受到行为本身价值的影响和它带来的自我满足的影响。对这个在自身中寻求重心、不承认任何外部权威的自由人来说，他油然而生的自尊更进一步加强了这种感觉。这种思想类型的最大拥护者是沙夫茨伯里[①]。他代表着被赋予了道德意识的人类，通过学习有可能发展出道德鉴别力的人类。美德存在于对自私和社会冲动的正确调整中，后者必须是强大的，而前者不能太强，应归顺于社会冲动。在这里，和谐是最高目标，或者可以说，善也即美。这就是为什么它能够为其本身而愉悦，并且除了在它之中持续的快乐外别无奢求。美德和幸福不可分割地被统一在一起。因此，道德的自足和它作为自在的目的的价值本身，在道德体验的本质深处寻获它们的根基——一个与希腊伦理学相关的清楚的节点，一种启蒙运动发展总趋势之上的明显进步。这些学说不仅在英国使得自己名扬千里，它们也对著名的德

① 参见附录N。

国诗人和思想家产生了深远的影响。

我们发现在宗教领域，个人对自己的理性有着无可比拟的信心，针对已有信念的尖锐批评占据着主导地位。首先，人们猛烈抨击所有的非理性事物，接着人们开始抨击所有的超自然事物，最后只剩下道德留给了宗教：道德变得成为崇拜上帝的唯一正确方法。实际上，我们发现，人们必须要极其乐观，才会赞同这样的结论。一般，人们会认为，仁慈本身就是一种很强烈的情感，可以轻易压制住自私的念头。幸福比不幸散播得更广泛。亚当·斯密说："平均来看整个世界，你会发现有一个人在遭受痛苦或悲惨，但同时会发现二十个人兴旺而快乐，或者，至少在还不错的环境中。"他还告诉我们，健康、没有债务、有良心，对于幸福至关重要。他亦认为，尽管世界上有各种各样的痛苦，这种幸福状况却是人们自然普遍的命运，是大多数人的情况。

这些陈词滥调足以彰显出英国启蒙运动还有诸多道德、宗教的问题要解决。但是，我们不能因此就鄙视英国启蒙运动，毕竟它激发了人们对人本性中基础道德和宗教的最初冲动。它没有提出任何伟大的道路，因为它仅把人看作已知世界的一部分，而不是包容、超越世界的精神秩序的一员。这一步倒是留给了德国唯心主义，但是如果英国都没有将道路清理开来，德国唯心主义便几乎不可能走上这条道路。

英国启蒙运动最重要的成果是亚当·斯密的经济学专著。在自己专有的领域，这一论著赋予了启蒙运动概念以经典的解释，同时还发展出一套关于生活和行为的一般理论，并且首次允许经济学思考在世界的成就内占据了主导中心地位。他从物质生活资料的经济角度重新审视所有的人类存在，就像我们曾经从宗教、艺术、科学的角度审视那样。这一新的角度富于成效，甚至对今天也产生了重大的影响，因此我们要仔细地探究一下。

斯密使得启蒙运动中的经济理论获得最为清晰的表达，并变得最有系统。从古代经过中世纪到近代一直流传下来的旧有理论，没有意识到经济立场的独立性，而是将其直接从属于伦理目的。它也没有将经济看作一个有机的整体，而仅仅把它当作孤立事实的集合。此外，它对于国家经济，比如说经济和国家之间的任何关联，一无所知。特别的是，亚里士多德非常清晰地提出这一学说的预设。这些预设被现代生活动摇、摧毁了。现在，既然物质资料自身拥有力量来唤醒处于休眠状态的能量，并刺激活动，它们便不再仅仅是生存手段，而成为生活中最重要的因素之一。对于它们的关注变得高贵起来，因为经济被归于国家政策一类里。在此方面，文艺复兴已经为改革铺平了道路。它已经取得了很大的成绩，特别是在 17 世纪的法国，而且正在影响越来越多人的想法。但是，还没有人能沿着这些线路做出可以与亚当·斯密相提并论的贡献，他是第一个以一种普遍方式来看待这个问题，并为此主题的现代信念给出完全合理表达的人。

斯密先关注到劳动分工。这并不是人类智慧的发明，而是来自他对实物交易的天生兴趣，而且这种分工的趋势无限地扩展、发展。分工使得每一工序都变得更富于技巧，节省了大量的时间，鼓励人们去发明机器。在所有这些方式中，劳动分工极大地提高了经济生产率及人类的福利和生活。它是社会从蛮荒向文明发展的主要因素。但是，劳动分工并不意味着对个人作为社会成员的瓦解，相反，它成为团结他们的纽带。事实上，只有当一个人为自己的伙伴贡献了一些有价值的东西，一个人才能长久坚持、兴旺。人必须作出一些有用的坚实贡献，这一点比其他的东西更能推动他使出全部力量用在有目的的行为中。至于什么是有目的的，当福利甚至生活处于危急关头时，他自然比任何局外人有着更好的判断。总的来说，供求关系将以最好的方式管理一切，哪里有需求产生，哪里就会有资源立即涌入。另外，哪里有剩余，资源就会同样快速地撤出。流动越自由，过程越迅速。没有什么比竞争更能激励人去工作。国家或者公司根本无须监管，因为顾客是最有效的监管工具。事实上，所有的国家干涉，不管是在帮助或阻碍经济发展，在正常情况下都是不好的。因为所有的指导只能使得当前生产活动脱离自然的轨道，妨碍它们的流通，降低它们的生产率。垄断和特权可能会使特殊阶层更富有，但从整体来看，它们危害国家的繁荣。要保证持续繁荣，就需要“自由明晰、简洁的系统”保障每个人都能“以自己的方式追求自身的利益”。此外，自由个人的独立的概念给生活和行动赋予了灵魂。肩负战斗使命、直视危险，比躺在他人提供的温床更有趣、更迷人。但战斗需要个人能够完全自由行动。他们必须能够按自身意愿自由选择工作、更换职业。在这个过程中，肯定会有更多的摩擦和误解出现，但是过程本身便包含了对不好一面的补偿，最终将成为向每一个人提供获得幸福的手段。

但是，每一个人都应当将自己的利益最大化，这是保障群体繁荣的最好办法，因为个人只能通过做卓越的事来提升自我，竞争刺激着他人，社会条件必将不断进步。更加可以肯定的是，不变的自然本能支撑着整体。因此，我们不必出于对每个人的考虑去刻意寻求，就能达到合理的结果。这一熟悉的观点是由达尔文提出并发展起来的。然而，如果不在不同的阶级和诉求之间实现利益一致，分歧和冲突是不可避免的。利益一致才能使得个人的增益到最后会有益于他的伙伴。这也是斯密一个坚定不移的信念。他片刻都不曾怀疑过，一个人的增益迟早会直接或间接地成为他伙伴的增益。特别是，他单挑出英国的工业进程，并将其归为工人阶层生活条件极大改善的重要原因。如果我们不再单盯着单个事件，而是将其作为整体归入体系中，这种互助的事实便立即变得清晰。

但对国家行之有效的，也可以被应用到更广泛的国际关系领域。在这里，它为无限制的自由贸易提供了一个有力的论据。商品的完全自由交换，同样符合买方和卖方的利益。在“自然”交易中，人们没有以牺牲他人利益为前提获利，两者都是赢家。一个人以货物赢利，另一个人则有机会利用那个人的货物来实现更大的利益。在以制成品换原材料的交换中，更是如此。因此，贸易从分歧和敌意的丰富源泉变成为团结、友好的纽带。近邻的繁荣对我们有益而无害。工业利益一致也扩展到国家利益一致，于是我们有了和平竞争、永久进步的希望。

这些思想对物质劳动适用，对精神层面也同样适用。因此，人与人之间的竞争，最终支撑了整个文明的构建。崇高的典范很少刻意靠自己的魅力吸引我们。对抗和竞争是进步必不可少的因素。这一点尤其适用于宗教、科学和教育。当它们要完全依靠自己时，当它们的代表不得不奋力拼搏、扎实工作以获得认可，并得以维持时，它们就获得了可靠的基础和进步的最好机会。一切出于关心、好意的豁免、特权滋生了懒惰和退化。因此，很容易理解，为什么宗教的影响力在后期越来越弱，为什么私立学校要比公立学校的管理能带来更好的结果，等等。

个人的切身利益处处成为行动的主流和对进步的确定保障。

经济理论扩展为一幅普遍的生活图景。

在最近几十年中，这一观点的优缺点已经被广泛地讨论过。我们感兴趣的主要方面在于，这一学说表达了启蒙运动中生活哲学的思考。它的理念显现出了生活与哲学连接的紧密性。通过深入分析的方法，作者想要将经济过程分解为最简单的元素，再把它们集合起来，并从其中抽取出整个事实的框架。这样做使得这一领域变得清晰，要不然将是一副极端混乱的场景：亚当·斯密对经济生活的理论阐释构成了启蒙运动中浓墨重彩的一笔。学说的内容也反映了时代的精神。到处都在呼吁本性：商业被简化为本能之间的游戏，人们特意把所有的人类主观能动性排除在外。这与启蒙运动的精神十分一致，它将繁荣完全建立在自然要素的自由流动中。此外，这一体系中贯穿着的乐观精神，完全与启蒙运动不谋而合。有一种观点认为：一旦人从人为束缚中解放出来，就会拥有足够的力量和远见为自己在生活中赢得一席之地。同时还有另一观点认为，那些愿意并有能力购买产品的人，会选择真正高级的商品。因为，一旦人们只认可劣质物品，便会动摇进步的根基。

但是，斯密与英国的启蒙运动，都将那个时代和地点的特殊情况默许为理论的前提。他们的体系仅仅呈现为理论层面的成果，才其有普遍性。但实际上，它是特殊时期英国特殊环境的产物。理论常常伴有一幅繁盛国家竭力增强国力、扩大繁荣的景象，而这种景象仅存在于以机器劳动代替手工劳动的过程中。斯密的伟大著作于1777年诞生。在1767年，哈格里夫斯发明了纺织机。1769年，瓦特发明了蒸汽机，同年阿克莱特发明了水力驱动的精纺机。正是这些标志了改变人类存在整体面貌的现代工业革命的开始。但是，所有这些巨大的改变超乎了斯密的想象，因为他的前提条件更为简单，仅属于一种温和的经济斗争，悠闲的贸易过程，无怪乎他仅仅看到了自然要素自由流动的好处。鉴于没有将资本与劳动做区分，斯密很难想象交通快速发展所带来的分离与错位。比如说，他从不担心进口外国玉米会带来的任何危机。运输中的巨大难题使他认为，即使在稀缺的时代，国家也很少会进口。在各个方面，他的体系都清楚显示出与特殊历史背景的紧密关联。它与启蒙运动一样，存在着一个普遍的误差，错把一个特殊时期的需求看作所有时期的需求。

但是，至少斯密的体系符合生活哲学的一般特质。他没有顾及工作中内在的快乐，及通过工作过程所带来的内在发展。他从外部观察生活，以外部进展来估量物质所得。不管自由运动和个人能力能全面发展到什么程度，它都可能改善独立和刚健品质，但在更深的层次方面，在每一个单一领域——宗教、科学、教育中，生活的层次都降低了。在真正内在自由和外在运动自由中间出现了一条巨大的裂缝，贪婪、凶恶的竞争者使一个人仅关注自己周围的环境，人们被提升到高于环境水平的层次上，成为公共利益顺从的奴仆。因此，亚当·斯密的著作，从哲学的角度来看，存在严重的不足。但是，从人类生活问题的一般角度来看，它还是有着持续、明显的影响力。

就其所有主要特征而言，法国的启蒙运动一直跟随着英国人的步伐，并在借贷资本领域发挥作用。但是它赋予了借贷物一种全新的形态：首先，它忽略了那些对英国思想有着显著影响的历史条件，并对其修整补足。其次，它制定出来的原则更为抽象，其推论更严苛。但与此同时，它呈现出更为新鲜、机智、刺激的风格——法国人的思想开明与多才多艺在这里展现得淋漓尽致。那同一种想要让一切事物与本质相一致的念头，贯穿在生活的每一个部分中。一切政治和历史外衣中的超自然元素都被剥去；人类以本性解答了所有政治发展、体制多元化的问题。反对以传统宗教阐释人类进步，并在此基础上建立了理性的历史哲学。与此同时，文学极大掌握了表达和文艺的特权。法国人赋予了十八世纪的启蒙运动享誉全世界的力量。但是，除去其所有的新鲜、魅力和典雅，在精神存在层面，法国启蒙运动却越来越瘦弱、贫乏，越来越有确切的个人主义特质。尽管在那个时代，它地位显赫，却没有对我们共同的精神财富贡献多少。因此，在这本书里，我们只能稍稍涉及些。

这是一个主体地位最为高贵的时代，也是最饱受争议的时代。所有的死板区分都烟消云散，即使是最晦涩难懂的内容也开始变得新鲜，但也开始变得支离破碎。

到了像狄德罗这样的人这里，事物的严肃性似乎完全消失了。对他来说，存在只是一个优雅的消遣，一个短暂印象的奴仆；他从一个阶段跳到另一个阶段，真正成为那个时代的化身，在反对的道路上渐行渐远。我们发现，在其他思想家那里有一种对统一体系更为强烈的欲望，超过了任何一个英国学派；他们更热情地消除超经验要素。比如说，孔狄亚克通过从感官印象层面构建生活，简化了洛克的经验主义。在追踪这一过程的个人阶段上，他收获颇丰并给出了很好的建议。爱尔维修则较为粗糙，他不允许仁慈的本性与道德有一丁点儿关联，而认为其只有在个人利益的基础上才能被正确理解。既然我们是环境的创造物，我们便无法阻挡外在影响力，那么教育的力量也是如此。因此最终结论如下：“教育无所不能。”当指引行的感觉和所有冲动源自于物理感官时，新的地平线就出现我们视野之中。说起智慧、雄辩，没有人能敌得过伏尔泰。他既反对哲学体系，更反对任何形式的学术探讨。他以最尖锐的怀疑态度，在莱布尼茨关于所有可能性世界中最好的世界的学说中，特别展露了自己的智慧。他更直接地谴责所有的教条、专断宗教和迷信，并将所有这些看作人类的最大仇敌。与此同时，他的直觉又驱使着他反对无神论，但是他要追求的宗教是一个“更多些道德，少些教条的”宗教，“道德”指一切有益于社会福利的事物，因此，尽管他明确辨别道德的价值，他的阐述更揭示了各处都在发生变化的相对性。伏尔泰对宽容充满热情，他认为这是人类唯一可以希冀获得和平的方法。总而言之，法国的启蒙运动将人性扩大到一个不可估量的范围，其影响力在那个时期便已十分突出。后来它逐渐开始影响其他国家，甚至在我们现在的领域中，它仍然发挥着巨大的影响。

德国是最晚一个加入启蒙运动的国家。比起其他地方，这里遍地是无用的废渣。德国需要比法国付出更多的精力来清扫这些糟粕，与此同时，还要保留和拯救那些精华。因此，德国人的生活幸免于任何暴力灾难。但是，德国十分节制，在相同的时代中也更温顺，中产阶级群体更庞大，因此德国不仅缺乏多样性，而且大多缺乏法国人那样的良好品位和闪耀的智慧。德国启蒙运动的领军人物是克里斯蒂安·沃尔夫，他是一个时代的名人。他的贡献在于，他沿着启蒙运动提供的路线，系统地覆盖了整个基础，以易于理解的形式向每一个人呈现出他的成果。他描绘了现代知识的概要：以最顽强的毅力，将主流观点分入细小的分支中，构建了一个完整的概念体系，并创造了专有的德语词汇。与此同时，他勇敢为自己的观点辩护，对抗强大的反对者。更重要的是，他的努力使得德国的大学得以从中世纪进入现代思想的氛围中，并为它们如今在德国精神生活中所处的重要地位做了重要铺垫。但我们只能从当时或临近时代来思考他的观点，因为如果我们将其脱离于那个时代的背景，就会觉得他那节制、明确的理想，有着十分无趣的迂腐陈述和论述，难以让人接受。当务之急便是要将德国的启蒙运动从如此的迂腐、狭隘中解放出来，在这个过程中，通过莱辛的努力，它达到了一个特别的高度。莱辛的理论主要是莱布尼茨观点的集合，但他对这些做了分类和更新，以强大的个性赋予其青春活力和快乐。与此同时，他将语言进行提炼，直到其像水晶般清晰，只有这样，他的观点才能更易懂，更有效率。从这种迂腐中解放出来，他们拥有了改变整个存在，促进普世生活的力量。这股力量在渗透入莱辛著作中的强大真理中，在反对一切伪装不屈不挠的态度中更为伟大。此外，在几个重要方面，他以强有力的方式发展他所接受的观点。个人的普世本质更为清晰，人在社会环境的优势也更为明确。上帝与世界的联系被看作更内在的联系。总之，一丝光芒投在理性和历史的关系之上，特别是宗教领域的伟大运动慢慢崭露头角。按照莱辛的说法，我们的终极信念不能依赖于历史基础，“历史的偶然真理不能被当作理性真理的必要条件”。“偶然”就像“经验”，在这里指的是“现实”的含义。因此，莱辛是所有僵死权威的反对者。但是在他尝试要在所有历史状况中发现理性之时，在尝试要把整个历史过程作为人类的理性教育时，他已超越了启蒙运动的一般水平。这种尝试引领着他带着同情之心进入到传统的所有形式中，他也从来没有完全否定其任何开辟了新前景和探索了新问题的内容。沿着这条道路走下去，十九世纪达到其最显著的成果，从而莱辛构成了连接新、旧思想方式最重要的环节。

C.启蒙运动的分裂及对新方法的探索

我们将启蒙运动当作伟大现代运动的先锋，这场现代运动旨在打开真实领域，将其丰盛注入人们的生活中。其独特的贡献是对第一印象的冷静分析、在心灵和自然之间的明确区分以及对至小活力单元的理解。一句话，基于全面分析和对原料的根本转化，它对给予的内容进行了系统的重建。思考的丰富伴随着生活的丰盛而来，人们通过积极的工作增加了对自然的控制，就像人们对自我的控制那样。技术的进步为我们准确理解自然做出了巨大贡献。与此同时，在政治和精神的世界中，自由支配个人权利形成了对独立行为的挑战。在更为普遍的生活行为中，个人行为的结果促使活动更自由更鲜活，就像在宗教、道德、教育领域展露的那样明显。

在所有这些方面中，启蒙运动在人类历史中留下了不可磨灭的印记。它是最不能被忽视的阶段；那些希冀超越这个时代的人，也不敢忽略它的存在。但是启蒙运动的积极表现，也暴露了它的片面性和错误。勉强黏合，人与宇宙内在分离，知识的价值被夸大，短暂崇拜与其随之而来的乐观主义，功利主义理想的局限——所有这些迟早都会被揭露出来，因为在世界发展过程中，人类理想的局限在自我实现的过程中都会慢慢显现出来。随着运动的开展，其否定、狭隘的内在因素变得更为露骨。相应地，随着巨大冲动在普通生活的平庸中渐渐平息，启蒙运动的缺点就越来越多地暴露出来，直到最后变革接踵而至，每一个人都反对、否认之前主导一切的东西。也只到了后期，人们才会重新评判。

对启蒙运动优点的争议一直持续着，这也清晰表明，尽管有各种反对运动，真正的反对运动时期还没有到来，启蒙运动仍然是不可忽视的强力。

Ⅰ．十八世纪针对启蒙运动的反对运动

（a）休谟[①]

休谟向我们展示了一个解决英国启蒙运动严重不一致的方法。英国启蒙运动自称将完全站在经验的立场上，不仅要从那里获得所有知识，而且要获得所有指导生活的规则。但事实上，英国启蒙运动很大程度上依靠人的精神能力，对经验进行了补充。它严重地混淆了这两个来源，以至于我们很难明确区分这两者，出现上述现象，只有当下述产生之时——比如说当理论知识把思想的基本法则——特别是，因果律——当作来自于事物的东西。在实践中，我们还有一个更明显的例子：自由个性的发展超越了经验的限制，而且在政治、伦理和宗教领域，人性变得智慧化、理想化，这是因为它没有权利依托于对系统的假定。即使是在本性概念中，其本身就存在着含混不清和自相矛盾。

正是休谟，深深地渗透进这一矛盾，以顽强的力量挖掘出纯粹经验的概念，同时对生活和实在给出了自己非常初始和明确的解释。根据他的说法，在事件真正联系这个意义上，是没有因果关系这样的东西存在的。正如以往的人所敏锐洞见的那样，对于

① 参见附录O。

一个连接来说，它不可能通过中间的东西发生，而必须源自我们自身。它实际上只意味着，我们观念的习惯顺序会凭借这类似的情况将我们引向类似的问题。作为一个宇宙法则，这样的因果关系仅仅是一种心理现象，它没有告诉我们实际事物本质的任何信息。即使“事物”概念，也不能再保持其原有的价值。人们无法察觉身体、灵魂、一般的事物，上述东西也不能指称任何超出我们知觉领域的东西。它们只是我们知觉的产物和支撑。例如说，灵魂，“不过是不同知觉的集合，紧接着以不可思议的迅速互动，处于永久的流通和运动中”。我们的知觉不是对独立实在的摹本。所谓的实在度，仅仅是知觉却在我们脑海中无法定义的强度和鲜活程度。因此，在万不得已时，我们的所有信念衰退为感觉。单纯争辩从来也不能给我们任何现实的保证。在一些必要的感觉中，所有连接都有自己的起源，因此，这不过是信念的问题，一个与宗教信念或信仰自然无关的问题。现在，感觉主要通过习惯和使用得以发展，这种发展更多地与感性相关而非对我们本性的反思。知觉过程，不受一些指导的管制，也不是意识目的的产物，这是一个绝对必然的过程，由简单的连接律所统辖。因此，一切形而上学都被无情地驱逐，而经验心理学成为一切。

此外，在生活的其他部分，理性同样失去了它至高无上的地位，动摇我们势力的是彻底的非理性。对快乐和痛苦的感觉，而非理性的分析辨别，促使我们采取行动。所谓理智战胜感觉，不过是以宁静的感觉压制住猛烈的胜利。理性无法以自己的力量帮助或阻碍，它只是感觉的一个奴隶。人们不是通过任何理论化的反思，来区别美与恶，而是通过对美恶行的反思唤起的直接的满意或不满意，高兴或不高兴来区分。因此，道德成为一个品味问题。对待宗教的方法也完全是革命性的。若启蒙运动有意要将其置于知识的基础之上，休谟则希望将其放在人类的情感之上——在希望之上，更准确说，是在恐惧之中。因此，他成为英国自然神论颠覆者。

通过这种方式，我们的整个生活重新回到了感性的基础之上，牢固地黏附在社会关系的建立之上。似乎一切要求独立立足点的事物，要么被迫同意，要么被淘汰。因此，生活的整体方面，连同它提出的问题，都发生了改变。我们立即发现，实存变成相当主观和相对的东西，直接印象比思想更重要，感觉比理论更重要。同时，不再有任何乐观的动机存在。没有什么能够阻碍我们承认关于人类行为和过程的不合理元素。一旦当人们已经完全理解了事物的相对性，生活黑暗和痛苦的一面，就无力打扰我们。休谟的体系与外在世界精力充沛的行动是不相抵触的，它允许发生对错误和徒劳的想象的激烈冲突。但在内心深处，它有着很深的被动性，甚至达到冰冷的冷漠程度。

该思想体系为我们提供了一个关于实在的原初展现，有着令人钦佩的一致性。十九世纪的实证主义，凭借它充足的自然科学、技术成就和社会经验的资源，也只是为该体系带来了一丁点儿的发展，而没有一直保留下休谟理念的极端精确性。要准确界定出这样一种纯粹的经验主义，能给我们带来不少的好处。但是否最终有任何东西得以呈现，是否能揭示其自身的局限性，则是另外一个问题。无论怎样，其最重要的成果是对康德思想的刺激。

(b) 卢梭

卢梭开启了感觉针对启蒙运动理智主义的全面反抗，他对这一反抗做了最详尽的描述。因为，尽管卢梭不是伟大的哲学家，也不是任何深层系统的鼻祖，但是他是感觉新秩序的发起人，他发起了一项无法估量的运动。他的影响力如此雄厚，部分原因可能是他自己本性中一个悬而未决的矛盾：他是诗人，还是思想家。作为思想家，他倾向于清醒的逻辑；作为诗人，他又有着梦幻般的浪漫主义。他因抽象和推理的能力而闻名，连贯思维对他来说，就是孩子们的游戏。他的句子，像珍珠串起的珠链，整个结果以其不可阻挡的一致性吸引着我们，一切都是那么简单、明亮、有说服力，似乎我们根本无力反驳。但是当我们仔细审视这些假设前提时，我们会发现一个与众不同的趋势。这里也有一些直接的、直观的事物，由感觉加以决定。主观影响起着强烈刺激和情感类的作用，通过由此进入事物自身，赋予它们以内在生活，色调和色彩，爱与恨，感觉和激情。这种变革使得它们成为比自身更好、更具有精神的其他东西，但如此温柔的触摸也轻快地褪去了其艺术想象的华丽外衣，而诗人永远无法意识到这一点。新与旧的融合，形成了明显的完全统一，而且，尽管其创意十分大胆，这种融合却有着纯粹逻辑推演的说服力。是诗人的角色，而不是思想家的角色，驱使着卢梭运用这种如此引人注目和主导性力量。

呈现的形式完全对应着内在的气质。它简单、明了，似乎是必要事实最朴素的表达。但同时，它有着敏感、梦幻般的雄辩本质。它大声表达着所有的情绪和冲动，其昂扬的愤慨和暴风雨般的激情，以及最温柔情感的和谐共鸣。特别是，它有着充分表达情感的力量，却半遮半掩于相互冲突的情绪中。它让我们感受到了弦外之音。鲜活的生活中所有的重音和旋律，以一种静静的忧郁唤起我们对更美好事物的渴望，对独居的渴望。没有艺术，这些都是无稽之谈，但是艺术又藏匿得如此隐秘，表现得如此完美自然。

当我们翻开卢梭的著作，我们会发现卢梭第一次揭露了启蒙运动的激进精神。长期以来，一种对社会与自然关系的乐观态度掩盖了这一点。从一开始，启蒙运动就已确立要发现一种生活方式，既顺从自然、十分理性，又易于接近，方式简单。满布缺点和错误的传统文明，似乎没有完全反自然；只有抹去偏见和迷信的外衣，才会展现其无可争辩的价值内核。对于启蒙运动中的人们来说，完全有可能在没有噪音、干扰的情况下，仅依靠明确的远见、真诚的尝试、勤奋的工作，使得理性在各处散发至上的光芒。他们所设定的目标，不是要通过痛苦剧变，而是要依靠现存条件的积极转变，实现生活的净化和更新，获得一种完全新鲜的生活秩序。因此，人们没有释放基本情感，就不会动摇社会根基。启蒙运动开始于社会生活的高级阶段，由之缓慢而稳步地向下层扩散。通过这种静悄悄的进步，一切似乎都被提升，各阶层利益也得到越来越多的肯定。即使是负面运动也呈现出温和而有益的特征。改良，而非革命成为口号。在这个时代度过青春岁月的人们，比如说歌德，在这段时期的政治和社会环境中，就从来没有真正的归属感。

卢梭开启了这一后序篇章。他生动清晰地为我们展现了理性所需的自然条件与现实社会环境之间存在的鸿沟。这不仅仅是后者不完整、有缺陷的问题，而是它的整体精神都是违背理性的，其核心腐烂。因此，卢梭的指责不是针对任何特定的故障和缺陷，而是针对传统及社会部分和文明的整体结构。英国启蒙运动代表人认为，那些甚至可以在社会中实现的简单、直接、真理自然，现在已被视为对社会的真正敌视，与社会进行着殊死搏斗。先前的宽容和良好感觉被搁置一边，真理和外表形成的鲜明对比，唤醒了人们最热烈的激情。一个人再也不能忍受其他人的代表，但每个人都号召着别人要进行合作，每个人都必须为自己赢得幸福和真理。

这种观点完全改变了社会对个人的价值。到目前为止，在社会中启蒙运动似乎完美无缺。社会条件似乎也是我们理性本质的自然产物，似乎对个人有着不可估量的益处。在法律的保护下，自由似乎比通过自然状态下可能被给予的无拘无束，有着更好的机会。但现在，图景的另一面被揭示出来了。现在，社会就如同环境奴役个人一样奴隶着它，从而人们认为社会是对社会力量的快乐、和谐发展的严重威胁。

文明使一个人虚弱、虚伪，文明分散了他的精力。它唯一的价值标准是外在的表现。因此，受其影响，一个人的真实本性被异化，偏离了自己的个性，他的思想和反映都依赖于别人的判断。要招致外在的影响，我们不必要超越表面，因此虚伪不断抬头，甚至伪造出灵魂的内在本性。没有空间再留给强烈的感觉和充沛的精力，但每一种情绪被淡化为社会需求的无知无觉层面，独立的个性发展失去了机会，一致性被强加在所有人身上。一个人不问自己是否很高兴自己在做什么，但是在问别人是否批准。“没有人敢成为自己”，“我们必须做别人所做的”，是智慧箴言。“此为寻常，那是不寻常的”成为所有决策的最终基础。因此，我们疏远了自己。我们的欲望也不再集中在近的、简单的目标上，而是在遥远、复杂的目标之上，随着区域延展得越广，它就变得越微弱。我们一直纠缠于麻烦中，直到“我们的个体性成为身上最小的部分。可以这么说，每个人都使自己与整个世界相称，并拥有最宽广的感觉领域来感受痛苦。我们还会疑问，当我们有这么多的薄弱之处时，我们的苦难会增加吗？”我们关注外在，但对我们自己的家园却如此陌生，对我们的近邻漠不关心。“许多哲学家喜欢塔塔尔人，却不爱他的邻居。”

这样的状况不能产生如此强有力的行动和男子汉的性格。此外，它们对我们幸福的打击是致命的。一个人的幸福，并不是指要尽可能少受苦，更多地享受。现在，我们的期望与能力之间的鸿沟和我们的苦难同比例上升。缩减这一鸿沟，设定可以实现的目标，是我们真正智慧的策略。但是，社会生活选择了完全相反的过程：它令我们纠缠在对最遥远事物的关注中，激发不可能实现的欲望，让我们完全受外界事物的摆布。

生活因此变得可鄙，缺乏诚意及独立。墨守成规的滋蔓使自然和人类的一切窒息。而当最后人们的愿望是返回到大自然的简朴和天真，过一种更强大、更快乐的生活时，它却发现自己全然不符合现有的社会条件。人为建构必须被夷为平地，以全新的设计取而代之。保有自然纯真是它的座右铭。自然必须完全自由发展，不受我们的任何干扰或援助。所有生活都必须以简单的人类感情为基础，这样才能通过其多方面的发展保持“自然”。因此，在这里，我们极力呼唤对现有条件的完全更新。

这是卢梭探索工作非常本质的所在，但最严重问题也正是在这里出现了。他的否定立场还是很清晰的，而且只要他坚守这一点，他便对自己完全有把握，但是当他转向建构性工作这一区域时，他就不再那么确定了。他是如何理解“自然”的？他认为通过什么途径我们才能到达？当我们抹去文明所有的伪装时，只剩下生活的原本状况，而这一状况对他来说才有意义。但是，卢梭并没有对于这一状况可能是怎样清晰准确的图片：只是一个十分理想的印象派描摹，自然被赋予了浪漫的色彩。质朴和简单转变为纯洁、高尚的东西。对比于他针对社会毫不留情的批评，卢梭对未受破坏的个人天性善良尚且有着感性的认识。“我们可以通过信任和坦诚，从美丽的灵魂中呼唤出一切善良。”这一说法可追溯至柏拉图，但是卢梭是第一个使其风行于世的人。另外，从理智的角度来看，卢梭的自然人绝不是自然未开化的产物，而是几百年文明的产物，人从文明中故意转身离开，并回归自身。我们要把握最优秀的文明之花，同时也要把握一个人从艰苦的必要劳作动中被拯救出来，并温和地回归到自然的怀抱。这种自然的浪漫转变，使得卢梭期盼更高价值标准的出现，期待来自构成这个庞大国家的、简单生活的、普罗大众的纯洁。不受人类匆忙纷扰打扰的外在自然，也被看作真理与和平的王国。

卢梭从来都没有认真考虑过要摆脱文明，回归原始粗野的自然。他所希望的是对文明条件的彻底重塑，这样就可以顾及个人的独立性和生活的简单性。他希望新的社会多与大自然亲密接触，他要振兴我们的整个存在。这一思路显然再次倾向于旧启蒙运动的方向，但是卢梭的批评不适用于生活的分散阶段而适用于整体，这与旧启蒙运动是不同的。同时这一思路并非理性反思的结果而是直接感受的产物，这也不同于启蒙运动。因此，带着对革命、革新的激情和冲动，狂暴的运动出现了。

卢梭的主要关注点不是要影响这个或那个特定的改革，而是要改变个人，要让个人强大、简单、快乐，不依赖于其他人和事，而是享有一个独立健全本性的真正自由；“只做他所渴望的事，只做他所喜悦的事”；要让他总能够投入全部的力量。这样的人会意识到自己是一个人类，而非一些特殊团体或秩序中的一员。

要培养出这样的人，主要是要构建出一种新型的教育。教育不应该着眼于培养学生的外在一致性，不能在他对某一目的没有天生兴趣的情况下，将他按照该目的培养长大。尤其是在一开始，就必须让其天性自由发展，顺从地跟随。还必须处处借助于直接经验，并鼓励个人释放自己的力量。此外，必须由近到远、从简单到复杂步步为营地培养，甚至要将道德培养置于最简单的自然冲动的根基上。通过这些方法，就会培养出一个独立、忙碌、快乐的人。同时，教育工作本身也会被提升到一个更高的平台。它的任务并不像传播一个已有文化那样，而是它要通过强调最为简单的生活元素建立一个新文化。因此，在新的人性构建中，教育是主要的媒介，而且它在一个独立的立足点上，作为有别于生活其他部分的东西存在着。

但是，文明不可能单靠教育来完成这项任务。新鲜的生活也必须通过与个人切身体验相连接的链条，通过与大自然的亲密接触，注入每一个部分当中。这就是卢梭的实际工作。他在人类存在的整个范围中发展了自然与社会之间的对立，那里处处都有积极拥护或敌意反对，处处都在强迫着人们去选择。

卢梭发现，宗教急需改革。粗略一看，人们便会发现宗教缺乏内在性。儿童和许多正常成年人的信念，不过是一个地理的问题。他们会因为出生在罗马而非麦加而得到奖赏吗？当一个孩子说，他信仰上帝，其实他并没有真正信仰上帝，而是相信彼得或詹姆斯告诉他，有一个东西叫“上帝”。哲学思辨再一次对此无能为力。真正重要的是感受的内在呼喊。它为真理提供的保证更少、更简单，但是由之又更加成果丰硕。它为我们提供了一种直接性，从而形成一种对上帝、自由和不朽的坚信。像这样的自然宗教不需要学习什么，所有诚实的人都已在其中分享共担。基督教已几近其理想状态，也就是说，在其原始和简单的形式中，基督向我们传达了耶稣崇高、有魅力的人格，而不像堕落的文明所解读的那样。

艺术也需要一次转型。虚假、奢华的文明已经切断了艺术与自然的连接，使得艺术变得柔弱、腐败、不真实。一切审美情趣的真实典型都是自然所赋予我们的。奢华与低级的品位同流合污，近代的反常艺术只关注它自身与伟人不着边际之事的关系。喜剧并非从广大人民中汲取材料，而是从贵族生活的狭小空间寻找灵感，悲剧追求用赛多留和庞培的故事来吸引巴黎人。难道在喜悦和欢乐的季节中，我们如此将自己与大众隔开，这个不算遗憾吗？“独乐，了无生趣；众乐，勃勃生机。”

在这里，值得一提的是在对自然的感受的故事方面受卢梭影响的革命。卢梭畅游自然其实是为逃避人类鸡毛蒜皮的小事，寻得一片清新的地方，这并不会带来很多乐趣和清爽。力量与浩瀚比恩典与比例更吸引他。崇高使得灵魂战栗，并使之得以净化。一种新的情感应运而生——对群山之爱。在这里，我们的思想获得了一种庄严和崇高，这些形体对象激发着我们的情感。这就好像我们在飞离人类蜗居的住所，将一切低俗和尘世感受都留在身后；就好像正在靠近以太空间，精神抓到了那些不可亵渎的纯洁的暗示。自始至终，对自然的感受中蕴含着一种鲜明的情感特点：似乎在每一个地方，自然都会呼出纯净与平和，而当我们注视凝望她的祥和与平静时，忧郁感就会立刻攫获我们的心。这种对自然温柔、梦幻、狂想的感觉在对日内瓦湖的述说中被放大。在这里，我们找到了自然概念的源头，它曾经是那么浪漫、乐观，发挥着令人无法抵挡的影响。

卢梭的政治理论却没有太多柔软和感性，但甚至在这里也不乏浪漫主义。尤为明显的是，大多数人在坚定的信念里总是在渴望善，尽管他们并非总能发现善在哪里，而这一种信念是卢梭理论中必要而不可或缺的部分。但是，当我们深入细节的时候，我们发现他完全是一个抽象逻辑学家，并将启蒙运动的基本概念发挥到极致。在他看来，每一项权利不仅来自于个人，而且永远归属于个人。传统认可的权利必须让位于永恒的人权：一旦与那些人权冲突，这一权利便不再是一项权利。但是如果个体同意接受社会的约束，这个决定这种广泛的自我是只能改变他们的个体状态。个人意志的联合会形成更广泛的自我，也通过每个成员放弃他分散的权力所造就的一个蕴含着绝对力量的集合体。但是，要造就这种个人从属于集体的关系，需要一个不可缺少的条件，那就是，在集体中，所有的个人都应享有完全的自由和平等。他们的统治权归属于唯一的集体，他们不能将它委托给个人。此外，一个人不能代表另一个人。如果一个国家大得必须通过代表来进行管理，也不应该把代表看作选民的代表，而应该看作接受选民命令的代表。他所要做的，就是传达这些选民的意志和意图，他不能表达自己的观点。执行必须完全依赖于颁布法律的权力。这一点与卢梭的一般倾向相当符合。卢梭将政治生活作为首要的适用法律的机构，他以独到的眼光将一般规则下对特定情况的归类，当作政治的主要业务——这一观点对政治生活中历史和个人因素有失公允。国家的主要目标，不再像英国启蒙运动所描述的那样是保护特殊需求，而是要顾及整体的福祉。这也暗示着，即使卢梭也认同这样一种强大、几乎专制、压迫个人自由的政策。但是他把人类或大多数人的裁决看作上帝的裁决，看作是对绝对理性的表达。事实上，这种法国式的激进主义只是认识到国家内的自由和平等，它对于其他的自由一无所知。尽管它只是披上了民主的外衣，但它确实对国家万能理论提供了一种经典阐释。卢梭的乐观足以使任何针对他的理念可行性的怀疑得到平息，按照他的假定，一旦人们生活在这种新的分配制度中，人将变得善良而公道。

简单地说，正是人们悲观和乐观态度之间如此尖锐的对立，赋予了卢梭的政治学说异常的力量，这种力量唤醒了革命的热情。我们的社会习俗要为恶承担主要责任，而个人是善的源泉。如果按照自己的本性，我们原本可能是高尚、快乐的，而社会秩序的堕落却阻碍了我们。结论显而易见，我们必须完全粉碎那些障碍。在这种瞬时状态下的痛苦和人类天性中的善良之间有着一种对立，强调这种对比使得卢梭成为革命的使徒。

其实我们不难批判卢梭。要展露出卢梭建构性工作的不足和模糊，只要极力挖掘那些牵涉到“自然”概念的问题就行。我们可以轻易指出，他是如何很少论证人类本性善良的假设，又是如何在这一方面上依赖启蒙运动。与此同时，我们还可以指出，他对有着精神深度和自足的内在生活的渴望，从未超越骚动不安的阶段，也从未带来可行的结果。他经常在涉及精神内涵的地方，仅仅表达出主观感受。尽管如此，卢梭仍然占据着十分重要的地位。他对同时代人产生的深刻影响，便足以让我们停止贬低他的价值。他在复苏、重塑生活方面功不可没。他对革新人性的最真切渴望，在本质上是道德伦理层面上的。但是他的方法、问题至少仍无法令人满意。我们不得不钦佩他一直坚持的勇气。在很多情况下，他只是简单地从启蒙运动中借鉴一些概念，剥去它们经院主义的外衣，将其转化为公共财富。然而，他也开辟了一些十分新颖的思想道路。从他那里，我们也许可以界定朝向感受直接性的运动——个体与社会之间的张力和冲突。他站在两个时代的分界线上。

对感觉的厌倦继启蒙运动的理智主义之后，暴风骤雨般席卷了德国。年青一代狂热地挣脱社会规约的束缚，追求完全的个人自由；狂热地超越传统方式的局限，获得直接印象的鲜活和每一种力量的自由发展；狂热地从人类存在的虚伪装饰转向对自然真理和简洁的寻求；狂热地以自觉和大胆的创新替代原有的小心谨慎，以自由、丰盛的原创性改变权威标准。每个人都宣称他的独立自主，每个人都想要与众不同。天赋概念流行起来，成为大众广泛讨论的话题。没有禀赋的人被贬为“庸人”。对于拉瓦特尔来说，我们每一个人都是庸人，“尽管有正确的见解、准确的表达、优雅的风格，但是却未显露出天赋的迹象”。德国从理智主义中解放出来的形式不同于法国。它没有撼动国家、社会、宗教的基础，但是却拥有文艺、个性的特质。它主张人们自由发泄和表达个人情感，完全反对社会生活的模式和专制。另外，它对政治经济事实兴趣不高，当它忙于处理宗教之事时，它并未曾要针对宗教提出任何理性批评，但是却无意将其从理智主义中解放出来，使其重获感性。到目前为止，这仍然是一种否定运动，没有内在的自给自足，也没有建构性力量对其加以补偿。它无法提出关于生活和世界的新概念，但是它的确清扫了道路，为更大的运动做了铺垫。没有这场暴风雨，德国的唯心主义及其天赋的创造就不可能会出现。

到了赫尔德的时期，运动到了较为稳定的阶段，而且我们已经接近古典时期的高峰了。同样，他也反对启蒙运动，而且对活力、直观之物以及新鲜生活和直观感受有着强烈倾向。但是他又夯实了运动的基础，使其更为牢固，因为他没有仅仅停留在感觉中，而是渗透到人类生活这个有机整体的概念中。在所有力量的偕同合作中，他看到了一种普遍手足情谊的典范。而且，他将个人放在其历史、社会联系的更广大背景中。与此同时，他的心飞到了自然那里，渴望恢复最接近我们人性的本真条件和环境。在自然和精神之间存在着诸多的连接。人与种族相关并在种族中表露出典型个性来。实在的世界经常变迁，所有的进步都来自内部。在所有的主要特征中，我们为浪漫主义作家和历史学派的出现做好了铺垫。的确，赫尔德只停留在框架阶段，并无意将其填充。但是他奇特的多元性及同化力量，更特别的是他将事物视作整体的能力，都已经最大程度刺激、启发了我们。赫尔德是德国发展链条上不可或缺的一环。

Ⅱ．德国唯心主义

(a) 康德

(α) 一般特征

在康德处，我们又逢上一位伟大的思想家，也是最伟大的思想家之一。通向他的路途尤为崎岖坎坷，他也确实比其他思想家更难以到达。这种困难主要不是由于他包罗万象和晦涩繁杂的风格——我们德国人以惯长于风格晦涩而著称于世[①]——而更多是因为这样的事实：他的哲学与我们定势思维有着尖锐的冲突，同时需要我们的理论和实践双向的革命性变革，而不用清楚详细地说明新体系为何。如果他的毕生之作不能为对每个人都有吸引力的确定简洁的真理给出表达的话，他就仍不能深刻地攫获人们的心灵，也不能对人之为人拥有如此巨大的影响。我们最便捷地渗透入这些真理的方式是向我们自身展现出他本性中坚守而潜藏的要求，这些要求是他的精神自我保存需要他加以澄清的。因为这是一个伟人生活和工作的原动力——他拥有一个信念、一个根本信条，这些信念命令性地要求一些其所处环境无法给予的事物，一些异于（甚至对立于）他生而具有的思想和感知的事物。抵触和冲突就不可避免了，而自我中心的人格只有在它创造了一个新世界去回应它的本性需要后，才能获得成功。这种斗争和最终的胜利为我们提供了一出梦幻般的戏剧。在其他任何地方，我们再也不会找到一个更清晰、更令人信服的对下述命题的证明——人类不仅仅是其所在环境的产物，不仅仅是他所处社会氛围的沉淀物。

现在，康德的精神建构使他产生了两个初看起来似乎相互独立的重要要求，但是他的体系最终将两者结合为紧密的同盟。他要求一种新形式的知识和一种新形式的道德。对他而言，迄今为止被当作知识传承下来的东西似乎都根植在一个非常不稳定的基础上，并且无助地在对人类能力的过高要求和毁灭性的怀疑主义之间来回飘移。同样地，普通意义上的道德也缺乏牢固的基础和

① 这句话是作者自己调侃德国哲学家著作风格的话，所以是“我们德国人”。——译注

真正的内容。尽管如此，康德还是绝对地相信一种真正的知识和道德是完全可能的。一种如此内嵌于我们本性中、激励着我们的作为的信念一定能够被充分表达出来，并不可剥夺地为我们所掌握。对于康德而言，这个问题占据了他生活的全部，并成为不屈不挠的勤勉努力的原动力。但是，通过方法论上的彻底改变，他所获得的最辉煌成就表明，这两个问题殊途同归于唯一的解决。这种新观点不允许真正知识和真正道德之间的龃龉，而是清楚地表明一方需要另一方的帮助。然而，只有通过引入新标准和新价值，通过打破旧秩序和对新秩序开端的清楚明了和信心十足，这才显得可能。

（β）知识的批判和与旧理智秩序的决裂

一切知识旨在真理。但是，是否真理以任何方式对人类都是可能的，却已经成为一种其不确定性日渐增长的事情。就原初思想和原初科学所达到的成就而言，真理仅仅是我们的理念和外在实在的符合。这样的一种符合没有明显的困难，只要世界和灵魂之间没有鸿沟，只要世界被看作有生气、活的，同时灵魂本质上与物质事物相联系。然而，现代思想已经终结了那种直接联系，通过将灵魂与世界相分离，并将它们带入尖锐的冲突中，它使得旧的真理观念站不住脚了。启蒙运动的思想家并非没看到这一点，但是却是康德首次清晰而有力地表明——希望知晓一个独立于我们的事物是荒谬绝伦的。因为事物一旦进入即将为我们所知的过程，它们就不可避免地改变了自身的特征。同时，即使对象确实符合我们对它的印象，由于我们不可能将自身置于对象和印象之外的第三者位置上，我们又怎能意识到这个事实？此外，以此观点来看，我们应当为普遍有效和必然的属性（没有它们，我们就没有真正的知识）腾出一个位置吗？如果我们的思想不得不符合外在于我们的对象，我们将不得不放弃对所有此类型知识的希望。

但是，这里也存在着另一种可能性，同时正是对此种可能性及其不同含义严格不倦的推演探究，才构成康德最伟大的成就。他问道，下述难道不是可能的吗？——不是我们的理念符合事物，而是事物应当符合我们的理念。只有当事物进入我们思维和直观形式中，只有将我们精神建构的形式赋予事物时，我们才能知道它们。这是一场康德引燃的著名革命，他将之类比于哥白尼宇宙概念对托勒密宇宙概念的胜利。康德像哥白尼一样，将观察的中心从被观察者转移到观察者身上。从根本上看，如此主观的真理当然只对主体有效——它仅对于人而言为真。我们不能超越自身表象的领域，即现象界。我们保证真理的唯一可能就在于将我们自身限制在自己的领域内，放弃所有对超越它的知识的要求。只有当我们在知晓过程中通过思想运动也创造和产出实在时，我们精神活动的产品才能被看作是绝对的真理。但是，我们不能这样做。为了知道任一事物，人类思想必须有某种客观的刺激物。在此种意义上，它总是严格依赖于经验。如果它逾越了经验的限制，同时宣称一种不涉及经验的真理，它就明显落入无所依傍的虚空之中。用另一种方式来表述——知识有主观来源，但是这必须由外在施加赋予。没有这个基准，知识是不可能的，但是如何理解这个基准则是我们自己的事。我们没有找到一个普遍的现成之物、一个已经被组织过的经验，而正是我们自身经由内在去塑造它们。现象界的有序秩序（我们将之作为自然之物加以谈论）是我们赋予自然的。同时，如果我们未曾将它放在那里，我们也永远不能在那里找到它。这可以帮助我们理解下面豪情万丈的格言：“知性的法则并不来源于自然，相反，知性将法则强加在自然身上。”

迄今为止，所有的一切都仅仅是断言，缺乏证明。整部《纯粹理性批判》都致力于提供这个证明。康德一步步地表明，那些始于我们而非事物，同时帮助我们将统一赋予多样性、令实在相融贯之物，是如何起源于内部而非外部的。这个证明完全变革了传统的实在概念。因为我们的主观贡献被归属于事物，作为它们自身的性质，同时主观世界已经变成独立于主体的对象性本质的领域——上述事实已经引发了恒河沙数般的幻觉和对实在的错误构建。康德对这个事实的觉察导致了贯通整个知识领域的最为根本的价值改变。一点强化并支持了另一点。从渊博、学究，有时甚至乏味的开端出发，存在着一个痛苦而如履薄冰式的步步进阶过程。直到最后，一个面向全人类的呼吁被大声宣告出来，每个人都被号召去革新他的思想和生活。

空间和时间以往被看作强加在我们身上，作为所有事物必须服从的给定形式。现在，一种对它们的内容和是其所是的方式的进一步审查，使得调查者明白——它们实际上是由人类自身提供的，它们仅仅是直观的主观形式，通过这种形式，我们给我们的印象排序。我们并不是通过其他一些世界来接受这些形式，而是在这些形式之中，我们将世界改造为我们自己的、只对我们有效的世界。这个结论似乎被几何和算术中数学命题的普遍有效性和必然性以特别的力量清晰地加以论证，而这种有效性没有外在的起源。因此感官世界假定的实体性落空了，我们似乎丧失了所有确定的抛锚地。

在很长一段时间里，似乎对康德而言，从我们感官生活的巨变到在思想中需求庇护是可能的：思想确实会打开真理的有效领域。但是稍后，主观化的趋势也侵袭了这个领域。在此，我们可能会尝试奋力向前，但我们永远不能越过自己的范围界限。由至小到至大，正是我们的思想塑造和改变了曾经似乎作为独立的基准、作为事物自身内在性质的东西。知性对于所有经验和经验的可能性而言是必不可少的，它的首要功能不是使对象的表象清晰，而是使它成为可能。事物的概念被我们的知性所建构，这是为了赋予反之就会分离的印象以稳定性和统一性。此外，我们在现象中观察到的所有连贯性都是我们自己的功劳所致，它不是由外在注定或授予的。这种因果联系，特别是在休谟看来，不是外在给予的事物，也不像他所想的那样是单纯粹联合和习惯的产物。它是我们心灵中的根本规律，没有它，我们就不可能根据任何固定而普遍有效的规律将现象联结起来。康德以孜孜不倦的小心求证着手证明这个问题。他表明，正是通过思想，印象才被焊接到经验上，否则印象就会流于模糊和无形式，同时也正是思想，而不仅仅是感觉，给予我们一种连贯的实在。在这个证明中，他为我们提供了一种对唯物论釜底抽薪般的驳斥，因为唯物论坚持事物和它们之间的关系都是外在给予的。实际上，通过他对显像于感官之物和逻辑上令人信服之物之间的严格区分，康德封印了唯物论的命运，表明它是一种未经过训练的心灵的不科学观点。

到目前为止，我们已经完全转移到经验领域之内。但是，不管所有人类知识将会如何依赖于它，经验不能构成我们思想的最终边界。看起来更像是我们的理性掌握着一种力量，这种力量强制驱使我们去超越它，将我们置于它的对立面，刺激着我们将其作为一个整体来理解它，并明确它的根基。在受限制的经验世界之上，我们总情不自禁地去寻找一些不受限制的东西。然而，尽管这种冲动毫无疑问地表明了本性无与伦比的伟大，它仍然将我们引入了最为严重的困难之中。我们无法胜任一项我们发现它如此不可能终止的任务。我们绝不可能在赢得超越经验的牢固立足点这件事上取得成功，从那里我们会发现我们的道路又导回到它。不必言说压制上述冲动并超越它，我们一而再地被抛回到它面前，直到最后我们必定会意识到——我们达到根本结论的努力必须一直由我们自己的理性加以限制，我们没有权力将我们概念之间确定联系的主观必然性看作事物自身之间联系的客观必然性。

然而，这种信念必定会有令人惴惴不安的影响，这是因为达到统一原则和终极解决的努力仅仅关涉那些与人类生死攸关的问题：上帝、灵魂和宇宙的问题。如果没有某种统一的中心，从而我们可以将所有它不同的经验都回指向这个中心，我们就不能理解自身的精神生活。正是从这种中心式的统一出发，旧有的思辨心理学才会习惯于建构一种关于灵魂本质的科学，并赋予灵魂简单、不可毁灭等性质。实际上，这种统一原则必须处于我们思想和经验的世界之内，因而关于灵魂本质的问题就不可解答了。其他的问题，例如是否灵魂在死后可能作为不可毁灭的个体存在，也变得不可解答了。此外，我们寻求将现象的多样性结合为一个融贯的世界体系，同时阐明这个体系的构建、根本力量和基本结构。但是，在这个过程中，我们跌入了绝望的冲突之中，我们试图做出的每一个断定马上就面对着匹敌的强力否定。断定和否定每一个都强到能够抵制对方，但是两者都没有强到能够建立自己的宣称。例如，如果我们将世界看作在时间和空间上有限的，这种想法太过狭隘；如果我们将它看作无限的，这种想法又闳大不经——任何一种情况都很难获得承认。但是，因为没有第三条道路可供选择，我们就显然不能避开下面的推论——我们由之描画在我们自身的世界不是存在于我们之外的实在，而是我们一直试图通过自己的理智资源加以建构的东西。从而，在此过程中，我们体验到了相互对立的兴趣之间的碰撞，同时也被遗落在两种不可相融的结论之间的摇摆不定中。再次地，就所有这类问题的根本和上帝的理念而言，我们都有着一种相似的体验。如果不存在所有实在根本而自足的基础，就不可能有思想的止息之所。但是，我们能够将我们自身设想为已经获得了此种存在的客观性证明，而这只能通过隐秘地将主观性冲动转变为客观必然性，大胆地做出从理念到外在于它的实在的迁跃。

从而，所有事物相互联结，使得我们可能超越自身思想的领域，达到关于事物真正本性的知识或者实在的终极基础。那些对我们而言、似乎由超越于我们的实在所赋予的东西，实际上是我们自身已经放入世界之中的事物，而这个世界阻挡了所有超越它的企图，它永远不能成为对我们而言的客观真理。

通过这种从客观立足点到主观立足点的颠倒，其所初次赋予我们的印象必然是令人不安和沮丧的。因为它明显将真理看作独立于我们的，尽管我们给予它们以意义和价值。现在，我们完全隔绝于旧意义上的真理概念，并且是永远地隔绝了。没有任何知识的进步能够引发这个关键的特定细节的改变。个体经验的领域可能变得越来越宽广，但是我们绝不能超越它。

我们确实从这种改变中获益良多。如果没有在这场冒险中收获一种特殊的宽博和宏大，主体就不能给予世界以形式和一贯性，就不能离开经验的停泊处，也不能触及终极根由。这种从形式到质料的明显区分，以及将形式唯一地赋予灵魂，致使我们将灵魂看作超越迄今为止所设想到的更加精微的本质。现在，它显而易见的至简运作甚至揭示出了复杂组织的丰富多样。细微的观察会令我们意识到一种错综复杂联系的系统，而这个系统曾经被认为仅仅是一个点。还可能会有更多吗（例如康德在感性知觉过程中教导我们看到的东西）！此外，所有主体向纯粹精神领域的转移有助于更清楚地显示出精神生活的独特性和与众不同之处，也有助于将它们断然同其他方面分离开来。康德尤善于对性质上差异和对立的发现——在这方面他非常不同于莱布尼茨，莱布尼茨试图在一个连续不断的等级链条上安排多样性。因而，比起他之前的任何一位思想家，康德在感性和知性、知性和理性、理论理性和实践理性、善和美以及法学和道德之间做出了更为清晰的区分。所有这些区分，涵盖了从伟大到琐碎的范围，使得我们的实在观变得无比丰富、鲜活和确定。

但是，康德不仅理解如何做出区分，他也能将他分析的结果联系起来，同时将它们共同置于一个统一的原则之下。他对主观性立足点的接受使得这个任务比起以往变得格外容易。因为只有当曾经认为是出自外在的事物被看作源自内在的贡献时，所有的可能性才能被加以审查，才能受到系统和详尽的对待。可被充分理解的全体出现了——例如，经验的全体——在其中，每个个体都有它的特殊任务和指定位置。如果没有对这种主观性立足点的接受，康德的思想世界将不会成为在哲学史上留下浓墨重彩一笔的最伟大的建构系统。没有其他的中心能够使得实在的丰富整体时刻准备着转化为思想的有组织体系。正是从这个凌驾于其他之上的中心出发，系统的理念才会发展为一种无可匹敌的力量。

对主体所扮演角色与日俱增的强调也改变了主体自身方面，

使它成为一个精神性的相互联系、融贯而复杂的整体。说到“主体”，康德并不意味着一个作为精神结构同于所有个体的特殊个体。他对于世界的主观表象不是一个孤立个体的工作，而是作为一个整体的人类的工作。因而，他的作品普遍存在的一个特征是他从不询问个体人如何达到科学、道德等等，而是询问在何种意义上科学、道德等在我们的精神生活中是可能的，同时它们需要并揭露了什么样的能力和系统联系。因此，如果康德将事物世界拒之于我们的知识大门外，他还会将它设定为探究能力（人类借以建构他们自己世界的能力）的新任务。从关于世界的知识和对事物本性的探究出发，我们转向了人类心灵的自我知识，转向了对构筑经验世界过程的调查。

因此，康德的知识理论成就卓然，他的建议也同样丰富。下述事实——它将人们限制在自身领域之内——仍然会阻止我们获得除了一种纯粹相对于人类的真理之外的任何东西，同时这些东西也绝对不能成为我们惯常寻找的，且无法停止寻求的真理。因此，如果康德的工作已经随着他的“知识批判”走向完结，他将会被归于主要批判思想家的行列。然而，这远远无法媲美他的整体成就，批判仅仅是通达他最终信念的预备性工作，向我们揭开了实践理性领域的冰山一角。

（γ）道德世界

对于主观性立足点的接受是康德整体哲学假定的根本特征，而在他对行动的处理上，这种特征非常不同于他的知识理论中所具有的形式。在第二个领域里，主体的活动依赖于并导向一个高深莫测的世界，但是这绝不妨碍另一个领域的存在——在这个领域中，主体能够独立行动，并最终从它自身创造一个世界。然而，仅仅当它确保其脱离所有外在事物的独立性，并单单在自身中找到它的主要问题，它才能那样做。从而，就可能不存在通过追求幸福去实现这种生活和行动的可能性。因为为了追求幸福，人们要被指向一个外在于他自身的事物，这个事物也就成为他的主人，只有经验才能教导我们什么产生了幸福。为了独立、“自律”，我们必须在不涉及任何主观目的的基础上行动。行动必须在它自身的形式本质中找到引导。

现在，这个问题出现了，即是否人类活动的领域揭示出了任何诸如此类的自律行动。而它被一种自信的断定解答，这种断定立足于下述基础上——道德律、无条件的应当和责任概念是我们经验中的一种事实。道德的本质就是它向我们索求仅仅为着它们自身目的的行动和情感，而对为着我们人类的结果没有任何涉及。道德律并不是有条件地劝告我们，而是作为一种“绝对命令”无条件地要求我们，同时对其要求的满足也不被看作一种特殊的功德，而是当作一种单纯的责任和义务。然而，这里蕴含着——我们有一个重要的问题，对此问题的解决会开启一个新的世界。这种向我们宣称并有着如此确信权威的戒律从何而来？如果它是外在施加的命令，它将不会影响我们的意志，也不能将顺从宣布为一种责任。因为任何始自于外在的事物，甚至它作为上帝自己的一种命令，那么对它的辩护和执行必须依赖于某种外在于行动的结果，必须通过奖惩来劝恶从善。但是，这将会摧毁道德上的善，如果不是因其自身而被追求，没有事物是道德上善的。因此，戒律必须源出于我们自身，它表达了我们自己的理性本质。正是我们自己的意志使得道德律令变成了一种责任。然而，这将灵魂置于完全的光亮之中。它获得了自身的深刻性和内在层级。在我们之内存在着一种“理智的”本性，这种本性作为一种律令要求着我们的经验自我，而这种律令更是作为一种我们自身的律令、自我实现的律令。在人们自身本性中存在着一个裂隙——他既是伟大的，同时也是渺小的。当他违抗法则时，他的行为就远不能实现法则的严格要求，此时他是渺小的；至若他和法则协作，他在法则中意识到他内在的意志和存在，从而自身也成为立法者和新秩序的部分创建者，此时他是伟大乃至深不可测的。鉴于这种语境，我们就能理解下面众所周知的语句：“两个事物充塞着我的心灵，我对它们思考得越频繁、越长久，赞赏和敬畏也就持续更新和增长：在我之上的星空和在我之内的道德律。哪一个都没有蔽于神秘或失于茫茫，以至于我需要超越我的视界去寻找它们，并仅仅猜测它们就在那儿。我在眼前见到它们，而且将它们直接和我的存在意识相连……第二个事物源起于我不可见的自我、我的个性，并展现给我一个拥有真正无限的世界，但是这个世界只有通过知性或可寻其芳踪。”

然而，只有通过严格敬重它自身的独立性，并拒绝混杂任何外在因素，道德律才会达到这样的高度。只有法则的纯粹形式和准则的普遍性才必定会控制我们的行动。我们必须以这样的方式行动——我们所遵守的准则能够在任何时候都被树立为普遍立法的原则，同时被提升为普遍律令的我们的动机绝不会相互冲突。作为法则的承载和工具，我们必须出于对法则的纯粹敬重而行动，这种法则更是以我们为立法者而制定的。康德会清楚地区分道德行动和自然倾向——这和前述是一贯的。甚或于，他会令反倾向行为成为顺从性向（disposition）的个例和标志。这并不意味着他宣称倾向是错误的，而是说他将道德律当作本质上更高阶的事物，高高地置于倾向之上。正是这种生活问题的严格概念，允许我们高度瞻仰作为自律存在的人类。正是自律赋予人类本性和所有理性存在者以高贵。自律，而不仅仅是理智，首次将人和动物区分来开。如果在人类之中的理性被用来服务类似于动物本能所服务的目的，那么它就不能将其拥有者脱离出纯粹动物的状态。同时，我们有了一种更为清楚和准确的概念阐释，这些概念自古以来占据着人类心灵，但迄今为止尚缺乏通过科学信念赋予它们的一贯性——诸如“人格”和“特性”这些概念。单纯的思考能力不足以构建起人格。因而，也必须存在一种道德责任的能力，而这又蕴含着一种较之于所有单纯自然机械主义的独立性。同时，特性既不是“一种纯粹的自然倾向，也不是一种源于习惯行为的持续影响，而是规范生活改变的内在原则的绝对统一”。

整个立场的关键之处就在于自由的理念，而且是作为理性理念的自我决定、作为从内在创建起一个王国的自由。它是所有道德的前提。它的存在如同道德一般确定，而能力必伴随着责任。“你能够做到，因为你应当作。”因果性现象的次序与自由理念冷然相对，至少就这种次序被设想为内在于事物自身的规律而言。然而“理性批判”表明，正是仅对现象界有效的我们心灵的运作为另一种事物秩序留有大量发挥空间，也激发了对这种秩序充分强制性建立的设想。现在，道德为我们提供了这样的动机，以至于自由成为阿基米德点，“在此点上，理性可以撬动起杠杆”。从自由这一立足点出发，一个与纯粹自然领域对立的新王国敞开了大门。道德不再作为一种内在于既定世界的产物，而是成为依赖于自身价值的新世界的创造，它不依赖于经验提供的支持，甚至敢于直接站在经验的对立面。因为“在对自然的沉思中，经验给予我们现成的规则，是真理之源泉。而在道德律方面，经验（唉！[①]）则是幻觉之母，而且它极度不愿从事实上已做之事中推导出我应该做的规范，或者令这些以任何方式束缚我们的行为”。所以，不被外界方式和人类作为所打扰的道德仅仅沿袭她自己的道路，并相信她的世界独自地包含着真正为善的、可令生活值得过下去的事物。除了善良意志，我们不能在世界其他地方，甚至在世界之外，设想一个直接为善的事物。所有不能嫁接到道德上的善良性向的善都仅仅是幻觉和遮遮掩掩的悲惨。如果公正朽灭，那么人类就不值得继续存活于世了。因此，道德行为从既定世界中获得了胜利的解放，并牢固地在自身之中得到创建，而完全独立于外在的结果。

对这一道德世界的评价被下面的信念所支持——在事物的中心，我们最后获得的不仅仅是专属于人的事物，而且是绝对有效的事物。因为作为道德基础的自由不是人之为人的一个特殊性质，它属于理性本质，同时为通向所有理性存在者共有的绝对真理指明了出路。当进入超感官世界、进入实在的最深处之时，“无论我们的视觉有多弱”，我们都得以凭这种方式而管中窥豹。在此，康德为世界的终极意义问题找到了一个确定的答案：它除道德意义之外别无其他。下述也就完全明了了——在思想领域中，康德的否定最终导致肯定，并服从于肯定[②]。

但是，甚至在这场大胆的冒险中，他还保持着小心谨慎和自

① 英文原文为 alas！——译注

② 这里的“否定”是指康德在理论理性领域对纯粹理性所做出的批判，而“肯定”是指康德在实践理性领域对绝对律令的肯定。——译注

我批判的态度，这亦是他所有著作的特点。在此新领域内发展出来的理念根本上不同于所有的理论教条，它们一直根植于个体信念之上，并假定了对道德律的完全明了。它们也算不上信念之类的知识性事物，即理性的信念，并且迥异于神学信念或历史信念。

我们已经论及的这么多内容都是关于作为所有道德基础性假定的自由。但是，在康德看来，同样有两种其他的理念，作为道德的必然后果——灵魂的不朽和上帝的存在。道德律需要一种严格的满足，要求一种完全圣洁的生活。同时，这对于局限于尘世生命的个体而言整体上是一个无法解决的问题。然而，我们绝不能将自己的全部力量投入到触及我们自知不可企及的事物的努力上，以至于我们的行动需要如下信念所强化——在经历过如白驹过隙般的短暂生命后，我们仍能继续存在，直到永恒。再次地，事物的自然建构频繁地在美德和幸福之间划下鸿沟。它总是不给予祈求幸福之人应得的幸福。同时，如果我们认为它是无力且无效的，以至于善的理念必然导致对超自然的道德秩序的诉求，随之是对全能的道德存在（即上帝）的诉求，那么我们就还不能全身心地践行善。在这些发展中，康德的著作还达不到一般水平，它们给出了对深藏于其信念深处之物令人不甚满意的表达。比起其他地方，我意识到康德于此处在很大程度上还坚持着启蒙运动的单调乏味。

康德强调的道德是一种强健而果敢的道德，它甚至是严格而峻切的。当理性理念直接作用于意志时，它蔑视一切和单纯感觉的联系，并且只考虑自身。类似地，尤被康德视作约束的美德也是严格的：它们是诚实和公正，其中诚实主要关涉到行动者自身，公正则关涉到他与其同伴之间的关系。我们首先必须对自己而不是对他人诚实[①]。它处处以一种完全开放的姿态关照着我们，并通过我们自己的信念和独立的决定，而不是通过指涉摇摆不定的信念和外在权威，来规范我们的行动。甚至最为忍辱负重的责任心也可能不会成功地将我们引领出错误，但是它的道德价值却不因此而有任何削减。一个人认为其为真的所有事物，当然不可能都为真（因为他可能出错），但是对于整体上他所说的事物，他必须诚实。至于人和人之间的相互关系，它们必须在与公正理念协调一致之下被塑造。每个作为理性秩序成员的人都拥有不可剥夺的独立性和其自身作为目的的道德高贵性。据此，我们必须相互敬重，不能把他人作为单纯的手段。这个要求蕴含着泾渭分明的政治和社会安排，在其中我们能追溯到自由市民社会的英国式理念的些许影响。但是，德国的概念比英国的更为深入，因为在英国少有拥趸的理论，即我们的道德性理性本质超越于经验之上，现在被清晰地阐明并发展。此外，社会也找到了它的至高目的，而且它不是在福利中，而是在公正中寻找到这个目的。康德将这种对公正的渴望拓展到国际关系中，他反对烽火连连的战争状态、祈求永久的和平——毋庸赘言战争的物质毁灭以及它的损耗和破坏，也无须从人道主义同情之心角度去加以谴责，而是因为对康德而言，理性存在者利用诡诈和暴力建立起他们的社会生活，而不是以公正和理性去建立，这种方式令人心生反感、无法容忍。

尽管在细节上，康德对这个观点的发扬充满了问题，他仍毫

① 这句话并不意味着我们无须对他人诚实，只是说我们首先要对自己诚实，也即敬重遵循道德法则的主观准则，这种对自己的诚实也就导致了我们对他人自然而然的诚实。——译注

无疑问地为道德律的威严和高贵给出了清晰的表达。如歌德那样杰出的批评者也认为，它是康德的“不朽功绩”，即“将我们从曾经深陷其中的感性里释放出来”。正是与这种更加伟大的严肃性相一致，在对人们道德条件的判断中，也应该有着更为伟大的严格性。将恶看作我们感性本性的单纯缺陷是启蒙运动的潮流倾向，但这种看法已经随着理性的壮大而逐渐消失。相反地，康德将恶追溯到意志——对他而言，它不是单纯的善的缺乏，而是与善的直接对立；它不依赖于外在条件，而是“根本”恶。这个问题因为变得越发严重，但是这个哲学家却不因此被塑造为堕落和原罪理论的信奉者。原罪理论是“所有概念中最不适当的”。因为人们也具有一种永恒的朝向善的性向，而这种性向必须被竭力唤醒以直面它的敌人。不要期盼、仰仗神秘的救赎，应该让恒存于我们内心的理性被号召去释放它所有的力量。挑战的勇气已然在朝向激发它的路途中。但是，在另一方面（道德与宗教皆同），懒惰的思想从不相信自己，总是懦弱地期待外来的帮助，这种想法使一个人所有力量都松懈下去，使他在外在帮助来到时却不配享这种帮助。因此，一条宽广的沟壑将康德和他对人类自身活动的信心隔开了，这种分离来自于奥古斯丁[①]。在此处，康德和路德[②]也无共同之处，无须言他们在其他地方的一致性。康德说：“你能够做到，因为你应当作。”路德说：“你不能得出从应当到能够的逻辑推断。”康德首先是一个“道学先生”，而路德则首先是

① 可能是指奥古斯丁对上帝之城和尘世之城的区分，他认为基督徒的最终归属不在尘世，而在上帝之城中。——译注

② 即马丁·路德（1483—1546），德国宗教改革家，路德宗的创建者。——译注

宗教人士。因为在康德看来，由于宗教“将我们所有的责任都看作上帝的诫命”，宗教就仅仅是一种强制性道德，它没有自身的隔离独立领域，所以不论它的主观价值有多大，它仅仅在思想界中占据低位。

（δ）美的领域

一般而言，康德将生活的各个方面屈从于善的理念。善的理念必须在不同方面控制和指导生活的塑造。而对于美，他则给出一种有增无减的独立性和特殊性。即使在最后，他仍将美服从于善，美只是作为“道德上善的符号”，即使他将“鉴赏力”（taste）理解为一种“对道德理念的感性表象做出判断的能力”，他的道德化倾向仍旧没有占据美学的中心理论。他将美看作独立之物，并将它从迄今被卷入的混淆中解放出来。对美的特殊性质更为精确的分析，引领着我们辨明——一个是美之中的满意，另一个是愉悦或善中的满意。前者是公正无私的，但是就后者而言，利益却经常闯入我们在愉悦和善中所感到的满意里面。这里也存在着其他重要的不同。愉悦是通过它所激发的直接感受令感官满意的，因而就不能声称自己普遍有效。善是借助理性的帮助，并通过对它的纯粹思考，才能够赋予满意。但是，美不同于任何概念，它是作为一种人人皆同的满意的对象出现的。

只有当判断唯一地指向对象的形式，同时这种形式不被看作内在于对象，而看作我们所引入的时候，美学判断的普遍有效性才能被理解。所以，在美之中，我们所理解、体验的不是一个外在世界，而是我们自己的灵魂状态。我们说事物是“美的”，不是解释它们自身的结构状况。关于这种状况，我们实际上全然不知。而是因为这些“美的”事物有一种力量，能将我们的精神能力（特别是感性和知性）融为生动而和谐的活动。因此，美学犹如道德，在其中人类都从外在世界的压制中解脱而出，并且指向他自身的内在经验。

美的这种主观性质可由康德对崇高概念的处理而生动鲜明地表现出来。在我们之中油然而生的崇高感是一种尖锐对立的感受——这是它的特殊标志。但是，如果对立存在于我们与外在世界之间，且不归属于我们自己的灵魂，那么我们就绝不能体验到这种对立感。在崇高之中，我们意识到的不是我们与外在事物之间的关系，而是那种甚至通过穷尽我们的想象能力也无法把握到理性理念之无限的力不从心感。就它们出现在这个内在运动中来说，这些感觉印象就只能被称为崇高："真正的崇高在做出判断的个体精神之中，不在自然对象之中。"

因此，康德已经为内在于人类自我精神本性中的关系找到了一个基础，也随之确保了它独立于外在影响以及它对于纯粹功利的胜利。正因如此，这才使得我们的诗人如此强烈地对康德青睐有加，并令他们感受到与康德如此密切的亲缘联系。一个著名的例子就是歌德，他能够发现《判断力批判》中至关重要的核心理念，而且不论在思想、行动还是艺术创造上，他也完全同意康德的整体当下体验。然而，对康德而言，美提供了一种在道德理念的崇高世界和我们周遭的现象界之间的联结桥梁。它为他体系精画细描的区分提供一以贯之之途，同时也弱化了作为其基调的严格性。

（ε）褒与贬

为康德下一个确定性判断不是一件容易的工作。他对思想史的影响充分显示了人们对他的解释有多么不同，以及从其大作中汲取到的灵感动机又有多么千姿百态。费希特和赫尔巴特[①]，施莱尔马赫和叔本华，新康德主义以及其他哲学家，都乞灵于康德，并宣称承接了他的精神衣钵。他那掌控人们心灵、引发再次回归他的思想运动的力量很大程度上不是因为其成就中的任何定局，而是因为他所提出的问题萦绕人心的特质和对这些问题的无法规避。康德著作的第一个标签是无情的否定。他不仅强迫我们放弃许多我们从未想过被剥夺的个体信念——他使我们看待世界的整个当下方式完全站不住脚了，同时通过兢兢业业的努力他给理念赋予更多的精确性，并将迄今为之被当作科学思想的事物降级为前科学思辨的状态。诚然，他也给予我们足以对我们的损失补之有余的东西。但是，他从没能赋予最终令人信服的否定性批判特征以积极肯定的贡献。他在此留下了重重问题，这些在更为长远的发展中都命令性地向我们叫板。观点相左、分道扬镳在这里是家常便饭，而普罗大众也因此具有了强烈的不确定感。即使不能安全地抵达彼岸，我们也应不得不离开此岸——这种做法将我们置于难耐的境地中。下述也就毫无疑问了——为了从它那里逃离，同时通过获得一种确定性理解，使“是”具有和“否”相匹敌的力量，我们需要如此巨大的理智力量。

在此接合处，我们必须将自身限制于具有根本重要性的点上，这个点支配着整个康德哲学、决定了它的特殊性质：那就是将真理和实在从客体到主体、从世界到灵魂的转移。在这点上，康德远没有意识到他会在一个更为广泛传播、更具有历史重要性的运

---

① 约翰·弗里德里希·赫尔巴特（Johann Friedrich Herbart，1776—1841）是十九世纪德国哲学家、心理学家，科学教育学的奠基人。——译注

动中占有一席之地。对康德来说，他认为他的批判倾向与迄今流行的“独断论”存在着不可缓解的对立。但是实际上，现代时期从一开始就包含了这场主观运动的萌芽，同时以日渐增长的精力将它养至成熟。现代思想不再将旧方式中的人看作世界的一部分，这个世界将他纳入自己浩瀚的框架之中。这场运动不再是从单个对象到单个主体的运动，同时这个主体通过内在关系回应它，而是将主体作为生活的起点和支柱。这是世界借以建立并获得内容的基础。然而在同一时刻，主体自身也成为一个问题，且是所有问题中最困难的。只要它仅被设想为一个单纯的点，它就绝对无法胜任创建世界的任务。一个不可理解的宇宙与它相互对峙，空洞而死板，由此它就不能确保满足自己生活的内在统一性。现在，康德于此引发了一个极为重要的进步。对他而言，主体不只是一个作为至关重要的连贯系统的单点，或者一种心理构造、一种精神结构。通过这种转变，它变得足够强大，以至于能够发展出一个自己的世界，并使它自身成为实在的中心点，从而完成了作为我们现代时期整体上梦寐以求的成就的革命。康德的思想通过大量煞费苦心的工作，步步勤恳地上升到吹毛求疵式的反思和精确的分析。或许，其他任何地方都不具有如此多集中用来解决一个问题的理智资源。然而，无论这种工作有多么缓慢和沉闷，它确定无疑地导致了这一点——在此点上，新观念得以向我们敞开心扉。一个新的事实世界加以揭示，随之而来的是惊奇——这种突然现于我们之中的惊奇不外在于我们，而在我们自身本性之中。迄今为止那些貌似简单而明显的事物现在成为问题，同时导致我们意识到生活更为深邃的深度，而这深度远远超过我们以往的猜想。甚至科学现在也意识到，人类的内在生活是一个被组织起来的内在世界。

同时，一个生活的愿景展现在我们面前。这种愿景是自足的，它独立地追逐着崇高的目的，并断然拒绝降低标准，而大多数人迄今却满足于这种标准的退化。这种在人类自身灵魂的精神深度中的发现，这个绝对理念的王国，使人类凌驾于人性中所有狭隘和琐屑的因素之上，并将他从平凡的自私自利和日常生活的目标中解放出来。几乎没有任何思想家能像康德那样为提升人类的精神水平贡献如此之多，没有一个人能为了增加对人类本性的敬畏和将人的重心置于自身之中，比康德付出更多。乃至从古代的黄金时代以来，也没有人能够如此清晰地描述对纯粹效用的追求所导致的毁灭性倾向，正如这个思想家的一句名言中所说："所有事物，甚至是那最为高贵的事物，在人类手中也会变得微不足道，只要它们将自身的理念顺从他们的利益。"然而，如果康德已然如此地深化了人类的意义，并揭示出最为基本的事实，同时凭借着丰富多样的方式改变了我们与实在之间的基本关系——那么，他确实就是精神世界的生产力，是一位有着不竭影响力的真正伟大的思想家，是哲学新领域的开山人。

但是，最伟大的理智成就通常伴随着最为棘手的问题。而康德对主观性立足点的接受，对主体日渐增长的强调，搅动出各种各样的问题，它们中的每一个都影响了整个思想界。关于主体，如果我们没有令它远远超过即时经验的个体，它就不可能被允许拥有独立的运转领域。但是，确切而言，康德并没有清楚地表明那种令它不同于上述个体的东西，也没有清楚地表明是什么给予它的活动以普遍有效性。内在世界不可能成为纯粹孤立个体的创造和所有物，然而我们没有看到它还能是别的什么。更进一步的困难包含在对理论理性和实践理性、科学思想和道德行动的明确区分中，这两者都是作为我们与世界之间本质上不同的关系，被囊括进不同的领域。在一个领域中，我们的精神活动被严格限制在理性无法穿透的世界里；同时，作为这种限制的结果，它所享有的真理不能在外在于人类的区域有任何有效性。在另一个领域中，心灵通过它自己的资源去创造一个世界，这个世界丝毫不染尘世烟火，是绝对真理的王国。在一个范围里，我们的活动具有一个与其对峙的世界；在另一个范围里，它自身则是世界最为深刻和根本的表达。如果我们的生活因此被割裂为依存性或独立性的活动，那么我们就不能感受到下述事实吗——在一方面，人类被过度轻视，同时仅对他有效的真理观念是一种自我矛盾；而在另一方面，他被过度拔高，同时他构建道德世界的力量也被高估了？其中的一个领域要求他最为小心谨慎的准备和完完全全的服从，而另一个则将他提升到对超越性之庄严和高贵的意识。但是，这两种情况能够在同一个灵魂中永远共存吗？一方是否愿意征服并摧毁另一方？此外，这种区分有着更为深远的缺陷，即不能为新思维方式给出一种满意的统一性，因而就从其自身剥夺了它的伟大力量。如果它的论点被区别对待，它们就更有可能为怀疑和反对让路。此外，如果灵魂的功能是纯粹形式化的，那么我们何如能获得一种独立的世界和自足的生活？这样一个世界能够在实践理性的领域被获得，似乎仅仅是由于这样的事实——康德引入了人格更为具体的概念，一个超越纯粹形式概念之上，并从根本上开启更深的经验世界的概念。但是，甚至当以这种方式对其论证加以补充的时候，康德的道德在很大程度上仍是道德律，尽管它是一种内在的戒律。纯粹的道德有着太过可供它们发挥的空间。

最终，他与形式和质料之分的紧密联系——康德也强调这种区分，从而康德更接近古人、而非现代人——是对灵魂在所有固定不变的实质中所扮演角色的处理方式。心灵的基本结构从一开始就显得如此完善，同时以统一的方式运作。因此，不存在对下述事实的认识，即人类不得不通过辛勤汗水和大量经验凿穿通向其本性中基础之物的道路；诸种根本问题的源起并没有被给予它应得的重视，然而有鉴于十九世纪的经验，它不能被矢口否认。最后，我们于此有一个仅能加以指出的问题：如果这种自由（康德最为重要的学说）真的产生了一个新世界，难道其背后就没有更为深藏的东西吗？这种新形式难道没有获得新内容吗？

整个故事的结局就是，我们仅仅能够将康德的工作看作起步阶段，而远非终点。在这个例子中，将我们的信念钉在大师的实际言论上似乎比通常更来得执迷难返。老康德主义者，如费希特，以他们的热情超越了康德自身。同时，较之许多将批判主义奉之为圭臬，并乐于将全部生活和思想永远束缚其上的现代人，这些老康德议者能被更有力地加以辩护。“回到康德”会是一句极佳的座右铭，只要当它意味着——我们必须和康德一起从自身迷雾重重的混淆处出发，不断攀爬到世界历史运动的洁净空气中，同时从他身上获得关于我们自身任务的指导。但是，如果我们坚守康德系统中所有笨拙的机械和酸腐的经院主义，如果我们坚持否认丰富多样的十九世纪对真理的终极问题有任何贡献的话，如果我们被告知要将翻滚不息和动荡不安镂刻进我们的时代，如果过去的形式和规则——以及过去是否更接近或是更遥远——都不能改变这种依赖的不适当性，那么我们就要说“不”！同时再次说“不”——为了挑战“回到康德”而坚持说“远离康德”和“超越康德”。

(b)德国人文主义运动及其生活理想

(α)一般特征

德国文学在歌德处达到其黄金时代的顶峰，虽然呈现出各种各样的人物和作品，但在基本信念上还是达成了共识。这个时代的所有作品中都隐含着对生命和世界某些特别的观点，这个时代的诗歌也与对重大问题的思考直接交织在一起。

这场文学运动首先是作为启蒙运动的反动运动呈现出来的。它完全超越了启蒙运动的观点，至少超越了启蒙运动最后所采纳的观点。相对于仅仅诉诸理解的讨论，它企图抓住和恢复作为一个整体的人类天性；相对于功利主义的理想，它宣称行为有着自己的价值；相对于对生活的实践和伦理性解释，它坚持对艺术的整体性诠释；相对于在世界与人之间建立鸿沟，它渴望与宇宙的合一。通过艺术的帮助，人们超越了来自一个狭小陈旧的世界的目的和需要，走向了一个新的现实。这是一个在人的内部塑造起来的王国，这是一个纯粹和美丽的世界。德国社会的特殊状况清楚地表明，这是向年青一代开放的唯一道路。因为政治和社会生活的各种派系及其琐碎与卑鄙，已经无法吸引高尚的思想了。在那时的德国，正像斯塔尔夫人巧妙地指出的那样，“没有什么留存给那心怀宇宙的人”。因此，这个国家最强大的力量转移到了思想和文学的轨道上。那不仅仅提供一种对生活的修饰，而且打开一种新的生活，一种人作为纯粹的人的生活，一种灵魂深处的生活，从而远离外部环境的局限与肮脏。作为人——拥有它包含的自由——成为一种理想，甚至成为所有理想中的最高理想。

为了达到这种理想，我们必须主要依靠艺术，尤其是文学艺术。其原因在于，艺术自身能够从那些将我们压得粉碎之事的死亡般的重量下解脱出来。它在美的境界之中，努力形成的艺术形式第一次获得了完满的自我表达方式，生活的多样性聚合成为一个生动的整体。正是艺术第一次使人成为一种精神上的有机体，使人成为一个前后一贯的整体，使人把他所有的力量投入到完满的和谐之中。正是当我们在自己的经验中发现艺术的创造性力量的时候，一个新的世界开始出现，这是一个虽然看不见，却是直接地呈现给我们的真实世界。我们发现我们的生活在两个不同的平面上进行着。我们清楚地把有着必然性和功利性原则的生活外表，与有着高尚文化的美的境界区分开来；把有着世俗智慧的理解与有着创造性力量的理智区分开来；把作为“外部存在的和平秩序”的纯粹文明与精神生活的真诚文化区分开来。

如果交织着思想与艺术的文学对强化和建立这种存在的更高层次有所助益的话，那么就很容易理解它何以会成为生活的绝对中心，并吸引人类最大程度的精力与投入。

此外，这个指定给人类的高贵的领域，绝不是割断他与宇宙的联系。因为它是同一种生活，同一种根本规律，同时它不仅包容人类、也怀纳自然。内在的力量处处流行，它得以成型、塑造，并一起构建整体。不过在自然中，这个过程是无意识地发生的，它被一种必然律支配，并以神秘力量和冲动的增长为条件。而在人类中，这个重要的过程首次变得清楚、自觉和自由。自然局限于对理性低层面的强制性满足，但精神的王国则是自由的王国。如果这解释了世界的生活如何首次成为有自我意识的，并实现了它自己的真理，那么它就解释了人如何仍然同时紧密地联系着整个宇宙，还被提升到宇宙的其他部分之上。然而，他的解放还需要作为“真”的双胞胎的“美”的帮助。美并不是诱使我们进入一个外部领域，而是向我们揭开亲近的和最深的实在本质。

这种深深地根植于人的自我天性中的多面文化，必然弥漫在全部生活之中，使生活的所有部分都充满着真和美的精神。施莱尔马赫显示了这种文化在宗教上的影响，佩斯特拉齐和沃尔夫显示了这种文化在教育上的影响。教育的主要作用不是服务于社会交往目的，而是发展和完善人类精神上的天性，从而实现人的全部力量的均衡培养。教育者一定不能是专制的，且一定要满足于帮助学生的自我心灵的运行，以及在需要之时伸出援手。从而再次地，只有遵照时代的精神和艺术倾向，思辨哲学所承担的任务，即从内部理解这个世界，才能被真正理解。

同对这种精神文化的领会相比，对生活更加寻常的关心似乎变得次要或不重要了。所有的政治兴趣也被设想包含在上述内容当中，尤其是外交政策。这些事情会被弃之不顾，而无人问津。为什么一个人要“使自己卷入国王们的纷争当中”呢？

“ *Für Regen und Tau und Wohl der*
Menschenge schlenter
Lass du den Himmel,
Fvenund, sorgen vie gestern so heat”
对于雨、露和人子的福利，
让天堂担忧吧，
我的朋友，
在逝去的日子。

国家表现为某种非人的东西、一个巨大的机器、一种没有感情的发明物，把文化和个性同它们应然的样子阻隔开来。纯粹人类范围里的所有的真正进步，不是从国家和它的机构中得来的，而是从伟大人物的独创精神中得来的。正是鉴于这种坚定的信仰，威廉·冯·洪堡着手关于“国家效率的局限”的一项调查，费希特在他的一部早期著作中规定所有政府的目标就是“让政府成为多余”，弗雷德里希·施莱格尔告诫我们：“不要把我们的信心和热情浪费在政治上，而要把我们自己献身于科学与艺术的神圣世界中，把我们的生命放置在一种不朽文化的神圣祭坛之上。”

这种对本质上属人的事物的吸收带给它一种凌驾于所有国际纷争和对抗之上的优越感。甚至像费希特这样后来为唤起德国爱国主义精神付出良多的人，当普鲁士在耶拿的战败前夕，宣称“宽泛而言，真正有教养的欧洲人的祖国是欧洲，具体而言，则是那个在任何特殊时代都在文化上超群的国家”。他补充道：“有了这种世界性的精神，我们能够丝毫不用忧虑各个邦国的命运。”歌德对于民族独立运动的漠不关心跟常识相关。定然是一种对于政治生活动力的贫乏理解，让他在1812年有此言论，而且是在德国正准备摆脱法国的约束的特殊时刻——普鲁士是它“超越一切权利都要拯救”的国家。在她的历史上千钧一发之际，德国发现她最伟大的诗人对她的民族命运漠不关心。

我们并不是想要原谅这个缺陷，但它毕竟只是这个时代与众不同的德性的一个较弱方面：它对于人之为人的精神文化的提升的不懈努力。正是这种极端的漠不关心使得在动荡和变革的情况下，保持一种稳定的平静以及追求所有不受干扰的文学创作工作（作为一种在美与真的神殿上的宗教献祭）得以可能。

这种对精神文化的努力聚焦赋予个体一种至高的重要性。借用席勒的表述，每一个人是同时“去适应并被赋予一种纯粹的理想气质”。对这种理想的实现要求我们有最热忱的自我修养，对我们自己擅长之处的切实理解，以及对我们自己特有天赋的专注努力。但是，当我们一旦通过自我反省和自我认知，弄清它们到底是什么，那时我们可能会（甚至是必定会）对我们自己的天赋有确实的信任，而不会试图调整自己去适应任何社会环境的僵死标准。只要有可能，个人一定会把他的个性倾注于他生命的每个阶段。这种对个性的强调导致一种强烈的嫌恶，不仅是对所有习惯形式的嫌恶，而且是对所有造成限制和单调的方式的嫌恶。这也就是为什么沃尔夫怀疑教育的技巧，并忠告教师需要拥有智慧并且唤起它的原因。实际上，这个时代确实产生了相当数量的引人注目的人物，这些人以一种独特而原始的方式在本质上重塑了他们的环境，甚至下至语言和风格的细节。

这个时代的社会关系显示了同样的个人主义趋势。在理智自信和精神体验的交流中，最亲密的友谊建立起来了，同时在与友人的信中对一个人最深处信念的表达被当作严肃的生活事务的一部分且并不是最无关紧要的部分。此外，在这种友谊圈子之外，一个文雅的社会诞生了，这个社会包括那些虽然自己不是创造性的艺术家或思想的领袖，却通过接受和传播那些思想而促成新秩序建立的人。在这种理智领域内，对愉悦的评价、对判断的原则、对鉴赏的标准，达成了一种清楚的共识。这是文艺复兴时期社会文化的一种复兴，不过此处是以一种更安静、更不激涌、更内在的方式进行着。

这个文化圈子所做的所有事情都被一种勇敢而乐观的世界观和人生观所激励。这并不是从一开始就消除一切问题的安逸的乐观主义。相反，问题为人们所深刻认识，同时人生被看成充满了困难的任务。这种乐观主义建立在这样的基础上——我们的精神力量被相信是能够胜任这些任务的，冲突的打击被看作使我们的能力靠近极限，而不是消除或白费我们的努力。把任何高价值加诸精神工作之上是不可能的，除非我们相信它有一种普遍背景，同时相信在人类的事业后面有神圣力量的支持。因此宗教信念不被看作讨厌的东西，而被看作对无限进入人类有限生命的承认，是对事物不可见的秩序的承认，而不是一场不经由打击和革命就可达到新世界的运动。它与泛神论有着更近的亲缘关系，后者是文艺复兴时期最高贵心灵的信条。它尤其与独特的基督教观点相距甚远，这些人倾向于将后者看作仅仅弱者和病者的避难所。宗教对于他们来说是渗入他们作品的不可见的在场，而不是精神体验的特定形式。他们性情中的宽容和自由有某种变成软弱无力的多愁善感的危险。在不朽的问题上，他们倾向于持有一个肯定的立场。他们创造性的作品使得他们如此清楚地意识到自己相对于纯粹时间限制的优越性，并给予他们一种为不朽的力量所占有的感觉。他们不承认人向自然的整体性倒退，也不相信死亡意味着精神生命的完全毁灭。然而，正是主要在这种生活中，他们认识到他们的不朽，由于这一认识，他们反对耳熟能详的“记住你终有一死”，而提倡“记得去生活”。

“So löst sich jene grosse Frage
Nach unserm zweiten Vaterland,
Denn das Beständige der ird'schen Tage
Verbürgt uns ewigen Bestand.”

"被发现躺在我们的复活之地上，
这冲突的世界中有安静的世界；
孕育出尘世生命的坚定不移
显露出已然不朽的生活。"

这种德国人文主义所蕴含的危险（不逊于其伟大）是足够清楚的：这就是贵族气质排他性的危害，是不愿意面对整个世界中邪恶和黑暗力量的危险，是缺乏强壮、坚决、稳固的特性的危险。然而，对于这些缺陷，这个时代的特殊环境负有很大的责任，同时不管怎样，我们都完全可以对它的优点感到高兴，这些优点借由诗人和思想家们的作品增进了人性。因为他们在美妙的刚柔相济中深化了生命的自我意识，使得整个存在领域变得高贵和充满活力，并思索出人类与自己、同伴以及自然环境之间最亲密的关系。他们对于何为生命本质有着如此美好的观念，而且以如此简明和高贵的风格表达他们自己，他们的作品从整体来说位列于人类最好的和无价的财产当中。而且，这一小群作者的精神力量显示出——一旦时机到来，它就有能力在外部世界中产生强有力的运动。确实正是在这些看起来不切实际的梦想家中间，那些在国家迅速崩溃之后，积聚起充足的力量、勇气和技艺来再次鼓舞他们的国家，并且重新塑造它的命运的人涌现了出来（尽管如果没有相当程度的自我检讨和区分，就不会涌现出来）。作为一个极端的现实主义者，拿破仑自己没有把他的垮台主要归咎于治国的外交术或刺刀的力量，而主要归咎于德国思想家们的阻力。如果德国诗人和思想家们在思想世界里的平静作品没有把它们巨大的灵感宝库中的资源和教育影响罗列出来的话，那么德国在十九世纪绝没有能力在现实世界中取得如此巨大的成就。

（β）歌德

歌德虽然与德国人文主义的总体运动有着密切的联系，却有着一种非常鲜明的个性，也远远高于运动的平均水平，所以需要单独加以对待。在这样一种对待中，我们必须从一开始就在脑海中明白两件事。歌德的生活哲学，整体来说不逊于他的艺术，不能被看作一种广泛运用的教条或学说，而一定程度上是一种对个人的揭露。它正是一种非常特有的个性的表达，而且仅仅对于这种个性来说是完全为真的。因为我们是在歌德身上讨论这样一种十分个性的特征，所以我们绝对不能认为他的学说和作品是在为大多数人提供规范和标准。

再者，相当多误解的引起是由于没能认清歌德毕生之作深刻的严肃性，以及经历的内部发展。他没有许可我们进入他的内心深处，直到他的经验通过绝妙的艺术技巧被投射到最清晰的可能形式里。其结果就是我们倾向于把它完全看作命运给予的易得的天赋，看作一种纯粹自然演化过程，而没有认清它的真正来源是他的理智与道德本性的反馈。

对于歌德来说，生命的秘密在人与宇宙的关系之中。我们的生命来源于宇宙，我们的天性通过与宇宙活动的交往而得到发展。歌德对居住于生活的琐碎中，以及把他自己囚禁在习俗关系的罗网之中最为反感。这样的方式对他而言似乎不仅是一种限制，更是一种对真理的坠离，因为真理只有通过与宇宙的生动交往才能被认识到。这种对广阔和崇高的偏向使得歌德非常接近于斯宾诺莎。在对于从人类的渺小中解脱出来的渴望以及使自己受到无限的支配的愿望中，歌德发现他自己是斯宾诺莎的学生。但是一种更贴近的观察显露出这两人的一个巨大区别。斯宾诺莎只要有可能就把人类同化入宇宙之中，而且会乐意于使现实避免所有人为的污损。而在歌德那里，人类是更加独立的。确实人的天性只有通过与宇宙的交往才能发展，但是人有着某些他自己的内部贡献，使他能够对从外部来的影响做出回应。生活不仅仅是一种对世界的被动的把握：对于世界及其干扰，它反对一种防御式的反抗。通过这种方式，与斯宾诺莎更加严厉的观念相比，它就使行动的乐趣变得更加有生气了。

对歌德来说，世界在给予人的特征以清晰和形状时所显示的影响，导致他把世界本身当成是被赋予灵魂的。整体环境有着内在的活力，而且与我们有着亲缘关系。这种关系的亲密交流发生在世界把曾经密封的自然对人打开，并使人了解自己最深处的生活与作品的时候。这主要是一种对生活的艺术化的观点，这种观点甚至认为自然科学只有在被艺术性的冲动所支配的时候才是伟大的和独特的。与它最接近的历史亲缘是古典思想。它首先是把灵魂与世界统一起来的柏拉图主义的再生，虽然这种柏拉图主义披着一件新颖的外衣，其受到现代环境的影响并不小于受到歌德独特个性的影响。如果说在他的时代的暴风和强压之下，歌德转向希腊去寻求庇护所，那么这并不是一种投降，而是对他最深处的天性的重新伸张。我们也许可以补充道，他吸收这种外来影响的尝试仅仅是近乎成功。

由于灵魂与世界在生活的进程中是那样紧密地连接着的，那么自然，世界应该在很大程度上表达个人的经验。歌德在这里的意思是说世界并不是某种模糊的有问题的抽象，而是一种拥有它自己的解释的事实。它以其超越我们的力量包围着我们，但是并没有压迫我们。我们的工作是去理解和把握这个现实，但是我们一定不能试图去改变它，去给它指定一种外在于它的来源，或者超越它来寻找一种解释。这样，现实首先是作为自然而显现的，当我们能认为生活是自由的之前，我们必须要设想生活是被决定的。我们一定不能试图处在那些我们正在研究它们本性的事物之后，我们一定不能越过现象来寻找某些东西，而一定要努力进入它们里面直到我们接触到原始的现象，这些原始现象解释了它们自己，所以也应该能够满足我们。理论在它自己的范围内对于它自己来说什么都不是，除非在它引起一种关于事实的系统性特征的信念的范围内。我们一定不能在现象之后寻找某些东西：事实自己就是理论。于是，就有一种对于所有“先验哲学”的拒斥，就有一种对于所有破坏性分析的厌恶，就有一种把关于我们的世界作为一个整体来理解的有力尝试。

生活与科学研究一样，是被限制在无法通过的障碍中的。所有的人类活动都基于一个给定的自然秩序，他的工作只有在自然所规定的方向上进行才能够成功。如果他的工作企图割断与自然的联系或者在违反自然的条件下行动，那么就会变得空洞和虚假。让人们随其意而动，顺其而为，他总是会重新回到自然已经为他绘制好的路径上。然而我们的自然不会脱离我们的活动自己演变，它并不是如此清晰可识别，以至于没有机会去弄错它。它必须首先被发现并赢得。所以我们的命运变成我们为了自己的成就所要进行的一项任务。我们知道，歌德是多么困难地凭借他所有的天赋弄清自己本性中的倾向，他是如何在强烈的焦虑与痛苦的不确定之后才得到关于他的真正倾向的明确结论。我们也知道，他相信本性是内在于人的，这绝非导致一种懒惰的静止或者暗示一种容易的和舒适的生活排序。但是这样一种自然性的存在又确实在我们永不停息的活动上面施加了一种固定的限制。我们探寻，也正是在探寻中我们已经回到起始点上。不管我们的活动有多强烈，生活还是免于剧烈的震动、突然的变迁和激烈的革新的影响。在所有的改变之中贯穿着持续性的脉动：再大的波动也不会危及自然的原始倾向。这样，甚至在人类多样性的命运中，歌德也试图追寻和提升连续性。作为革命的敌人，他会乐意于把所有行动都与先例紧密地联系起来，并在一种平静进步的精神的指导下发展现存的趋势。

歌德的诗歌风格完全根据他自己的个人感受。他的英雄们在与他们的环境的冲突中并没有经历内心的变化发展，在环境的所有改变中他们保持自己的原始天性不变。这些改变不断地给予他们机会来揭示这种天性的新方面并更加有力地理解它，但是他们并没因为任何未被怀疑的可能性的突然揭露而在内在地改变。他们最终的拯救通常通过回归到他们真正的天性而得到，这些天性只是被诱惑和错误掩盖了而已。由于他们缺少一种内心的经历，歌德的英雄们并不是真正的戏剧性角色，尽管他们确实被赋予了不可思议的生命力，而且是完美的个人以及与众不同的造物。这也可以解释为什么他创造了如此多卓越的女性和如此少真诚的男性。

如果歌德令人从其衍生而出的自然是这样被给定的和不可改变的，那么这一定会成为这个决定我们生活特征的天性的主要构造。首先，自然不是仅仅现象的并置，而是一种精神性的总体。作为关系中的一种看不见的联系，她包围着可见世界的所有多样性，并赋予其以生气。这使我们想起了一位遍及万物的神。就这一点而言，歌德走过了从带有自然主义色彩的泛神论到接近一神论的不同阶段。但是在理解在上帝中的自然与在自然中的上帝的时候，他自始至终都一贯地把神理解为处于与世界的亲密结合之中，而不是与世界对立。上帝不是从一个外在的立场来对事物起作用，而是在事物自身的存在中运作，事物直到成为普遍生命的一部分才获得了存在的完满。

这种根植于一种普遍生命的存在感，不仅给予个人存在以一种愉悦的自信感和平稳的安全感，同时还引起一种与所有其他存在物结合为一个有机体的感觉。于此就呈现出歌德对所有活着的东西特别是对人类天性之爱的力量和公正来，因为这个神圣的天性使我们认识到珍贵和不朽的东西的所有来源，并且我们附加给它的价值不会被世界的需要和罪行所撼动。上帝总是见到他自己，在人中的上帝在人中也见到他自己。所以没有人有任何理由贬低自己，甚至是在与最伟大者相比的时候。这是歌德观点的一种独特长处，不管他可能有多么反对普遍的、抽象的教条，他还是能够在每一个地方看见和认出上帝，无论是在自然中还是在人中，并且以快乐的心情尊敬他，不管上帝在哪里显露他自己，以及用什么方式显露他自己。

这确实就是歌德的主要信念，那就是普遍生命不会消融多样性，也不会取消各种差别，相反，把复杂的现实内容带进它的完整的发展之中却是唯一的方式。特别地，它不会试图终止生活与世界之间的巨大对立，而是把它们放入它自己之中，并且把它们带入它们的丰富关系之中。如果说没有什么东西比一个哲学家对于这种对立的态度更能确定地给他留下印记的话，那么歌德的独特个性在这里得到尤其清晰的表达就是自然的。而且这个推测被证实了。可是，一种对立还不能够满足他。世界足够丰富，能够提供给他一整系列的对立。对立中的一面不能支配和压碎另一面，这些不同的方面相当充分地远离开来，各自完全地发展其独特的天性，而在同时又充分地接近于处在一个包括一切的生命整体当中，以至于能够最有效地作用于彼此。通过把存在转换为一系列彼此明显和突出地相对的，同时彼此之间又有一种相互的吸引和巨大的同情的对立当中，歌德构建了一个关于运动与反运动的美妙的平衡系统，使得我们的整个存在变得精神化、清晰化和高贵化，把所有的生活，甚至把所有的现实，整合进一个伟大的艺术综合之中。

个人在这个整体内部有着自己的位置，在那里他绘制了自己的个人生活：但是他是以自己的特殊方式绘制的，所以这种生活有着适合于他自己的真理。每个人首先都要从给定的世界中创造他自己的世界。但是由于所有的多样性的差别是在一个整体里的，所以个人的领域不会支离破碎。每个人都能拥有他自己的真理，然而真理仍旧是一致的。尽管每个个人都有一种特殊的发展方式，然而他也还是最普遍者的一种表现和象征。当我们在为了自己的个人发展而奋斗的时候，我们同时也在无限的掌握之中。

"Du sehnst dich weit hinaus zu wandern,
Bereitest dich zu raschem Flug.
Dir selbst sei treu und treu den andern;
Dann ist die Enge weit genug."

"为什么试图进入遥远的蓝色，
或怂恿你的脚步到远方的土地？
做你自己，其他都是真的，
如此狭窄的道路上需要都会得到满足。"

这样，自由和必然找到了它们的和解。我们都服从于永恒的、不可改变的法则，而且这种法则不容忍任何抵抗。遍及在整个自然运行中的是支配所有生命多样性的固定类型。然而，尽管自然法则可能是死板的，它还是为个人的文化和私人的行动留有余地。我们的生活，同那个我们是其一部分的整体一样，是自由和必然的神秘结合。力量与限制，想象与法则，自由与标准，总是不断地寻求和找到一种相互的调节。

时间与永恒之间没有严格的对立，但是这个永恒、这个不朽，在它自身中包含了所有的生命，且是在时间中显露的，它的样子时刻在变化，而它的独特性质总是保持不变的。我们必须是在它的当下即时性中将其把握，并把这一刻当作永恒的代表者。然而这并不表示我们要贪婪地从一刻匆忙地赶赴下一刻。如果一天就简单地是明天的昨天的话，我们的存在就失去了所有意义和价值，每一个刹那将吞没它的前在。在我们所有的不知疲倦的活动中我们应该有着信心和宁静。当我们洞察到现存当下的要求的时候，我们应该感到我们在精神上是与每个时代的伟大灵魂相亲近的。

"Die Wahrheit war schon längst gefunden,
Hat edle Geisterschaft verbunden;
Das alte Wahre, fass'es an!"

"真理是古老的，
是高贵灵魂之间兄弟情谊的古老结合。
古老的真理，
——忠于它，我的朋友！"

对歌德来说，没有哪种对立比内在与外在的对立更加重要，也没有哪种和解比内在与外在的和解更加成功。尽管这个时代的主导趋势是只从内部构建，歌德却把非常多的独立性和价值归于外部的因素。只有通过内部因素与外部因素的结合，生活与创造性活动才能真正有所成效。内在与外在相互暗含着对方，正是在外在中内在第一次发现了它的形式与表达，而外在只有在被精神上把握时才能显露它真正的本性。正是它们的相互联系与渗透产生出了充满着生命与活力的形式。歌德的艺术性本性中的这种经验，对他来说成为他存在的一种个人必然性。在内在与外在的互动之中，他找到了他所有创造性能量的中心以及他所有疑问的线索。所有给予他快乐，或痛苦，或其他占据他情感的东西，须被转变为一幅画、一首诗。情感要素与其在文学形式上的化身的这种超然，给予他的心灵以平静及完全的满足。我们绝不能把包含于他的文学作品中的这种私密的自我显露看作道德上的减负。但是它们确实是给予歌德作品壮丽的真诚和绝妙的朴素的一种最根本的要素，使他从所有其他作家中凸显出来并使他能够完美地表达他自己。

"Teilen kann ich nicht das Leben,
Nicht das Innen noch das Aussen,
Allen muss das Ganze geben,
Um mit euch und mir zu hausen.
Immer hab' ich nur geschrieben
Wie ich ühle, wie ich's meine,
Und so spale' ich mich, ihr Lieben,

Und bin immerfort der Eine."

“我的整个生命一定始终是，
内在的和外在的。
对你们每一人我都使它自由，
与你在一起就像之前与我一起。
始终真实的是我的艺术，
真实地对应思想和感觉的主张；
虽然我自己分裂为二，
我还是始终如一。”

这与思想和创造的客观性非常紧密地联系在一起，这也许就是我们最钦佩歌德的地方。这种客观性不仅仅是某些外在对象的伪造，而是对象被移植到心灵的土壤之上了，在这里它发展出一种内在的生命，凭借这种内在生命的力量，它能够显露它自己的本性并令它诉诸人的意识。因此，并不是说一种主观的情绪强加于事物，而是说它们自己的情绪不是从它们中被偷去了就是从它们中被抢去了，它们最深处的本性在这位诗人的灵魂中被揭示出来。

这位诗人显得像一位魔术师，在他通过自然的旅途中，使得曾经无言的存在开口了，这个完整的巨大世界在他的精神感知下显露了自己，他揭示了每一事物自身存在的本有深度并发现了每一事物中极重要、最根本和最有效的元素。这种现实的内部苏醒允许人和世界之间没有对立，允许存在和表现之间没有裂缝，但是存在的终极深度在这之前就打开了，即当它聚集成一个世界与精神的伟大综合的时候，这是一个“给予我们以对存在的永恒和谐的最神圣的保证”的综合。这样，这位诗人的信念就有了坚实的基础。

> *"Natur hat weder Kern noch Schale,*
>
> *Alles ist sie zu einem Male,"*
>
> "自然没有皮，也没有核，
>
> 所有东西同时都是她。"

以及

> "*Wir denken, Ort für Ort*
>
> *Sind wrt im Innem.*"
>
> "我们思考，我们自己就是场所，
>
> 在那里我们的思想遨游。"

这样一种信念确实区别开了艺术的真实与自然的实在，但是艺术所建立起来的新现实并没有使自己从事物中脱离出来，而是构成了事物最深的、本质的本性，我们只有通过对第一印象的深化才能获得这种本性。因为，根据这种观念，艺术处处都使纯粹的形式与核心的现实从遮蔽和损毁它的东西中解脱出来，所以艺术能够渗入生命的整体中并向它揭示它自己的真实天性。

准确地说，正是因为歌德用这种方式把艺术作为生活的灵魂，他从来没有把艺术带入到与道德相冲突的地步，或是在牺牲道德的代价下坚持一种审美的文化和哲学。确实，艺术应该是独立的，艺术所产生的文化应该遵从它自己的自由进程。诗人或者任何其他人都不是要使他们的自由被"传统道德"或"学究与偏见"所束缚。但是，和所有伟大的艺术家一样，如果没有同时看到艺术作品的伦理方面以及使伦理的和艺术的文化相互补充的话，歌德并不能使得那些在其中能找到他生活之灵魂的艺术作品得到如此高的评价。在任何艺术作品中这总是真理，只不过这种真理值得赞誉。自傲、虚伪和冲突的恶魔一定要从艺术的领土中被驱逐出去的。这样，创造性的艺术自身就预设了一种道德的特性。个体艺术品中为真之物在作为整体的生活中同样为真。因为它有能力把一个人的天性中的所有积极的可能性清楚有力地抽取出来，来发展他的独特个性，并以它的真实价值评价他的能力——它在自身之中就是所有艺术作品中最伟大的。但是这种对个人极其重要的塑造，要求如此多的自我认知、自我限制、自我克服，以及这样一种放弃和顺从的精神，所以我们不会不明白在它里面仍然有一种最艰苦的道德使命。

最后，正是通过创造性的艺术，人们能够认识到他是一个神圣和普遍秩序的一员，并且能被这种认识所渗透和支配。艺术工作要求一种宗教气质，因为它需要一种对对象的纯粹和天真的沉思，甚至意味着对它现实的崇敬。不从惊奇与崇拜出发的人永远不会找到至圣所的入口。为了他的发现、他的综合、他的愉快的灵感，这个艺术家需要感谢的不是他自己的思考，而是一种超越的力量。在小心而辛苦地堆积起来的一堆木头之上，如果要使火焰清晰明亮地跳跃起来，那么来自上面的闪电一定要劈下来。所有真正的成功都是这样来的。让它作为一种恩赐的礼物被快乐地接受和感激崇敬吧。事实上，一种快乐的感激情绪弥漫在歌德的全部生活和工作中。由它而来的是对事物的内在理性的坚定信念，是对伟大的、强大的、不可思议的存在的信心所萌生的信仰，是面对所有现在的和将来的紧急情况时强大的安全感。这是那种情感产生的源头，那种情感“并不随他来到这个世界，但是不管一个人是否应该在所有方面都是一个人，它完全取决于此感情”——那是崇敬的情感。

这最后的说明把歌德的生活哲学重新带回了它的起点。因为我们还记得正是这种与伟大的普遍生命的亲近给他的整个系统定下了基调。但是，在这中间，生活假设了多么丰富和多样的形式啊！现实展现出多么新颖的深度啊！与这个即时性的世界之间并没有尖锐的断裂，而存在被纯净化、高贵化，被带回到它的真实核心。正是因为歌德无比伟大的天赋，他以一种完全开放和自由的精神，聚集了所有丰富多样的存在与行动，以平静但有力的手，剥开了伪善、习俗和偏见的外皮，以便把完全的成熟带给所有真实的、有生气的和真诚的人。生活被纯粹化和高贵化了。我们从表面转向了存在。现实被给予了一种新的精神性的高贵。人类从远古时代就继承下来的财富，变得仍旧新鲜和有效，附着在其上的所有虚假的赘生物掉落了，它们的真实本性得到了显现。而且，有了这种深厚性的增加，生活也获得了一种内在的自由，一种在内部运行的能力。歌德正是把这种内在的自由当作他的创造性活动的渊源，当作萌发人类精神振作之态的生活不竭之源。当他说下面一句话的时候："那个学会理解我的著作和我的思想总体方式的人，将会承认他已经获得了一种确定的内在的自由"，谁又能反驳他呢。

（γ）席勒

席勒的生活观并没有歌德所具有的经验上宽广、独立、丰富的特征。但是，值得注意的是它的坚定专注。尽管其周遭多是才智杰出的友人，席勒还是规划出他自己的原创道路，并以超拔的力量和韧性去追求它。在其所处时代的文学圈子里，他总领先于其他所有行动者和实干家。这种特征成为他所有著作的标签，使他成为到目前为止最伟大的德国戏剧家，并赋予他的科学阐述以一种条理分明的结构、对立的力量以及戏剧性运作——同时，在最后，将他的哲学思想主要导向伦理问题，并使他成为康德自由理论的狂热支持者。他亲近并完全赞同康德将人类超拔出自然机械体系的提升工作，而康德的方式是让人类产生一种作为不可见秩序成员的自豪感。同时，由于在诗人的激情灵魂中，康德的理念褪掉了学院式的外衣，并更接近于即时感受，它们就完全揭示了其解放性、提升性力量。康德的严厉苛刻被弱化了，一种新的愉悦被引入我们的情绪之中，一种更充盈的快乐被带入生活，但却乐而不淫，亦没有流于轻浮（甚至歌德也会不时沉湎其中）。

然而，这种真挚而深刻的伦理信条标签被一种艺术性地改变生活的强烈渴望所完成，同时也将善与美最为紧密地联系起来。这种和解借以尝试的形式确实有待商榷，而在其生活历程的不同时期，席勒为美与善之间的关系提供了多少有些不同的描述——但是两者都是在一个大尺度上被认识的，同时整体生活总是受惠于它们的统一。道德上的善从不被降低为孤立感觉的单纯集合，而是表明存在的一种新方式以及对新世界的解释。它从不是一种否定，而是对其他事物强烈乐观的肯定。另外，美作为“它的现象形式中的自由”，绝不是一个纯粹偶然的愉悦方式。它赋予生活真正的高贵，是所有真正的文化不可或缺的组成部分。如果普遍历史总是将伦理和艺术理念展现于相互之间的极端对立中，我们就更有理由去迎接伟大而引人注目的尝试，这种尝试不仅试图调解二者，而且证明它们是密不可分的同盟。他的道德观被加以提升的纯粹性，连同对艺术创意自由最为充分的认识，是席勒思想的特质——甚至进一步说，唯一的特质。

对席勒而言，他不可能超越这些对立，只要他还没怀纳人文和人类本性的提升性概念，只要他还没有掌握一种潜移默化地提升我们整体存在的精神性文化。这个时代对人的伟大和尊贵的信念只有在席勒处才能找到最为高贵的表达。人文思想照亮了他所有的概念，并牢固地将他所有不同努力结成一体。但和康德一样，席勒远离任何将人之为人理念化的轻浮做法。更多的是理性理念——这种理念极其真实地运行在每一个个体中——首次赋予人类以价值。这样的事实不仅仅是一个事实，它是我们必须一直获得的东西。人类必须先发现自己的本性，努力实现它，并为此任务召唤所有能力。此外，席勒全然不知将普通人的命运描绘成善的，甚至是可以忍受的。他通过一种近乎严苛的现实主义去描述自然和历史的非理性，这种非理性非常接近于愁云满布的悲观主义。如果他从未陷入悲观主义，而是在面对黑暗和沮丧之时继续宣扬快乐，这就不是因为他对世界逆来顺受，而是因为他已经超越世界、进入理性不可见之领域，在其中自我是独立的并超拔于世界，在其中他发现了善的实现，这些善的实现使我们当下世界事物的实现与纯粹虚无无所区别。正是这种快乐信念的联合，以及对我们当下存在的非理性的充分承认——给予席勒的思想以这样的力量，这种力量一方面搅动着我们的情感，另一方面令我们坚忍不拔。他的思想和生活呼吸涵养出一种英雄式的情感，一种沛然莫可御的蓬勃朝气，一种对个体冲突和胜利的强大激励。歌德可能会感激万分地承认，席勒令他从对外在事物和它们之间关系的排外性沉思转回到对他内在自我的沉思，同时使得他重获青春。以类似的方式，席勒对整个德意志民族施加了一种解放性、提升性、修补性的影响，这是一种不论时代如何变迁，都会被不断拓宽、拓深的影响。

(δ) 浪漫主义运动

一种对浪漫主义运动的详尽描述不在我们著作的研究范围之

内。但是，它对生活的影响，以及对哲学也毫不逊色的影响是如此显著，以至于不允许我们漠然处之。那么，让我们力所能及地从形形色色的人物和历史时期目不暇接的承续中挑选出一些典型特征。

如果只是因为浪漫主义运动极其复杂而对其批判，那么这种批判性处理是困难的。首先，它有着强烈主观色彩——这是时代的产物，它不再在已完成的作品和完成者之间、客体和主体之间寻找平衡，而这个时代的主观性趋势也不可能再在供其借鉴的任务中寻获满意。除了反求诸己、将自身和外在事物隔得远远的，并在它自身的发展中发现最终赋予生活以意义的期望之外，它还有别的什么资源吗？然而，对主观立场的单纯接受不足以造就一场浪漫主义运动。例如，在宗教领域里，一种神秘的情感生活也会逐渐形成，而这种生活最多与浪漫主义仅有零星的共同之处。浪漫主义的本质要素在于其与艺术、与生活的艺术规划的发展之间的关系。主体在给出它的主体艺术表达、将个体经验变为艺术作品（因而其中的愉悦就成为自我愉悦）中发现它的任务和乐处，否则主体就成为一个纯粹为空的名词。这种尝试从一开始就包含了一种矛盾。因为人类的精神生活只能在与宇宙的联系中得到发展，故而他不可能从此处抽象出它，并从纯粹个体中心出发、将他的内在状态编织入价值斐然的艺术作品中。在个体尺度下，即使再惊艳的才智或天赋都不能克服这种内在的不一致，也不能产生伟大、纯净而真实的艺术创造。然而，甚至旨在这种不可能之事的活动也可能有重要的后果，只要它们被用来引发出新力量——在奋力寻求不可获得之物的过程中，许多不可怀疑的价值被触及了。因此，除了引发其他方面卓有成效的工作外，通过艺术的帮助并追随被奉为至高的主观主义的海市蜃楼，浪漫主义还为拓展人类精神本质的深度和易感性做出了显而易见的努力。

德国的浪漫主义发现了一场已经处于进步中的伟大艺术运动。然而，通过凸显主体，它令新的文学和哲学生活更自觉、更确定和更独立。德国人文主义中的风格特质被显示出来并被强化，直到它完全片面化。艺术——这个词主要应用于文学创作——现在好像成为生活唯一值得拥有之物。审美主义在理论和实践两个方面都以大胆无畏的排外性被加以宣扬。艺术和道德之间的同盟被消解了。极具天赋的个体蔑视习惯的束缚，并凭借他的艺术能力和精致趣味，相信自己无限地高于乌合之众。

因此，一种纯粹艺术性文化中所有可怀疑的因素都被揭示出来，并被加以强调。另外，许多优势来源于自我不断提升的意识和活动日渐增长的自由。浪漫主义者感觉到他们是新时代的先锋，他们是第一批完全意识到它的特质的人，同时正是他们引入了“文化”这一对德国来说全新的理念。他们甚至是第一批通过用“文化”指称理智状态而将这一词汇高贵化的人。他们凭借奇思巧智攻讦启蒙运动，这种攻讦给予启蒙运动在大众中的流行以致命一击。他们在德国将文学反思和文学批判提升到迄今为止从未设想过的显赫而强力的高度。在所有这些方面，他们的确引发了对一种新思想模式的引进工作。

然而，就他们沿着原来的路从事创造性工作而言，他们主要关注于发展他们的主体状态，并给予情感的模糊不确定性以艺术的外观。这种工作中的客观因素，在此过程中只是充当彰显主观能力的纯粹手段或工具。客观因其对自我感觉的贡献有它独立存在的理由，甚至这种自我感觉不在于对现实印象的感觉，而在于对已经体验到的感觉的无止境沉思。因此，浪漫主义者与他们内在状态越来越紧密地结合在一起，他们希望重新感知他们的感知，重新享受他们的享受。反思本身被一而再地加以反思，直到所有内容和实质从经验中被抽离。生活被过度精细化、轻灵化，由于越来越远地隐退入朦胧的背景中，它丧失了所有的简明性和近乎所有的真实性。

但是，在所有这些危险和错误当中，生活的新秩序还是存在着许多新鲜、有价值之物。个体号召他的创造性天赋来承认它的完全统治，允诺给它在形式和质料的选择中最充分的自由。这种想法蔑视所有的束缚和藩篱——它必须不计一切代价逃离日常生活的单调，同时努力从它的当下环境进入到未知的广阔世界，进入到一个充满奇迹和魔法的新王国。传奇诗篇盛行起来，它是因神秘和冒险而感到的快乐，是因晨光、暮霭和迷梦而感到的愉悦。甚至于我们的世界好像与另一个更崇高的神秘力量世界有了联系之处，而这个世界是冷静的理性无法企及的，只能通过提示和象征来显明自身。因此，我们的整体生活假定了一种象征性特征。就其本质而言，事物比它们所显现出来的更为丰富和美好。无意识不是被看作一个较低的阶段，而是被看作生活的源泉。这种观点容易流于病态。它满怀同情地欢迎所有反对简单化和自然性的事物。这种主张越荒谬，这幅图景颠倒得越厉害，它所显露的意义也就越大。对于诺瓦利斯[①]来说，浪漫主义在于赋予普通事物以神秘内容，赋予已知之物以未知者的高贵，赋予有限之物以无限的幻影。对逃离琐碎日常环境的渴望——在德国那个地方主义

① 诺瓦利斯（1772—1801），德国浪漫主义诗人，其抒情诗代表作有《夜之赞歌》《圣歌》等，还写过长篇小说《亨利希·封·奥弗特丁根》，书中以蓝花作为浪漫主义憧憬的象征。——译注

时代，这种环境是如此自然——仍然令人们睁开双眼去看向实在的新方面。正是浪漫主义者掀起了对描述森林、月华之诗的兴趣，引发了对历史性，尤其是爱国式怀旧魅力的感怀。正是他们把自己的情感散布在自然与历史环境中，才令它在精神上更接近我们。

紧随着新质料内容的开发而来的是表达形式不断扩展的范围和日渐增长的精密程度。浪漫主义者主要关注的是令他们模糊易逝的情绪具象化，并尽可能地把它们置于意识的显著位置，同时奔忙着捕获它们，在某种程度上，将它们的混沌无序还原为形式。这种艺术作用的概念多导致琐碎和浮夸。但是，描绘灵魂生活的直接性的尝试至少有下述正面影响——它启用了所有力量，结果造成一种高度个体化方式的发展壮大，同时也使得可供表达的资源大为增加。灵魂及其共鸣变得更柔和、更丰富，语言变得更易塑造、更为灵活，音调和节奏轻快起伏、抑扬顿挫。它们中弥散着音乐般的节拍，并为炫彩颜色所点亮。最为精微的情感也能以细腻恰当的精确性加以描述，尤其是那些融于他者的情感中间地带。它们在其模糊的波动和流易的不确定性中被捕获并确定下来。在所有艺术作品上，一股柔和的馨香弥散开来。另外，大胆的设计和体系建构对应的则是无能[①]。存在着一种趋近于片段化和格言警句的倾向，不存在任何避免它的期望。逻辑一致性实际上被看作一种现实的恶。因此，这里不是至高秩序的杰作的立身之所。而德国文学所有进一步的发展，甚至对浪漫主义的反动，都利用

① 此处应该是指人的能力有限，只能通过外在设计和体系建构来具象化细微的情感与印象，而不能把握到事物全体，所以呈现出来的具象化作品只是片面化的、格言警句式的。——译注

到了浪漫主义兢兢业业所造就的极为丰富的表达资源。

只有当它利用浪漫主义运动才会煽动起我们的对立面的全部力量，那些在艺术中被辩护的事物，并令这些事物唯一地充满生活、掌控生活的时候。然后，下述论述就是显然的了——感觉无所限制的膨胀不可能赋予生活以令人满意的意义，“无限自由的主体性”缺乏稳定性和刚健的力量，自我空虚的镜像和抽象的爱是一种令人倦怠的负担。这也变得越来越明显——这个空虚的主体性缺乏精神深度，同时在这些星火微光背后也没有太多实质内容。随着运动的发展，它被认为越来越不足道、无价值，越来越陷入乏善可陈的感情的微妙难喻中。这就是为何这场运动中的某些卓越代表最后都诉诸外在支持，并屈服于某种形式的教会权威。如果没有以迥异于历史精神的方式为这场运动笼罩上浪漫的光晕，它也就不会如此而为。刚健而正直的人物如何能够在这样的环境下成长起来？

然而，只有极端形式的浪漫主义才会因此自食其果。这场运动也设想了一种更为温和的形式，在其中，它被证明是卓有成效而极富启迪性的。这种温和化就在于：主体没有坚持一种与事物直接对立的态度，而是回到它们、与它们共享其被深化的精神，同时也因此赋予它们以一种它们自身的生活。下述是真的——即使如此，主体仍然被着重强调。正如歌德所持有的观点，事物并不展现它们自己的灵魂，而是从人类那里作为一种借贷而接受灵魂。当这些再次被一种更鲜活的方式所理解，并令它自身内在地接近我们之时，纯粹主体性情感仍会从其中得到某种与其抗衡之物。正是从这点上，历史获得尤为重大的意义，这种历史包括大量不同的分支：民族、家庭历史、习惯与法律、语言、艺术和宗教。这场历史运动自始至终都被描绘成自力更生的，并独立于所有人类的反思。一种静默无声的发展过程在其中运转着，而以有机体的方式囊括并统一所有不同要素的伟大体系出现了。人类并不是根据他自己的理念控制、规范历史结果，相反地，他必须调整自己以适应它们，并追随它们的领导。法律和国家也被认为是有组织的。关于民族的现代理念，连同它激励性、活跃性，有时甚至危险的力量，一并出现了。个体的工作从头到尾都与前人的工作相连。我们确实已将十八世纪置之脑后。但是，通过进一步审视，我们不会意识不到一种内在的不一致性。这种内在生活、这种组织性联系似乎是如此独立于人类和他的思考，如此牢固地根植于事物自身，而且它们实实在在存在于人们对它们的曲解背后。我们并不是与对象自身建立关系，而是与它的修订版本建立关系，而主体自身为这种修订做了准备。

然而，不论我如何清晰地意识到这种历史趋势中的不一致之处，更遑论它那易于成为支配性的消极态度，并令所有有力而活跃的行动陷入瘫痪的危险——尽管如此，它还是具有巨大的功绩。它使得生活更丰富、更充实、更具体，并试图在一个更宽广的基础上建立己身。那种拒绝将这场运动看作定局的人仍必须意识到它对生活扩展性、丰富性的影响，同时也因此给予浪漫主义应得的赞许。

(c) 处在与生活问题关系中的德国思辨思想

十八世纪末、十九世纪初兴起的伟大体系必须根据它们所处时代及其目的而加以解释。否则，如下情形就存在着不断恶化的可能性——类似于席勒和黑格尔，甚至歌德也与其分享术语的人应当被看作思想王国里的纯粹冒险者，甚或被看作半疯癫的人。如果我们将他们看作是某一时期的产物，而这一时期处于对抗所有单纯外部调节体系的巨变中，并努力寻求实现一个自足的精神王国，那么承认这个错误就没有危险了。这也是一个对人类本性及其可能性有着最高敬重的时代，同时它也在自由创造中发现了艺术的形式和生活的最高荣耀。这样的创造被设想为哲学思想的领导者，它并不意味着造就一个和真实世界共存的自转的梦想世界。它意味着对精神生活实质的探索和牢固掌握，也意味着对这些中心问题富有成效的关注。整体实在随之被翻新，并重新焕发精神之光，整个世界也被拉入到一场志存高远的精神生活运动中。基本理念足够健全，而缺陷在于他们借以发挥的轻率冒进的方式。凭借一次勇敢无畏的奇袭，实在的中心就能够被触及，同时人类精神生活也会被看作是绝对的。这蕴含着一种关于实在的过度狭隘和同形同性论的概念。不仅常常被批驳的感觉世界反对它，就连精神生活自身也拒绝服从于一个如此粗陋的过程。确实，主要是在精神诉求方面，一种反动运动才成为可能，一种对抗过度拉伸人类能力的反抗才成为可能。然而，不论这个问题是否需要立足于一个更为宽广的基础，并更为小心谨慎地加以对待，我们仍必须承认这些大胆的宇宙思辨的特殊价值，并将它们的所有创造融入一个与宇宙相匹敌的人格，同时为对实在的解释赋予如此的精力和特性。它们不仅在此包含着无限丰富的建议和灵感，而且也给予我们的整体思想以朝向宏大和体系性统一的趋势。那无偏见地令自身服从于这些人连同其鞭辟入里的说理的人，作为完全个体化和典型的形式，将会清楚地意识到他们的推理相对于所有更弱小心灵的机巧论证的出类拔萃，这些心灵随着天才的觉醒而亦步亦趋，且批判多于建构。

在这些领导者中，我们在此会选取费希特、谢林、黑格尔、施莱尔马赫以及叔本华。无论他们有多大不同，前四个人都同意为世界提供一个积极的价值，并将它看作理性的一种表达，而叔本华则以同样的决心将它消极地看作非理性领域。费希特、谢林和黑格尔以一条不可间断的思想演化形式重现了从混沌到存在之途，简而言之，就是“构建”了世界。而叔本华则以一种更为沉静、更为谨慎的，也不得不承认是更少暴力的方式，去追求同样的对象。19 世纪文化最为重要的哲学表达出现在黑格尔处，同时也因此，对他的论述将占据我们主要精力。

（α）建构性思想体系

不管他们之间的差异，费希特、谢林和黑格尔三人仍然分享了共同的运动——隐藏在所有他们著作中的基本信念。为了理解这个信念，我们必须回到康德，尤其要回溯到他对理智综合和精神生活的组织特征的发现，这与哲学中作为与经验方法相区别的“先验”方法的发展息息相关。康德自己为这种方法赋予了十分确定的限制，同时只有在清晰规定的条件下才使用它。他的继任者更为大胆。由于他们充那满着年轻气盛的壮志雄心，同时他们所居时代的骚动又反馈到他们身上，他们就渴望看到思想挣脱所有这样的限制，并将它作为实在的中心和生长点。他们竭尽全力似乎只是为了将整个无限宇宙吸引到自己身上——或者从他们身上引申出整个无限宇宙。

然而，这种精神生活不能被要求去从事这种巨大规模的创造性工作，除非它的普通概念被实质性地加以扩展。它不能够成为这个或者那个个体的所有物——它必须切断自身和个体之间的联系，并建立起自我的独立存在。对它而言，存在着成为自我掌控的领域的不断增长的趋势，这种领域要求人们的忠诚和服从，却不受他任何目的的影响，而仅仅受自身必然性的影响。同时，它不止于自己的完善，必须不断进步，并在它内在力量的激励下有所发展，永远朝向永不止息的稳定进步前行。这是一个被卷入整体实在的过程，因此在本质上这个过程是活生生的、可加塑造的。特别地，作为精神生活借以锤炼己身的铁砧，历史获得了一种增益的意义。此外，人们很快就发现这种向上的运动屈服于一个简单而基础的法则——通过对对立面的超越和发展，我们才有了上述进步。在精神生活的上升中，每一个断定马上引发一个否定；从它们的对立中，合题就出现了。更多的反题和合题随之而出，继之还会有更多，直到最后所有的实在都被囊括进这种活动中，同时转变为思想和精神的生活。

当精神生活因此独立于人，人类经验的展望和问题就经历了本质性改变。在起初，精神过程仍然紧密地和人类相连，并直接受他的感受所影响。他是万物之主[①]，他能够，所以他想通过对其力量的最大运用，去召唤整个实在。但是，随着精神生活发展成为一个独立于人的自我掌控的王国，随着人们不得不服从于它的律法并承认一种他在其中没有主动权的事实领域，它的过程越来越多地穿透了当下心理经验的控制。如果尽管有着所有这些阶段，精神活动仍然是实在的本质，那么它对于人们的地位——因之它与实在的关系——仍然会完全改变，同时关照和对待生活不同活动的方式也有了相应的改变。

这场运动中的三个领导者，费希特、谢林和黑格尔，不是被看作终于黑格尔的连续过程中的单个阶段，这些思想家中的每一个

① 英译本原文为 sovereign lord，这是《圣经》中指称主耶和华的用语。——译注

都循着不同方向去寻找精神生活和思想的本质。对于费希特而言，思想是一种道德行动，这种行动令世界服从于崇高的目的；对于谢林而言，它是一种艺术建构，并在我们之内和之外将实在改造为艺术的鲜活作品；对于黑格尔而言，我们看到思想自发地展开为严格精确的逻辑辩证法过程，它将世界在其演化中所获得的所有东西都囊括在自身之中，最终在对思想的思考中达到它的极点。每个人都以他自己的方式看待世界，每个人都强调不同的领域和不同的问题，每个人都有他独特的心理特质。他们一起为人类生活做出了如此富有成效的贡献，有鉴于这样丰富的建议和激励，尽管他们的影响可能不时被遮蔽和忽视，它也绝不能遭受永恒的黯淡无光。

(aa) 费希特（1762—1814）——费希特的思想是其人格的卓越表达，是他与自身存在问题之间的角逐。他的自然偏见完全赞同强力的自我表达，但是只要斯宾诺莎的影响驱使他在人类之中看到一种严格因果序列内的纯粹联系时，他就不能够为了自身而沿着与其意气相投的道路开始行动。从这种痛苦的不确定性立足点出发，他找到了一条逃离康德体系的道路，而这是通过他对主体以及主体从宇宙法则到心灵作用的因果性转变、对实践理性的提升的强调而完成的。然而，他对康德的坚持直接导致了其超越康德立场的进一步发挥。费希特愿意让自我的活动处于理论领域也包括实践领域的至高位置，因此康德将这种活动从本体界加以排除就成为一种令人无法容忍的二元论——“自在之物”必须被彻底放弃。实践理性应该作为所有理性的基础。行动被包含在思想自身之中，当它活跃并照亮实在的时候，就可以为我们所拥有。我们可以自信地由自身的活动推演出整个世界，并因之完全在我们的力量之中引发它。在生活中，我们自始至终都面对着“非此即彼”，面对着在自由和不自由之间的选择。自始至终，它都关涉到我们，并将我们的存在根植于我们的行动之上，即令它根植于清楚的理念之上，同时通过与这些理念的一致来塑造它。我们一定不能盲目地遵循外在施加的规则，不能相信单纯的权威和传统。相反，我们自己的行动必须支撑万物，同时我们自身必须成为我们所有工作的一部分。对自由的立足点的接受向国家、社会和宗教施加了最为根本性的影响。在每一个地方，人们都从他们陈旧的惯例和懒惰的盲从中被抖落而出；在每一个地方，人们都被召唤起来果敢自立，并朝向生活的理性秩序。文化现在成为所有生活能力的目标，而文化是就如下意义而言的——所有力量对确定完全的自由的屈服，所有实际上并非我们的事物的完全独立。

费希特呼吁中那激动人心而紧迫的特性使我们将他看作具有强烈而热切本性的人，但是，他的努力主要导向内在，而不是外在。他旨在一种内在的全神贯注，一种透彻的自我批判，也旨在获得生活和思想两个方面的独立性。他的工作主要是科学性建构，是一种哲学，只有在后来，它才被系统地应用到生活上。因为“真正束缚人们的力量是错误的幻觉”，因此，我们被告知“真正地生活就是真正地思考和了解真理”。此外，当转而针对自身的内在时，我们的活动就在自己本性深处发现了对律法的服从。所有行动都被应当通过责任的概念所激发。对这种服从律法的认识在其所有发展中，给予生活一种严格的道德特征。它的高贵性就是它的责任，而它的责任赋予它以高贵性。道德没有使人们渺小和衰弱，而是使人们高大而强壮。它不意味着生活被麻烦的警察条例所限制，而意味着生活被提升为完全的自我活动和原初性，被提升为逃离世界奴役的自由。

据此，费希特将强烈而丰富的冲动内嵌于人类灵魂之中，这些冲动在令生活（主要是德国人民的生活）健全和健康的方面发挥着不小的作用。然而，在将这些冲动转化为有效的行动方面，他并不是那么成功，同时也对实在的资源有所不公。无论他通过自我编织出这个世界而借以为依仗的力量多么令人钦佩，同时他将自我看作永恒运动的源头，这个世界仍明显是抽象的、形式的，并随着思想离它的起点越来越远，自己也变得越来越模糊不清。

当自我对费希特而言成为一种绝对生命，并凌驾于所有个体存在之上时，他只是进入了与事物更为密切的关系中。虽然如此，我们仍关注于通过我们孜孜不倦的活动去合理地塑造实在，而人类行动现在却被囊括进一个宇宙进程中，同时我们必须在任何特定点上取得胜利之前，找到自己和整体之间的正确关系。因此，生活假定了一种清晰明确的宗教特征，我们发展出了一种新神秘主义，这种神秘主义令人们攫取到“永恒的一”（Eternal One），作为个体生活和存在中唯一本质的东西。

> “*Das ewig Eine*
> *Lebt mir im Leben, sieht in meinem Sehen*”
> “这永恒的一，
> 居于我生命之中，是我所有直观之光。”

这种宗教虽然内在于情感之中，但仍完全是理性的宗教和存在着的当下。费希特不能忍受对彼岸空虚的等待和期望：“通过纯粹被埋葬的过程，没有人能够获得幸福。”

再次地，他没有混淆历史约定和理性必然真理。“我们可能不会说：坚持这个历史事实也有什么危害吗？通常将偶然置于本质层面才会有危害；又或者，正如经常发生的那样，将偶然作为本质，并因此遮蔽后者、令人们的意识陷入麻烦之时，才会有危害。”

费希特思想中这种更为深远的发展为历史和社会生活赋予了更高价值。历史现在被看作人类的集体作品，看作它对下述问题的解决——如何为理性（尽管被遮蔽、受局限，却一直在人们之中运作）给出一种彻底清楚的表达和个体活动的基础；如何为生活关系排序，从而使得它们能够与自由一致，也与理性相和谐。对费希特尤为重要的是——这个思想家认为它是所有“令政府成为多余”的政府的目标——政治共同体，而在这个方面，他的思想又经历了不同阶段。从自由状态起始，他首先转到“封闭的辛劳状态”[①]，这种状态的共同体的目标是确保它所有成员的经济繁荣。然后，就转向了国家，它的主要口号是文明，而它的职责就在于不以任何独裁方式去帮助精神活动。最后，在耶拿普鲁士被打倒之后[②]，他倾向于一种民族国家的概念。这是民族概念首次进入哲学的视界，同时我们也因此必须略微深入地解释费希特关于它的立场。他认为，人类只会真正地爱那些被他当作永恒的事物，也只会被吸引到其心灵中反馈性的永恒因素上；因此，如果不能向他展现出某种团结一致的形式，同时这种团结会确保其努力千秋万世的连续性，那么他的尘世生

① 在费希特看来，操心、辛劳和工作，也即劳动，是人们从感性到理性过渡的中间阶段。——译注

② 耶拿战役爆发于1806年的法国和普鲁士之间，以法国大获全胜告终。——译注

活和工作将会在真实的爱和力量方面有所欠缺。他只能在他自己的民族中找到这样一种团结：民族是那种人类从其发源的特殊的精神衍生物，随之他在其中的所有思想、行动和信念都变为永恒，那种诞生他的民族，教育他，并使得他是其所是。这种民族性个体既是永恒之物，他将其生活和工作的不朽性交付于它，也是永恒的秩序，他将自身的不朽性交付于它。他不得不期望这种个体性会继续下去，因为只有如此，他尘世生命的弹指一挥才可能被扩展到甚至在此生无限绵延的生命。一个将民族性思想和人类最高理念联系起来的人自然而然地会把注意力放在内在文化和极为明显的精神倾向上，而不是放在外在力量和扩张上。因此，即使就其作为一个政治家而言，费希特仍然是一个哲学家，并继续关注事物的永恒方面。德国生活和特质是他极为珍视的，这是因为在其中他似乎觉察到了一种强烈的偏倚，这种偏倚是深藏在人们心中，且是最为基础之物，他因而成为第一个指派给德国人以所有民族特性中独占鳌头之物的人，我们将之称作“心”。他找到了上述的历史证据，其主要在于宗教改革，在于借由自我的精神活动去构建实在的德国哲学，在于有着从内在塑造人的倾向的德国教育。

费希特是一个少有理念的人。尽管是些伟大的理念，同时甚至就这些凤毛麟角的理念而言，他也只擅长于构建普遍概念，而不是详尽地阐述它，然而出生在一个对文化生活普遍批判，特别是，对自己民族批判的时代，他发现了自己的任务就是唤醒人们的心灵，同时以忠诚的奉献来践行它。他的建构性工作（这种工作马上会被刺激和强化），以及他对生活深处之物一贯的努力方向，连同对有助于增益勇敢的特性的谆谆教导，的确施加了一种持久不衰的影响。

(bb) 谢林（1775—1854）——如果在这个哲学家小团体里，费希特是个预备性的行动者和道学先生，那么谢林则是艺术家和审美家。因为甚至当他将自己的注意力转向其他领域（例如自然）的时候，他的探究就其在被艺术兴趣维持的角度而言，也仅仅是概要和建议性的。弃之不顾的话，它就立刻变得异想天开和毫无成效。只有遵照时代的伟大艺术热情，同时作为有着强烈艺术倾向的人格表达，谢林关于自然的哲学才能被充分理解。这种艺术直观的理念——将自然看作至关重要的力量和内在联系——现在必须也充当起科学的理念。如果没有对问题中的事物概要性的、任意而极端的对待，这种转变就不可能实现。但是，伴随着谢林的过程中的所有错误，一条激动澎湃的思想血脉在奔流着。自然被描述成为精神性的整体，并在一种单一的生命里包含了所有的多样性。然而，她不是固定和稳定的存在，而是一种恒久的生成和永恒的上升过程，这种永恒过程的完成则是通过自我发展，通过作为与肯定和否定力量、引力和斥力相对立的原动力。因此没有孤立的事物，没有固定的形式，所有的形式都沿着无限生命的河流而诞生。自然不仅是一种不可理解的创造行动的产物，它也是自己的创造。它不仅仅是永恒的表象或显示，它也是永恒自身。实质上，自然和精神是同一个东西，只有在这一领域无意识地发生的事情才能在其他领域被意识到。因此，我们可以合理地希望，并竭力地通过思想研究达到自然的意义。我们称为“自然”的事物是一首诗歌，以一种神秘的符号被书写出来，以至于它的意义对我们隐而不现。但是，如果它能够被解密的话，我们会在它之中辨识出心灵的奥德赛[①]，正如同它寻找自身、从自身逃离，并经历了奇怪的幻觉。这个感觉世界就如同文字，意义通过它们隐约浮现，亦如同迷雾，其中半隐半现着我们灵魂期望的梦想之地。

大部分科学思想家都对这套思路感到一种本能而确然的厌恶，但是它却向歌德式的艺术自然施加了深远的影响。当晚年的歌德反思他早期的自然概念缺乏“对自然两种伟大原动力的赞赏——对立和进步”时——对他而言，难道不是在补救这个错漏方面受惠于谢林吗？

谢林关于自然的艺术概念在稍后时期被扩展到整个宇宙。实在被当作自我稳定、自我更新的艺术作品。在这个艺术作品中，生活所有的对立——感性和精神、静和动、特殊和普遍——都被包括在内并被超越。然而，正是人类艺术开启了实在的终极深度，它向我们显示为“唯一的、永恒的启示，一个如此伟大、以至于只能存在一瞬的奇迹，它充分使我们相信我们最高理念的绝对实在”。

这种信念自然而然地伴随着改变人类存在的努力，这种改变以艺术的方式同时体现在其普遍和特殊的方面。这种理念不是费希特所谓的道德特性，而是天赋个性。如果整体存在应该在于自我决定的行动——是费希特的理念，那么谢林的口号则是“知晓你可以创造”。甚至科学也在对宇宙的艺术性重塑和沉思中找到了它们的终极表达，这对于我们关于历史的态度尤为重要。而谢林更愿意将历史看作一种艺术。在他的法律和政治理论中，他和浪漫主义派有着

①《奥德赛》是古希腊的两部著名史诗之一，另一部为《伊利亚特》，为盲诗人荷马所编辑整理。《奥德赛》讲述了希腊英雄奥德修斯在特洛伊战争中取胜及返航途中的历险故事。——译注

紧密的联系，他不仅吸收了该学派的信条，还将它们推得更远。他的目的只是将这些研究领域从所有人类理论构建中移除出去，同时将它们完全根植于其自身的内在生活和其构造的内在必然性中。整体优先于个体。无意识的成长和生成过程比所有有意识的活动更伟大。因此，较之于启蒙运动，谢林和经验有着更密切的关系，同时也开启了一个可凭直观发现的事实的不竭矿藏。但是，他的态度太过片面化、太过被动，同时，由于不希望成为一种同形同性论，他就陷入了弱化个体主动性、受到纯粹自然概念影响的危险之中。

对谢林艺术态度的进一步审查强加给我们一个确实指向歌德的问题，这个问题依着于古代和现代艺术之间的关系。德国人文主义艺术首先是一种对灵魂的表达。它最好，也最有影响的作品充满着抒情意味。它饱含着思想。然而，这种将之赋予其理念的艺术形式主要被可塑性艺术所决定，尤其是雕刻。这就为希腊式感受融入现代生活打开了缺口，尽管我们不能期望将两种完全不同的趋向和谐融为一体。对谢林来说，希腊的影响没有被完全吸收，甚至在特性上是相异的，对于歌德而言也是如此，歌德的创造性工作极大地为谢林的理念所塑造。

谢林关于世界的艺术概念被他关于现实的理性的信念所支持，被激活整个德国古典文学时期的乐观情绪所支持。当个人经验遮蔽了他的生活观和世界观，宇宙的非理性似乎太难以克服的时候，这种不可能在稍后时代保持下去的态度却通过对给定世界的深入转变和高于我们自己的力量的帮助保存了下来。因此，艺术必须为宗教让路，同时谢林开始将主要精力放在引发“借由最高形式的科学主体的宗教的再生”这一问题上。它不仅仅是他自己的问题，也是如他宣称的是“德国精神问题，它所有努力的指定目标”。在他设计的控诉中，谢林达到了一个新的、更深入的基调。恶变得更为真实：有一种居存于人类存在中的神秘因素层面的倾向。所有自然在不断的辛勤中耗尽己身。人们也得不到止息。正如一本古书上所说：“太阳之下的事物满含辛劳和悲伤。同时我们还没有看到任何进步出现，没看到任何真正所获的事物，任何我们能够在其中休息和适足的事物。”

谢林自己对这个问题的解决的贡献在于对恶之起源的大胆思索和一种进步的神圣启示理论，这种理论为所有不同的宗教寻找发展空间。他的一些理念极富于暗示，但是它们中也有着许多怪诞的事物，他理性地解释非理性的尝试是如此不可能，以至于他的同时代人有了很好的借口全面拒绝整个体系。谢林使自己越来越偏离他所处时代的感受，偏离他如此大胆地想要引导的活生生的、运动的当下。

此外，普遍而言，在谢林的毕生之作中，他的建议在重要性上远超过其现实成就。他太过快速和急切地成熟起来。然而，他的天分是如此卓越，他的努力是如此多样，他的风格是如此富有吸引力，以至于他对丰富生活、拓展精神视野有着巨大的影响。他打破许多顽固的偏见，会聚起零星分布的材料，同时弱化诸多对立的严峻性。特别地，较之于任何先前作者的建议，他将感觉和精神、直观和思想之间的对立置于一个更友好、更富有成效的关系中。

（cc）**黑格尔（1770—1831）**——在专业性和有条理系统化的方面，黑格尔远比谢林更为卓越。他占有了可以供他支配的构成一个完整哲学体系的所有资源，这使他能够在这个世纪的生活中给人留下深刻的印象，以至于我们无论尽多大努力，都不能摆脱他的影响。一而再地，我们听到黑格尔的哲学是过时了的和被废弃了的，并且他凭借一个不可逾越的鸿沟与我们相互分离。但是他仍然拥有着权力掌握着人们的思想，并且改变着我们。尽管它可能经常被忽略，但在我们的作品中，在我们的想法和观点中，在我们的问题中，他的影响潜在地活跃着。因而，黑格尔既吸引我们又排斥我们。我们看重他的哲学是这个时代权威，同时却又是与普遍话语相悖的一个标志。这是一个多么吸引人的矛盾呀！

无论黑格尔的哲学体系有一个多么优越的假定作为开端，其哲学体系所占有、发展的也只是一个简单的事实和一个古老的真理，只是运作在我们之中的思想事实本身。思考尽管属于我们自身的本性，同时也对我们施加控制。甚至于在个人身上，思想自身发展的结果与他自己的意愿无关。它急切地要求那些被意识到的冲突加以解决。更确切地说，并不是我们在思考，而是思想在我们自身运行着。苏格拉底已经清楚地区分了一方面的思想和另一方面的纯粹个体呈现，同时在思想中发现了知识和生活的牢固支撑。尽管黑格尔无法停止作为一个个别的思想者进行思想，但是他更为关注的是思想本身是怎样在人类的生活和世界历史进程中展现自身。这个新出发点的结果是使得思想不再是那些一劳永逸地能滞留在自身的完善中的事物，而成为一种现今处于进步中并变得与其自身法则相适应的过程。它不再是那些依赖事物而存在的东西，而成为可以拥抱所有事物，并由它自身规划这些事物的东西。据此，通过声称自己完全是世界历史的产物，思想过程成为世界过程，成为所有实在的真正本质，并令整个宽广的世界屈服于它的逻辑中。

黑格尔哲学的努力使得超脱所有明显属人的事物的思想解放成为必然。为了实现这个解放，我们必须足够的强大和有勇气放下我们自己的观点和看法，上升到对象化思想的高度，并且仅仅跟随它带领我们所到的地方。我们的局限性会马上消失，人类的理性将会与神合一。没有其他事物比这更能评判我们是否相信思想的力量，同时根据黑格尔观点，如果没有这种相信，我们就无法投入到哲学事业中去。有勇气信任真理，忠实于思想的力量，是哲学研究的首要要求。人们必须尊重自己并且敬重自己最高的价值。他高度地评价了思想的有力和伟大。宇宙的神秘本性无力对抗对知识的大无畏信仰。它必定会打开自己的大门，显露自身的财富，并且邀请我们享用它们的财宝。

然而，实在转变为纯粹的思想伴随着一个确定的方法：在概念中有一个内在的矛盾，需要急迫地解决并且会激起新概念的构成。这个进程重复着它自身，这个运动逐渐拓展，一直到将所有的异己的陌生的一切带进入自己的圈子中，将黑暗中的一切照亮，将所有的假定转变为有充分根据的洞察。真理即全体。而全体就是存在通过它自己的发展完善自己。这个方法的确正是概念的自我发展的活动。因为确切地说，每一个概念都是一个“对立环节的统一”。在一切真实的事物中，存在和非存在一起到来，所以所有的事物都是隐含地自身矛盾的。这些矛盾的解决和发展，使概念在内容上愈加丰富起来，直到最后思想知道全部无限的宇宙都是它的财富，由之达到了完全自我意识的顶峰。

在这个进程中，每一步都只是一个过渡点，而任何试图建立起分离存在的事物都会立马变成陈词滥调和谬误。在这个活动中，可以确定的是当它达到它发展的巅峰时，它就会回到开端。当过程完成的时候，它又会怎么继续下去？从此观点来看，生命是一个持续不断衰退的过程，但是这种衰落并不意味着彻底的湮灭。从此点来看，有些事物消失之时，它并不因此而灭绝。那放弃了它的分离存在的事物，在否定的意义上被“超越”，但仍然作为更高阶段的一个部分、环节。在这个更高阶段中，它又在一个更为肯定的意义上被“超越”。个体屈服于这个巨大惊人的过程的澎湃力量，仅仅在全体中寻找一个新的和不朽的存在。因而，胜利最终取决于生命，但是胜利所要求的湮灭却被深深地烙上了悲剧的印记。

对这种方法的有力控诉导致了我们实在世界极为典型的表征。不仅所有的东西都在一种流变状态下，而且它们全都被联系在一起并指涉彼此：它们的意义只有通过它们相互之间的关系和联结才能被查明。我们处处都会遭遇矛盾和冲突，而不是遭遇安静的过程。我们的生活由于活动的极度张力而变得紧张兮兮。表面上感觉的外部世界现在被证明是心灵以现象形式向自身的展示，它自身的独立价值却无关紧要。自始至终，心灵都必须利用它自己的资源。它的工作超越了所有单纯的人类目的，也超越了流变的有意识生活的能力。人们虽然在自己的领域内，但仍处于更高力量的影响下。然而，一切精神活动都集中精力于思想的概念性努力，据此，首要的事情就是将复杂的状态归属于统一的概念，同时令一个光芒四射的理念用亮光激荡着整个领域。我们甚至可以用一种推进式的机械主义观点来说，正是这些理念构成了历史的枢轴。这些不同的领域再次在一个广泛的体系中被重新联合起来，它们成为唯一真理的部分和表象。在这个浩大的精神化过程中，所有的事物相互制约、紧密相连，所有生活都以一个模子铸造出来。遍历这场运动的风起云涌和混乱无序之后，我们感受到了它所涉及的观点的单一性，同时也正是此种感受令实存的狂风骤雨和巨大压力复归于永恒居留的生活的平静。

这个过程主要关涉到理智，而不涉及道德本性。但是，它绝不缺乏一种道德要素。这样一种要素包含在对客观真理的服从中，包含在对理念运动的服从中，这种运动自行其道、自生自灭，而不涉及个体的福祸哀愁。它们甚至不经由人类的知识、不对抗人类的意志，就对人类加以利用。甚至当人们正在追求自己的目的并满足自己的激情之时，它们也足够“狡诈”，以至于能够将人们作为一种工具加以使用。激情是相互毁灭的，理性独自对它的目的保持警醒、追逐这个目的并实现它。但是，如果让一个人去将这些理念纳入自己的意志中，他继而就会意识到自己真正伟大之处，同时也理解道德的真正意义。历史上的伟人是那些其私人目的体现着世界精神之意志的人。①

黑格尔发展了这些理念，这种发展在一些领域比另一些领域更为成功。本性对他来说总类似于一个继子，甚至当他在处理个体的精神生活的时候，他也不是十分的高兴。他的精力主要放在历史领域和社会生活领域。在十九世纪的历史主义运动之中，他确实是最重要的哲学大师。而在所有这些之上，他首先是我们这个现代社会和现代文明的哲学家。没有人能像他那样在进程中如此游刃有余地处理理智主义、乐观主义和信念。

黑格尔的社会学尤其为他的思想倾向给出了清晰的表达。他将个体从属于全体，和这种做法一致的是，作为全体表达的国家尤为优于个体。他确实发现更具有现代性的国家的本质在于“普遍性密切关联着特殊性的完全自由和个体的福利”，但是普遍性的霸权从没被质疑过，同时它和启蒙运动所宣扬的国家之间的对立明确地凸显出来，而这种国家是以个体公正和自由为基础。此

① 参见附录 P。

外，即使黑格尔相信更为重要的影响不是集体活动施加的，而应归于独特的天才人物的工作，这些天才人物却并不是远站在他们的时代之外的。他们是时代的产物，同时仅仅令宏大共同体的抱负更加明确自觉。大众的观点是真理和谬论的混合体，筛选出哪些是真的，是那些伟大历史人物的工作。这些伟大的历史人物则是他们时代的代言人和执行者。

同时，黑格尔强烈地抨击下述根深蒂固的倾向——以一种纯粹主观观点批评国家，并在指出人类事务中不可避免的错误之后餍然自得。更为重要的是活在全体的精神之中，并根据它的内在本性解释它的表征。正因为处处与实在达成和解是理性洞见的标志，从而国家也被理解并被描绘为内在的有理性之物。哲学的主要任务不是告诉我们世界应当是怎样的，而是意识到合理即实在，实在即合理。但是，哲学式的态度更适合于一个历史时代的结尾，而非开端。作为对世界的反思，哲学没有令它自己现身，直到实在已经经历了它的成型阶段并走向完善。只有在薄暮时刻，密涅瓦的猫头鹰才开始起飞。

因此，黑格尔点出了一个关于国家的更高的概念，并且教导我们要赋予它更为重要的使命。另一方面，他要为国家概念的神秘夸大负主要责任，这种夸大越来越威胁到精神生活转变为机械机制的过程。如果一个人和黑格尔一起在国家中看到“道德理念的实现”，“神圣意志有效地将自身分化为实在，并组织起世界的结构”，那么他就必须在最后将国家看作“尘世中的神圣”，并不允许它有任何限制。

对于这种观点更详细的阐述将它的主要和基础性立场十分透彻明晰地揭示了出来。因此，黑格尔奋力追随社会生活中逻辑对立的力量。例如，他将惩罚理解为对正义的否定之否定，而罪犯已经承认了自己对正义的否定；他在爱中既辨识出个体存在的屈从，又辨识出通过自我否定而获得的新的存在形态。“爱是最难解的矛盾，它令知性束手无策。”“爱既设定了矛盾，又解决了它。”与一般哲学倾向迥然不同的是，黑格尔为战争做辩护，认为它是“为了维护国家道德上的健康，保持它们的可塑性，且用以抵消将固定习惯简化为例行惯例的趋势所必不可少的手段。”

他理想中的政府是由一群受过哲学训练，并对精神问题充满兴趣的官员所进行的智慧式统治。尽管要求政府对自己的行政程序做出解释是代表们的职责，但群众代表还是不能干涉政府事务，黑格尔由此就将政治生活提升到一个更高的意识层面上。

然而，黑格尔并不认为个体状态在其自身中达到终点。它只是世界历史长河的支流。总会有一个国家在它所在的历史时期占据着领导地位；每一个文明民族也总会有领导世界的那天。但是，它只能在一段受限的时间内维持自己的统治，然后就把火炬传递到下一个国家手中。特定国家和特定时期的所有成就仅仅有助于下述理念：精神的发展已经达到了一个节点，在此点上精神意识到了自己的自由。在建设性和毁灭性过程中，精神都简单地发现自己回归自身，并随之达到了它最高的完善。这种自由立足于生活的整体内容，且完全不同于纯粹本性或主体性自由，后者仅仅是工作的起步。这种更高层次的自由只有以无限辛劳为代价才能被赢获。因为“对于精神而言，本质上作为平稳增长过程的发展实则包含了对抗自身所需要的不竭斗争。精神的真正目标是实现它自己的理念，但它是通过自身揭示这种理念的，而且它在这种自我异化中满怀骄傲和喜悦”。但与此同时，我们可能“会确信，当时候到了，真理的本质会令自身显现，而只有当这个时刻降临，它才会出现，因而绝不会太早出现，也不会发现大众尚未准备充分”。

不同的时期构成了这种世界历史过程的不同部分和阶段，而这条路径已经被黑格尔以有力而简洁的处理发展出来了。此路径的末端即是当下历史时期，黑格尔在其中看到了整场戏剧的完美落幕，看到了精神充分的自我意识。他以愉悦的断言总结道：“精神原则的发展是真正的神义论，因为正是它使得我们看到，精神只有在精神性中介中才是自由的，同时所有发生过的事和每天在发生的事不仅出自上帝，也是上帝自身的工作。”

黑格尔发现生活的巅峰是在绝对精神的王国中，而他把绝对精神分为艺术、宗教和哲学三个领域。所有这些都是同一个真理的表达，是精神通过它自身的运用所进行的自我发现和自我认识。但是，艺术是用感性直观的方式表达这个真理，宗教是用想象性表征的方式，哲学是用纯粹概念的方式。思想要素在每个地方都是本质性的；艺术品是理念的体现，而黑格尔极不赞同宗教退化为一种模糊的感觉。“思想是感觉的内在精髓；只有当思想是真的，感觉才能是真的。”所有领域必须在历史发展的图景中找到自己的位置，在这种发展中当下指涉的是顶点，是经由对立的整个螺旋式上升过程的结局。理念给予宗教以鲜活的内容，同时这种理念奔流在整个体系中，并将个体融入思想过程全体内，通过它的力量实现个体的重生。黑格尔用热情洋溢的辞藻绘饰了宗教影响和宗教生活：“这是精神的领域，忘川[①]流淌其中，普塞克

① 忘川：来源于希腊神话，忘川为忘却之河，是冥府中五条河流之一，亡魂须饮此河之水以忘掉人间之事。——译注

啜饮着忘川水，用它去沉潜浓浓的哀伤，并将所有俗世艰辛和模糊不清变成一场梦，令它们散发着永恒的光芒。”然而，当黑格尔试图表明绝对思想过程的无形宗教等同于基督教时，他就有点牵强附会和人为造作了。

顶点是纯粹的哲学，是具体知识的哲学，而哲学被理解为“精神以精神形式知道它自身，或者领悟全体的知识”。哲学不是可以同它的历史相分离的事物，而仅仅是历史自身的运动，此处的历史被理解为一种统一并被思想所照亮。特定哲学家的理论不是一种偶然观点或者纯粹个体的妄想，它们是思想过程中的必要阶段。每一个都有它确定的位置，同时也在全体中找到它的航道和出口。甚至当我们逐个地看待哲学家时，他们思想中的所有差异都归于一个主要理念之下，而且这个理念独自赋予其价值。在此，运动的前进也要服从对立的规律，服从通过正题和反题不断上升的规律。在此，矛盾冲突还是万物之父。从作为最终顶点的当下来看，我们清楚地看到我们所有早期阶段，并公正地承认它们中的每一个。全体现在表现为“一个回归自身的圆圈，假定了它的开端，尽管只有到终点它才能获得它[①]”。这种不断上升的狂热转而变成自在地止息的静观的赐福。

黑格尔力量的秘密很大程度上在于此：他将一种严格的、表面上冷冰冰的体系和丰富的直观联系在一起，这使得黑格尔一而再地凭借自发更新和力量有所突破。为了公正地评价后面的要素，我们要特别重视引用他自己的文字。我们的盖棺定论必须主要依

① 黑格尔是指我们在思想过程刚开始时，假定了一个开端，但实际上我们只有到最后，即从全体角度，我们才能获得真正的开端。——译注

靠对“这种体系和这种直观是否相互连接，并形成一种内在的统一”这一问题的判断。我们不能说它们确实做到了。直观并没有继续对体系加以补充，而只是表明了另一种基础信念——且更为丰富和宽广。这个体系如果被强制坚守它所持的立场，它就只能提供对思想的思考、形式的光芒和溶于宇宙中的思想的力量、将整体实在转化为一种逻辑关系组织，除此之外，别无他物。这就必然在所有形式上摧毁了生活的直接性。它放逐了所有心理的内在性，也放逐了所有精神内容。当感觉世界被看作具有精神深度，被看作一个道德价值领域时，它就更是一种对主流趋势的严重对抗。在这台逻辑机器面前，所有上述那类东西都该消失得无影无踪。我们的存在是如此完全地溶于它之中，以至于几乎没有任何空间留给过程中的经验，留给将它变为行动和个人所有物的转变。这种思想过程的发展因而会越来越倾向于吞噬掉所有的内在生活，并使得人们的内在生活在理智文化过程中变成顺从的工具。实际上，这种趋势在黑格尔处发挥着作用，而就它已占上风来看，这种趋势是空虚形式、抽象和无灵魂的胜利。

但是，也有着一种反作用的影响不断地对抗它——杰出人物的丰富直观，以及进行纵贯绵长时间的全面调查和以他自己的方式同化世界历史经验的力量。辩证法在此不再是消耗巨大的摩洛神[①]，而成为一种友好的力量，一种帮助生活实现其意义和自身，并对更宏大的全体有所助益的力量。正是以这种方式，黑格尔的

① 这个典故来自犹太教，尊崇摩洛神（Moloch）必须牺牲小孩来给他当祭品。这里作者用来类比，辩证法在黑格尔哲学体系中的运用使得大量丰富的直观和经验内容被牺牲了。——译注

艺术哲学能够利用我们古典文学的丰富资源，他的宗教哲学能够弥散着基督教的激情和火热，他的政治理念也被现代文明的事实所丰富，同时当概念的纯粹运动被一种对精神实在鲜活的直观所平衡之时，他的思想也就处处变得成果硕然、极富穿透力。

另外，当他的直观无法支持他时——尤其体现在对自然的处理上——当理念的建构性力量只是由其自身的资源所决定时，他的理论就会毫不犹豫地变得形式化、空洞和令人难以忍受，同时他那丝毫不减的自负只会引发反对声浪。因为我们在此已经最为清晰地阐明了，通过单纯对概念的操作我们所能做的极其少；它就像把螺丝钉拧进真空里，当然不会遇到什么阻碍。

因此，在黑格尔那里，我们直面一个严重的矛盾：他著作的进步性就在于它既包含了毁灭性，也留存了作为伟大著作不可或缺的内容。在黑格尔自己那里，这个矛盾不会显露出来，因为他的个性总是让他能够在他的方法和洞见之间重新建立一种相当令人满意的平衡。但是，一旦脱离开他的个性和著作，冲突的力量就轰然决堤，而这个体系也会绝望地陷入分崩离析之中。

然而，不管黑格尔理论中所有可能成问题或有缺陷之处，我们不能否定他成就的恢宏伟大。他确保了对更为普遍的真理的承认，而他的对手甚至也必定会承认这种真理。他那种怀纳一切的体系的理念是如此强力和迷人，令人无法自拔。每个领域都无可抵挡地被统一塑造成型；永恒运动中对生活的思想，以及无尽流变中的个体形式，用它们自己的改变回应全体状况的改变。他关于实在的理念不可抵挡地深深烙印在人们的心灵中，这种理念拒绝调整自己以迎合我们的好恶，而他对于这种螺旋式上升和独立思想体系的冲突的描绘完全超越了对这个学派或那个学派的控制。

正是黑格尔令我们意识到我们生活中的否定的巨大力量，意识到矛盾唤醒和刺激的力量，意识到精神运动通过对立而形成的发展。所有这些理论都在最大程度上有所成效，而一个试图忽略掉它们的体系将会很不幸地愈发苍白贫乏。黑格尔并不是将它们仅仅作为一种计划而呈现出来，而是作为一种已获得的架构，且这种架构已经被精心组织好，坚固而结实。然而，如果当我们承认上述所有内容，我们就会被驱使去反对他把世界理解为纯粹思想的解释，并将它看作一种具有重大意义的错误，我们同时也会马上承认自己对黑格尔的整体印象的不一致性。似乎存在着一种毫无希望的混合，即对成果丰富、必然的事物和违情悖理、站不住脚的东西之间的混合。在同一时间，我们既会被吸引，也会被排斥。

针对矛盾、概念的内在辩证，黑格尔为其在思想过程中指定了一个中心位置；他让自身也隶属于这种辩证法的力量。他的意图是，通过一种对待世界发展清楚而连贯的方式，去施加一种令人安心、镇静以及平和的影响力。正如我们一开始就看到的，这个体系连同它证明“实在即合理，合理即实在”的趋势，已经被贴上了一种完全保守的标签。但事实上，它点燃了最为剧烈的激情，并成为最具毁灭性的巨变的起因，这尤其表现在宗教、政治和社会事务中；它是现代时期最为强大的激进力量。我们如何能够解释在意图和后果之间的这种不符？

从根本上而言，由于黑格尔理论立场存在着内在矛盾，历史哲学用其特有的力量令我们意识到这种矛盾。它即在于此——当整体实在转变为无休止的进化过程时，这个过程仍然是从一种超越它的角度为人所认识的；因此存在着一种将终极结论的稳定性和无限进步的相对性联合起来的趋势。思想过程的无限性最终需要一种永恒的进步，这种过程的运动不可能在某个特殊时间点上停止。因此，当下必须被看作是一条永无终点的链条的一个环节，同时必须为将它的所有努力转向其对立面而做好准备，以便与矛盾律相一致。但是，黑格尔绝不能赞同此种推断，因为它暗示着他体系中心论点的屈服，并且剥夺了他进行任何思辨探究的权利。因为这样一种探究要求我们能够且应当回顾整个运动；只有从整体的角度出发，对立面才能被克服和综合。然而，除非我们从现象流变的领域走向永恒存在的领域，同时发现自身被移植入终极有效真理的王国之中，否则这种对整体的回顾就是不可能的。如果黑格尔的哲学不只是一种对特定历史时期的表达，如果它是对整个文化历史的回顾，那么黑格尔哲学就有必要拥有一种上述意义上的结论。这两种趋势处于尖锐对立之中；在我们一直论述着的两者的特定联系中，它们也是不能和解的。在黑格尔自己看来，这种保守的趋势占了上风，并导致他采取一种平和、沉思式的世界观。另一方面，在其继任者那里，这种激进的趋势却获胜了，也驱使着他们顶着狂风暴雨般的巨变和猖獗肆意的相对主义前行。在他们那里，真理仅仅变成了时代的产物，变成了一种服务于生活必然性和它千变万化的要求的工具。

但是尽管激进主义和相对主义的种子已经潜伏在这个体系中，它们的快速成熟却是因为社会环境的变化。黑格尔一辞世，一种运动就已经处于不断进步之中，这种运动引导着生活的涌流奔向可见存在的问题，因之也令哲学从唯心主义转到现实主义。直到黑格尔的时代，人们对于内在生活问题的强调仍然是压倒性的，而人们的整体重要性也在于他的创造性精神能力。另外，人们的注意力现在开始聚焦到对人类的即时经验上，人类就是现实地其所是的东西。他与他的物质和社会环境之间的关系提出了种种严肃的问题和并发症，这就使得我们集中起所有的思考和努力去回应诗意的世界，与此同时思辨渐渐黯淡下来。即使思辨并不是彻底消失的，它至少也被降级到一种纯粹附属的地位。如果黑格尔的理念仍能在这样的条件下维持自己，那么这种运动强力的理智资源会一股脑地置于个体的控制下。它对逻辑能力的激扬称赞，它的概念的流动易变性，它所有内容的升华，经由矛盾的提升——上述所有内容都为扩大个体的力量有所助益。他现在能够冒险去依其喜好以这种或那种方式利用事物。无拘无束的沉思被允许高翔在所有客观强制之上。存在着一种谈论“立足点”和“观点”的趋势，存在着一种朝向现代智者派的运动，正如同古代智者派从类似于黑格尔体系的赫拉克利特[①]体系中挣脱而出。

此外，当物质利益随着这种变化开始令自身为人所意识到——并且因为它们之前长期被压制和忽视而越发强烈——它们发现了黑格尔体系那宏大的思想装置和逻辑辩证法的弹药库能够依照它们的目的为其所用。例如，社会民主理论提出了一种对黑格尔历史哲学的唯物论式的阐发。而如果没有从黑格尔处借得这般强大的理论武器，唯物主义经济学就不能获得如此的力量。

因此，黑格尔自己提供了一种对辩证法的毁灭性力量尤为恰切的阐明。他的思想世界从一开始就有着一些恶魔般的力量在起作用，但是他的精神力量暂时控制了它们。他个性中平和得近乎保守的布尔乔亚的特征，却施加了一种平静的影响。此外，它们的

---

① 赫拉克利特，古希腊哲学家，其理论强调对立统一，提出了“逻各斯”学说。——译注

运行领域处于日常生活的需要和激情之外；它是一种在纯粹的思想以太中的精神冲突。但是，这种控制随着黑格尔的辞世而消失了。这些恶魔般的力量打破了它们之前的联系，并且不顾一切地寻找它们中每一个自己的路。同时，它们从之前的高度下降到日常世界中，混杂着尘世的利益，并将它们的激情和对生活无限的渴求溶于尘世的发展中。我们自己的时代仍然处于这些因之暗含着的问题的影响下。我们自己的时代是否足够强大，以至于能够制服这些破坏性力量，并带来它们所包含的，与理性相一致的真理?

（β）施莱尔马赫

在德国唯心主义的诸领导者中，我们必须不能略过施莱尔马赫。实际上，他缺乏我们之前讨论过的那些人的穿透力和更新能力。他没有以那样颇具特色和精力旺盛的方式去改变和粉饰自己关于世界的概念。但是，他也免于他们的激情。他精细易感的本性为由宇宙资源倾注于它身上的丰富影响，奉上了更为淡然、坦诚的欢迎。在灵魂和世界的互换中，一种生活的艺术概念成长起来；严格的区分融为一体；最为不同的因素也被熔炼成一种模式。施莱尔马赫不触及那些他不能够使其高贵化的东西。我们必须尤为钦佩他的能力，这种能力将对立面纳入到互补关系中，而这种对立面以前总习惯于相互排斥对方。正是在这种精神中，施莱尔马赫发展了他的作为思想的艺术理论性的“辩证法”。就如同施莱尔马赫哲学的其他部分，这并没有给它的完成或成就赋予太多的伟大性，反倒是为它在思想进步上的教育性和复苏性影响，为它提出综合观点以及分类、协调的力量赋予了更多的重要性。这种俊朗不凡的气质哲学立刻偏向了艺术和宇宙。

他的宇宙论，尽管不怎么好，还是和斯宾诺莎的宇宙论紧密地联系在一起，而斯宾诺莎特别着迷于这一时期的领导精神。在施莱尔马赫处，同时也在斯宾诺莎处，存在着一种对超越所有对立之上的统一的强烈渴望，这是为了将个体包含进普遍生活中，为了将我们人类的命运提升到所有单纯的人类目标之上。但是，施莱尔马赫的斯宾诺莎主义不仅仅是模仿；它是一种接受了柏拉图的思想，并因这种思想而转变的斯宾诺莎主义。因为在斯宾诺莎严格而不为人类所有情感所动的形式中，施莱尔马赫呼吸着生活的暖暖空气，同时这种生活又给予实在一种艺术形式。一旦事物进入艺术自由和精神流动的王国，它们就将自己笨重的质料搁置一旁，并在适足、微醺中翩然起舞、相互追逐。希腊精神的淡然和优雅从未如此强烈地在任何其他德国思想家那里重现。

特别地，施莱尔马赫在道德和宗教领域做出了卓越的贡献。这是首次由更为现代的哲学思想赋予宗教一个完全独立的地位。现代思想家迄今为止都将它，或看作知识的一个阶段，或看作道德教养的一种方式，而这种屈从的地位几乎必然导致它内在生活的衰退。施莱尔马赫通过承认宗教有自己的精神基础（即感情）来确保宗教的独立性。但是，如果我们想正确地评价这个出发点的意义，我们就必须小心牢记感情在施莱尔马赫处所占据的地位。对施莱尔马赫而言，感情不仅仅是一种他者中的精神能力，而是"它当下的自我意识""思想和意愿原初的、无差异的统一"，它是所有生活的根本所在；在情感中，我们不会被切断和世界之间的联系，而是内在地和它的无限性相连。因而，一种基于情感、意识到自己和永恒统一的宗教，中心式地联系着生活的整个发展；而在同时，也通过纯粹内在本性维持着自己的范围和思想领域。不论它所制定的教条为何，它们都不可能与科学、哲学相冲突，这是因为它们不是关于外部事物的陈述，而仅仅是帮助澄清宗教情感表达。这种表达可能会随着历史发展的不同阶段而变化，但是宗教自身却不受时间影响。因此，这条道路为承认宗教中的历史事实、为宗教和文明业绩之间的不断和解做了准备。所有这些使得施莱尔马赫在激励和活跃十九世纪宗教生活方面，比其他任何哲学家都更具有影响力。

道德也深深受惠于他。康德和费希特用极大的力量和精力在他们的时代回应道德冲动，并将它从柔弱不堪中拉扯出来。尽管这种成就无疑是十分伟大的，但是没有一种朝向片面、严肃和苛刻的极端显著的倾向，这种成绩是不能被完成的。即使这种责任概念没有完全地压制所有其他的观点，它也至少将它们抛入背景之中，甚至连主体的个体性也没有被给予过多重视。另外，施莱尔马赫旨在均衡。他是一个全面的思想家，由于他平等地思考道德生活的不同方面——它的幸福、美德和责任；在此处也是全面的，因为他将生活整体看作道德性的，同时将宽泛意义上的道德理解为理性的自然表达；最后，他更是全面的，因为他能够令对公共理性的承认和个体重要而特别的权利完全一致。对他的哲学而言，根本重要的事实是理性的个体化，“理性的建立，在它自身中保持统一，却作为存在的一种分离形式”，也是作为人格和人性具体表现的人类自我实现。我们确实可以询问——是否在他令道德被广泛确信并使它逃离纯粹主观主义的过程中，施莱尔马赫将它和自然充分地加以区别，但是他对于道德所表现出来的居功至伟的影响并不因此有丝毫削弱。在此，也正如在他的工作中所普遍呈现出来的那样，他并不是咄咄逼人的，也并没有开启新的道路；而是在一个宽广、富饶的文明地带，他试图去消除困难，并施加一种激励、统一而高贵的影响。

（γ）叔本华和对理性唯心主义的反抗

在叔本华处，我们开启了一种强大的反动运动，这是对下述信念的一种反动——实在是合理性的，而这种信念激励了德国人文主义的创造性活动，同时赋予它以独特的形式。又因为这种信念在黑格尔那里找到了它最成熟的哲学表达，黑格尔和叔本华的体系就处于尖锐的对立之中。黑格尔的“思想”和叔本华的“感受”分别是其精神生活的根本形式。黑格尔利用了对精神生活的第一印象，本质上改造了它，并最终完全将它替代。相反的，叔本华居于它[①]之中，并深化了它。在黑格尔看来，实在通过逻辑次序链条被系统化了；而在叔本华看来，通过其自身的力量，感受扩展了它们对整体经验领域的影响。在叔本华那里，经验得到了远比其在黑格尔处更多的承认，然而他从根本上来说不是一个经验主义者，而是一个形而上学家；他达到了一个立足点，从这个立足点出发，当下世界完全被颠倒了，并变成一种纯粹的表象。宏大的直观、情感情绪在此成为首要因素，同时它们对我们周遭世界的瞥见更因它们自身的特殊性质，而非对世界自身的如实描述而增色不少。

在叔本华看来，人类本性中，最终也是整体实在中的本质要素在于一种朝向生命的神秘冲动，一种完全不受理性控制的盲目而无休止奋斗的意志。人类领域和自然大世界中同样都存在着数以千计的现象，这种现象表明此种意志，而非知识是推动万物的

---

① 指的是精神生活，这里是黑格尔和叔本华对精神生活不同态度之间的比较。——译注

主体。在自然中，理智完全让位于这种至关重要的冲动；此处被发展起来的知识仅仅有益于自我保存。人类的理智当然更自由，但是意志的掌控和它的影响甚至在人类那里也明显地存在着。甚至在最为卓越的科学工作中，一旦调查者的个人目标被允许介入其中，知识可能更容易偏离它正确的轨道。

从这类信念出发，一种全新的自然观出现了，这是一种感性在其中扮演重要角色的观点。古典时期认为自然是一个以艺术形式铸就的世界，是满怀抱负的理性之家。浪漫主义者则美化自然，把它当作静默宏大的极乐之土；但是现在，下述观点与上面两种观点直接对立，自然成为生命的盲目力量在其中相刃相靡的领域。整体自然贯穿着残酷的自我保存本能，一种无所限制的生存意志。尽管这种生活所提供的东西是如此之少，然而就算这仅留的资源也为紧握不放的贪婪所攫取。存在的界限是如此狭窄，以至于相互竞争的生物无休止地被催促、煽动去对抗其他个体。如果没有持续地撕裂并摧毁他者，一个肉食性生物就不可能存在下去。胜利者很快就成为更强壮的竞争者的猎取目标。因此，每种造物都处于永恒的危险和动荡之中，而它整个无休止、无意义的运动过程也只是一场最为可怜的悲剧。

人类的境遇会更好吗？在人类的例子里，一个新因素毫无疑问地掺入其中：意志可被理智加以启迪；生活变得自觉，前景变得更加自由，感觉变得更加精确。但是，这种发展趋向的是悲惨，而不是幸福。现在，生活的限制和悲惨首次在他们所有的苦难中被感受到。有着更为精细的神经、更为活跃的理智和生动想象的人类，不仅会体验到真实降临在他身上的不幸，也必须在想象中体验恶的所有可能性，并在预想中千百次地经历他所有的悲伤。甚至在他鼎盛之时，顾虑也如同幽灵一样萦绕于他。他对死亡的思考比起迟钝得静如草木的动物是多么鲜明和令其痛苦啊！甚至，如果我们更贴近地看待这件事，就不仅存在着不幸的大行其道，更有着真正幸福的匮乏之虞。我们仅有的确定感觉就是痛苦；我们称为欢乐的东西实际上只是对痛苦的移除和缓解。我们意识到的是病态，而不是健康；是损失，而不是拥有。我们的欢乐被限制到作为康复期的短暂过渡时期，限制到我们恰好获得幸福的时间点上。很快地，我们再次变得倦怠、无所事事和百无聊赖。对于生活贪得无厌的欲望一直渴望着新鲜消遣，这种欲望也寻找一些新的、不同的事物，随之也招致了新的痛苦。因此，生活像钟摆一样在痛苦和无聊之间来回摆荡。作为最后一招，所有社会艺术仅仅被导向去驱散这种百无聊赖、驱散普遍单调存在的空虚。实际上，那种痛苦是我们生活中真正的因素——这也被诗人所展示出来，在诗歌中他们能够用最为鲜亮的色彩描绘地狱的折磨，然而天堂所留下的只是单纯。

如果我们仍然满足于自身，所有这些都可以被忍受，同时高风亮节可以为自己提供摆脱烦恼的庇护。但是我们不可能这样做。这种根植于我们之中的动机远比那些高贵之物更有价值。这种对于所有生物自然而然的自我寻找在人类之中变成了实实在在的恶劣和堕落。在所有发生在他周遭的事物中，在所有降临在他的友人和关系上的事物中，对他而言，最为重要的是他自身可以派生出何种优势或损害。伪善流毒于天下；每个人都渴望表现得高贵和无私。虚荣和愚蠢流行于世。人们关心最没有价值的东西，同时主要关心如何提升他们的同伴对自身的评价，对他们而言，倘若没有虚荣，他们就会极度地冷漠。所有这些缺陷无情地紧紧攫住我们；不可能存在内在的改变和道德上的净化。对于我们能够进行的奋斗，这种激励我们奋斗的特征是不可改变的。外在的影响能够作用于我们的知识，而不能作用于我们的意志。“意志不能被学习。”恶的冲动可能通过进步文化被缓和，也假定了一种比其拥有者更安全的形式，但是就其根源而言，它们是不可改变的。我们既不能从历史中，也不能从社会中，收集到任何好转的期望。世界历史，伴随着它无目的的活动和沉重的悲惨，似乎对于一个无偏见的观察者而言，必须只是一种无序的人类迷梦。就社会关系而言，它们是非理性的缩影，而不是理性的缩影。特别地，人们为之奋斗的政治自由将更多地导致对自私和党争热情肆无忌惮地展现，而不是生活的内在提升。因此，十九世纪历史理想和希望在此遭到了断然的回绝。所有拯救的希望似乎都消失了。但是，尽管我们如此束缚、纠扰于宇宙的机械图景之中，我们仍有一种不可摆脱的责任感。我们悲惨的顶峰就在于我们禁不住将它诉诸自己的自由主体性，并将它看作我们自己的能力。

当它令人绝望地恶化着我们的存在之时，这种自由和必然之间的冲突同时也强制我们在其中看到更深的意涵。因为这种生活是非理智地在其自身被寻获的，它没有终极价值；它必须发源于某种自由活动，发源于意志的自为自主。正是这种自为自主才产生了我们所知的时空中的存在，同时通过它所包含的自我分离，也产生了那些数之不尽、多种多样的敌对存在，而这些存在之间的冲突应该为这个世界的悲惨负责。这就是我们如此痛苦地意识到的深重灾难的起源，这种起源彻底而冷酷地掌控了我们。

而这个哲学家并未对援助丧失信心。首先，对世界静观态度的教化中存在着舒缓悲惨的希望。艺术和科学都培植了这种态度的进一步发展。它们都将注意力集中于事物的客观方面，同时将我们吸引到对它的直观静观中。意志的无休无止减缓了它的脚步，激情得到平复；自私自利，以及它的动荡、介怀与痛苦，都消逝于远方。同时，下述事情也越发为真——在其中，叔本华任意地在自然美丽外形中看到类似于柏拉图理念的根本形式，因而也为纯粹普遍静观赋予了艺术观瞻的高度。

这种艺术静观的解放性力量在天才身上得到了最好表达，天才通过静观和创造获得完全的客观性，随之也完全忘掉了世界及其方式。甚至那些不是天才的人也有他们的静观时刻，就像存在于荒漠上的绿洲。这种对纯粹直观的诉诸给予科学与艺术以一种完全不同于黑格尔式的特征。黑格尔在所有精神创造物中寻找一种显明的理念；叔本华则将重点放在对即时印象的征服性力量上，放在对希图逃脱于所有意志的情绪的唤醒上。因此对叔本华而言，科学近似于艺术，而艺术中至高者为音乐，因为音乐再现了我们内在灵魂的所有情感，并不具有实现它们时的诸种痛苦。另外，戏剧及其悲剧的主题，使所有生活看起来像一场噩梦，同时也培植了下述信念——必须有另一种迥异于我们周遭之物的存在。

然而，这并不是对问题的解决；它仅仅将问题往回推了一点；它是悲惨的缓和，而不是治愈。此外，它不是一种通行的、对所有人都适用的方法。能够引发真正解放的唯一事物就是对生存意志的完全打破，而这又只能通过一种强烈而真实的感同身受才会被引发。这种感同身受不仅是对人类，也是对所有感性物的。到目前为止，下述是真的——救赎之途不是通过科学和艺术，而是通过道德达成的。这是因为，尽管这种同情能使我们对他者的悲伤感同身受，同时将悲惨世界的整体重量集中在一个单点上，但这种苦难会变得巨大得让我们难以承受。所有逃脱的希望一定会消逝，所有生活中的愉悦一定会被摧毁。如果生命完全是一个期待些许清凉的火炉，对个体而言，唯一的希望就是他碰巧遇见这种清凉一刻。但是，一旦他的感性扩展了范围，以至于摄入所有其他存在，并在它们中意识到自身，上述希望也消失了。意志退回已身；生活不再有积极的内容，它变得消极。同时，发生于人类中的事物的极峰和顶点，向我们证明了对作为整体宇宙的变革的期望是正当的。当整体存在实际上仅仅通过意志无所限制、激扬的生命力才首次出现的时候，整体存在就会被打破。因此，我们瞥见了一场伟大的解放，一处和平安详的港湾；它们并不是一种空白的虚无；它们为他而存留，对他而言，表面上的当下世界是真实的、终极的实在。

我们对叔本华的判断会有所不同，这种不同在于是将这种判断根植于他对历史演进的贡献上，还是将他的结论看作不刊之论。在前者中，我们必须将他的理念看作对乐观主义可被辩护的重要反驳，看作对包括启蒙运动和德国人文主义运动在内的教化特征的狂热信仰，而我们甚至可以加以补充，即对整个现代时期教化特征的信奉。一种强烈澎湃的生命力诱使人们将实在看作纯粹理性王国，并重视事物的光明面，同时通过将它们置于艺术或逻辑系统的设定中来克服当下印象之间的矛盾。经由进一步的发展，这种倾向必定会透支自己，并引发异议。正是叔本华凭其令人钦佩的独立性提出了这种异议，同时给予它一种典型表达。当他使我们处处感受到我们世界的非理性之时，他完全与我们的信念背道而驰。他将经验的新方面和事实的新集合引向前台；他不仅批判，而且建构，并显明新观点和新问题。作为一种对浅薄和肤浅的矫正，他对迄今为止尝试性解决的断然拒绝发挥了作用，并会继续发挥作用。在此处，哲学在自己的地盘上给予所有简单的乐观主义和理性主义以致命一击。这种倾向把世界和生活说成是对人类而言相当平稳和可以忍受的，而我们无论如何不能给予这种倾向以任何立足之地。

但是，在这一方面意识到叔本华的重要性是一回事，而尊他为有着金科玉律的大师是另一回事。当面对下述事实——他对事物的处理和评价至少是片面的（这种片面性也是他对之宣战的）、甚至在特征上更为主观——上述立场就站不住脚了[1]。如果之前对光明的强调太过排外，那么现在则存在着一种对阴影的大献殷勤。这个哲学家丝毫不加掩饰地沉醉于他阴森的色彩中。普遍而言，正是因为人们在实在中找到自己曾经赋予它的东西，所以在此处，这种经验判断中的偏差指向了看待生活的方式的根本不同。正是这种主动积极的冲动的优势地位使得世界对于更早的思想家如此的重要，因为他们的活动只有在这个世界中才能发展出，并找到最好的表达。另外，叔本华将所有发生在主体生活和感性中的事物和情感倾向联系起来。他对于实在的态度是静观性的，而非主动积极的。同时，因为他身上的这种倾向与怀疑、怯懦结为同盟，他达到了一种整体性的实在观，这种观点当然非常独特，并有着相当多的理由加以辩护，但他不能够毫无偏倚地看待它，并公正地对待它的不同方面。他将它暴露于耀眼的偏光之下，这种偏光

① 可能是说，叔本华对事物的悲观主义评价失之片面，故而不能被看作有着金科玉律的大师。——译注

黑白分明的效果可能会令情感感到兴奋，却产生了片面，甚至扭曲的画面。

叔本华将人类描绘成粗鲁的自然倾向和精巧有余却徒劳无益的精神的结合体。由于他无法抵御来自外在命运和内在攻击的威胁，他就像被钉在岩石之上的普罗米修斯。叔本华不承认理性意志，只承认一种盲目的欲望。他不能为内在运动，不能为通过悲与爱、工作与信念而来的人类本性的彻底重生找到立足之处。因此在每一处批判中，他都展示了一种精神内容的缺失，同时将灵魂置于对幸福贪得无厌的渴望的支配之下，这无可避免地仅仅导致最终的放弃。

如果没有其他一些更好、更深刻的趋向在叔本华内心中起作用，他就不会获得现在已得的影响。他拥有惊人的形而上学信念力量，这种力量将人类存在中的神秘因素揭示出来，同时将外在的即时世界降级为纯粹表象领域。他已经为某些基本伦理感受给出了令人惊艳的表达。他是一位伟大的艺术家，这不仅是由于其风格中鲜明、易懂、透彻的本质，而且最为重要的是他用以将这种神秘复合的世界转变为艺术设计的理想建构的技能。所有事物因而变得高贵，同时现实世界的重压也被提供了一种与其抗衡的力量，否则这种重压就会压碎人类，并摧毁他所有的主动性。这难道不是真的吗——通过这种形而上学的、伦理的、艺术的贡献，精神生活会变得远比严格意义上的叔本华理念所允许的更为积极主动？这难道不是人类思想比起他的体系更为宽广、丰富的又一例证吗？

在叔本华那里，否定消极要素的巨大优势非常充分地解释了为何他如此缓慢地获得承认和影响力。只要生活中乐观信念占主导，只要人们能够通过毕其精神能量于一役而克服所有的对立，叔本华的体系似乎就只成为荒诞不经之谈。只有当唯心主义遭到现实主义重创，同时现实主义的限制在后来很快地使它们自身被察觉到——只有当人类的活力松懈下来，同时怀疑精神广泛盛行的时候，叔本华的时代才会到来，悲观主义才会有市场。然而，作为一名抗议者，叔本华不仅抵制过去的趋势，也抗议现代文化主流，从而他的著作也不会那么容易地被扔入故纸堆。

III. 向现实主义迈进

在德国思辨主义和唯心主义中，我们达到一种运动高潮，同时也迎来此运动的大限之日。这一运动对各文明国家产生或多或少的影响；但其在德国的发展要更为深远，并孕育了更多具有创新思维的天才。这一运动的内在核心是唯心主义。唯心主义坚持旧时宗教生活观的精神本质，同时又致力于实现其自身在全人类范围的广泛传播，进一步达到更高的水平。另外，人类刚刚迈入现代纪元，存在着一种反动影响在起作用，人们倾向于将所有人类活动集中对即时的感官世界上，并由此构建人类生活。这对工作产生了客观影响。十八世纪时，现实主义运动已经活跃于英法两国，并且取得了不菲的成绩。然而，德国的国情相对比较特殊，他们不鼓励精英文化和文学，并且极力阻碍精英文化和文学在德国的成功发展。于是，当现实主义主导着十九世纪人类文化时，德国对现实主义革命感触最深刻。人们几乎无法理解德国人生活在富产诗人和思想家的国度，他们是如何如此迅速地实现在技术工业领域的领先地位。难道我们忘记德国人早已在实践领域展示过其强大能力和技术？难道我们忘记直到宗教改革德国人才将注意力转向对人类精神能力的发展？尽管如此，值得肯定的是，我们所接触的有关新秩序取代旧秩序，现实主义取代唯心主义最鲜活的例子也只能在德国找到。

1830年前后，德国的关注重心的转移尤为明显。此前，德国的自然科学发展相对落后。如今，自然科学却影响了德国的世界观并成为德国国民生活的主要力量。1826年，化学家李比希在吉森设立新模式的化学试验室；1827年初到1827年间的冬季，为吸引更多的人关注自然科学研究，亚历山大·冯·洪堡在柏林大学和柏林音乐学院就物理宇宙结构学发表公开演讲。同一时期，技术发明大大方便了人们的交流沟通，为经济生产发展注入新的动力，并彻底革新了旧有的生产条件和方式。1827年，螺旋桨的发明首创性地使蒸汽航行成为世界沟通的有效方式；火车也随后于1830年诞生。此时，英国居于遥遥领先的地位，其他国家也紧随其后。法国巴黎在这一时期爆发了七月革命，给德国及其他欧洲国家出现的类似运动播下种子。法国人民渴望更大程度上的政治自由，进一步参与公众事务，而这种渴望一直持续再也没有停息。就经济而言，德国力量的崛起始于1834年1月1日德国关税与贸易协会的成立之时。然而，德国先辈伟人在此时相继去世，却没有足以胜任的继承者。裴斯泰洛奇于1827年去世，黑格尔逝于1831年，歌德与施莱尔马赫相继于1832年和1834年辞世。显然，一个时代正在消亡，另一个时代迎来了黎明的曙光。德国经历了世界上前所未有的剧变，其重建内部生活平衡的道路也最为艰辛。然而，德国仅能从某些方面明确地展现文明公民所面临的共同的命运和问题。

这一新运动旨在将人类兴趣全部集中于其生存环境上，人类与其生存环境的关系决定了人类生活和思考的方向。如今，思辨哲学对世界观的影响远远小于自然科学对其的影响。人们不再像以前那样专注于文学艺术对个人思想的培养，转而加强政治社会关系对个人的教化。这导致培养方法的相应改变。忽略了感官存在后，人类不再大胆地发挥想象力探索未知世界；人类必须谨慎小心地应对进行中的问题。人类活动被贴上了“工作”的标签。十九世纪最明显的特征就是人们意识到工作越来越重要。事实上，其他国家也十分勤奋进取，在较早时期也有许多显著的例子。但是，工作的特征在十九世纪发生了明显的变化；工作不再针对内心生活和个人，转而关注大千世界的事物并专注于制定体制法律以及满足世界的各种需求。也许，工作带来了十九世纪最伟大的解放，也就是人类自身的解放，使人类成为自身不断进步的工具。工作形态的自由独立使工作成为复杂且分布广泛的组织。这在大工厂中的工作中，在分支遍布全球的商业中，在不断专业化的科学中都得到了证实。个人必须在这些复杂的组织中找到自己的位置；一旦脱离组织，个人将会变得一无是处。然而，个人能力的有限性要求人类集体能力要相应地有所提高。自然揭示了人类从未幻想过的先进的知识力量和联系，技术任凭人们使用。此外，理性在人类世界扮演着越发重要的角色，非理性已被根除而不复存在。生活的内容得以充实并丰富多样。劳工组织为看似无法解决的棘手的政治和社会问题提供了解决渠道。

社会历史的发展以及互惠和传统之间的联系的加强使得工作获得了很大的支持。没有这种支持，工作就无法变得如此高效多产。尤其在此方面，十八世纪与十九世纪的状况截然相反。

十八世纪之时，规定社会法规的机构像枷锁一样束缚着人类，从中解放成为当时的潮流。对于权威机构和传统而言，它反对活在当下，并转而求助于永恒理由对其的支撑。此时，唯心主义阵营中甚至已经出现了抗议反对的声音。浪漫主义者和哲学家联合起来维护历史的荣誉，最后直到对感觉的厌恶在黑格尔处导致了一种对国家价值的近乎危险的夸大。然而，历史社会背后总存在着一个精神世界；历史社会的价值就在于对这一精神世界的客观反映。然而，现实主义抛弃所有隐形的联系，在历史社会和直接实践中寻求产生人类精神生活的领域，人类也只关注这一领域。我们对自身的存在有了更清楚的认识，它有着半社会半历史的属性。我们脚下的世界之前被唯心主义所鄙视，现在汲取了更加丰富的内容和发展动力。现实主义能够指导生活并以自身标准塑造生活，其原因仅是哲学世纪被人们对历史社会的兴趣占主导地位的世纪所继承。

但是，现代现实主义与历史上各种现实主义运动的不同之处就在现代现实主义对至高无上地位的不懈追求和对积极结果的关注。从前的现实主义对自然持批判态度，是对人类接受的传统生活的反对运动；但不具有独立的建设性作用。另外，现代现实主义的目的在于指引生活的方向并对其加以塑造满足自身需求。现代现实主义并未质疑对人性的理想要求，而是从不同的角度对其加以解读并希望从中得到满意的答案。

现代现实主义的目的是希望将人类从空中楼阁带到实实在在的感官体验世界中，从而使生活更加真实、丰富、强大。于是，生活脱离了轻浮虚无并且开始追寻真理，生活在自我调整以适应稳定不变的环境的过程中获得了新的能量。这种整体态度的改变能够影响生活的各个领域。这在科学领域得到充分体现，在宗教道德和艺术方面也得到良好的诠释。现实主义局限于可见的世界领域，发展积极的宗教信仰系统对其来说不现实；但现实主义仍试图了解宗教，并承认宗教是人类发展的必经之路和必要阶段。另外，生活的新秩序必然会产生新的道德问题和道德动机。工作赋予人类以洞察力。因为以历史社会关系的结构为自身基础，工作要求个人对其完全服从，强迫个人为了整体利益做出自我牺牲并同所属部门的其他每个工人合作。如今，提升整体生活水平已成为人类活动的主要目标。自我价值的实现让位给了利他主义，利他主义以为他人服务为核心。现存秩序崇尚个人主义，同样符合伦理道德。尽管人类一定会意识到这一秩序的局限性并且逼迫自己服从这一秩序，人类仍要认识到工作可以带来能量和喜悦。艺术也必须调整自身以适应现实主义的思维模式。艺术必须抛弃对新世界的憧憬描摹，通过更加细致的观察对现实加以客观描述而自得其乐。

这种新生活必定会带来看待生活的新方式。客观世界是个多面体，因此我们可以选择自己的立场，让自然或社会主宰我们的整体立场。顺应潮流出现了三种思想流派。第一，实证主义。实证主义寻求自然和社会的融洽共存。第二，进化论。进化论带来了自然概念。第三，社会理论，尤其是社会民主论。社会民主论强烈要求社会革新。

这些生活观都与其同时代的工作有着紧密的联系，得到了坚定的支持。同时，这些观点能够近距离接触直接印象，由此能够对生活产生更加直接的影响并迅速地扩大这一影响。毫无疑问，这些生活观的内容和建议对更广泛的经验问题同样具有价值。无论如何，这些观点能否兑现提供一个无所依据的完整的生活理论的承诺，并满足全体人类的需求是一个关键问题。这一企图不正暗含着对人类生活的令人难以容忍贬低和限制吗？现实主义极力攻击唯心主义，然而如果不大量引证唯心主义，现实主义能取得现有的成就吗？我们必须首先研究这些观点的时代背景和它们为给现实注入新鲜血液所做出的努力。

(a) 实证主义

这里所说的实证主义是广义上的实证主义。它包括实证主义家从经验的角度出发，渴望自然和社会的融合，强调自然和社会同样重要。这样，我们在不考虑任何来自法国实证主义运动[①]的影响下对密尔和斯宾塞等思想家进行讨论。

(α) 法国实证主义与孔德

实证主义的主导思想最早可以追溯到十八世纪，实证主义者多为英国思想家。但是孔德的特殊贡献就是他将这些思想家的理论体系化并充分渗透到生活的各个领域。

我们从字面意思就可以充分了解实证主义的本质核心，即将生活和思想严格限制在能够直接观察和体验的范围内，也就是所谓的“确实的”。人类为了解这一世界并且根据其他世界来解释该世界的企图都是徒劳，也无法实现同其他世界建立实际关系。这种限制通过不同的方式展现出强烈的负面影响。相信上帝和来世的宗教在此没有发展空间。无论多么正确，我们的经验仅同关系有关，而且来世的本质仍然不为人知。因此，我们必须放弃所有以前观念中的宗教，以及纯思辨的思想。思辨主义的思想和原

① 参见附录 Q。

则同样超出了经验的限制并将我们引入歧途。思辨主义将终极目标描述得美轮美奂，并称我们距这一目标仅剩一步之遥，使我们陷入空欢喜以及失望的苦楚中。我们不能再问何时何地，只能严格地将全部活动（包括目的和方法）局限于所处的现实世界中。

然而，一旦失去幻想，对于知识和活动而言，这个世界就具有无与伦比的重要性。这个世界表现出来的无穷的关系网不仅仅混乱得令人迷惑，但各种各样同时存在的事件发生顺序是一致的，并都遵循法律。每个单独事件体现了构成整个法律体系的特定方面。为了确保这种一致性，科学主要关注的就是这些法律。实际上，通过这种方法了解宇宙基本特征的能力不仅是对自身的充实，也为高效活动铺平道路并确保更高的生活水平。了解事物之间的联系使我们能够举一反三，预见未来；那些能够预知的人可以根据自身需求塑造事物。力量的关键在于具有远见卓识。因此，理论和实践是同一链条上相扣的两个环节。真理的目的就是通过观察去预知未来。相应地，我们可以设想生活实践的局限将给我们带来更多的快乐并使我们满足于自然的恩赐。我们不再空想，因此作为回报我们获得了实实在在的快乐。

生活领域的局限使人类在宇宙中正确地自我定位。从宇宙中解读出我们的本性，按我们的意愿安排宇宙，并使我们自己成为实在的中心——只有做到这些我们才能超越经验。现在，我们必须摒弃这种误解，我们必须适应宇宙，必须认识到只有通过改善与自然环境的关系才能正确使用力量进而获得真正的快乐。

然而，我们或许会问这不就是对自身局限性的认识和简化吗？还有什么新鲜的吗？这能够推动一个全新的生活体系的产生吗？在一项对历史的研究中，研究者从哲学的角度审视历史，以正当的理由对此问题做出肯定的回答。这项研究表明，启蒙无疑仅是人性从谬误走向真理这一长期过程的高潮。启蒙过程经过了三个主要阶段：宗教、形而上学和实证主义。在摆脱物质需求的压力后，人类开始了自由的思考，并大胆试图形成对客观世界整体的认识。人类只能将自身特征和所处的环境放到宇宙范围中加以理解。人们像孩子一样认为客观事物也像人一样拥有生命，简单地说就是将事物拟人化。在宗教信仰阶段，人们认为宇宙由跟人相似的神掌控，人们将全部热情投注于讨好这些神。宗教时期经过了许多阶段，从不成熟走向成熟，从粗糙的物神崇拜走向精致的多神论进而发展到一神论。孔德认为多神论是宗教信仰的最高级形式。宗教发展到一神论时，感官感受和人类元素被逐渐忽视。这时人类迎来了向形而上学阶段的过渡时期。在形而上学阶段，理性，本质，目的，力量等抽象原理变得非常有话语权。最初的神人同形同性论已经成为过去式，然而随之产生的却是一种更加微妙或者可以说是更加危险的同形同性论。如今，人类围绕这些原理产生了斗争，通过对抽象思想的不懈追求，人类开始思考要赢得快乐。最后，充满革命色彩的形而上学阶段也不得不让位于实证主义。实证主义经过长期的缓慢发展逐步走向成熟，最终在十九世纪成为主流思潮。实证主义认为自然科学从理论上塑造了我们的思想，并且支配着人类生活；自然科学首创性地从技术层面使我们的工作有史以来第一次成为真正的工作，也就是有目的地掌控自然环境。哲学仍有发展空间，但其任务仅仅局限于用它们最为普遍的表达解释自然科学成果，使其成为一个体系并提出真正科学方法的普遍理论。

这里所涉及的历史发展观极为片面并接受批评。然而，这一历史发展观起源于一个独特的信念，这一信念在不竭的动力下得以保持和发展。它往往对事物有着更为独特和出人意料的见解。孔德的历史观同莱布尼茨的历史观有很多相似之处。所有过程都在缓慢而持续的发展中获得影响，事物发展的早期阶段隐含着后期阶段，革命性的巨变是逐渐发展的产物。因此，当前的潜力非常有限。我们不能通过暴力手段实现发展，其效果将无异于拔苗助长。此外，任何工作都是有其自身价值，最微不足道的贡献也是历史整体结构中不可获取的一部分。智慧推动整体的发展，智慧所处的发展阶段决定了工作的特征和生活的呈现形式。莱布尼茨认为知识是心灵之光，孔德却坚持知识是人类对其与自然环境的正确调整。于是，人们更加强调事物之间的相关性，我们必须利用当下满足其需求。那些深谙其所处时代的特殊性并据此调整自己的行为的人可以给世界带来深刻影响。孔德发现这一理论不仅适用于其所处的时代，同样适用于后代。

如今，孔德发现经过过去几个世纪逐步发展实证主义的一些趋势已经显现。他致力于使人们充分认识到这些趋势并将其系统化。为了实现这一目标，人类必须废除早期阶段的所有遗产以及仍在发挥作用的所有抽象思想和理论，然后向所有领域引入一种全新的思维模式。因此，重审科学的各个部门并搞清楚每个部门所取得的成就和欠缺变得非常重要。孔德划分了五个主要学科：天文学、物理学、化学、生物学、社会学（新创词汇）。这些学科从不同方面满足了重建实证主义的更大的要求。在数学的指引下，天文学和物理学已经投入实践以满足新的要求，化学界仍然充斥着令人困惑的思想和主观性极强的解释。作为十九世纪的科学成果，生物学仍然在成型中但已开始发挥作用。社会生活是经验的最后一个阶段，等待人们以科学的态度对待它。这种科学态度对于看到当今复杂生活的问题具有重要作用。

尽管孔德对生活的描述主要参照了法国路易－菲力普王朝资产阶级君主制统治下的情况，但其描述对现代社会共同的特征具有普适性。孔德的描述非常生动并一针见血。所有罪恶的主要根源是理智障碍。人人都按自己的意愿思考并随心所欲。自我主义，物质利益，政治腐败无法得到有效整治。这一时期没有伟大统一的理念，这是一个意志和信仰并存的时期。生活变得肤浅，深受易变时光和过往印象的影响。修辞和文学技巧比实际成就产生的影响更大。然而，一直由法官和学者掌控的法国如今落入律师和文人之手。技术工作虽取得了发展进步，但人类的重要性却没有得到相应的发展。专门化的趋势越发明显，教学的意义远远超过了教师的价值，建筑物的重要性远远超出建筑学。如果创造者和接受者没有通过共同信念紧密联系在一起，艺术就无法取得任何成就。因此这种智慧的解体无法为艺术提供生长的沃土。宗教的主要目标是激发其拥护者心中对其他教派学说仇恨，这种仇恨来自本能，无法战胜。此外，现代人习惯性地认为宗教对他人来说是不可或缺的，对自己却是可有可无的。最终，思想趋于两种相反的方向：保守和激进；这一事实给政治生活沉重一击。保守主义在传统宗教和形而上学的思想体系中寻求主要论据，这些思想体系已经被科学否认，并被视为反动派。另外，支持激进思想的现代信念越容易表现出革命性的特征。世界呼唤新的社会秩序的到来。

这将受到何种影响呢？孔德非常坚定地认为所有真正的进步都与理智进化密切相关并声称科学不能仅凭一己之力给我们帮助。科学将人类生活带到实证主义思想的统治之下，使人类生活实现自我理解，并加强与自然环境的联系。我们首先要消除人类之间的相互孤立和敌意，这可以通过引入社会组织的概念得以解决。这里所说的社会组织不能以我们所熟悉的希腊思想的艺术角度去理解，而是从自然科学使用的方式去理解。不同的元素紧密交织构成了一个有机的复杂体，荣辱与共，动静结合，相伴而生。多亏了生物学，尤其是生物学的分支组织学，我们才会拥有这一概念；但是社会组织的最高级形式是人类社会。在人类社会中，个体之间紧密相连，个人不能脱离整体单独存在。没有社会交际，人类生活就不会得到发展。社会状况决定了个人的幸福和特性。人类的梦想和渴望都是其所处的社会环境的产物。只有孔德仍然认为社会相当于一个有机体，在现代科学的帮助下完善对其意义的诠释，并以更严肃的态度对其加以发展。人类必须时刻强烈地意识到自己是一个有机体的一员；社会更加强调利他主义，反对以自我为中心的个人主义。尽管自我时常凸显，但一点也不客观。每个人不仅要把自己作为个体加以考虑，还应该将自己视为公职人员；富人应该将自己看成“公共财产的保管人”。现代工业“为人类的外部世界活动提供了系统性的方向”，成为一种哲学趋势；现代工业要求更广泛的分工，由此加强人们之间的联系并巩固团结。政府的主要职责之一就是避免来自分工的危险，更进一步说，保证每个人根据自己的能力分配任务并发挥职能作用。然而，如果社会生活没有受时代变动和党派冲突的影响，我们必须像“人类智慧的政治杰作”——中世纪天主教体系一样对世俗权力和宗教权力加以划分。精神权力必须通过对必要方面的关注实现其对教育的直接控制，使教育免受不稳定的政治生活的影响。精神权力只能通过发挥建议或道德权威的职能影响其他部门。孔德称精神权利将巴黎作为其活动中心，并建立了实证主义教派的永久议会，所有文明国家必须向该议会派遣代表。显而易见，实证主义已经成了一种宗教，一种以人性取代上帝的新信仰。然而，人性不仅是宗教的核心，也是所有奋斗的理想。例如，艺术主要致力于对情感的描绘，情感是人类区别于其他物种的显著特征；此外，艺术用生动的画面阐述人类对美好未来的希冀，以此满足人类渴望的理想。个人无法获得不朽，而物种无限演进的观点却使人得以永生，因为这一观点意味着个体的工作成果在整体中得以保存体现。最后一点是关于喜悦和希望；社会更加和谐，物质条件得以改善，人类对自然更大程度的掌控，人性将变得更崇高，更值得尊敬。

由此，现实主义拥有完整的系统，这一系统甚至包括其术语都行之有效，极具特色。现实主义能够产生如此深远的影响大部分归因于其坚定性。总的来说，现实主义率先尝试实现人类全部理想的公平并仅通过对经验的正确理解彻底改变人类的社会生活状况。孔德将大部分精力投入到这项任务中。但我们不能说他取得了真正的成功。因为仔细审视孔德的理论体系，我们发现其主要思想在不断求证的过程中得以丰富充实，而这些主要思想最初吸收的看待评价事物的唯心主义方式被判定为致命的错觉而遭到整个计划的废弃。一种严格意义上的现实主义体系是否相谐于提升人性伟大，相谐于“伟大的存在”，相谐于神圣荣耀，甚至相谐于将人性整个溶于有机体中，这个整体将责任强加的个体上？现实主义对理想和不朽有什么需求？孔德对人类经历的单纯现状的描述受到了强烈的批评，我们从中看到孔德的思想经历了调整，甚至可以说是革新，对改革的一次尝试。当处于由知识向行为过渡的关键转折点上时，现实主义不再相信自己的资源；只有在唯心主义的帮助下，现实主义才能克服困难，实现从“实然”到“应然”的飞跃。

此外，我们务必要承认孔德指出的缺点和相应补救方法之间巨大的差异。他通过承载着信念的令人无法忘怀的事例描绘了现代生活的缺陷，然而通过他提出的解决方案，我们应该整理思想观念并且重返较为古老的组织中去。孔德提供给我们的无异于没有涉及宗教理念的中世纪天主教理论体系，我们吸收其形式反对其内容。孔德发现了生活中存在大量的问题，认为这些问题可以通过改变外部世界的安排来解决。他以法国常见的趋势为例，夸大组织的力量。

此外，孔德的主要目的是建立科学和社会学方法之间的紧密联系。这一目标本身内含矛盾，这种矛盾在很大程度上对我们刚才留意到的立场转变负有责任。我们对自然科学方法越忠诚，我们的工作就变成简单的描述，对周围事件的陈述。另外，身处社会中，事情所处的状态不尽如人意，这就产生了对改革的强烈要求；这种情况下描述并非工作的目的，而是工作的开端。渴望成为改革运动的实证主义是自我矛盾的。事实上，这种矛盾并非仅存在于实证主义中。这一矛盾影响着整个社会科学，尤其是社会学试图将自然法则引入社会生活并对其进行改善的双重任务。

但是，尽管孔德受到许多批评，他仍是一个给人以鼓舞的伟大思想家。他倾注了大量的精力来整合现实主义思想，从各个领域对现实主义的主要思想进行考证。他坚持不懈地用一种特殊的方法解读客观现实，准确使用技巧构建发展其理论分支。就某些方面而言，孔德理论相当于黑格尔理论在现实主义领域的副本。同黑格尔一样，孔德的影响超越了思想流派的限制，对整个社会生活都有影响。孔德的许多思想深深地打动了我们，同样，通过孔德思想阐释，我们也很容易被允许拒斥膨胀的自我意识。但是出于对贯穿其作品始终的真理和幸福的强烈渴望，我们可以认同孔德的思想。即便它使整个体系变得格外复杂，并在最后使孔德脱离他原始的课题；但它迫使我们认识到孔德虽有缺点，但仍是一个不凡的伟人。

在凯特莱[①]等人的理论中，有对相同问题更为详尽和准确的解答，孔德的思想在他们的支持帮助下迅速获得认可并产生广泛影响。凯特莱的调查拓展了我们的视野，使我们认识到个人无法给社会带来明确的显著特征，个人由社会塑造这一事实。通过对大量事例的观察，我们发现了一些价值观——混乱中尚存的一丝秩序。即便这种偶然产生的现象也被规律所主导。我们发现尽管个体间存在明显的区别，但这种区别存在于个别领域。此外，个体间仍存在很大的相似性。所有事情表明我们要更多地关注社会事件；尽管这些进步不会对个人的幸福和成功产生直接影响，但我们不要过多地在乎个体的利益，要专注于整体条件的改良。因此，现代科学支持实证主义将社会状况作为中心议题，并从社会层面讨论道德问题。

（β）英国实证主义代表密尔和斯宾塞

尽管依据本书的计划，我们无法对实证主义家进行过多的细致讨论，我们仍要简单提一下英国实证主义的特殊代表。比起法国而言，英国实证主义深深地根植于其国家传统，在开展于经验的基础上发展更为全面的思想体系这一任务时，我们必须保持高度谨慎且开放的态度。此外，英国实证主义从孔德式的等级体系

① 参见附录R。

的限制和制约中得以保存，盎格鲁－撒克逊种族[①]最初就被自由和个体性而主导。

启蒙运动贯穿了十八世纪和十九世纪初期，约翰·斯图尔特·密尔深受启蒙运动后半阶段中实证主义浪潮的影响。他毕生之作主要包括这些实证主义浪潮的延续和发展。他并未给他的知识论和方法论注入新元素，但实现了传统经验主义与分支纵横、高速发展的科学的紧密结合。

英国实证主义者敏锐地分析了思想的复杂进程，为实验求证和政治经济学提供了新见解和建议。就政治和实践而言，密尔深受边沁和亚当·斯密等人的理论影响。他在求证中展现出无比的热情，深刻领会了经济自由和功利主义的思想精髓。密尔一直活跃于其职业生涯中，从未脱离其所属思想流派。然而，密尔一直保持那种鲜有的心思缜密，这种缜密通过在无止境的人类活动中寻求真理的渴望得以保持，强迫自己站在对立的角度，不断研究其理论学说。密尔由此从许多方面对其学说加以改造补充；事实上，他并不知道自己取得的一些重要特殊成就的结论与他最初的截然相反。比如，功利主义的理论基石在功利观念向“为真理寻求真理”的扩张中，在划分精神快乐和肉体快乐的本质区别中受到威胁。对活生生存在的人类的深刻同情使密尔越发怀疑由经济生活向简单自然过程的转变或者从商业精神角度理解人类劳动的思潮。这使得密尔越来越支持国家加大干预力度。密尔非常重视人类自由，这使得他深切地体会到来自现代生活和普通人力量增大所带来的危险。对自由的关注也使他渴望个人更大程度上的独立和伟大。“众人拾柴火焰高”。最终，

---

① 参见附录S。

对人类生存状况和命运充满同情的客观体验使他渐渐偏离最初的乐观主义态度，使他进一步接触宗教情感和反思。密尔常常无法取得预期的结论，或者无法完成其学说理论。尽管如此，密尔所作出的努力以及他的真诚仍然值得我们瞻仰。从另一角度讲，密尔的毕生之作同样具有极大的价值——他的成就阐明了十九世纪发展中的生活的主要方面，这种处于发展中的生活正驱赶着人们超越此世纪前半期那批人所持的立场，这批前几个世纪的人们感到（并有权感到）他们处于社会发展的前沿。

赫伯特·斯宾塞生于 1820 年，卒于 1903 年。我们发现尽管斯宾塞的理论与密尔有很多相似之处，但仍然是一个完全不同的体系。这一时期，分化和专业化的趋势愈演愈烈，斯宾塞投入巨大的精力，最终总结出了知识领域的主导思想，从而使知识领域焕然一新。这一思想就是演进，在这里我们要从斯宾塞的角度理解这个词。因为只有从这种角度理解，“演进”一词才能获得新意义，不再是我们熟知的“进化论”，并为那些接触过德国唯心主义的人所熟悉。然而，“演进”一直用于形而上学领域中，但现在更加符合现实主义的思想。现实主义思想建立在经验的基础上，在自然科学的影响下沿着原初的轨道发展。随着物质整合和运动分散，“演进”成为普遍事实，导致了知识的完全统一。这种整合和分散交替出现体现在运动整合和物质分解。这一渐进演化时期的主要特征表现为同质性向异质性的转变。这种变化是进步性的专业化和分化，这一变化从整个宇宙逐步渗透到世俗事物、人类社会、文明和个人。在此时期，事物的分解并非严格按照上述顺序发生。然而，力量在所有转变中都已以物质和运动两种形式存在，并在转变中保持不变。尽管我们对这一力量的真实本质仍然一无所知。将这些主要思想引入不同流派产生了许多具有独特见解的思想。但是，我们对斯宾塞逻辑思维的崇拜并不能让我们盲目地忽略一个事实，即他以图解的方式展示其研究对象而不是给赋予其全新的见解，而且他只是粗略地总结现实世界。斯宾塞喜欢概括，这使世界成一个苍白的影子或鬼魂之域。在实践领域，他表现出来更多生活的气息和活力；实际上，斯宾塞一直坚持不懈地追求个体的完全自由。使这种个体的完全自由与遵循自然法则的进化论达成和解并非易事。但是，无论我们对斯宾塞方法和结论持何种态度，他根据某些自己的信念并通过构建全面的系统重新诠释了知识王国，这使他在英国哲学家中拥有独一无二的地位。

(b) 现代科学和进化论

十七世纪时，人们已经了解现代科学的主要特征并大胆地描述了现代科学的大致框架。十九世纪的任务就是对这一框架进行补充说明。然而，单单这样一个框架太过抽象，无法使科学的世界观成为生活总体方案的一部分。值得指出的是，人类的高贵渗透在德国诗歌和思辨主义黄金时期的每个角落，而这一时期的唯一任务就是培养人类的高贵，自然被视为人类活动的场所。例如，黑格尔认为宗教生活和人类精神生活之间是平等的，并存在互换性；他坚信绝对精神可以在人类历史中自我实现。这种理论体系能免受地心论的影响吗？如今，现实主义的发展彻底改变了一切。自然科学此前只是一个单独的领域，如今实现了与思想王国的和谐相处。最终，数世纪前的成果对我们认识客观世界造成的改变在人类信念中体现出来。这些变化涉及诸多领域，如旧的世界观产生了影响深远的修改，旧世界观对中世纪主义，甚至宗教改革来说如此被深信不疑，同时与宗教思想紧密相连。尽管我们对外部世界看法的改变远远超出了我们可以接受的程度。然而，地球仍被看作有限宇宙的中心，人类行为可以决定整体的命运；总的来说，人的重要性和人性的重要性注定要比人类仅仅成为无限宇宙中固定行星的居民时期要大。而且，从整个宇宙的角度来说，人类生活全部领域变成了一个小点。然而，人类对自然的内在看法的改变跟外在同样多。一旦自然被人类精神力量填充或者主宰，人类生活进入了内在地与其自身相似的领域，与自然相处融洽。但是，新知识现在对其加以冲击，使其与人类疏远。首先，启蒙运动的主要特征——思维的双重性使得划分出单独的领域成为可能，内部生活自由发展，但是随着万能的自然王国进一步发展并通过无数的关系接近人类，这一领域将不断被侵蚀，直到最终它的存在受到威胁。人类向自然同化变得越发无法阻挡，人们更加顺从自然法则；人类灵魂转向成为精神过程的单纯聚合，成为机械世界毫无用处的一部分。

人类同自身所处环境的转变由理念的演进造成。这一理念有着耐人寻味的历史。它与古典时期主流趋势有很大的区别，古代的艺术教条要求世界的基本构造尤其是其有机形式，应该是固定的。我们经历的所有变化都归因于宇宙生活的有节奏的运动，有着连续的起伏，不断地回到原点。基督教宣扬世界历史的独一无二性，注定要反对周期性的观点以及世界无休止的重复。基于这种概念，宗教思想将世界所有多样化看成是展开的神圣统一，看成是永恒存在的瞬时显象，从而阐述了一种代替上述世界构想发展理论。根据这种宗教领域的发展学说，人类已经融入了神论的现代趋势之中，它也是一种艺术学说，这种学说代表了宇宙整体上由内而外地开始成长并取得对自身的更完美的解释。歌德和谢林持这种观点。两种学说都给可见世界蒙上了不可见的背景。世界不再仅仅关注自身发展的持续性，它成为竞技场，迫使更深层的秩序发挥作用。

现在，我们的现代科学拥有准确的方法，并实现了对上述内容完全逆转。经验的产物被视为经验中活跃力量的产物。通过历史性起源，存在被生成过程中加以解释；世界的发展被认作不是任何超越的、外部力量的行为，仅仅是要素力量碰撞的结果。这种概念使进化论完全反对所有对不可见的超自然秩序假设的解释。

在笛卡尔对科学的宇宙哲学的第一次概括中，我们了解到新世界从简单的开始渐渐发展变得复杂，其动力来自于自然本身，这一思想后来得到康德和拉普拉斯的发展。从洛克往后的现代心理学孜孜不倦地寻求理解个人的精神生活，即个人精神生活从小的个体逐渐成长的历程。十九世纪，人类一直试图从自身发展的角度理解人类的历史地位，而不超出经验的限制或者求助于任何宗教或者形而上学的假设。但是，直到十九世纪，这一应用起源解释方法的尝试才不断地受到一种严重的障碍的检验，这一障碍就是有机物中不变的不可剥夺的特性。此时，对实在进行详尽的科学解释似乎存在一个无法逾越的限制。被赋予人性的理念以及非凡之爱总是会在此基础上驻足，以寻求安全的庇护所。于是，当像拉马克和达尔文在内的思想家将这种方法拓展到有机物种的范围领域内，这种方法就会对整个宇宙产生深刻的影响。众所周知，达尔文在此方面奏响胜利之歌，将两种主要思想结合起来。第一种思想是一个更为普通的断言，即有机生命有着一种从确定的原始形态逐渐发展的过程，他将基于历史的解释引入有机自然，简言之，就是物种学说；另一种思想是对发展的方式和方法更细致的划分，即自然选择的理论，也就说将所有物种无休止的战争引入为生活而进行的奋斗中，即适者生存；以及在不参考任何目的概念的前提下解释高度目的性的形式。这种更为细致的解释使得逐步进化的概念变得更加生动，更有说服性。

在这里，我们不从科学性的角度讨论这一理论，只谈论它对我们的生活态度的影响。从这一方面来看，使这一学说的两个阶段保持分离非常重要。寻求原创的新生命观这一探索主要是自然选择理论所做的。通过将人类完全同化于自然，自然选择理论把塑造人类生活的任务交给对自然形态形成的掌握力量手中。因此，生活剥夺了人类被赋予的所有内在价值和高贵，生活的呈现形式仅仅由环境所决定，并只能由为争取存在的努力得以维持。只有当机遇带来的财富因为其有用性和可继承性，并在漫长时间里融入物种的过程中得以维持，人类才可能取得进步。但是既然对这一获益没有内在地占有，善和美就其自身也就没有喜悦可言了；我们所得到的只是一种自我保存的新方式。亚当·斯密的学说已经解释了降低精神生活地位的纯粹功利主义学说的影响，我们在此以极端的方式加以讨论。内部生活失去了所有独立价值。唯一的权利就是强者的权利，所有仁慈，尤其是对弱者和苦难者的关心，将令人们丧失斗志，从而成为一件彻头彻尾的蠢事；由此，如果在这种互竞力量的盲目混杂中我们可做的不多，这就只能使为存在进行的斗争更加困难长久无情，不适应的将会被根除，选择的过程将会越来越快。

只有当我们跳脱理论本身的逻辑框架，这些才能随之发生，而这种理论支持者却鲜有人这么做。因为另一类所有的不可见的信念会令这些支持者暗地里以极为不同的方式对待这种内在革命，将它看作一场脱离于琐碎狭隘的观点的解放，并以为它使人类生活高贵起来而热烈迎欢此理论。这些新观点悄然地被移植进一种未被渗透的环境中，通过几个世纪的努力，它们带着精神价值观从这一环境中吸收适合自身发展的东西。只有通过这种方式进行补充，它们才能成功地创造出能令人容忍的生活形式，并使我们“忽视生活只能是绝对的无意义”这一事实，如果生活像它们建议的那样。对于所有处在苦难和挣扎中的人，几个世纪的劳动和文明的发展不能指望一个内在的人更加美好，或者以任何一种方式拓展理性的疆域。我们必须集中所有精力发展更为坚强的个体，以及更加容易适应生存奋斗的生物。但是，谁是这种存在的受益者？这一存在引发许多麻烦，并时不时地需要我们做出牺牲生命的宣言。没有人从此获益，存活者没有，其他人也没有。尽管付出诸多努力，我们还是一无所得，只是以更加方便的形式保存我们最初由外界被给予我们的东西。这种对自然选择理论，也就是生活问题的解决方案的否定拒绝绝不会使这种理论一无是处。没错，自然选择是将塑造人内心生活的环境和长期作用下的微小改变的影响带给人类的最有效方式。但是，这些需要放在一个更大的背景下理解，如果其旨在服务真理而非谬误。

如今的自然科学中，自然选择的理论被放在一个非常狭隘的范围中理解，这样的话自然科学很难成为全部生活的指导原则。但是，它与物种理论更为普遍的概念相差甚远。因为，这种理论在科学领域越来越站得住脚，普遍的生命（生活）哲学必定要与之达成协议，就像其与哥白尼学说达成的一致一样，由此得到其更大的影响。对待有机形式的历史方法的延伸不仅给宇宙法则带来变化，还使人类与自然的关系更加紧密。因为物种起源解释法无法适用于整个自然，而且遇到人类就马上分崩离析。但是，承认这个并不能迫使我们接受反复无常的相对主义或者精神生活的敌人——自然主义。因为如果有机物种的发展是渐进的，它们不能仅仅成为元素偶然碰撞的结果；它们的形成可能包括对自然法则的无止境的遵循。从特定的某点显现出来的，它一定曾潜在地存在于整个系统中。具有毁灭性的不是运动本身，而是运动不由内部法则操控之时。对某一运动的认可，在这一运动中固定法则盘踞，并不能降低我们对自然的看法，只能给其更多的高贵；事实上，这一认可不能解决起源的问题，而是将这一问题放到更广阔的领域并使其失去神秘感。此外，人类对自然的估算越准确接近，根据我们给予生活的意义，就会带来截然相反的结果。如果这一认识中没有本质上新的元素，如果其内部力量不能使其超越自然水平界限，那么对于这种更紧密联系的培养将以其完全自然化告终。另外，如果我们在人类中认识到实在的新阶段，以及一种独立的精神生活，那么他与自然更紧密的关系只会抬高自然的影响力，赋予自然更深层的基础，使自然成为更大系统的一部分。这样的话，人类并不是通过自然而自我贬值，而是自然通过人类而身价倍增。所以，一般而言，并非自然科学将我们引入自然主义，而是我们精神信念的弱点，以及我们对精神存在的怀疑使得广为流行的哲学将自然科学扭曲成为物质自然主义。这里的情况跟其他情况一样，我们最终的判断不是基于个体的事实，而是基于个体所从属的整个大系统，基于人类适应的整个生活的特征，亦是基于内在过程的本性，这种内在过程激发了外在经验，并赋予外在经验以价值意义[①]。

（c）现代社会学：社会民主论及其人生观

我们必须正确认识现代社会学和社会民主运动。毫无疑问，社会生活对工作和十八世纪后期以及十九世纪的价值观产生了巨大影响，这为激进主义建立新的社会秩序铺平了道路，并拓宽了激进主义运动的基础。人口数量不断激增，这使得人类在已存的或者希图建立的社会条件的基础上形成其全部生活哲学。例如，亚当·斯密和边沁发起了功利主义运动，该运动的主导思想是实现大部分人的最大程度上的快乐，并以此为标准衡量所有人类活动，也就是说通过其外在结果而非内在性质加以衡量。尽管这种基本观点遭到批评，功利主义仍然发挥了积极作用。功利主义打破了传统的旧体系，为人们开展运动赢得了更多的自由，使得社会和国际关系变得更加宽容和友好。但是，尽管这些早期的社会改革家发现传统社会秩序存在许多问题，要求批评和改变。然而这些社会改革家从未想过改变这一秩序的根本结构。对他们而言，与自然力量和本性保持紧密且忠诚的关系毫无疑问会使理性获得胜利。他们认为，人类没必要建立新的社会秩序，只需消除旧秩序中阻碍发展的元素。与此同时，这些社会改革家将中产阶级视为集体社会利益的最佳代表。各方面均显示十九世纪引发了一个影响深远的深刻变革。要求建立一个全新的社会秩序的呼声越来越高，这一秩序必须通过剧烈的变革而非缓慢的改良而获得。社会民主运动经历了一个混乱而令人迷惑的阶段，我们可以从圣西

① 参见附录T。

门的理论中看出一二，并进而发展成为一个十分完整的理论体系，这在德国社会民主理论中得到了最好的诠释。因此，本书只针对后一种运动进行探讨。

提到社会主义，我们首先想到的是马克思提出的社会主义含义。社会主义极力支持自亚当·斯密时期便开始渗透现代社会的信念。这一信念包括以下几点：一、经济关系通过财富的获取和分配来决定生活的全部特征；二、我们的存在是合理性或者我们的存在依赖于解决此问题的方式。社会主义者有关唯物主义，经济哲学和历史哲学的理论为我们提供了科学的解答。本书中，经济斗争被看作历史的推动力之一。即便基督教等宗教体系或者以宗教改革为代表的革命运动的起源都不是人们对精神层面的追求，而是出于被压制群众对更优越生活的渴望。思想仅仅是经济变革的工具或反映。从此角度出发，人类的终极目标是改善经济状况，生活的整个价值也根据经济状况的改变而改变，这种观点似乎也是合理的。

然而，非常重要的一点是，社会民主论实现了与旧现实主义的彻底决裂。社会民主论改变了现实主义运动的主导思想——绝对的乐观主义，使人类陷入等量的悲观主义中。亚当·斯密深切地盼望个人的彻底解放和工业竞争的完全自由将有助于社会生活体制的优化。亚当·斯密从人类的奋斗中观察到个人获得的自由和权力越来越大，而社会民主运动也将稳步发展逐步进入更高阶段。同样，人们对经济生活的详细描述充满了乐观主义色彩。存在向复杂自然力量的转变并不偏向于内在生活。

从这一角度看，这一巨变主要根源于十九世纪经济生活出现的彻底变革。经济生活不再如以往那般简单。这一时期，工作的表现形式为机器生产和大规模生产。距离不复存在，这加速了不同地方所爆发的运动的相互影响，从而以更加锐利的眼光看待经济斗争。在这一工具的帮助下，工作的性质总是处于变化调整中。此时，出现了资本和劳动的大量结合。因此，我们面临着最为复杂的状况，相互排斥的力量凭借超人的力量和热情相遇并发生冲突。

这些变革非常伟大。但是，如果这些变革没有进一步深入到内在运动或者产生于时代的风口浪尖，它们就不会产生如此巨大的影响。自亚当·斯密时期起，主体变得越来越重要，作为直接经验的主体——人类的真实感受和喜悦也变得越来越重要。人类对将直接经验与自身福祉联系产生了越来越浓厚的兴趣，越发热衷于计算自身生活的快乐和喜悦。此外，以前只有极少数上层阶级的观点得到伸张，这一现象如今发生了改变：大部分人的观点得到重视。因此，社会中充满不满的抱怨，人们对现存生活状况充满了忧虑。社会中出现了对恶习反思的倾向；如果出现令人不快的事情，人们立刻会对其加以夸大并对其他事情一概而论。人们从最悲观的角度看待社会和社会问题。

与此同时，人们习惯从同一角度看待所有问题并将其看作原则问题，这直接导致苦难加剧。这一趋势与现代时期的整个趋势非常吻合，它在十九世纪的发展尤其符合黑格尔的理论体系。对于那些从此角度思考的人来说，所有问题都可以总结成一个大问题，通过不断增长的力量得以解决。“社会问题”这一表述立刻使整个现存秩序充满悬而未决的色彩。在个人通过自身能力可以解决所有问题之前，各种思潮的结合充当权威，独自发挥作用。良好的愿望化为虚无。它们将自身逻辑发展到极致，并坚持己见，无人可以对其加以驳斥。这一时期，资本和劳动将对方视为致命天敌。我们所说的资本主要指金钱，其权力不断扩大，重要性不断增加，不断贬低劳动使其处于隶属地位。资本并非正大光明之所得，而是窃取自工人阶级，这一观点使得资本和劳动之间的冲突不断升级。

人们普遍认为，要废除资本实现劳动的统治地位就必须进行改革。这一改革只会使人类受益，并且一定会在遵循辩证法发展的历史中实现。根据马克思主义，“资本主义阶段”首先是对个人以及个人通过付出劳动获得的私有财产的否定。通过辩证法的内部发展，这个否定其身也会被否定，而通过对立面的超越，我们会到达一个更高的阶段。

如果对现存社会秩序持悲观态度，人们将对这一更高阶段持乐观态度；现在有多么悲观，未来就有多么乐观美好。工作实现了自身的正确定位，一切社会关系的规律化以及个体之间的平等将带来真正的快乐并满足理想需求。现在，社会被看作一个有机系统，为道德提供能量来源。只要社会保持民主，其力量就会不断增加，而且不会威胁个人自由。通常情况下，尤其是在拉萨尔的理论中，存在着对人的理想化，存在着一种对出身卑微之人尤加关注的倾向。卢梭的理论学说得以复兴。人性本善，所有罪恶皆源于不恰当的社会安排。如果我们允许个人自由地施展力量，我们必须保证理性的胜利。生活的总体水平将会大大提升，人的整体素质得以提高，变得更加快乐，人们将追求更崇高的教育目标和家庭生活。总而言之，古老的乌托邦式梦想在这一时期中的现实主义中得以重生。宗教的发展空间必然会越来越小。人们拒绝宗教，将其视为特权阶层为维护自身利益的发明，完全误解了宗教的本质和历史作用。

我们现在的任务并不是从技术层面上讨论这一学说。整体上看，这是一场我们不能敷衍了事地加以对待的运动，因为尽管有所偏颇，它仍将劳动者所经历的意义深远的改变和极为复杂的经济斗争置于光天化日之下。同时，该学说提出了重要的问题，这些问题与普遍意识紧密相关，我们必须对其加以关注。我们很难忽视人们对精神文化更加广泛的传播和个人分享更多社会集体利益的要求。社会中有这么一部分人，他们无法感受到该观点中的现实主义精神，也无法感受到只有少数人的精神生活得到充分发展带来巨大的失落，这些人永远无法认识到这一运动的真正价值。从很多角度而言，这场运动仅是对十九世纪主流思想的一种极端解释。人们坚信政治和社会安排是万能的，这一信念影响了整个十九世纪。社会状况成为最重要的问题。每个人都认为只要严格执行所属组织的任务，人类就会获得快乐和道德。能够让个人任意发挥的领域大大减少。人们十分关注国家制度下的自由，这使人类几乎忘了人们握有反对国家制度的自由。此外，随着文明变得越来越复杂，物质资料的重要性和价值不断增大。社会主义意识到这一趋势，将其总结成观点，并为满足自身需求对其进行大胆使用。社会主义凭借自身取得的统一成果以及对全人类的诉求，从而发挥了权威作用，但被无助地驱赶到这条道路上的普罗大众，他们优柔寡断却令他们自己无望去获得这一权威。

根据社会主义的解决方案，我们必须融入问题中去。从哲学角度看，社会主义方案应该得到最尖锐的批评。所有思想和努力都用来服务于满足大众对更多力量和快乐最强烈的需求这一目标，人类经验的范围由此变得更加狭小。社会主义迫切地想领悟并利用有助于实现其终极目标的工具，并将最多元的甚至相互矛盾的思想体系杂糅在一起。最浅薄的物质主义和享乐主义得到追捧，因为他们最彻底地颠覆了传统的宗教，此外作为文明过度成熟的产物，物质主义和享乐主义运动注定无法自我调整以完成培养对新理想的热情这一任务。卢梭使人类认识到自己的光荣并极力宣扬人权，这使得卢梭得到推崇。然而，促成其情感流露的浪漫和感性在此却变得非常遥远。黑格尔会在社会主义处寻获认同，因为社会主义似乎是对其历史学说作为辩证主义运动从一个对立发展到另一个对立胜利的确认总结。人们很少质疑这一信念，这一信念暗示了世界向思想迈进，也即内在生活的转变。

这些生来对立的思想体系产生的混淆充分表明社会主义从未得到充分深入的发展。这仅仅是因为社会主义对人类生活主要问题的错误理解。社会主义认为，人类生活面对主要问题就是如何实现社会关系的最优化，尤其是如何分配经济财富。如果这些关系得以革新，那么存在就是合理快乐的，人类生活就会实现其理想形式。然而，这种期望也包含某些关于人类生活和快乐的信仰，然而这些信仰有悖于历史经验。

如果某种特定的社会环境的目的在于让人变得完全善良，那么人类本性就不能存在复杂的精神问题。如果新秩序旨在满足人类的所有愿望，这就会使人类陷入固定工作时间和摆脱对生计的关注的限制中。我们没有屈从于任何所谓人类本性的堕落学说，我们看到人类处在一个严肃的精神复杂体中。人类一劳永逸地超越了自然，并且开始追求更高层次的精神生活，这里所说的精神生活是世界的内在生活。这种新生活重新阐述了人类情感，这种新生活要求人们工作，服从甚至自我牺牲从而实现最终目标。但是另一方面，这一转变导致人类智力和力量的不断增大，从而强化了自然天性的自我保存能力，使其变成不受限制的破坏性的自我主义，无穷无尽的占有欲和享乐统治欲。因此，相斥的力量使我们处于一种持续的紧张状态之中，这种紧张来源于关乎人类命运的抉择。道德上的对立主导着我们的生活，这种对立的统治也许并非从神学教条和哲学猜想所描绘的形式，反而从我们最本质的最亲密的经验中体现出来。无论其外在结果多么鼓舞人心，任何试图弱化或者模糊化这种对立的企图都使我们最深处的本性得到放松，并非降级。因为它将注意力和勤奋从需要它们的地方转移开，这使得制造一种完全不同于其本意的结果变得非常容易。甚至在最久远的时代，世界上都不乏期望获得彻底社会改革以消除阶级差别带来的限制的理论家。两千多年前，亚里士多德与他们相遇，但他认为情况并非这些理论家想象的那么严重。亚里士多德认为最严重的犯罪行为的根源不是需求而是放纵和贪欲，认为即便全新的社会制度消除或者治愈了某些弊端，也会造成其他社会弊病的产生或凸显。

如果道德不是社会问题的必然结果，那么对物质承诺给我们的自由就不能解决快乐问题。毫无疑问，人是精神动物，那么这一目标永远不会使人类感到满足。优越舒适的物质基础意味着灵魂的空虚。作为精神动物，人类无法满足于毫无内涵的生活，而生活的内涵只能通过以下三种途径获得：一、回归其与实在的基本关系；二、通过精神占用行动自己创造世界；三、将生活和他的整体存在置于信任和爱的领域中。但是，通过这些做法，人类将考虑重点放到那些社会主义生活观中次要的问题上。

于是，我们发现自己无法接受社会主义的最主要特征。但是，我们一定要承认社会主义运动中有许多内容可以放在这个狭窄的框架里理解。人类渴望快乐，同样人们也希望人类自身能有更好的发展并使人类变得更加崇高。人类渴望获得更多的快乐和物质资料，这一渴望是永恒的而非暂时的。这种渴望所依循的路径极大地依赖于对另一个问题的解答。在这个充满变动和骚乱时代中，人性能否找到对于集中精神并革新内心世界来说必不可少的力量？只有理性能够成为这一运动的指导思想。否则，该运动必定会成为邪恶激情的俘虏，并导致所有真正文化的毁灭。

现实主义各个流派的思想天壤之别。实际上，从特定重要角度来讲，现实主义各流派之间是完全对立的。然而，除了这些差异，它们在根本上有一点共同之处，即看待生活的方式。对于这些流派而言，生活的主要关系就是它与世界、自然和社会环境的关系。要了解自然并使其服从人类意愿，社会就要摆脱传统的缺点，并帮助全体人类获得尽可能多的快乐。现实主义思想家认为这便是人类奋斗的终极目标。现实主义思想家的信念仅仅从哲学角度阐述了在事实上统治着此时期的生活的理念，所以用这一信念获取同时代人的同情对他们来说轻而易举。此外，这一信念不以复杂的假设为前提，它只是公开地使用了一些显而易见的数据。这一事实受到极大的欢迎，尤其当大众急切地前进并大胆尝试解答最困难的终极问题时。从这种角度来看，我们可以将现实主义与传统唯心主义之间的斗争看作鲜活当下和已逝过去的冲突；由此来讲，最激进的方法似乎会最有效。

尽管现实主义被提升为哲学原理一类，可以巩固现实主义的地位，但同样可以使其发现并认识到自身的局限。于是，我们可以清楚地看到，现实主义最危险的敌人不再是旧时的传统，而是这样的事实——眼下的生活在我们每个人中重获新生。人类试图从外在构造内在生活，试图使外部世界成为现实并且随之将人类自身的关系改造成外在的关系。从这种角度来看，所有这些尝试都是愚蠢至极的。作为最后一着，理解自然和构造社会都成了内在体验的一部分，对这种体验的否定将造成现实主义的瓦解。尽管现实主义各体系否定内在生活独立存在的可行性，但是它们还是成功地得出了可行的结论。也许人们没有察觉到，这仅仅是因为现实主义各体系从唯心主义中汲取营养补充自身的不足，由此逐渐发展成一个完整的理论体系。如果没有这些支持，现实主义各体系将马上失去连续性并显示出空虚和寡味。人类的灵魂是一个事实：谁能否认它？灵魂必须先于其他事物存在是基本事实。灵魂本身及其问题可能被暂时忽视，但是总会再次赢得关注。灵魂会一遍又一遍地宣称其至高无上的重要性并强调其在整个生活中应有的地位。现实主义思想只在一些被孤立的领域吸引大众，并不试图去构架一个整体格局。于是，现实主义就会对人类造成危害。如果现实主义一旦质疑作为整体的生活的意图为何，那么现实主义对生活的构想很快会证明自己无法令人容忍和满意的。现实主义给我们提供了关于世界和人类快乐的知识，从整体角度看，这些知识是站不住脚的。如果现实主义意味着全部，那么我们所剩无几，只剩令人沮丧的顺从和彻底的绝望。同样值得注意的一点是，最有影响力的现实主义哲学家也是伟大的实证主义者，如孔德、穆勒、斯宾塞，是现实主义中最清醒的一群人。在他们的晚年，他们仍不能解决不断涌现出来的疑问。孔德被迫给自己的思想注入新发展元素；穆勒和斯宾塞一直被无法解决的问题所困扰，他们的宗教观因而也经过了一系列影响深远的修正。

因此，对现实主义至高无上地位的质疑并不代表我们否定现实主义的重要性，也不意味着人们不承认它给生活带来的变革，这些变革将会被后来的发展考虑进去。现实主义使人类与自然和社会环境的联系变得更加紧密，对现实状况加以必要的改善，这些状况掌控着人类生活和创造性工作，他独特的性情和限制比以往更加明显。人类生活不再是平静地打开上帝赋予的东西，而是要通过克服种种困难阻力获得生活的内容。此外，现实主义激发了人们的渴望，这一渴望使精神特权摆脱了少数人手的控制为普罗大众触手可及。现实主义凭借我们在上面所描述的这种理想以及更加广泛的建设性影响，很可能引领了更加真实和纯粹的唯心主义。但是，为了实现现实主义和唯心主义之间的良性关系，人们仍然任重而道远。

Ⅳ. 反对现实主义

十九世纪的现实主义运动已经完全改变了旧的理念。但是这项运动从一开始就暗含了反其道而行之的倾向。十九世纪的哲学著作使人们真正看到哲学的伟大之处。正是在这些哲学著作中，人们获得幸福，实现其引以为傲的壮志雄心。但是这些哲学著作的内容本身，遵循着一切人类活动的辩证法，著作的发展本身，也显露了其中的局限性，甚至与最初想要达到的目的自相矛盾。哲学著作的复杂程度和差异化越来越高，而个体的生活则变得越来越丧失灵魂，无能为力：表达变得越来越受局限，与哲学体系的联系变得越来越受到束缚。人们所有的关注都在外部结果，而内心世界则变得匮乏，且活力锐减。但同时这里面也牵涉到一个问题，这个问题对现实主义体系中的逻辑和历史层面有致命的影响。现实主义运动如此引人注意，就是因为人们希望，通过与周围环境更紧密的接触，能够增加生活的财富和资源，脱离一直以来存在于实在经验的阴霾。一种强烈的情绪偏见影响着现实主义的发展过程。但是，为这种生活提供基础手段的世界现已有一种对抗实现它的灵魂的征兆。人类曾经一度意欲成为自身劳动的主人，但现在却受制于自身的劳动，面临着成为奴仆的危险。人类将经历转化为经验的优势变得越来越渺茫和高不可攀。因此，之前的哲学体系整个崩塌。内心世界的体系一旦崩塌，曾经所谓驱逐了阴影的现实自身也成了挥之不去的阴霾。自省的缺失造成真实自我的停滞，而“人”仅仅成为自然和命运认为适合于我们继而分配给我们的一个角色而已。

这场运动用不了多久就必然会遭到反对。这种反对有两种来源，不仅来源于新唯心主义，即执意维护精神宇宙，反对一切对精神宇宙的异议，同时也来源于主观主义，这使得救赎依赖于纯粹的主观经验，使自我回到无限制的自由中去。任何人都会接触并且混杂这两种倾向，直到两种倾向不可能再区分开来。但是两者的本性是截然不同的，因此应该区别对待。

(a) 十九世纪的唯心主义运动

许多哲学思潮丰富了近代唯心主义运动，但在一次次的潮涨潮落中我们能够发现，尽管新的推动力也对其有加强作用，德国诗人和哲学家们的唯心主义绝没有因为现实主义的进步而退出历史舞台：而是在其他国家传播，并发展成为新的运动思潮，这些思潮由于每个国家形态和情况的不同，呈现出风格迥异的表现形式。因为在之前的探索历程中，那些原本离我们很遥远的哲学问题，我们现在还不能给出更清晰的答案，所以我们本应怀有强烈的兴趣，去研究德国唯心主义运动给人类生活带去的广泛而深远的影响，去追溯哲学问题的不同侧面是如何影响不同的人群，去探索哲学运动是如何被不同的人所接纳，又是如何受到各种相应的变化。不仅仅每个国家的人按照自己的方式使哲学新学说为其所用，同时还要强调内涵，要作为一个整体更清晰地抓住细节，达到主要思想应该达到的目的。因此，举一个专门的例子来说：德国人倾向于重点强调康德和黑格尔的差异对比，而英国人却更认同两者的统一观点；这同时也为英国人的倾向，即他们比德国人更容易在古典主义和浪漫主义作家中建立基于同情心的和解倾向，提供了另一个例证。德国认为，古典主义学派与浪漫主义学派对理想生活的共同诠释，比两者之前的诸多差异更有意义，超乎一切现实的生活完全是功利主义者的考虑，而我们自身的性格特点却为我们了解新世界打开一扇大门。

十九世纪的思想家更注重以一种唯心主义的心态，去研究历史与社会在各个方面对塑造生活的积极影响。复古风潮所涉及的深度与广度，最重要的是与它曾经所处英雄时代的极度相似性，对于普通生活的极大丰富发挥了明显作用；同时，十九世纪的哲学著作还与古典时期的哲学著述建立联系，这种联系建基在一系列相互关联的环节，生活中更普遍的基本原理，以及更强的稳定性上。若想了解历史运动是如何有效地影响着我们的精神生活，使我们的精神生活更加充实、有魄力、具体化以及个性化，只需要参考宗教、法律和艺术。

不论是从个体生活进入社会生活的中心，还是从自我意识参与社会群体机制的运行，都产生了相似的结果——拓展生活宽度。教会和政府一样获得了话语权和影响力，因为它们在不断克服异常棘手的社会问题过程中，显现出更为稳固的组织和更强大的活力。不同的哲学思想体系成比例发展，尽力想要使个体成员意识到他们与整体生活的内在联系，同时，避免外部世界的强迫力，力求诱导他们去塑造自己想要的生活。这些趋势体现在政府对人们生活的日常管理中，但是教会需要更广泛的自主权利。红衣主教纽曼[①]曾认为，教会不能一直都只是“一个为绅士而设立的绅士机构”，而应该更多地去思考生命内在的自发特质，就像笔者接下来要阐述的，从传统意义上说，对更为自发的生活的渴望可能只对历史性团结的向往有真正的亲缘关系。

最后，在历史和社会动因的共同作用下，国家的概念在社会上获得了显著的影响。艺术既文雅又具有可塑性，通过与国家历史的紧密联系，找到了自身能够创造出诸多成果的天职。这象征着人类在活生生的国家形式下的可贵记忆，这种形式有着和灵魂对话的力量，平庸生活有了一丝浪漫的气息，人们的生活不再空虚不再虚幻。

在这个过程中，标志着十九世纪哲学思潮运动的各种哲学倾向支持唯心主义，以及唯心主义所倡导的精神秩序。如同启蒙运动时期中的思想精髓，进一步深化唯心主义信条的特殊意义就在于，那种仿佛集中于许多个孤独个体的精神生活，逐渐扩散至整个相互联系的团体，这种精神状态的一致性在历史和社会的发展进程中得到突出显现。现今人类的精神状态已经自我发展成熟，因此整个世界才能呈现出内在的凝聚力，我们才能有效应对自然

① 纽曼，也被称为“约翰·亨利·纽曼红衣主教，”纽曼是英国在十九世纪的宗教历史中的重要人物。——译注

机制。这种高度统一的精神状态本身就足以证明，十九世纪的哲学运动不是对现实主义思想的反抗。但是其他的哲学思潮反而对现实主义的统治地位提出异议。十九世纪社会的哲学思想为现实主义标准所统治，这也恰恰约束了现实主义自身的发展。而在现实主义运动大行其道的过程中，各种针对现实主义者生活秩序的反抗之声骤起，而且有愈演愈烈之势。不仅现实主义的生活方式令人大为不满，其内在内容也无法让人满意。人们对现实主义指引下所有行动都以功利主义为标准而日益感到强烈地反感，同时就其本身而言，现实主义一直以来反对从内在精神层面顺其自然进行生活，殊不知正是内在精神生活支撑着它所倡导的外在生活，这也就无从确保它能够为自身带去多大价值。有一种渴望在人们心中升腾而起，这种渴望深深地根植于内在自知的美好和外在表达的美好，这种美好在广泛意义上说能够悦己，在狭义上说能够产生特有的审美享受；有一种渴求在人们心中萌生，这种渴求即是令活生生的爱将占据整个生活，这种生活超越并抑制欲望及其一切欢愉。这种渴望在所有文明国家的思想和艺术发展中呈现在我们面前，也在像罗金斯①那样的人才的思想中得到具体体现。

与哲学运动中从功利主义到为美而美的变化相一致，人们对生活的处置发生了变化，从社会团结及其历史基础变化到个体个性的独立自主。社会给人们带来了严苛的精神压力，这种施加于自由的

① 罗金斯：十九世纪英国杰出的作家、批评家、社会活动家。在英国被人称为“美的使者”达五十年之久。他一生为“美”而战斗。英国维多利亚时代著名的学者、作家、艺术评论家，而且是建筑专家、意大利文艺复兴史方面的专家。罗金斯一生兴趣广泛，涵盖多个学科领域，包括地质、建筑、艺术、植物学、政治经济学、教育和文学等等。——译注

压力比暴君颁布的政令更严酷，它趋于平衡的发展激起人们痛苦的反应。一种想要独立，想要获得个体存在感和个性确定性的渴望维持着人们的生活。人格，又一次成为首选的也是最重要的考虑。所谓“人格”，就是精神世界的集中，就是无数存在线程聚合下的一个点，在这个点上，生命获得了确定的自我存在感，进入到纯粹触及自我的状态，同时聚集全身心的力量果断行动，积极应对外部环境所带来的一系列挑战。然而对这些信条的知识表达却被视为是次要的。人们仅仅重视与生活本身进步相关的事物。这些观点促成了新形态的唯心主义，即将卡莱尔[①]和爱默生看作主要范例的个人唯心主义。这种新派唯心主义由基督教新教的思想基础发展而来，虽然没有偏离出发点，但抛却了所有的教条公式，仅仅把教义看作是一系列的象征符号。他们紧握生活本身，将其视为至高无上的事实，同时把握生活本质上的人为因素，最大程度地将其解释清楚。以卡莱尔为例，这些教义的体现形式严格但简朴。人格的力量在这里全部聚集在一起，并建立起自己的优势权威对抗世界。热衷于英雄主义思想的人们不得不向那个时代的谬误和伪善开战。爱默生的态度更为温和友好，虽然他的思想源自上流阶层，但是其对知识的敏锐细分并不会影响信息的可信度。他所反对的人类注解，以及他所认同的重要思想，充满着对现实的观察，而人的身心和谐一体，与他所处的世界与自然和谐共生。这种个人唯心主义作为一种激励人心的财富，以及与现代生活之间的紧密关系，虽然明显与德国唯心主

① 托马斯·卡莱尔：苏格兰评论、讽刺作家、历史学家。他的作品在维多利亚时代甚具影响力。他的人生态度：我们没有能力去阻止已经发生的事情，但我们却有能力去改变已经发生的事情对我们现在生活的影响。接受已经发生的，改变可以改变的。——译注

义运动有联系，但绝不只是对它的简单重复；这种个人唯心主义作为系统化生活的理论源头，以及十九世纪哲学思潮运动中独一无二的成就，确立了自己的历史地位。

但是不论我们赋予这种形式的唯心主义多大的附加值，我们也不能掩盖这样一个事实，即它并没有澄清自身引发的理论上的争论，具体来说，这个论题就是独立的精神宇宙包围了整个人的存在；同时它也并没有重申先前思想家的理论地位。我们不能否认，它给我们带来的不仅是规划好的、为了一般意义上的“善”而聚集力量的生活（在这个方面现实主义确实有绝对优势），更是对独特个体的体验和承认。这场运动有可能在削弱现实主义势力上取得成效，但是不可能一次性彻底征服现实主义。如果想要从根本上对付现实主义，仅仅纠结于它的局限性是远远不够的，它的正确之处也必须要受到重视。现实主义只有置身于更加广阔、更加包容的生活图景中，找准自己的定位，才能被彻底征服。任何人都不会否认，我们仍然有未解之题和未决之疑。

（b）主观主义与尼采

相较于唯心主义，主观主义更接近现实主义，因为主观主义把人类的整个生活都局限在直接经验的范围里。但在这个范围里，主观主义又是完全反对现实主义的，因为在主观主义看来，主要基于个体本人的主观感受而非外界事物。此外，主观主义的主要目的不是像现实主义那样征服外部世界，而是实现主体的完全释放。现在，求助于主观感受的能力，以及退回到巩固自己抗外界干扰能力的状态，是一个人与生俱来不可剥夺的权利，现实主义的发展虽然不可抗拒，也不能剥夺这种权利。因此，对于想要逃脱现实主义对他们无情摆布的人们，主观主义道路成为了他们的捷径，并且这些人继续对主观主义保持着极大的热忱。

待这种热忱在人们心中生了根、发了芽，在主观主义的生活架构的逐步发展过程中，每个方面都显示出与现实主义相应的生活架构的不同。对个人状态的关注和对社会混乱状态的不满两者并不同行；对个体特殊性、差异性、独一性的强调，和对整体秩序、共同合作的需求二者间存在冲突；认为每个人必须突出自己的特点，并且生活的各个方面都独具一格，与认为每个人在各方面都应平等的观点间存在争论。政治与社会活动为艺术和文学创作提供了舞台，而艺术和文学创作现在也认为，自己是保证个体能够完全享受自我归属和愉悦的最主要途径。主观主义吸引着艺术，没有了艺术的辅助，主观主义一定会迅速变为空无一物，虚幻缥缈的空架子。而艺术表现要符合主观情绪，就需要采取合适并且独特的方式：艺术的主要目的不再是忠实地复制事物原本的样貌，更多的是要直达内心、触动内心，同时引起情绪的强烈波动。迄今为止，各个地方，至少是此次运动所波及的地方，我们发现，画作中的轮廓让位于色彩，戏剧作品中的场景让位于台词。戏剧作品运作的成功使得其对人类的时间观念产生了强大的影响，最重要的是，戏剧本身的感染力使之创造出各种影响人类情绪的作品；即使当戏剧的关注点与影响社会关系的问题有关时，剧作家也很少会考虑到如何完全忠实逼真地还原事实原貌，取而代之的是考虑如何生动形象地描绘出这些事实作用于人后产生的效果。然而我们必须承认，主观主义这里的确比唯心主义有优越性，这种优越性就在于主观主义能够让人们体会到没有道德偏见的感受和激情。就是在主观主义思想中，人类的精神世界第一次不受任何阻碍地显露出丰富的内涵，每个人最终都会找到完全的自我归属，享受自由。

这场运动影响范围极广，影响到各个文明民族，丰富了其文学创作的灵感，必会在某种生活哲学中得到体现。这种哲学就是尼采的哲学思想。虽然人们对这位伟大思想家及艺术家的评定褒贬不一，争论很大，但有一点是肯定的，那就是：他的影响是无须解释的，这种影响源于他广为流传的自我解析，这种解析不仅体现在他的著作中，同时也为一些天才艺术家所表现出来。这里要着重阐述的是，对人类心灵施加的影响已然具有梦幻色彩，以至于拥有对自足之体的完全主权，这种主体去除了一切“非我”的牵绊；它是个人艺术天赋的无限权利。当时对于社会普遍倾向的异议中，那些根深蒂固的且各种不同动因的厌恶在此得到集中表达：对那些压抑所有人生活，使人变得无情的陈旧保守文明的愤慨；对个体要变成为共同实际效用服务的牺牲品的反叛；对资产阶级的傲慢自大与沾沾自喜的强烈反感，不论那些资产阶级是受过教育的还是没有受过教育的；对习惯于过分强调德国民族标志性习惯的潮流的反感，这种潮流把自己囚禁在市侩世界的狭小空间和隔绝荒地里；最后还有，对所有将道德归为宗教问题，并使心灵完全失去洞察力的本能厌恶。因为否认上述那些对人类心灵的束缚，人们逐渐对过一种更广阔的生活产生了强烈的向往，对自由发展自身各项能力产生了强烈的渴望，对掌握权威和权力产生了意愿。我们处处都可以找到，人们要求他们自己限制自己，践行自我献身：使自己服从于别人的控制，为迎合别人调整自己，因为别人而放弃自己的兴趣爱好或利益。但是这样做的原因和目的究竟是什么？并且这些关系到底曾经是如何历经文明发展的过程，在人类思想上长时间发展的？使个体尊崇自己的生命，使之意识到这一点并成为其最终目标。使他尽一切努力去追求自我享受和自我，使之超越平均水平变得与众不同，挖掘其最大的潜能，使之在普通人群中变得卓尔不群。人类文明发展的高潮源自少数人所取得的卓越成果，而并非大多数人平淡无奇的生活。在充满活力的当下生活面前，我们必须抛弃以往对刻板生活的服从。新的生活充满希望，那将是一种更加富足、更加真切，也更加生机勃勃的生活。

要对这场哲学运动做出整体的评价极其困难。受哲学所吸引的人，因其对哲学的极度敬仰而丧失了全部批判能力，而抵制哲学的人又很容易将哲学从深处根基到边边角角批得体无完肤。然而我们必须格外小心的是，不能以偏激的表达方式作为我们评判甚至批判哲学体系的依据。尼采那类的哲学情绪论可能并不能真实反映其本质，曾经流逝的瞬间没能记录下当时情绪；哲学体系不可避免地成为现在的状况，是因为思想家若拒绝接受他所认为是异质且有敌意的事物，那么他也必须放弃自己所有富于激情的特质。尼采的哲学思想中有很多原始的、强硬的内容，也有许多非感受性的特质，这些都是不得不存在的。此外，一旦心思由情绪所牵动，就会不可避免地出现明显的矛盾，同时试图将整体带入可教化的体系简直是缘木求鱼。尽管其他一些思想家也受到过类似的批判，他们并没有因此丧失其作为思想家的重要地位；尼采的著作完全有资格要求读者以整体的眼光去关注其作品的特质。

尼采作品的奇特性不在于内容新奇；作品中的主要内容，甚至是那些典型的格言警句，都能追溯到古代，尼采将这些先哲的理论拿来为他所用，进而创造出更多的理论。真正有新意的是表现内容的形式。以一种独特不失敏感、生动而有穿透力的形式，赋予古老内容以新的力量，以当下生命的自主性与影响力。先哲是如何，比如说，用周期性的思维无休止地重复自然规律，而尼采又是以何样手段让我们感觉到这一切仿佛都是新的真理！更深一层讲，尼采谈论一切事物都带有自己独特的主观情绪，他对生活的渴望促使存在事物的各个方面都置于新生和独特的光彩中。一切事物都是运动变化的；事物的整体分裂成互助或排斥的碎片；这产生强烈反差；没有任何一个事物是不偏不倚或者麻木不仁的；任何事物都带有其强烈的主观情绪色彩，并被团体化。现代现实主义文化趋势越普遍、越均衡，尼采的生活观就会越容易产生复苏和解放的力量，越容易启发人们对生命自发性和创造力的思考。

但是这种体现其整体观点独特性和有效性方式不仅表现出个体追求自由和自我意识的精神状态，同时也显露出它的局限性和隐含其中的危险性。然而通过艺术之美来展现这种情绪中心式的哲学，依然不能公正地体现客观事实，认识到真实的内涵；还是无法从内在的必然性和联系去公平对待一切事物的发展活动，这种局限性造成的结果就是，无法区分既定事实的本质与人类对其的认知之间的差异。对整体形式的理解基于这些形式背后要表现出来的内容，以及为主体所认同的价值。在这种条件下的评判不可能公正合理，而受缚于这种理念的哲学很容易就会坠入极端的深渊，不论是批判还是赞成；尤其是批判的观点，往往会演变成怪诞讽刺的漫画。

这种主观情绪主义也无法实现其独特目标，即内心的自我满足；因为要想实现自我满足，人类有机体发展必须重视内在的成长，深深地根植于内在世界，并从内在世界汲取营养。但是“内在世界”这个概念到底是如何被哲学加以宣称的呢？主观主义哲学思想仅仅飞快掠过事物表面的样貌，并没有深入探索其内在的含义。转瞬即逝的生命对这个世界的反映只是匆匆一瞥，无法反映出事件本质以及事件之间关系。可以抛掉厌恶之物，但永远不可能征服它。人们自然很容易沉溺于“独立性”这个似是而非的概念，但是这个似是而非的外壳却很容易掩盖真正意义上的“独立性”。尼采非常善于回避和抛回攻击性的问题。似乎于他而言，整个群体都已经很清楚了，因为他轻蔑地驳斥了大众哲学中一些粗浅的问题，这些问题从来没有人为了自己而真正地去坚守过。如果道德品质、宗教信仰、基督教精神真如尼采所描述的那样，人们就不会想要去遏制，反而会赞颂其为一种释放或者解脱；但事实上，这三者自身发端的源头，已经流向深埋于人类本性中的自发力和好奇心，并成为人类精神沃土中的一部分。它们与尼采对它们的想象有本质区别，比尼采想象的更为意义重大，且是无与伦比的重大。同时我们一定要记得，这种主观主义的思想理论来源于对人的研究而不是对原理本身的研究，所以即便是他的排斥观点都暗含着对人类本身的依赖。我们不能否认的是，尼采的哲学体系包含着有关道德和宗教本质问题的可贵陈述，但是它们发展得并不完善，他对人类的深刻影响不在于他所强调的，而在于他所否认的。

若将尼采的哲学著作视为一个整体来看，它则显得丰富充实，充满心灵力量，生动新鲜并且异常多变。思想是互相启发互相交错的，与最绝妙的艺术相互交织，尽管艺术常常沦为奇幻淫技。同时我们也接触到很多真正意义上的真理，尽管它们与任何主导动机并无瓜葛。但是这种哲学体系作为一个整体并没有独立发展起来，其思想概要也并不令人信服，也并没有对与生俱来的精神力量做出表述。然而如果没有这些哲学思想，我们就不可能克服当下世界中的纷纷扰扰，也不可能获得生活的稳定基础。

总之相信尼采就等于是相信主观主义。尝试着将主体脱离外部世界，使之依赖于自己，是非常激励人心的。它开辟了新可能性，为许多原有的定位做出新的阐述。但它本身并不能给生命带来精神实质或鼓舞人心的统一性目的。思想的真正力量越来越具体化到微妙的人为活动中。在超越了其他所有之后，个体对超越自己也构成了威胁。当时那引人入胜的图景对实际的生活并没有实质性的帮助。人们迈着仓促而急切的匆匆步履，忘记了那些至关重要的真理，也丧失了社会生活中本该有的内心凝聚力。因此，尽管主观主义的贡献丰富多样，它也只能看作是一个过渡阶段，在这个阶段中，人性自身的精神本质激发着它发展成熟，并且注定会持续地发展下去。

Ⅴ. 现状

现在的情况确凿地证明了人类的生活并不舒适，这并不是历史发展自然过程的理想结果。因为，历经几千年的辛勤劳动以后，我们现在却处在一种令人痛苦的不确定性、一种令人无助的不断变动之中，不仅对于个人问题是如此，就是对于生活最普遍的目的和意义，我们也同样处于这样的状态。在长达数世纪的体验和无数次改革之痛的撼动中，我们西方文明已经形成了一个稳定且连贯的思想和信仰的体系。这个体系以某种方式固定了人类与现实的关系，赋予了我们的生活一种确定的特征，并且为个人分配了适当的位置和任务。当现代世界以新的方式，从全新的视角着手解决生活的问题时，其活动刚开始看来似乎绝对不会背离传统秩序，似乎是在以一种友好的、补充性的，而不是以一种恶意的、颠覆性的方式进行。然而，其后来的发展过程却会越来越清楚地展示出革命的特征。现代社会最晚近时期尤其是以其发展的清晰和力度著称，正是以这种清晰和力度使人类被迫关注并对社会产生了潜在的反对情绪。生活原来古老的基石已被撼动，但新的基石却还没有完全建立。尽管争论常常围绕诸如道德和宗教等核心事实展开，但是道德和宗教的基础以及它们精确的意义，甚至是连这些核心事实本身都越来越遭到质疑。人类对于它们是否能被真正地确立为事实产生了怀疑。与此同时，人类已经丧失了其在宇宙中自豪的、确定的位置。较为古老的思想把人类放在了一个独一无二的伟大位置上，并且要求人类主要关注发展其作为人类所特有的特征。现在人类至高无上的地位，尤其是其在各种造物中拥有独一无二地位的言论引发了越来越多的争议。但是如果放弃这种立场，那我们又该如何理解生活的目的呢？

与此相关而产生的问题因我们周围正在发生的社会变化而变得更加严峻。到目前为止，精神冲突通常仅局限在文明社会的有限领域内，而人类的普通大众还没有受到太多影响。然而，现在人们的呼声正不断凸显，他们不仅要求在终极问题的解决上拥有发言权，而且要求整个社会结构的调整都应以他们的意见和利益为准则。此外，他们非常容易产生那种不可容忍的严肃态度，这通常是大型群众运动所一直具有的特点。大众仅仅轻度或在表面层次上受到了普遍历史运动历程和结果的影响，所以他们很容易停留在对当下状况的印象层面，而仅靠肤浅的考虑来决定生活的策略，这就不足为奇了。在这种情形下，当文化优等内圈面对大型的社会变革时，反抗的力量会很容易占上风。因为公众随时会受到反抗情绪和邪恶势力的影响。在这些狂暴力量的影响下，人们很少有机会进行更安静更深刻的思考，我们甚至似乎已经失去了我们经过长久的辛勤劳作才好不容易获得的一切。

这是现状的一个方面，也是一个人人皆认可的方面，但这并不是看待现状唯一的，也不是最终的方式。我们对过去的整体看法都是基于这样的信仰，即我们深信人类的命运不是由个人或者个人组成的大众的观点和臆想而决定的，而是受带有精神目标和支撑的精神必然性的控制，而且对人类来说，一个超越自然领域的新世界，即精神生活世界会降临。也正是这种信念才使得我们能够给予历史积极意义，也可以使我们从不同人以及不同年代的全部努力和所犯的错误中汲取某些确定且持久的成果。尽管存在精神必然性，这种更深层次的生活的基础目前比较容易被推向幕后而被忽视，因此它们并不是不在发挥作用。现在的人们已经不仅仅是自己能意识到自己存在的那个自己，而对这种更深层次的本真的抵触只会使其重要性更加凸显，也会因此引发对其独立性的新证明。随着疑惑的解开，我们就不会再满足于做出敷衍性让步。确实是这样，我们发现自己越来越不能够把我们生活和精神方面的根本问题放在次要的或附属的位置。仅这一问题的提出就已表明对这种肤浅自满的否定批评论持绝对的反对态度。这种否定论调以抢劫恶行的蔓延为荣，并且认为通过系统地清除人类本性中需要崇敬的方面就可以提升人类。人类为保持自我精神所做的挣扎必定会以其中的一种方式终结：人类个人的天性变得越来越坚强，精神生活越来越富足；或者他就会沦落到不断放弃其全部追求的绝望道路。只有天性肤浅、不善于反思的人才会认为还有可能找到任何另外一种方式。但是，倘若平衡的力量再次倾向积极的立场，那么人类长久以来的挣扎就会更有意义。尽管我们不会懦弱地渴望从过去中寻找解脱于现在困惑的庇护，但是我们可以通过和内心最深处的灵魂的交流中让其重现，进而用我们自己的努力完成这一过程。因为即使我们让其重燃，我们也可以将其和偶然或转瞬即逝的事物区别开来，并可以使其向我们揭示超越人类视野之外的永恒真理。鉴于我们可以目睹过去数世纪的发展历程，以及与之伴随的不断变化的趋势和经历，我们可能会比以往更深信，远离未被人类的思想和愿望所破坏的伟大的精神力量正在不断改变着我们的生活，不管生活的波涛如何汹涌、风云如何变幻，这些力量可以为我们提供停泊的港湾和航向。历史确实不能取代我们自身的努力，但是它可以而且必须要为我们追求真理和正义提供指导。

但是在一个更大、更高尚的背景下追求一种更强大的、更深入的生活并不仅仅是对过去时代的呼应，而是现在的一种紧急需求。如果当下的这种追求还是不完整的或者人们只是间歇性地对其加以追求，但其存在却是毋庸置疑的。我们不可以怀疑它会成长扩展，因为每个文明国度的年轻人，以其对精神诉求的快速回应，会最深刻地感受到它的力量。

对艺术的广泛兴趣更进一步证明了确实存在这样一种动机。因为，尽管时尚可能与此会有很大关系，而且可以确定的是社会普通成员都是想从艺术中获得乐趣而不是想通过艺术来寻求内心升华，但是我们或许可以据此发问究竟是什么赋予了时尚以力量，是什么原因促使人们如此热切地追逐美。唯一的答案是我们一心专注于追求更多的精神满足，更多的内心愉悦，而且我们日常的生活环境是如此的枯燥无味，而作为对这种生活的缓解，我们想把使人活跃、使人高尚的艺术引入到生活中来。

宗教问题的明显复活也是出于相似的原因，因为它明确地展示了当下精神生活的特殊位置。理智工作的主流在很大程度上是与宗教背道而驰的，而且依然不断地从宗教的行列中分离出来，而且这种分离正在从一个社会阶层延伸到另一个社会阶层。不断丧失活力的理性主义现在也开始进入到普通大众的生活。然而，如果宗教问题正在再次坚决地叩响我们的精神生活之门，并威胁着要把所有其他问题推向一边，这恰恰说明了两点：第一，除了大脑的理智反思外，在人们身上还存在其他发挥作用的力量；第二，在知识领域的更高阶层上普遍存在着与现在影响人民生活，甚至是所谓的文化领域的普通力量极其不同的潮流。过去的经历难道不会使我们有理由相信人类自身的精神努力最终会超越人类自己的力量，从而以某种新形式体现那些永恒的真理呢？

即使是哲学家也不能逃离这一运动的影响。确实，现在的哲学大致可以分为两种，一种是学者式职业类型，它处在历史和自然科学的边境上，另一种则不断努力憧憬获得独立的地位，它偏爱以一种知识论或者是对知识的批判分析的形式存在；然而，让人惋惜的是，确实存在一种先天的不足，缺少可以定义人类进步方式、提升人类生活层次以及给予人类活动全新指引的精神创造。但是随着对这种创造性成果的追求变得更加强烈，单纯学习或进行批判式反思的局限性就变得越发明显了。我们越来越强烈地感受到需要重新整合生活，让生活焕然一新，需要一个统一各种思想和意识的持久体系。这种体系不会从在我们日常无体系的经验中展示给我们的事实里产生，我们必须首先将这些事实进行转化，为此我们必须借助于形而上学。我们从没有像现在一样领悟到黑格尔这句名言的哲理：一个没有形而上学的文明民族就像是一座诸种圣饰齐备，却只欠至圣所的神庙。单纯的学习带给我们的已经不只是肤浅和否定，因为它会威胁到我们的精神特性以及我们获得真理的机会。最重要的是，我们需要确定我们精神生活的基础。

对待像我们这样的时代有两种方法，这样的时代又重新被迫考虑最基本的问题，甚至不得不为了确保精神生活的可能性而挣扎。首先，它们是艰难的、令人不适的时代，让人心烦意乱、无法安静下来，这样的时代也是产生异议和否定的温床，它以无情的直接方式让我们清清楚楚地充分认识到了人类的渺小和人类在宇宙中不确定的位置。但是，另一方面，一旦我们清楚地认识到这些时代所存在的问题的约束以及对其产生影响的精神必然性的话，它们就会变成激动人心的、进步的、能带来丰硕成果的时代，并赋予人类独一无二的尊严和使命。因为这些时代展示出的是人类只有通过自己的行为才能明白其本性中最基本的特点，自己也是整体建设中的合作者，是自身命运的主宰。这样的时代迫使人类直面问题，不要企图从外界寻求帮助，而只能从内心的精神世界中获得帮助。这样的时代打破了很多东西，但毕竟它们打破的都是从一开始就可以被打破的事物。永久和本质的东西会一直清晰地矗立在那里，生活历经检验后也会以一种更新的、更真实的形式展现出来。正是这样的时代才培育了人类的责任意识、提升了个人的重要性；也更清晰地向人们说明了，在精神生活的更高层次上，不是时代塑造人而是人塑造时代。

因此，尽管现在的这个时代有如此多的让人费解的问题，我们还是可以乐观地总结我们的历史调查，而不带有任何对未来的悲观预测。只要信念可以从只属于人类的沉思中诞生，进而承认精神世界的存在，那么我们可以认为我们当下的困惑只是暂时的，而且在努力塑造全新生活的过程中，我们依然可以从过去的精神宝库中汲取很多有价值的东西。因为如果能正确理解过去的话，过去并不仅是过去了。

Ⅵ.美国人对生活的见解

美国式的生活见解以特殊的清晰度向我们展示了生活观何以是生活形式的产物，是在现实中对生活的表达。美国式的生活观一直以来都具有特殊的意义，并不是因为既定的情形未完待续，而是要规划一个新的开始，制定一种新的秩序。这个过程会把我们从过去的负担中解脱出来。很多古老过时的东西就会被抛弃。人们的眼光更多的不是着眼于过去，而是面向未来，人们也给予现在以公正的评价，生活也被简单化了。每一个人都应该更加依靠自己的行为，相信自己的能量，为自己承担责任。生活的一切都是新的，都很有秩序，也极具新颖性。

但是随着个人越来越倾向于依赖自己，他们仅通过在生活和劳动的群体中集中力量就可以完成对新生活的重建。其中一定要有一致性，有合作，有相互间的信任。在个人自由意志之上建立并受其影响的团契就成了新生活的中心理念。最重要的是，因为拥有全部的自由，人们觉得自己是整个集体中的一员，那么曾经把人们相互分离开来的事物就要向人们之间的共同点做出让步和妥协。平等的思想也因此获得了更大的力量。它使人们看到并尊重人性中适应自由的理性本性。人权的思想可以由此产生，对人性尊严由衷的激情可以被由此激发。人际关系更大的流动性以及生活的快节奏不利于排外的社会等级的形成，社会获得并且保存了民主的特征。除此之外，这种社会秩序从宗教的信仰上获得了一种独特的印迹，而且从一开始就以特殊的力量在美国人的生活中发挥作用。确实，引发移民和新共和国建立的很多动机都和宗教有关。甚至在现代生活的种种变化和疑虑之中，这种宗教特性也一直存在。对宗教内在理解的分歧没有撼动这种坚定的根本思想，也没有动摇人们认为自己属于更高层世界的意识。甚至当哲学又出现诸如“超验主义者”和“实用主义者”的代表时，对宗教的友好态度也依然保留着。各处都保留着对宗教意义和问题的充分评价。宗教属于具有固定稳定性的事物。

这两者的结合，即民主和宗教的结合，是美国式理想主义的突出特征。尽管在欧洲这两种趋势被证明是相互背离的，但在美国这两者却是相互支持的，而且事实上是经常向对方渗透。宗教式的思维通过人类与上帝的关系赋予了人们无穷的价值，建立了人与人之间的平等关系。它为人类社会提供了一种精神背景，并且使人类社会充满了内在活力，因此宗教仪式也因此变得神圣了。最后人类社会通过其伟大的成就创造了一系列的事物，这些事物起到了确认宗教的作用，并帮助其克服了所有理论方面的疑惑。并不像在欧洲，尤其是德国的情况，美国的宗教并不一直以理智为基础。从这两种趋势的融合中产生了一种特殊的文化，这种文化已经使“社会通过宗教而变得有活力，并通过个人的自由意志继续下去”的观点成为社会生活和努力的核心。这样，与社会的关系以及对社会的服务与贡献就变得更加重要了，实用主义在生活和思想领域的地位就得到了提升。在此没有为事物终极本原的细节问题留下空间，没有任何对形而上学理论的依赖。在宗教领域，情况也是如此，固执己见的说教已让位于道德和社会问题。只有如此内在的交流才可以在各种各样的不同观点中继续存在。确实，从现实的角度讲，这种分离甚至可以被视为是一种优势，因为它已经标志出了各种确定的劳动领域，也激发了行动和创造方面高尚的竞技。

这种社会化的思维方式产生了伟大的成果，其中最重要的是，它使个人更加注重整个集体；关心集体，而且如果需要的话，为集体而牺牲自我。这种思维方式还激发了旨在提高各种社会状况的坚持不懈的努力，这种种伟大的慈善行为和一种随时准备帮助他人的奉献精神已经延伸到了生活的各个领域中。此外，对文化和教育富有激情的关心以及为了学院利益而随时准备牺牲的无限奉献精神也和这种社会特征相联系，它使得那种关怀看起来像是一种神圣的职责。一种道德文化也已从社会中产生，它在各个不同的方面都鼓励相互尊重、强调生活的礼仪和秩序。

然而，与此相反，各种危机也是显而易见的，它们不可避免地会伴随着社会的主流文化而产生，这些危机包括：个人在政治生活中的自由可能在很大程度上依赖于社会；可能仅依据个人对附近街区的服务而对个人的价值做出评价，因之个人自身的人格和独特性的完美可能会受到损害；还可能会最终导致出现过多的虚假言论但人们却会声称那些言论全部为真，个人可能不会自主行动，而只为了给其他人留下自主的假象。但是在美国，这些危险早已被充满果敢和激情追求的生活所克服，信仰的理想主义尚未被各种危险和相悖的事物所撼动。在美国，强劲的现实主义伴随着这种理想主义而存在，使宗教和民主与现实生活紧密联系在一起。很多人来到美国或者很多人要来美国的主要原因是他们想要改善经济条件。他们已经在那里为他们的活动和他们的激情的全面发展找到了开阔的领地。至此为止，尚有未被人类踏足的自然可以让人征服，与此同时每个人的福利都会得到提升。因此，按照这种观点，生活已转向可见世界，物质优势的重要性也已更加突出。因为物质层面的成功主导着人们的思想，从现实方面思考问题的思维由此产生，而且已经在社会上非常普遍。这种思维已经为普通人所共有，但是却没有融入哲学体系。但是这种现实主义并不与刚刚所描述的理想主义相对立，因为它并没有成为一种低俗的物质主义。尽管在这一运动中，个人身上不可避免会体现出贪婪和对愉悦的喜爱，但是其激励人心的力量是想要让生活更美好，并且通过人类的智慧和技巧征服叛逆天性，从而获得幸福和喜悦。

这种领先的社会思想在下述方面上的影响力更广泛：一直都有一种强烈的冲动想要将个人利益服务于公共利益。在追逐物质的浪潮中，对共同体的呼吁一直也是被认为是一种不可缺少的责任。

现实主义和理想主义就这样形成了生活的两个不同的极端，也暗示了对我们周围世界的不同评价。但是只要一个共同的种族和共有精神特征拥抱生活和努力，它们就不是直接对立的。但是这种情况发生在之前的年代。因为，尽管不同民族的成员来到了美国，但是英国这个族裔的人依然形成了最原初的群体，而且甚至在其他种族中，一种特殊的清教徒式的思维方式主导着人们的生活和信仰。与此同时，日耳曼因素也绝对地处于重要位置。这样的话，尽管存在各种不同和对比，内在的交流还是可以持续存在的。

但是当下的现代化发展带来了一个接一个的问题，已经从本质上改变了人们对生活的看法。最重要的是，这也受到了劳动的根本转变的影响，这种转变在十九世纪曾达到了顶峰。随着工作越来越具有技术性特征，主要是指机器工作，工作已与个人分离开来，变成了一种人们需要面对的力量。与此同时，大众人数的增加、距离感的消逝、交流速度的加快以及生产方式的不断变化已把整个的经济体系扩展到了更大的范围，也使劳动和资本之间产生了严重的对立。正如社会运动所展示的那样，由此产生的复杂的问题和冲突对整个人类来说是司空见惯的，但是在美国的条件下，它们达到了一种新的独一无二的高度。由于资本主要由大型公司组织所占有，其对经济生活的控制力也越来越强，现在不仅已经开始产生了不公平的收益，而且还出现了对个人自由的极大限制，甚至确实可以说是一种对个人自由的压迫。民主最根本的概念就因此而被损害，也就因此必然地出现了对财阀统治日渐增长的反抗。美国社会现在面临着内部分化的威胁。其他复杂的问题也由于之前人类同质性物质资料的分化而产生，日耳曼种族的迁徙已经越来越让步于其他民族的移民。差异性非常大的种族在美国相遇。随着时间的演变，血统的混合不可避免，至于究竟是否会带来令人满意的结果还是一个不确定的问题。因为，按照历史的经验，尤其是古典社会的最后阶段，显示血统的混合被证明可以带来严重的后果。随着之前统一性的消失，清教主义也正处于丧失其统治地位的危险之中。而且，现在越来越难以保留住人们所共有的民族特征，而这对于民主来说是不可或缺的。

与这些问题相关的诸多因素也在发挥着自己的作用，这样的因素和自觉的精神劳动区别开来，然而这种劳动却和这些因素有很大联系。其自身也必须尽最大的努力采取行动以抵制潜在的威胁。但是这种反抗并不会通过谋求全新的方式、与其自身历史决裂而取得胜利，而仅能依靠在其进一步发展和结合这些特征的过程中回归其本性原则而得到解决。在美国，一种精神上和宗教上生机勃勃的民主的想法一直是占据中心地位的思想，但是必须给予这种社会结构更加丰富的内容和更加深入的意义，而不应该仅仅关注于提高人的幸福，它必须成为精神世界的血脉和传载工具。社会不能按照起初发现人类的时候来接受人类，而应该通过精神世界来接纳他们，使他们具有更大的重要性。生活的不同领域，例如科学和艺术，都将因其自身的意义得到重视，它们必须能有效地提升人们的内心世界，而不仅仅是为人类实现自己的目的提供手段。统一的劳动一定会创造出一种精神氛围，一个精神的国度，一种精神文化，借此可以向日常生活和人类文化的渺小和任性做出回击。人们绝对需要获得一种强大的内心生活，一个统一的内心世界，以便在社会中获得一席之地，然后寻求更高的生活目标，与此同时使人格的独立得到充分完全的发展。为了实现这一目标，个人不仅需要充分利用其全部力量，而且必须与其想法一致的人紧密联合，和他们共同努力。为此，就必须有积极向上的理想主义，对更高层次的世界以及这个世界在人类灵魂中的存在拥有坚定的信仰。此外，美国人那种与生俱来的宗教特性可以在此得到完全证实，但是后来，在各种不同的确证下，我们必须要做出积极的努力使它们之间的共同点、可以提升生活的事物以及必要的和永恒的真理——得以显现，并发挥充分的作用。

把这些方面全部考虑在内就包括了大量的问题。当我们考虑这些问题时，那么以下观点就可以得到合理的解释：诸如此类难以解决的问题绝没有在任何时间强加到任何民族身上。但是不需要怀疑的是，美国人的生活将会在他们有效解决问题的方法上取得成功。这种生活气势宏大，它可以无比清晰地攻克反对意见，并依循着简单的路子。美国人的生活充满激情和新鲜事物，并可以给予人温暖。它拥有多种可能性，这些可能性或许还在沉睡，但是将会被唤醒。这里的男人和女人拥有各种各样的不同个性，他们自力更生，对道德责任有明确的意识，以超强的热情和坚持不懈的激情追求更加高尚的目标。只有这些性格特征才能把他们更加紧密地联系在一起，而如此普遍存在的理想主义必须更具系统性和透明度，才能成功地引导社会的进步。那么，我们可以这样希望：历经所有的危险和冲突之后，美国生活可以踏上新的道路，形成一种独立的文化类型，与此同时形成一种乐观的生活观点。尽管充分认识到了人类生活的黑暗，它还是会勇敢坚定地将其克服。世界上存在很多国家，它们的问题和困难远比它们解决问题的办法要多。但是也有很多国家，它们的能力足以解决最困难的问题，因为它们可以引导自身从满溢的生活走向无限制的生活，美国就属于这些国家的行列。

附　录

附录A

他不仅在它身上发现了普世秩序的原则，而且将它理解为一种永恒且快乐的活动：作为一种纯然自足自立的思想的思维活动，它征服世界，却自我恒静。但如果这些学说对中世纪的思想家具有强大的吸引力，它们也不会影响亚里士多德自身对世界表象的详细阐述。

附录B

没有其他时期能如此清楚地显示出何者驱使人们朝向宗教，而他又希望从中找到什么；这样一种积极的评价可能在所有麻烦的混淆中揭示出特定的原则纲领，最终在所有这些不同中，一种集体性运动可以被显露出来，这种运动数个世纪以来决定了人们的命运。不同民族显现了，并在其信念中引发了它们最深处的渴望和期许；但是，个体成就却只能触动另一个个体，并相互交织；通过所有这些冲突，一种确定的一致产生了。在这种冲突中，基督教赢得了最后的胜利，但它却是开端于一个更广阔的运动，同时不经由这场运动，基督教就不能被理解。

然而，希腊思想的高度和它在美的世界中所有的轻快愉悦，以及在艺术创造中所有的愉悦享受，都与宗教相关。艺术和理智活动令传统信念高贵起来，同时神秘之物向寻根究底的灵魂保证了彼岸幸福生活的希望。而与此同时，那个时代的人相信宇宙将神融括于自身之中，所以宗教也就在一个更广阔的生活中，而不是在用其自身资源创造出来的新生活中有效，它也因此要求完整的人。诚然，正是上述内容首先产生了一种特殊的宗教和虔诚。如果没有偏离前者的理念，如果没有确实地完全和它们决裂，通往这样一种宗教的道路就是不可能的。这样一种偏离毫无疑问地生根于希腊的土壤上。我们为此寻找原因，这种寻找不仅是在这个时代困难且颇具干扰的经验里面，也是在下述范围内——现今已经从所有束缚中解放而出的安然自若的个体开始更谨慎地问问题；而以这种方式，人类存在的永恒之谜变成了现今胡搅蛮缠的问题。那会引导着所有充满蓬勃活力的勇气趋向犹豫不决。但是，如果宗教隐含了这种动乱，那么对它而言至关重要的不是屈从于这种动乱，而是通过尽力开启一种新生活源头与此相抗衡。确实，在转向宗教的过程中，甚至是不充分的，当下实存的奋不顾身将会在人类之中引发一种对他最内在本性的不可剥夺特性的牢固信念，同时也要求对应于这种自我保存的新活动。

附录C

最终，斯多亚学派的卓越代表者在这个方向上孜孜以求；没有人能像出生于叙利亚的波希多尼那样如此深入而强力地扩展了宗教倾向——因而代表并尤为强调了斯多亚派对占卜的信仰——同时，他（尤其在罗马人中）引入了占星学。

附录D

就像对世界的表象一样，对生活的塑造也唯一地被宗教问题所控制；对挣脱于尘世之黑暗悲伤的自由的渴望，以及对自身在神之中完美生活的渴望，强制所有其他事物落入背景之中。这种努力更为直接的成就是从犹太教那里获得了一种强有力的冲动刺激。因为对神的思考假定了一种更加私人化的特征，从而人们与神的关系更加亲密，而信仰的概念也假定了一种私人信仰的形式。然而最终，希腊思想还是占得头筹。因为对于柏拉图而言，实在世界的主要对立不是善与恶的对立，而是精神与物质的对立、非感觉和感觉的对立、永恒存在和流变生成的对立。所有感官事物对他而言都是不纯粹的，而所有对罪的屈服都处于流变生成中。这就引发了对神人合一的渴望，这种合一是通过神秘主义和迷狂达成的。“菲洛是特别信奉一神论的虔敬者之中的第一个神秘主义者”。这样一种将灵魂提升到一定高度的拔高掌控着整个世界，同时也隐含着同尘世纷扰的决裂，以及对所有偶然发生在它们身上的事情的漠不关心。因此，历史生活在此不能保留任何独立的意义。与此同时，犹太教式的思考方式显示出了它独特的优势。然而，菲洛将他自己的理论仅仅理解为秘传性的，而不付诸大众；但是他并没有将个体同其余人类如此突兀地分离开来，就如同希腊思想家所做的那样。在这种分离中，他时刻留心着统一。因为人类并不是居于荒漠之中，他不应该轻视他者；确实，这个思想家要求一个人不仅关心他自身的存在，也关心他的表象。更进一步，我们在此发现了一种道德上团结一致的思想，即共享自身与神之间关系的所有人在一个共同体内结为一体；一个人的所行所受也能牵涉到其他人。明智的人不仅充当一种扶持，也表现为一种救赎、对不道德行为的救赎。但是，在犹太教传统中，菲洛发现了许多关涉到人类与上帝的神秘统一的暗示和联系，这些被他看作是需要努力争取的至善。在这种统一中，所有特殊性质必须在纯粹存在的统一面前消失，他发现了上述可以在下面的律法要求中得到呈现——律法要求大祭司在进入至圣所之前，要脱掉所有华贵的衣着，仅仅穿着简陋的亚麻进入。此外，他发现废除所有有意识的精神生活的必然性就在于《创世记》的话语中："当太阳落山时，神向亚伯拉罕显现。"

附录E

如果我们没有考虑到这个时期东方宗教对西方施加的强有力影响，那么这种日薄西山的活动的图景就是不完整的。希腊因为不同的原因受这些影响比较小。从更早的时期以来，（西方）就存在着和小亚细亚某些思想之间的联系和交流；继而希腊发展出了它自己的神秘形式；更进一步，此处人民的艺术性和温文尔雅的情绪特质和自然粗鲁、野蛮暴力相对立，而大多数亚洲异教派从未相当自由地摆脱上述粗野；最后，基督教很快于此得到广泛传播。但是，这些异教派以饱满精神和极大精力循着罗马人的脚步而行：它们强迫着心灵，而心灵起先是反抗的，且这种反抗随着传统国教日益干瘪地为时代的精神需要贡献得越来越少而变得越来越剧烈。因而，宗教自身通过和民族土壤相分离，经历了一种内在的转变。自然性的起点已经隐退于背景之中；一种精神性内容和道德活动越来越胜过宗教仪式和崇拜。越来越多的不同趋势汇集到一起。一种公共环境出现了；确实，沿着特定的线路，一种普世性宗教被发展起来了。处处都呈现出一种对新生活的伟大渴望，一种对人与神更亲密的关系的渴望，一种对灵魂在永恒福祉中得到解脱的渴望，一种对以赦免回应祷告的渴望，一种对道德文雅的渴望。这种东方宗教对西欧的影响在公元前二世纪时就已经开始了；它持续地增长着，并在公元二世纪被深化了，同时在三世纪达到巅峰。在它们的差异之处，也在它们之间的时代传继上，这条线索之流被清晰地呈现于我们面前，这种呈现尤其体现在库蒙[①]的卓越研究中；所以我们的阐述应该追随他们。

首先，弗里吉亚对“大母神”（Great Mother）[②]的崇拜影响了西罗马，“大母神”是自然繁殖力的人格化。在西布莉和阿提斯（死而复生）的神话中，信仰者见到他自身被召唤去参与这种极端的痛苦和极端的欢愉；而在同时，比起通常的罗马宗教，他被无限紧密地与神相连。“东方诸神蒙难凋落，是为了以后东山再起。”更为感性化、更为光辉的色彩因而被掺入罗马人的宗教中，然而与此同时，更多的提升和狂热也混入其中。除了感受最为极端的动荡之外，来源于埃及的伊西斯和塞拉皮斯的神话却以一种更为高贵的方式引发了相似的兴奋，正如最为痛苦的悲惨和最为美好的恢复所做的一样。绝对掌有人们灵魂的不仅仅是奇光异彩的仪式，还是普遍意义上的宗教。生活整体被凝制成为彼岸所做的准备，而对不朽的思考、对倾尽身心力量持续生存的思考也因此获得了一种同情，同时也获得了古典世界无法比拟的长处。

然后，叙利亚异教的影响接踵而至，此种宗教以巴比伦人对世界的表象为背景。根据闪米特人的特点，神和人在此被分离开来，神获得了绝对的统治。同时，净化和神圣的理念被强化了；但在此处，人们对不朽的思考和宇宙建构的天文学表达联系在一起，而至福现在首次被当作灵魂朝向高处的上升，被当作朝向光辉巅峰的提升。天文学使得世界被看作一个融贯的整体，它的单

---

① 著有《罗马异教中的东方宗教》，参见罗素《西方哲学史》第29章注脚。——译注

② 弗里吉亚是小亚细亚古国之一，弗里吉亚人是“大母神”的崇拜者，根据希腊人和罗马人的记载，弗里吉亚人崇拜的大母神是西布莉（又译库柏勒），而阿提斯是西布莉的情人。——译注

个部分处于与另一个部分永不停息的相互作用中。一方面，这造成了一种朝向占星艺术和魔法的趋势；但在另一方面，世界的概念在整体上引发了对神圣本质的统一性的思考，因为光辉的太阳在此等同于它的质料性显象。

最后，源自波斯的密特拉神崇拜在古典末期抑制了其他所有宗教。在此处，一种道德二元论构成了召唤人们不懈努力去赢得善的胜利的起点，这种理论因而使他成为世界大剧场中的一个演员，并在其道德能量中引入了极端的张力。因为在此处善的最终胜利是毫无疑问的，同时也因为所有事物的完全恢复已经被宣称，而牢固、快乐的自信能够和狂热的活动紧密相连。很容易想象，这样一种有着刚强特征的宗教在罗马人（尤其是罗马军队）那里找到了简易入口，同时拥有着强大的影响力。

因此，这些不同的宗教强力地调动起心灵生活全部外围；整体尺度上的感受被激活了：感官发现了对自身完全的辩护，幻想划定了自身最广阔的圈子，而意志和行动也更加高端。通过一切方式，人类生活在不可见的联系中的结合完成了；我们的现实处处被彰显，并通过信念王国而被理解。对这个时代而言，超感觉世界比起所有的感觉更接近于它，而且也更确定。但是，还没有任何宗教之间的相互沟通和融合能够为内在地在其宗教倾向中提升人类，为人类开启一种本质上全新的生活，而提供一个可被理解的、完善的思想世界。这有待于希腊式天才去完成。再次地，且是最后一次，古希腊文化在普罗提诺处展现了自身卓越的力量。

附录F

历史批判主义使下述是无可置疑的——传统的描写获得了后来附加的许多特质，同时这种增值的确不局限于单纯的扩大和润饰，正如在伟大人物那里经常出现的那样；相反地，它追求一种特定的方向，并清晰地拥有一种确定的趋势。这种对基督迅速增长的崇敬和对基督的崇拜，强烈地影响了耶稣自身的写照，同时也将它拔高到所有人类测距标准之上。它越来越明显地将对耶稣的信仰和对基督（作为救世主和神之子）的教会的信仰混同在一起。如果这样的知识从人们对夫子（master）的描绘中被大量剔除出去，如果那些先前被认为是毋庸置疑的事物被怀疑，那么我们就可以理解为何怀疑延伸得越来越远；我们知道它最终甚至会导致对耶稣历史性存在的否定。这似乎明显向我们展现了一种显而易见、几乎不可想象的错误，向我们展现了对历史的一种暴力，它支持那些在宗教中首先看到一种世界观的理论，同时不会承认伟大人物的力量。我们可以清楚地看到进步性传统在哪个方向上产生作用，它的努力如何主要地将耶稣提升为超人，甚至提升到神圣至大。据此，承认这种发展的本质就在于承认它的界限。在这样的影响下，下述的确被证明是不确定的——耶稣对他自身的地位是何种看法，他怎样对待他和犹太教之间的关系，同时根据戒律，他的未来和他努力的未来会如何向其自身呈现。但是，如果人们对耶稣生活和活动的解释中显现出一种完全特殊类型的生活，如果在它们之中一种无可匹敌的个体性被表达出来，情形就会完全不同，而上述这些会把他的诸种言说和一种一贯的生活形式联结在一起。那种类型的精神个体性不能被发明或被艺术性建构，这不比将柏拉图、但丁和贝多芬在孤立片段中结合起来更容易。因为一种新生活的创造者比起最为伟大的艺术作品的创造者还要伟大和富于原创性。因为耶稣透过传统的昏暗面纱表现为如此独一无二而富有创造性的人物，同时也因为传统毫不隐瞒纯粹的人类特征和呈现，而这种特征、呈现和他的神化是不相容的，所以我们应该也确实必须相信印象的真理性。但是，前三个福音书作者的论述，连同它们的奇妙深奥（这种奇妙深奥甚至寓于它们的简明性中）——同时赋予寓意和比喻以生气，为任何无偏见的考虑带去了这样一个人物的写照："那些不能在对观的福音书[①]中找到一种完全个体性生活的人，也不能在这个领域充当一个研究者。"

① 对观福音书即《新约》前3卷：马太、马可、路加。

附录G

如果不简单评述基督教在面对凶神恶煞的世界时的成长和成就，我们就无法呈现出最初几个世纪的生活观。当然，现代调查在此已经理性地改变了这一问题的某些方面。我们知道古代并不像之前我们所设想的那样荒芜、颓废；我们还知道，并不是只有基督教掌管灵魂，它是更广泛宗教运动的一部分；最后，我们知道那些先前我们认为是独特的东西很多都归于总体运动中；它从竞争者那里借鉴不少；活跃的民族特质也没少影响它。总体而言，基督教的独特特质可能看起来被削弱了。的确，目前在许多方面，否定已经倾向于降低它的价值，并最终仅把它解释为不同方向元素的集合。但冷静的审议和更仔细的调查又明确地拒绝了这一观点。事实上，一个人最后有义务展示出它的准确对立面。基督教依赖于许多陌生的事物，但是更精确与它的竞争对手比较，使得其不一致的内在本质特性变得更加清楚，同时又证明冲突中的胜利是完全有道理的。

因此，问题出现了：是什么在这些时期中给了基督教如此的主导权？这个问题不同于其内在精神本质的问题，尽管两个问题十分接近。

基督教内在本质同时还是其在历史效力中的力量源泉，这一点是其基本的伦理特点。精神生活的完全独立即源于此，对所有自然主义、神化自然最坚决的反对也源于此，而古代世界从来没有完全克服它们。如果多样的民族宗教最终在确定一个单一、包容的神方面达成一致，他们会发现，这个神主要活跃于自然中。因此，他们可以崇拜太阳，将太阳作为神的主要显现。新柏拉图主义哲学，的确将所有物质转化为形而上学存在，但是后者只是通过偶然和借口来找心灵慰藉。在任何层面，它都是一些思想家的关注点，不能会聚成人类更广泛圈子里的主流。生活的道德外形，从另一方面来说，直接向每一个人宣告，并将召唤到精神世界中。与此同时，它向人们告知他们的相互关系，强迫每个人做决定，并通过坚固的社会基础支持他。在这里，真理显露无遗。毕竟主导灵魂的道德，在困难时期使人类自身强大，并成为命运的主人。

在这一道德独立性方面，基督教应该感激犹太教。对于后者来说，它漫长而残酷的历史赋予了所有人内在的道德和精神生活超越于纯粹自然的地位。但是，这种思考变成世界性力量，在希腊文化的土地上汲取内在营养，通过有效改变，建立人与上帝的联系。犹太人的思维习惯通常强调两者之间的对比；希腊以及印度，更关心的是它们的联系。在宗教的高度上，它会把人提高到神本身的高度，让人体验“神化”。因此，神秘的宗教元素得以自辩，整个人类都被激励起来去提升他的人格。因此，这使得基督教明确与犹太教分开。同时，希腊的思想被广泛推广，那个时代的人们深深被其震撼，热情期盼上帝的援助，这种特殊特征产生了强大的影响。现在在这个方向，正是一种将耶稣拔高到神圣地位与荣耀地位的提升，通过赋予神人合一的关系以一种控制中心和可觉察到的亲切，为基督教的胜利提供了主要助力。更重要的是，任何反对这一趋势的人都不应该否认它的伟大历史意义，及它在深化、加强、缓和宗教生活方面的作用。

然而，更多内容与这一趋势相结合。追溯耶稣的命运允许信徒去体验感情系列，从最大的悲痛，到最高的喜悦。此外，需要支持的时代发现了一个无可争议的权威，一个稳定的信念可以避免所有的讨论和抵制一切疑问。这一趋势也允许人们接受超自然的、神奇的、神秘的东西，以回应时代对感官兴奋、辉煌、排场，甚至魔法的渴望。但是在此方面，基督教态度适宜，即使它往往被遮蔽，也并没有失去其最内在特质。

总的来说，在其中很难有很多宝贵的东西，就像它在与激情澎湃和时代暴风骤雨般的运动对抗中保持下来的极大克制和温和。而且它也没有使内在的火光发展成毁灭一切的火焰，而是略微地掌控每一个存在的分支。它对待社会问题的态度表明了这一点，它充分肯定人的团结，并远离一切激进主义。我们所回顾的这一点，已经足以帮助我们理解基督教的胜利；这一点将通过思想的领路人的思考而得到进一步展现。

附录H

很少有时期像十三世纪那样，经历过如此强有力的变革锤炼。十字军东征结束了；一项伟大的事业因而渐渐消失。时代已习惯于将胜利看作是天赐的，而他们所遭遇的挫折必已深深震撼了时代。我们有必要在极其混乱的情况中，找出一项反对基督徒生活精神强化和社会延伸的运动。托钵僧团使得基督教与人无限亲近。一种类似于圣古济那样的形式，揭示了宗教感情如何能赢得人们亲密、浓烈、欢乐的热爱，如何通过改变人的整体环境成功地使一切都对人友好。更进一步而言，艺术以其形式的变化揭示了人们对生活的情感转变。此外，生活在政治和经济领域更具活力，更广大的团体加入进来。从十二世纪开始，亚里士多德的所有著作开始在西方流传起来。因此，当前世界的主流思想已无法阻止变化的发生，因为知识和信仰之间的旧有对立已经站在了风口浪尖之上。

附录I

不仅对宗教生活的形成，而且对普遍文化至关重要的是，在这里，群体生活和基督徒团契的共识比宗教改革的路德宗分支获得了更大的重要性。在这里，信徒们发展更具组织性的活动，并号召个体的积极合作。“救赎机构应该同时也是一种成圣机构，当整个生活都服从于基督教诫命和目标时，该机构应该在群体生活皈依基督的过程中展现其活动。”因此涌现了更多的社会伦理内容以及对整体条件的关注，所有发展进程都扎根于严格的宗教基础。而由此产生的众多结果中，这点尤其重要：市民的天职工作作为一种增进上帝之国的手段，通过其与群体的联系而得到内在提升和尊敬；并且物质资料首先需要宗教领域的价值。在此，伴随着群体的情感，发展出一种强有力的勤勉能量，这种能量拥有一种凌驾于教会形式的进步行为，即使是在现在。在此，新教特别地展示了它的行动力；从此，它在普遍关系中成为一种世界性力量；不顾所有忏悔的正统信仰，这里为现代时期的公民自由和精神自由做好了万全准备。

附录J

宗教改革者绝不打算组建一个特殊的教派；很长一段时间内，他们只是希望将整个教会都进行革新。这个想法失败了，而天主教得到了重新确立，即使这是超前且欢欣鼓舞的，但这不仅仅是力量或策略能实现的效应；然而通过这种强大的推动力，天主教独自完成了一次改造和再生，或者说它是如此加强己身以至于它能够承担起领导地位，而这种加强事实上已经导致了道德上的热忱。许多弊端被摒除，教士的教育得到提升，而道德放纵被积极地加以反对。新的秩序为了聚集能量而工作，也为了意志服从和有助于人的爱心而工作。所以，天主教有很多反对新教的地方，而最终结果是西方基督教世界的永久分裂。这种分裂滋生了更多活力，并使人类不断运动。

附录K

严格的自然主义在这里结合了非凡的逻辑力量；而这种阐述将强烈印象的丰富性与显而易见的清晰性合二为一。如果在被根本计划所限制的空间内，成果将是非常重要的；如果决定论几乎没有在别的地方更壮观地呈现，如果观念的联结的学说在此已经以一种现代方式出现，那么局限性将被强烈地感知到，而所有超越知性的理解在此是欠缺的。因此，宗教在这里只能代表迷信。

附录L

这些人和这些问题将我们带回到路易十四时期，这一时期在宗教层面上表现得尤其不幸。事实上，宗教在这里与政治目标混为一谈，并且必须同样为宏伟的朝廷生活而服务，它还包含了许多缓慢和不公的压迫手段，这些手段即使尚未引起人们对宗教的厌恶，至少为这种倾向奠定了基础。但我们不要被忘记，这个时期产生了许多真正的宗教生活和活动——基督教兄弟会（拉塞尔）也许可以作为一个典型特例——它普遍与习惯风俗针锋相对，以使法国土壤上的宗教否定多样化，并以对宗教事务的浅薄和冷漠为由来指责法国。事实上，在天主教会内，它已经成为现代最具宗教性的国家。确实在现代，秩序的严格制定，完全的脱离世俗，最苛刻的禁欲在法国发展得最完善。此外，那个时代并不以宗教的主导参考作为依据加以评判。它承担了现代文明发展进程中的一个重要地位。尽管在很多方面仍依赖于古代，但在这里现代文明首次作为一个整体圆满实现；在这里，现代文明的全部问题首次得到承认和推动；在这里，现代首次意识到了其与古代迥然不同的独特性，故自此以后，古代和现代习惯彼此相应相互比较。可以肯定的是，对此更特别的执行具有非常明确的限制。没有哪种夸张的痛苦和壮丽的浮夸可以用来隐瞒一种有条理且理智的文化突出特性。当然这种形式上的文化有一个好处，即能够成功抵制堕落并将更多的秩序和典雅带入现代生活；可以理解的是，它将很快遭遇粗暴的反对，并且很有必要反抗它。无论如何，即使这里存在许多华而不实的东西，它也不会是全然华而不实的。否则这次运动就不会对整个欧洲有如此巨大的影响力。生活观考虑的一个事情是，不管怎样，这个领域实现了人类灵魂境况中最变化多端的启蒙，它产生了更细微的人类观察和更睿智的世俗智慧。

附录M

维科（1668—1744），如今称赞他的人远比读懂他的人更多，他更接近文艺复兴与那个时代的柏拉图主义，而不是启蒙主义。然而后者给他留下了强烈的印象，在理解其不同建议时，他发掘出了一块迄今无人触及的领域；他创造了一门历史哲学。

他描绘了根据“所有“永恒理想历史”的轮廓，国家历史的普遍发展形式：起源、发展、繁荣、衰退、终结”。他认为所有国家都被注入了一种对真理的共同情感，以及相同的运动规模——摧毁了大众从单个原初人发展而来的一般起源，并表明一种没有外在联系的约定是可理解的，这就增强了社会关系的意义，也使得伟大精神成果大白于天下，同时强调了特殊社会状况的显象，对个人的作用却鲜有提及。在他看来，荷马是一个“希腊人的英雄角色，是他们在叙述故事时塑造的歌者形象”。由此诞生了一些国家心理学，且由于独特的偏好，语言被当作国家精神状况的一种表达方式。它提供了一种人类早期环境下的知识，而这种环境在其他方面下是难以接近的，此外提供了一种莱布尼茨同样提倡的思想。由于他对自然以及全体国家的信念是相同的，维科提到一种“精神词典”，这种词典应该也与所有语言共通。维科不接受“理性内存于所有人类”的普遍想法。他试图在确定制度中找到这种理性存在的证据，并且这种制度对所有国家来说都是极为古老的。他在宗教、婚姻以及葬礼中苦苦追寻。维科将历史分割为神圣的、英雄主义的以及人类纪元的，这种划分并不新颖，但当他用极大力量将旧思想应用于生活各门类之上时，旧思想就以新力量的方式发挥作用——国家机构、法律以及语言等等。更甚者，维科使一种特定的图景渗入国家的内在生活中："国家的本性首先是原始的，然后是严厉的，接着是温和的，随后是柔弱的而最后以堕落告终。"由于这种进程也许将在历史中重复出现，维科意识到人类事务的循环以及国家的复兴，当然他没有考虑到全体人类的跃升。

维科为其理念的详细阐述收集了大量的素材，即使核心的调研有待提高，但仍产生了大量富有成效的建议，而且整体上能发挥极大的影响。事实上，这是由维科的信念力量以及其理念的果断性共同实现的。维科对历史起源的理解将人类事务放置在一个前所未有的高度，正如他所说："事物的本性只是意味着它们在某一时刻、以某些理性方式实现的起源，因为这就是它们应有的样子，世间万物只有这种起源，而非其他。"

在维科看来，意大利绝不缺少活跃的哲学生活；甚至这个伟大的文明国度完成了所有欧洲的进步运动，带着热忱的共鸣独自深化了许多工作。因此，涌现了许多有能力并富有同情心的人物——这足以令人们想起拉斯米尼和乔贝蒂——合适的行为比综合起已经获得的思想领域需要更少的新方法。人类作为整体的重要价值特征由此显现。所以，在没有遽然与过去决裂的前提下，这种特性为人所追随，以使宗教更贴近现代生活以及灵魂的内在天性；也因之通常能实现表达方式的绝妙简洁性。就内容和形式来说，美丽的事物在这个国家比其他国家能获得更多的力量和明晰性；在此，文艺复兴的精神以一种始终全新的方向显现出来。然而对该观点的鉴赏，我们倾向于认为，但丁、达·芬奇与伽利略所处的国家并没有以哲学方式发表其定论，而在未来它将更着重地表达其精神本性。

附录N

沙夫茨伯里（1671—1713），是英国思想家中具有希腊头脑的人，这一点特征十分明显。文艺复兴时期，特别是布鲁诺的学说，对他产生了重大的影响，但启蒙运动削减了这种暴力性，将其力量导向更为人性化的方面。它的新鲜、温暖、高尚的思维方式以及审美观，使得整个结果仍然具有吸引力。作为一个思想家，沙夫茨伯里的著作引发了两个不同方向的论战；它直接否定物质主义、肉欲主义、享乐主义以及让人们对彼岸怀有憧憬，将人们带领到存在抗争的宗教。对美学的热情将他变成了一个万有在神论者，寻求世界里的神灵，将其阐释为鲜活、主宰、命令的力量，而且它穿透所有的现实。他宣称，通过将当今世界丑化为邪恶，以使人们转而相信更美好的世界，这本身就是一个错误。贯穿一切事物，又根植于我们灵魂的一切秩序和对称之上的善和美，实际上带领我们进入对最高智慧的现实认可中。在他的设想中，上帝的核心不是权力，而是善。他要求宗教中要有从平时的沮丧和痛苦，转向欢乐与温和的步骤；宗教不应该给人们带来恐吓和盲目的情绪，而应该带来能量和独立。他在人的灵魂中找到了上帝的身影；但在自然中，他将生活和美整体倾注在最为富有的地方，甚至它的对立面也加入其中，增加了其多样性。他创作了对自然的赞美词，把万能的上帝放在阳光之下，以美丽、温暖的笔触描绘人类头脑中对自然环境的憧憬。未受染指的自然，以其幽静、巍峨的高山、寂静的山谷吸引了他，因而总的来说，这样的美所激发的忧郁之感，使其变成了卢梭和他的自然浪漫主义情感的先驱。

但对人类的生活来说，主要关注点是内在的自我依赖、培养自己的幸福、不为获取而在高尚中收获喜悦。在这种情况下，一个人应该觉得自己远远优于一切为享乐而做的所有努力："那些使我们心灵感到满意，令理智和见解快乐的事物，不应该被称为愉悦"。重要的是，要把人的灵魂带入内在的和谐中，将私利融入社会倾向中，以一颗善良的心，保证人类的福利、一个人的正当关切，这其中不包含对行为后果的奖励。所有真诚的行为，应该高贵、和谐，自给自足，自得其乐。所有事情积聚在一起，形成了一种生活方式，它矗立在与基督教教会生活相对的地方，与此同时，却没有舍弃典范及宗教特点。这些德国古典作家心中的唯心主义，一个赫尔德或歌德认可的世界，在这里已具有基本轮廓。因此，沙夫茨伯里构成了一个重要的、承启文艺复兴和德国精神生活最高点的一环。

附录O

休谟（1711—1776），是一个完全独立的思想家。他深入思考精神运动，探究至今仍未过时的生活问题。他的作品改变了人类的物质生活，也改变了人类在世界中的定位。他将研究重心移向了对感性、自然冲动和感觉的认知。他同样清晰辨别出，他对主客体关系的理解不同于当时普遍性理解的那样。在他看来，在一些重要点上，那些作为事物的性质由外在为我们所知的东西，其实是我们灵魂的创造物，是精神机制的产物。休谟已经开始从客体转向主体，这一点对于生活和世界观来说是如此重要，以至于康德不久便把这一点更为宏大地展现出来。但不是康德，而是休谟完成了这一变革，康德之后将其类比于哥白尼的功绩。但也只有康德在对主体的讨论中，提出了从根本上不同于休谟的观点，才使得思想世界更为多样。

附录P

然而，这样的概念将道德行为置于从属地位。对于黑格尔而言，它仅仅是个体的一种巧合（有时是私人性、主体性的），不是具体规则的源头，也不是精神性生产的基础性条件。结果是，他不能因为这个原因给予生命完全的独立性，也确实不能充分欣赏康德的实践理性领域。就一般而言，黑格尔很难公正无私地将他自身转移到其他人的思想世界中；相反，他以一种独断唐突的方式强制所有的事物纳入他自己的概念中，同时根据这些事物因这种行为所接受的设定而评价它。这样一种排他性使得他经常有失偏颇，例如，对待弗里斯（Fries）的时候；但它对黑格尔思想的影响力助益匪浅。

附录Q

当谈到十九世纪的法国哲学，其他国家都将注意力集中在了实证主义上，而错误地忽略了其他同样重要的思想运动。如果十八世纪流行的感官主义和物质主义继续发挥作用，那么它们将与教会宗教哲学形成鲜明对比，这些教会宗教哲学根源于宗教改革和天主教复兴运动的遗迹。这些教会宗教哲学主要表现为：一、刻板的梅斯特思想，其思想充满悲观主义色彩；二、拉梅内思想，其表现形式更加民主，新颖，鼓舞人心。进一步的思想运动发生在折中主义学派，该学派在保留其教会学说的同时，求助于笛卡尔的唯理论，以哲学反思为出发点，丰富地发展了法国哲学历史上的质疑。这一哲学流派拥有许多超凡卓越的学者。尽管它对生活整体没有产生太大影响，但是提出了许多有意义的建议并且以极大的热情调整现代社会的矛盾。于是，这种形势造就的社会氛围中活跃着许多有能力的思维广阔的思想家。此外，我们可以发现此时的法国哲学与德国精神生活的关系更加紧密。然而从整体上看，法国的实证主义在施展力量、发挥历史作用方面还远远不够，且这是无可否定的。通过实证主义，法国对十九世纪整个文化领域产生了影响；所以，我们要对其特别关注。

附录R

古代政治学说认为社会通过主导式的统一管理人民，启蒙运动理论认为社会仅仅是个体的简单组合。然而，以上两种说法在这里都不成立。人们发现它们自始至终处于相互关系之中并构造了一个系统。在这一系统中，文化演进，尤其是劳动的现代特征的演进，变得更加稳固完善。

附录S

不同于其他国家，英格兰已经为实证主义的推广打好了基础。从理论层面看，经验主义为实证主义提供了有利的发展条件，尤其是大卫·休谟对经验主义的阐释；在实践领域，边沁的实用主义呈现出了与之相似的思维方式。古老的伊壁鸠鲁学说只承认享乐的价值，此时却同实用理论一起被引用到社会理论中；因此社会学说试图使其崇高化。有一种快乐最为可行，就是为更多的人谋求社会福利，这种快乐成为奋斗目标。所有社会存在的状况都以如下标准被衡量——它们提供了多少欢乐或多少痛苦。人们巧妙地通过可行的方法追求这一事业，人类共同福祉的内容更加丰富，许多消极因素得以消除。刑事法典对此体现得尤为明显。作为这一伟大事业的产物，刑事法典变得非常人性化（温和的惩罚，预防立法等）。但是，人类与此同时被严格地局限在经验领域中。任何超越这一范围的行为都被看作危险之举。此时，内在价值被认为是不明智的。于是，人们不再依据内在价值，反而依据其结果的利弊来评价所有人类活动。

附录T

当前，一元论中盛行着唯物自然主义。然而，我们清楚地看到，斯宾诺莎和歌德的追随者拥有更广泛的思维方式，他们试图与一元论建立联系。一元论包含两种思想潮流和要求，人们很难质疑它们的正确性。对自然塑造生命以及自然科学的世界观应该获得空前影响力的要求，对更加人性化的生活应该比宗教形式的教会主义更加普遍的要求。我们已经讲过，自然通过其主要意义价值获得认可的过程相当缓慢。此外，我们明显看到完成这一事业任重而道远。然而，如果不在很多点上与教会教义（其许多教义的思维模式来自于对自然的古老描述，这只会令人想起升天的教义）进行碰撞，自然科学就无法得到足够的认可。但是，即便没有这种观点之间的激烈碰撞，生命的局限性也通过已被接受的宗教思想世界渗透在许多领域中。要求对生活做一个更加普遍的安排，这使各个领域获得了相应发展。宗教无须对此要求持反对态度，但是这种要求通过生活得以巩固和实现。

这种思想运动激励了一元论，并及时赋予其并非不足取的力量。但是，可以肯定的是，一元论中包含着许多重要的问题。所以只有在批评和反对中，一元论才能得以自保并保护已取得的成就。结论趋向积极化，这表明一元论将变得脆弱、不确定并充满矛盾。一元论总是与物质主义划清界限，并且确保不与其混淆。只有一元论认识到自然和精神生活两大领域的独特性，并使它们达到最为平衡的状态，一元论才能获得认可。但是，一元论绝不这么做。一元论不假思索地将自然概念推广到宇宙概念中，并且根据其自身标准塑造生命，更愿意从外在来解释发生在我们之中的事物。我们不是从自然本身立刻了解自然，而是通过我们所属精神组织找到更加简便的方法实现这一目标，并描绘自然图景；同样，全世界的人类历史劳动都呈现出一个内容丰富、分支众多的精神生活。一元论不涉及法律，道德和艺术等领域，即便有所涉猎也是出于不经意之间。这种将感官世界发展成单一的绝对世界的做法绝不会丰富歌德意义上的一元论，只会充实那些不起眼的一元论。

然而，在一元论应用于实践生活的过程中，物质主义有回归原始二元论的趋向。通过其生活观，一元论表现出了彻底的理想主义思维模式；一元论坚持对善、真和美的追求，它维护了人类的伟大和价值，并希望通过进一步启蒙使人性得以发展。这些观点皆源于精神生活。精神生活的地位被降低成为自然演进的一个附现象时，这些观点会转瞬而逝吗？如果在此被确证的观念在对立观点大行其道时说不通的话，那么二元论会比对立观念控制世界表象和生活塑造之时，更为粗暴激进吗？

于是，我们可以设想现代一元论在获得支持的同时，自身产生了许多矛盾。现代一元论有意识地乐于展现它对生活和世界问题的解决方案，这同启蒙运动后期紧密相关，也是唯一可能的一个方案——唯一一个可以被公平无私的人所理解的方案。然而，每个寻求解决方案的人——在这里没有一一列举——都应该看到亟待解决的问题的存在。